U0959558

HUMANITIES AND SOCIETY

性的起源

第一次性革命的历史

Faramerz Dabhoiwala

[英国] 法拉梅兹 · 达伯霍瓦拉 著　杨朗 译

译林出版社

图书在版编目（CIP）数据

性的起源：第一次性革命的历史／（英）达伯霍瓦拉（Dabhoiwala, F.）著；杨朗译．—南京：译林出版社，2015.2（2020.6 重印）
（人文与社会译丛）
书名原文：The Origins of Sex: A History of the First Sexual Revolution
ISBN 978-7-5447-5219-0

I.①性… II.①达… ②杨… III.①性道德－研究 IV.①B823.4

中国版本图书馆 CIP 数据核字（2014）第 300526 号

The Origins of Sex by Faramerz Dabhoiwala
Copyright © 2012 by Faramerz Dabhoiwala
This translation published by arrangement with The Wylie Agency (UK) Ltd
Simplified Chinese edition copyright © 2015 by Yilin Press, Ltd
All rights reserved.

著作权合同登记号　图字：10-2018-130 号

性的起源：第一次性革命的历史 ［英国］法拉梅兹·达伯霍瓦拉／著　杨　朗／译

责任编辑　陈　锐
装帧设计　胡　苨　黄　晨
责任印制　单　莉

原文出版　Penguin Books, 2012
出版发行　译林出版社
地　　址　南京市湖南路 1 号 A 楼
邮　　箱　yilin@yilin.com
网　　址　www.yilin.com
市场热线　025-86633278
排　　版　南京展望文化发展有限公司
印　　刷　江苏凤凰扬州鑫华印刷有限公司
开　　本　880 毫米 × 1230 毫米　1/32
印　　张　16
版　　次　2015 年 2 月第 1 版　2020 年 6 月第 3 次印刷
书　　号　ISBN 978-7-5447-5219-0
定　　价　85.00 元

版权所有 · 侵权必究
译林版图书若有印装错误可向出版社调换。质量热线：025-83658316

主 编 的 话

刘　东

总算不负几年来的苦心——该为这套书写篇短序了。

此项翻译工程的缘起,先要追溯到自己内心的某些变化。虽说越来越惯于乡间的生活,每天只打一两通电话,但这种离群索居并不意味着我已修炼到了出家遁世的地步。毋宁说,坚守沉默少语的状态,倒是为了咬定问题不放,而且在当下的世道中,若还有哪路学说能引我出神,就不能只是玄妙得叫人着魔,还要有助于思入所属的社群。如此嘈嘈切切鼓荡难平的心气,或不免受了世事的恶刺激,不过也恰是这道底线,帮我部分摆脱了中西"精神分裂症"——至少我可以倚仗着中国文化的本根,去参验外缘的社会学说了,既然儒学作为一种本真的心向,正是要从对现世生活的终极肯定出发,把人间问题当成全部灵感的源头。

不宁惟是,这种从人文思入社会的诉求,还同国际学界的发展不期相合。擅长把捉非确定性问题的哲学,看来有点走出自我囿闭的低潮,而这又跟它把焦点对准了社会不无关系。现行通则的加速崩解和相互证伪,使得就算今后仍有普适的基准可言,也要有待于更加透辟的思力,正是在文明的此一根基处,批判的事业又有了用武之地。由此就决定了,尽管同在关注世俗的事务与规则,但跟既定框架内的策论不同,真正体现出人文关怀的社会学说,决不会是医头医脚式的小修小补,而必须以激进亢奋的姿态,去怀疑、颠覆和重估全部的价值预设。有意思的是,也许再没有哪个时代,会有这么多书生想要焕发制度智慧，这既凸显了文明的深层危机，又表达了超越的不竭潜力。

于是自然就想到翻译——把这些制度智慧引进汉语世界来。需要说明的是，尽管此类翻译向称严肃的学业，无论编者、译者还是读者，都会因其理论色彩和语言风格而备尝艰涩，但该工程却绝非寻常意义上的“纯学术”。此中辩谈的话题和学理，将会贴近我们的伦常日用，渗入我们的表象世界，改铸我们的公民文化，根本不容任何学院人垄断。同样，尽管这些选题大多分量厚重，且多为国外学府指定的必读书，也不必将其标榜为“新经典”。此类方生方成的思想实验，仍要应付尖刻的批判围攻，保持着知识创化时的紧张度，尚没有资格被当成享受保护的“老残遗产”。所以说白了：除非来此对话者早已功力尽失，这里就只有激活思想的马刺。

主持此类工程之烦难，足以让任何聪明人望而却步，大约也惟有愚钝如我者，才会在十年苦熬之余再作冯妇。然则晨钟暮鼓黄卷青灯中，毕竟尚有历代的高僧暗中相伴，他们和我声应气求，不甘心被宿命贬低为人类的亚种，遂把逐译工作当成了日常功课，要以艰难的咀嚼咬穿文化的篱笆。师法着这些先烈，当初酝酿这套丛书时，我曾在哈佛费正清中心放胆讲道：“在作者、编者和读者间初步形成的这种‘良性循环’景象，作为整个社会多元分化进程的缩影，偏巧正跟我们的国运连在一起，如果我们至少眼下尚无理由否认，今后中国历史的主要变因之一，仍然在于大陆知识阶层的一念之中，那么我们就总还有权想象，在孔老夫子的故乡，中华民族其实就靠这么写着读着，而默默修持着自己的心念，而默默挑战着自身的极限！”惟愿认同此道者日众，则华夏一族虽历经劫难，终不致因我辈而沦为文化小国。

一九九九年六月于京郊溪翁庄

献给乔斯林、佐薇、乔安娜以及所有我爱的人

目　录

致谢

倘若没有一些杰出学者与朋友为我做出榜样与鼓励,我绝不会立志做一名历史学家,也绝不会持之以恒地撰写本书。我对于以下同仁的支持衷心铭感:伊恩·阿彻(Ian Archer)、彼得·比勒(Peter Biller)、简·布洛克(Jan Blokker)、迈克尔·布拉迪克(Michael Braddick)、罗宾·布里格斯(Robin Briggs)、玛丽琳·巴特勒(Marilyn Butler)、罗伯特·达恩顿(Robert Darnton)、里斯·戴维斯(Rees Davies)、安东尼·弗莱彻(Anthony Fletcher)、克莱夫·霍姆斯(Clive Holmes)、乔安娜·英尼斯(Joanna Innes)、伊恩·克肖(Ian Kershaw)、保罗·兰福德(Paul Langford)、迪尔梅德·麦卡洛克(Diarmaid MacCulloch)、大卫·帕罗特(David Parrott)、汉娜·皮卡德(Hanna Pickard)、琳达尔·罗珀(Lyndal Roper)、保罗·斯莱克(Paul Slack)、罗伯特·休梅克(Robert Shoemaker)、劳伦斯·斯通(Lawrence Stone)、基斯·托马斯(Keith Thomas)、西蒙·沃克(Simon Walker)、大卫·伍顿(David Wootton)和基斯·赖特森(Keith Wrightson)。我要特别感谢来自马丁·英格拉姆(Martin Ingram)的不断关怀,他指导了我早期的研究工作。还有约翰·马迪考特(John Maddicott)与克里斯蒂娜·德·贝莱格(Christina de Bellaigue),他们各自在方方面面都给予了我不计其数的帮助。

我必须诚挚感谢牛津大学中那些支持我的机构:历史系、万灵学院,尤其是埃克塞特学院。我同样要感谢耶鲁大学刘易斯·沃波尔图书馆以及英国艺术与人文研究理事会的支持。出版人斯图尔特·普罗菲特的敏锐与和气,也让我颇感欣喜。

在特定观点上,我是如此受惠于他人的学术研究,希望这可以通过本书的注释体现出来。本书同样颇得益于我牛津大学的学生在思想上的刺激,以及遍及世界的诸多同仁之热情襄助,其中有历史学家、文学批评家、法学家、哲学家等等,他们或帮助探讨我的观念,或为我提供宝贵的文献,或阅读本书之初稿。我要对他们深致谢意。

最后,要把我最幸福、最重要的感激之情献给我的三位最亲爱的读
xi 者——乔斯林、佐薇和乔安娜。

引　言

戒律的文化

我们可以从不列颠群岛的任何一处、从有文字记载以来直至17世纪晚期的任何一刻开始。不过，让我们选择威斯敏斯特，在泰晤士河的岸边。这天是星期二，1612年3月10日。倘若我们匆匆赶到城中的法院，可以发现地方法官们正在庭上处理着一件日常的刑事案件。一对未婚男女被捕，带到法官面前，这两人被控发生过性行为。女子对此承认了，男子则予以否认。无需多久，两人的命运就可以被决定，他们被带到陪审团面前受审，接受问询，然后被认定有罪。他们的惩罚昭示其罪大至极：不仅仅发生了性行为，他们还生下了一个孽种。因此，苏珊·佩里与罗伯特·沃森将与其家庭、朋友、亲人、生计断绝关系——从他们所生活的社群之中被永远逐出。法官命令直接把他们带到

> 门楼的监狱，两个人的上身都得被剥光，拴在马车尾部，被鞭打着，从威斯敏斯特门楼一路行进至坦普尔栅门，接着在那儿被逐出这座城市。

至于他们的孩子下场如何，则未见记载。[1]

性行为是一种普遍的人类活动。不过，性同样有其历史。我们如

何看待它，我们赋予其何种意义，我们在社会中如何对待它——所有这些在不同时间、不同地点存在着巨大差异。在西方历史的多数时候，对于罗伯特·沃森与苏珊·佩里这类男女的公共惩罚乃是常态。有时惩
1 罚更为残忍，有时则手下留情，但所有婚姻之外的性行为皆是非法的，而教会、国家以及普通民众对此都竭力压制与惩罚。看上去显而易见，那种非法的关系触怒了上帝，阻碍了拯救，破坏了人际关系，并且腐蚀了社会秩序。没有人对此表示异议，即便男人女人们常常禁不住诱惑而越轨，也不得不遭到鞭打、囚禁、罚金以及羞辱，以受到警醒。虽然细处不无差异，每个地处欧洲的社会都提倡性戒律的理想，并惩罚自愿发生偷情行为的人群。其殖民地亦然，不管在北美还是其他地方。而这正是基督教文明的一个核心特征，从中世纪早期以来，其重要性日益突显。在 17 世纪早期，仅在英国，每年就有数千男女吞食自己的苦果。有时候，正如我们在下文将要看到的，他们甚至会被处死。

如今我们对此种做法极为反感。我们将其与塔利班、原教旨主义，以及我们眼中遥远、异质的人群联系在一起。然而，直到非常晚近，直到启蒙时代，我们自己的文化也是这样。此乃前现代与现代世界的一个主要差异。因此，在 17 世纪晚期和 18 世纪出现的现代的性观念，应当被视为一次重大革命。本书的目标即是阐述此一革命何以产生。

这一问题至关重要，却从未得到研究——更糟糕的是，它的存在几乎未得到承认。此领域最早的历史学大家基斯·托马斯在三十多年前，以及稍后的劳伦斯·斯通都认为，1660 年至 1800 年这段时期标志着一个重要的分水岭，“性观念及性行为方面的重大世俗化转变”，现代心态由此诞生。然而，此种转变的起源仍未得到说明。从那时起，虽然性的历史变得越来越流行，但也愈发侧重于专业领域的研究。学院派历史学家如今越来越了解过去有关阴柔（femininity）与阳刚（masculinity）的理想，对身体的诸种态度，以及其他深奥的问题。有些学者着迷于对特殊文本与观念的精微研究，其他学者则专注于一两个个体以及他们

的性经验。这种见树不见林的视角,产生出不少精彩的深度研究与理 2
论洞见。我从中受益良多,深为感佩。不过在我看来,这类研究忽视了划时代的文化嬗变,而那些更早、更果决的学者对其早已明察。[2]

本书旨在描述此一重要变迁,并将之与同一时期重要的政治、思想与潮流联系起来。性的历史通常被视为私人生活或身体经验之历史的一部分。然而,这种认识本身乃是源于将性作为完全个人私事的启蒙运动的观念。与之相反,我主要关注的并不是探入过去的卧室,掀开其被单。我的宗旨是将性的历史还原为一种重要的公共事务,说明过去人们认识和处理性的方式,乃是被当时最深厚之思想文化与社会潮流所塑造。英国内战及查理一世 1649 年被处死, 1688 年革命,宗教分裂的发生,城市社会的扩张,小说的兴起——所有这些变化,与许多其他因素一起,都跟 17 和 18 世纪性文化之急剧转变密切纠缠。的确,我的主旨正是展现性革命实乃欧洲与北美启蒙运动的一个核心部分:它参与创造了一种西方文明的全新模式,而其中的个人隐私、平等及自由诸原则至今仍是我们文明的显著特征。

与法国、德国或者意大利的启蒙运动相较而言,英语世界启蒙运动的进程如此波澜不惊,实在令人惊异,以至于历史学家仍在争辩能否说此一运动真的存在过。本书采用一种广阔的视角来考察启蒙运动,不仅关注知识分子中一套有关自我意识的哲学辩论,还注重一系列社会与思想文化的整体转变,此种转变改变了每个人的宗教、真理、自然以及道德的观念。性革命正展示出启蒙思维方式传播之深远与迅速,以及它对于大众之观念与行为的重大影响。

这并不意味着影响对于每个人而言都是同等的或正面的。正如我们将会看到的,虽然从长远来看,性自由的观念越来越被人接受,但就
短期而言,如同自由这类观念一样,其主要有利于一小部分白种的、异 3
性恋的有产男性。我试图指出性革命之中一些最为显著的矛盾与不平等,尤其对于女性而言。我希望自己的分析会激发其他学者更为深入

地探讨这一革命对于男性与女性、同性关系、不同社会阶层与群体的区别考量，以及西方社会中的其他类似现象。

本书所述不仅在于新的思维方式，而且关涉到生活方式的变化。我试图展现人们的信念如何被社会环境所影响，以及商业、交往与社会组织的新形式如何改造了性的观念与经验。传统上，大多数人都总是生活在小型的、节奏缓慢的乡村共同体内，在其中，社会与道德的一体化举措很容易被强制施行。大城市的生活则与此不同，其规模庞大，人际生疏，各种信息与观念转瞬即逝；还有，性冒险也触手可得。这种生活对于性戒律的强制实施带来了越来越大的压力。第一个能够体验此类变化的地方是伦敦，所以我们关注的焦点即在于此。

正是在此时期伦敦变为世界上最大的都会。对于全球讲英语的人群而言，伦敦就是政治权力、文学与文化以及新观念的中枢。现代都市的生活方式与态度，社会、思想文化和性方面的新潮流，都在这儿被首先创造出来，而其影响将会遍及四海。在伦敦发生的变化会逐渐塑造出对待性问题的新方式，通过整个大英帝国从国家波及国际——从爱丁堡到布莱顿，从都柏林到纽约，从德里到墨尔本。到了 19 世纪中期，英国大部分人居住在城镇之中，而到了本书结尾之时，我们则处于相当熟悉的维多利亚及 20 世纪都市生活的环境之中。然而，故事开始于一个迥异于此的世界。

中世纪背景

4 我们越往前回溯，记载就越为零散。大多数记载已经佚失，存世的则往往疏略，因此我们仅能隐约窥见当时的行为法则。不过大旨是清楚的：非法性行为是公共罪行，这一原则自中世纪早期以来就得到了越来越有力的坚持。

的确，每一种文明从其历史之初就规定了严厉的法则，以惩罚至少某些不道德的性行为。现存最古老的法典（公元前 2100—前 1700）由巴比伦国王所制定，其中即规定通奸要被处死，大多数其他近东与古典文化同样将此视为一种严重罪行：亚述人、古埃及人、犹太人、希腊人，以及某种程度上罗马人都作如是观。此种法律主要关心的是维持父亲、丈夫以及上层群体的荣誉与财产权。同样的观点支撑着日耳曼部落的司法，他们在罗马帝国晚期从西欧至不列颠群岛星罗棋布：法兰克人、哥特人、撒克逊人、朱特人及其他。最早的英国法典始于这一时期，因此它呈现出这一社会中的女性被买卖交易，并且一直生活于男性的监护之下。即便是在有关双方自愿的性行为之案例中，司法体系也主要关注一个男人对另一个男人的赔偿，因为他与对方的女性财产发生了非法的性行为。盎格鲁—撒克逊的肯特国王埃塞尔伯特的法典（602）就规定了各种名目的罚金：“如果一个男人与一个不属于他的寡妇结合”；与女仆或不同阶层的女奴苟合；与其他自由人的妻子通奸——在这一严重的案例中，除了高额罚金之外，罪犯须“用自己的金钱来获得一位妻子，然后将她带到别人家中”。无论如何，非法的性行为本身越来越受到憎恶，并且会导致严厉的个人惩罚。阿尔弗雷德大帝的法典（893）认定此种行为合法：任何一个男人当他发现另一个男人“与自己的合法妻子关在门里或在同一张毯子下，或者与其婚生女或亲姊妹如此，或者与其母亲如此”时，他可以取其性命。克努特大帝的法典（1020—1023）甚至禁止已婚男子与自己的奴隶私通，并且规定奸妇将被当众羞辱，失去她们的财产，耳朵与鼻子被割掉。[3]

此种惩罚之严厉正与基督教会的态度相符，也与其在中世纪早期的欧洲社会不断巩固的地位相应。虽然从记载来看，耶稣并未就这一 5
话题发表过很多意见，但他显然不会容忍通奸或滥交，而他之后的教团领袖则逐渐发展出越来越严苛的性道德教义。在此一过程中，他们广泛援引大量早期学说，其结果就如同一位学者所言，“一种异教与犹太洁净条例（purity regulation）的混合，包含原始时代对于性与神圣之关系的信仰，还与斯多噶派的性伦理有关，这些东西被一种（新的）教义理论的拼凑物给黏结在了一起”。作为希腊—罗马哲学中影响最为深远的派别之一，斯多噶派普遍对于性充满疑虑，将其视为一种低等与堕落的快乐。这种将性视为粗野与亵渎的怀疑态度也贯穿着希伯来圣经。虽然《旧约》赞美婚姻是一种在社会与宗教层面都必不可少的制度，并且有时（尤其在《雅歌》中）歌颂夫妻性爱，但其首要启示则是性关系乃不洁净的。即便在丈夫与妻子之间，性仍然被严格限定于特定的时间、地点以及目的（只能为了繁衍，不可追求快乐），并且在此之后还要有洁净仪式，以洗濯这一行为带来的秽物。其他形式的性行为则会引发对于污秽更深的恐惧。上帝对于这一点的指示非常详细与明确。“不可奸淫”是其十诫的第七诫，对于每一个奸夫奸妇，他下令“必须处死”。同样的命运也会施加于任何犯有乱伦或兽奸罪行的人身上，施加于发生同性性行为的男子身上：所有这些人都玷污了自身与社群。祭司的女儿若去私通，就要被活活烧死。如果一个男子与一个经期的女子同房，“二人须从民中剪除”。如果任何一个男子与未婚少女苟合，上帝的旨意乃是“你们要把这二人带到城门，用石头打死他们”——“这样就把那恶从你们中间除掉”。[4]

基督教学说包含了这一基本观念，并且走得更远。犹太律法比较宽容未婚男女间的私通，还有男子与外邦妓女以及妾室间的关系——的确，正如《圣经》所载，古代希伯来人通常拥有多个妻子。在其最初的
6 几个世纪里，基督教似乎也能够容忍纳妾。不过更普遍的是，这一新宗教的领袖们将上帝的训诫解释为禁止任何婚姻之外的性：那是一条通往地狱之火与天谴的路。许多宗教领袖如此厌恶性关系，以至于他们将婚姻视作一种相较于完全独身而言，不那么洁净与满意的状态。在基督教最早的存世文献中，早期教会的领军人物圣保罗即有过此类阐述。“一个男子不去碰一个女子是好的”，他在公元 1 世纪中期左右对哥林多的基督教团体解释说，即便在婚姻之中，性也会迷惑一个人的心

灵与身体，使其不再追求与上帝交谈的至高目的。保罗自己是纯洁的、独身的与禁欲的，而这乃是最神圣的状态。“我愿意众人像我一样，”他写道，对于少女与寡妇亦如此：“倘若自己克制不住（自己的欲望），就可以嫁娶。与其欲火攻心，倒不如嫁娶为妙。”（《哥林多前书》，7.1—7.40；参见《罗马书》第一章中他对于同性恋的谴责）换言之，婚姻无非是那些难以抑制肉体冲动之人所能采取的一种权宜之计罢了。

在接下来的数个世纪中，教会的主要权威（其中大多数都是独身者）更进一步发展了此种本质上对于性的消极看法。关于节制的禁欲主义理想愈加得到强化，其主要针对神职人员，但也针对世俗男女；与此同时，一大套学说得以建立起来，用以支持这种观点，即肉体欲望本质上是可耻的与罪恶的。这一观念最有力的代表人物就是圣奥古斯丁（354—430），北非沿海城市希波的主教：对于西方基督教的性观念，可能没有另外一个人能比他具有更为深远且持久的影响。不过，他在年轻的时候可是另一副样子，当他这个才子先后负笈于北非与意大利时，与一个未婚情人一起生活了许多年，并且有了一个私生子，并且他在当时更热衷于摩尼教而非主流的基督教。可即便在当时，根据他在《忏悔录》中的著名表白，他已经开始意识到自己生活方式的错误，他向上帝祈祷“赋予我纯洁与自制——但请不要在此时”：因为他仍然充溢着“那种自己更渴望满足而不是扼杀的色欲”。联系到他此后对于性欲无穷无尽的批判，很显然，正是对于人类激情力量的体验导致他幡然转入独 7
身生活，猛烈抨击此种激情的邪恶，削弱种种诱惑。最终，奥古斯丁将色欲视为所有人类欲求中最为危险的一种。跟许多中世纪神学家一样，他主张这是人类堕落的一个直接后果——性感觉一无是处，那只是上帝对于亚当、夏娃及其后代所施加的一种惩罚，一种不可磨灭的标记，昭示着人类罪恶、腐化的状态。说到底，色欲具有一种无比的力量，能够击垮理性与人类意志：受其激发，男人女人们甚至无法控制生殖器官的萌动。更糟糕的是，没有人可以保证自己能够永久将此克服，纵使其付出了最为艰苦的努力。等到奥古斯丁年纪已长，大约四十岁后成为独身者，献身于禁欲之时，他在一封写给另一位主教君士坦丁堡的阿提库斯的信中总结了自己的体验。他抱怨道，抑制“这一肉体之欲”，对于每个人而言都是一辈子的战斗，无论是婚前、婚后抑或鳏寡：

> 因为它会猝不及防地侵入，以其不适时的甚至邪恶的欲望来引诱那些忠诚与神圣之士的心灵。即便我们不屈服于此种无休无止的冲动，不对其有丝毫应允，一直保持抗拒，我们仍然出于更神圣的期望，而祈求它们不再存留于我们自身，如果有可能的话。

但这并不可能。只要人类停留于堕落状态，性生殖自身就会将罪恶代代相传：“此种罪恶与生俱来。”即使在婚姻中，男人与女人都得时刻对此保持警惕，那种无节制的、不纯洁的或不为了繁衍后代的性行为会带来罪恶。对每一个基督徒而言，在其一生中，性的戒律都有着基本、绝对的必要性。[5]

正是这些教义，教会在扩张地盘之时都试图将其灌输给追随者。在英格兰，现存最早的盎格鲁—撒克逊神职人员手册（追溯到 7 至 11 世纪）就通过图解详细描述了众多各式各样的性罪恶，包括一个人进行的、异性之间以及同性之间的行为，平民与神职人员一旦犯罪，就会面
8 临各种相应的惩罚——数月或数年的禁食、鞭笞、离婚、失去神职。[6] 基督教道德标准的传播对于民众观念的影响越来越显著。在神职人员的压力下，贵族纳妾的习俗逐渐衰微，而教会对于一夫一妻制的定义也慢慢得到普及。[7]

在中世纪中期，性戒律在理论与实践方面都取得了长足进展。在 11 至 13 世纪之间，西方教会在此方面极大地扩展了自己的权力，这跟它在社会与思想文化领域支配力的日益增强是一致的。在整个欧洲，关涉性与婚姻的教会法律定得非常详尽、正规与严厉，遍及神职人员与

平民、国王与农民。举例而言，正是在这一阶段，教会领袖们开始协力推行一场日益成功的运动，强制规定所有的神父必须单身，抵制神职人员婚姻。教会自 1100 年左右建立常设法院后，同样在一般民众中改革了对于性犯罪的惩罚。过去主要是秘密告解（private confession）与临时审判（ad hoc jurisdiction），现在则变为一种日益强大的公开审讯体系。最后，城镇与都市的兴起导致了对于城市中通奸、偷情以及卖淫行为的新的惩处方式，与原来的王室、采邑以及教会司法体系并行于世。[8]

到了中世纪晚期，偷情行为不断地受到的一张密不透风的司法之网的监督。审理性与婚姻的诉讼成为了英国教会法庭主要进行的事务：在 13 世纪晚期，据存世文献所载，此类诉讼已经占据了所有诉讼的 60%—90%，而大多数 15 世纪晚期与 16 世纪早期的证据也显示出，防止通奸、偷情与卖淫乃是当时的关注焦点。至于惩处手段则因时因地而异。在 14 世纪的罗切斯特，男人女人们有时被送去朝圣以为自己赎罪，他们被要求向穷人提供救济，或通过交罚金来为自己减刑。最普遍的惩罚就是鞭笞，在大庭广众之下反复进行，地点在教区教堂与市场的周边，以使整个社区的民众都可以目睹。[9] 此类罪行同样要受到城市法院的惩罚。在 1439 年的考文垂，治安法官们命令一个帽匠威廉·保莱 9
与他的情人在一辆敞着的马车里公开穿过整个城市，“以此惩罚来警诫恶行”，从今往后，所有的私通者都要得到这样的下场。在伦敦、布里斯托尔与格洛斯特，人们在主要的市场造出一种特别的公共“笼子”，把卖淫者、通奸者以及好色的神父关在里面展示；在别的地方，人们用马桶椅（cucking-stools）来惩罚妓女。至少从 14 世纪晚期开始，针对性犯罪者的专项行动就已经成为常态，这之下则是更为常规的对于不贞之举的监督。此外，一系列惩罚市民的复杂仪式得以建立起来，用来针对已经定罪的妓女、老鸨与通奸者。严重的罪犯将在整个城市中游街示众，穿上象征耻辱的衣服，一路伴随着嘈杂的锅盆敲击的铿锵声。有时他们还会受到鞭打，戴上颈手枷，剃掉头发，或者被驱逐出城。[10]

纵览整个中世纪晚期，此类惩罚手段如此频繁地得到施行，其实正意味着偷情行为的持续存在。不论在中世纪文学还是日常生活中，非法的爱情与买春之举往往以一种平常的口吻被讨论，这表明此种行为并不一定总是被谴责。不少人认为，偷情行为并不是一种严重的罪恶，这见于一位 12 世纪埃克塞特主教的记载，虽然在 1287 年，此种观念被认定为异端，但它一直存在。对于那些堕入爱河以及时常鬼混的年轻人来说，这一观念尤其容易接受。正如一位早期都铎教会的领袖所抱怨的："在许多人那里，这完全不算罪恶，而是一种消遣，一种嬉戏，一种青春之举——不该被指责，而应被默许；不该受惩罚，而可被取笑。"[11]

同样，官方对于性戒律的态度也明显有所保留与权变。[12] 直到中世纪中期，未婚同居关系无论在神职人员还是平民中都很平常，并且一直持续到宗教改革。教会本身的婚姻法对于偷情行为的定罪情况更为复杂，此一法律制定于 12 世纪（在英国一直施行到 1753 年制定《婚姻法案》时才发生变更）。这一法律对于双方结婚的全部要求，就在于适
10 婚男女以现在时态的话语来交换誓词（如果他们用将来时态，那么，发生一次性行为就能确立他们在法律上的结合）。因此在理论上，合法的性关系只需要双方本人的同意，无需任何牧师、见证人或仪式。而现实中教会试图阻止与惩罚所有迅速、不规范以及秘密的婚姻形式，并逐渐获得了成功：在中世纪晚期，婚姻已形成一套规范，要公开展示，提前准备，由牧师于教区教堂内主持，在当地民众面前见证。[13] 不过说到底，那种观念永远没有完全消失，即必须由男女双方自己决定是否在上帝面前结为夫妇（第二章会论及此）。最后，公开卖淫得到了容忍，在中世纪晚期逐渐得到批准，作为一种必要的罪恶。鉴于现实中未婚的平民与神职人员不可能抑制肉欲，所以一种论调流行开来：与其引发诱奸、强奸、通奸以及更糟糕的行为，还不如允许妓院存在。正如一个中世纪流行的比喻所言："移走了下水道，宫殿里就会充满恶臭……抓走了妓女，这个世间就会遍布鸡奸。"[14]

尽管如此,时代的主流乃是对于婚外性行为更为严苛的控制与惩罚,世俗权威如此,教会权威亦然。纵观整个中世纪,同样显而易见的是,基督教规范与民众观念之间的分歧持续缩小。虽然民众可能抱怨性戒律的种种限制,或者受其压制而愤恨不平,但其影响力无所不在,其必要性毋庸置疑。

宗教改革下的道德观

实际上,在16世纪早期,公众的主要批评是当时的做法过于宽容。这是新教运动的主要不满,它开始于1500年左右,最初作为一项从内部净化教会的运动,但很快发展成为一股为真理而抗争的洪流,从而拆解了西方基督教世界的统一。至16世纪晚期,西方世界(包括其不断增加的海外殖民地)已经在宗教上截然而永久地分裂——不论是在
在天主教与新教之间,还是在新教运动的各种变体之间。新教徒们的 11
共同点在于其怀有一种信仰,相信天主教会的教义与实践已经腐化与世俗。他们的抱负乃是重新发现上帝对于基督徒的真正期待,并且据此建构他们自己的社会:不仅在于宗教信仰,也包括日常生活的方方面面。不同于建立在教会及其主教与神父之上的那种不断累积的教义,在他们看来,首要的根基在于直接洞悉上帝的圣言:《圣经》文本。

在宗教改革重塑世界的活动中,性居于中心地位。在新教徒看来,教会对于性道德的整体态度显得松弛而虚伪,软弱无力。其神父都是好色的寄生虫:独身主义的理想只不过是个笑话而已。教会法庭在追究性犯罪者以及惩罚其肉体罪恶方面做得不够激烈。尤为可耻的是对于卖淫的容忍。在改革者看来,公开的邪恶,总的来说要比秘密的关系危险:光天化日之下出现的妓女与妓院严重误导了年轻人,引诱男男女女深陷罪恶,尤其冒犯了上帝。更糟的是,通过允许与管理性交易,天主教会——巴比伦的娼妇——简直就是靠偷情与通奸的收益来维持自

身。“噢，罗马！”新教常常这样谴责，“妓女在做着营生，向圣洁的金库支付租金，以获取她的营业执照。”[15] 在此期间，人们的道德趋向腐化，而教会则靠着罚金、纵容和其他施加于倒霉教众身上的鬼把戏赚了个满盆。简言之，在教皇的灵魂腐化与教众的性败坏之间存在着直接的联系。结果表明，这一联系对于宗教论辩极其有效，新教徒们在之后不断地发挥着此意。[16]

为了取代那种邪恶，新教徒们提出一种更为纯洁与严格的道德。天主教的独身主义志向不切实际、适得其反，应当被抛弃。对所有人而言，包括神父，婚姻是今后解决性欲的唯一合适途径。从另一方面来说，上帝那诸多反对卖淫的声言应当得到更认真的对待：所有的偷情行为
12 都应当受到严厉惩罚。奸夫应当被处死，这正是路德、慈运理、布塞珥、布林格以及其他宗教改革领袖的理想。[17] 后果即是，凡是宗教改革取得成功的地方，接着就会出现自省的努力以收紧道德戒律：关闭妓院，逐出妓女，以及对于通奸与偷情行为更为严酷的惩治。为了应对新教的挑战，天主教的反新教运动也把更为严格的性监管作为一个重要举措。纵观整个西方世界，这一时期基督教的宣传与举措都强化了对于偷情、通奸、卖淫与鸡奸的压制。[18]

英格兰也不例外。我们不清楚，为何中世纪晚期英格兰的习俗似乎不像欧洲大陆的基督教世界那样宽容。极少城镇允许开设妓院，并且没有任何证据表明当时对于忏悔的妓女提供过任何宗教上的帮助，而这在西欧非常普遍。[19] 在整个 16 世纪，英国多次试图制定更为严苛的国内法来惩处性罪犯。1534 年的一条法令规定，“鸡奸”，无论是对人还是对动物，都要被处死。另一条 1576 年的法令授权治安法官惩处私生子的父母。[20] 与此同时，不少教士与议员仍然忙于设立更为严格的戒律。1552 年，在克兰麦大主教主持下大规模修订的教会法，建议通奸者应当被终身监禁或流放（修订委员们不无遗憾地写道，虽然用石头砸死才是“我们虔诚的先人专门为此而设定的惩罚”）。[21] 一位叫菲利普·斯

塔布斯的作者这样建议：妓女、偷情者、通奸者至少应当用烙铁在脸部或前额烫灼，这样就能让“诚实与纯洁的基督徒与撒旦的淫乱子孙区别开来”。还有不少人主张通奸应当是死罪。都铎官方谴责卖淫的说教，自 1547 年起在此地的每一座教区教堂内反复诵读，其不无赞赏地提到 13
古往今来许多域外与异教的国度都会处死性罪犯，一如上帝在《圣经》中的训诫。结果就是，这一时期每一个英国男女都知晓此类事情，例如，“在突厥人之中……一旦发现男人女人有奸情，都会直接用石头砸死，没有丝毫怜悯。”[22] 这种不断增强的反对态度，甚至对于那些最上层人士也有显著影响。许多中世纪和 16 世纪早期的贵族都有自己的私生子，或者公开包养情妇。宗教改革之后，此类行为就变得更有争议。到了 17 世纪早期，贵族的不道德行为日益引起了人们对于统治阶层之腐化堕落的不安。[23]

从 16 世纪晚期开始，与此种逐渐强硬的态度相应，地方教会法庭也更加致力于惩处婚前性行为、非法怀孕、私生子以及相关行为。[24] 城镇与都市的管理者亦是如此。16 世纪 50 年代在南安普敦与诺维奇，声名狼藉的妓女被逐出城市，且要忍受鞭笞之苦，如果她们胆敢回来，还要在脸上烙印。在拉伊，偷情者被迫戴上黄色与绿色的特殊颈圈。在其他地方，他们被鞭笞、抓捕或戴上木枷。有一种特别复杂的仪式出现于 16 世纪 70 年代的贝里圣埃德蒙兹。在周日，性罪犯们行进至公共的鞭刑柱，他们被妇人剪去头发，然后都被绑起来，在那儿待上一天一夜，任凭风吹雨打，受尽乡民的鄙视。最后，在第二天集市日，他们遭到当众鞭打，“被狠狠抽上三十鞭子，直到血迹斑斑”。[25]

这种逐渐严厉的趋势，其动力部分来自于宗教热情：对于卖淫最狂热的惩罚者往往是那些最激进的新教徒，他们追求一种绝对纯洁的社会（因此用“清教徒”来称呼他们）。这一趋势也反映了不断增长的社会压力。16 世纪经历了前所未有的人口增长与经济剧变。到伊丽莎白一世（1558—1603）统治时期，这些社会激变造成了惊人的贫困、人口

过剩以及本地资源压力。从15世纪末期开始，梅毒这一致命疾病蔓延
14 日肆，在人群中引起了日益严重的焦虑，尤其对于城镇居民。在此一背景下，由性乱引发的社会问题——犯罪、疾病、私生子、贫穷——越来越让人有切肤之感。因此，以更严格的标准处置通奸与偷情，实际上是晚期都铎王朝试图治理贫困与社会混乱之举措的一部分，其他举措包括修筑新式的监狱与感化院，建立一个全新的济贫系统，严厉打击其他的反社会行为，例如酗酒、流浪与乞讨。总而言之，这意味着政府在更大范围内来介入经济与社会的问题。

伦敦是新教狂热的核心，也是市民与中央权力的中枢，还是各种新举措的中心地。从16世纪早期开始，随着新教与梅毒的高歌猛进，在伦敦，不道德行为再次引起了敌意。1506年，在南华克特许经营的妓院就曾被暂时关闭，到1546年则被永久取缔。一群福音派的市长和议员发动了他们自己针对性罪犯的十字军之征——不仅下令抓捕妓女，给她们戴上颈手枷，鞭打，驱逐，顺着泰晤士河巡行示众，还利用世俗法系统地追查偷情者与通奸者。当1550年的市长罗兰·希尔决意抓捕具有名望的放荡市民时，其中有些人“告诉他不该这么严格，并且警告当他下台后会让其付出惨重代价，但他并不因此而罢手，尽管有许多人通过花费巨款以免于名誉扫地”。[26]

特别重要的是16世纪50年代一种新的刑罚机构之建立，即感化院，主要针对城里的流氓、乞丐、流浪者及其他轻微罪犯。这座感化院在伦敦的西边，原本是亨利八世的宫殿，是英国第一家感化院：罪犯很快被移送至此地，不仅仅要挨鞭子，还要监禁数周，从事繁重劳动，目的是向他们灌输对于上帝的恐惧，以及养成勤劳的习惯。这个机构作为一种样板，逐渐为英格兰其他的市县所采用。它的建立对于惩治伦敦
15 的性犯罪有立竿见影的效果。单这一个机构每年就惩处了数以百计的不贞男女。除此之外，还有大量的统计数字来自于首都的教区官员与教会法庭、周边的区民会议、伦敦同业公会以及其他法人团体，还有本

地的治安官员。16 世纪末的伦敦,对于性乱行为之监管可能比以往任何时候都要有力。

权力与惩罚

教会和国家的正统原则,与那些对于非法性关系更为宽容的态度持续对抗着。不过,那些非正统观念并不容易被我们详悉。因为它们既不体面也不系统,只是偶尔详尽地载诸笔端。在诗歌与小说中,爱情被无休无止地歌颂,而情欲则往往被委婉地暗示,而非直接描述。不过,性基本上被视为一种愉悦,男男女女们都渴求着它,确实需要它,这一意涵通过无数的笑话、小册子及其他形式的通俗文体传达出来。例如,民谣《治疗绿色贫血》(“A Remedy for the Green Sickness”)就来自 17 世纪的一个流行观念,即女性保持处女之身太久不利健康:

一个漂亮的丰满少女
躺在她的床上喘息
她看上去绿如青草
悲伤地喃喃自语
“除非我有个健壮小伙
将我从病痛解救
否则我将无法存活
我叹息又含恨
一点也看不上现在的人生。”

大约在同时,一位英国无名作家,翻译了一篇法国的色情文字,其中罕见地以更直白的语言记录下了一个 17 世纪的女性如何体验与描 16
述了她与情人的激情:

> 最后，我们都想纾解自己，于是他平躺在床上，火枪（即阳具）直立着，把我拉过去，而我将它插入我的阴道，晃动着我的屁股。“我在搞你，亲爱的。”他一边说，一边让我专心投入，然后迎合着我，把他的舌头伸入我的口中，对我喊着“我的生命，我的灵魂，我亲爱的小骚货”，用他的手握住我的臀部，（直到）最后那即将来临的甜蜜愉悦让我们用尽全力缠绵，直到最后那带给我们双方的极乐满足终于来临。[27]

现实女性的直接表白在今天则更难以觅得。即便在婚前，18 世纪之前的女性也极少在书信中哪怕模糊地暗示情欲，如同威尔特郡的贵妇玛丽亚 · 锡恩于 1607 年左右写给丈夫托马斯的一封回信那样，丈夫当时在遥远的伦敦，他的那封来信已经佚失。他们两人的结合不同寻常。他们第一次相遇是在 1594 年 5 月的一个晚上，在白金汉郡酒馆的一场宴会上。她从伊丽莎白女王的宫廷来，他从就读的牛津来。他们都只有十六岁。正是在那一天他们秘密结婚了，第一次共度良宵。他们的家庭是势力强大的死对头，而托马斯的父母用尽一切手段去拆散这场婚姻，然而他们的爱情坚不可摧。他们的故事可能启发了威廉 · 莎士比亚随后创作的《罗密欧与朱丽叶》。写下这封信的玛丽亚，此时大约二十七岁，几年前她与托马斯才最终得以共同生活：

> 我最亲爱的汤姆肯，我最亲爱的小伙子：
>
> 你知道我没有，也绝不会忘记你的第一封信如何让我平静的血液涌上羞怯的脸颊。你威胁索要合理的报酬，我则反过来索要彻底的补偿，这样当我们相见时，就既有报酬也有补偿，那将一遍又一遍进行，你知道我的心意，虽然你并不理解我。[28]
>
> 17 ……

像一条沙丁鱼那般疯狂,像一条阿拉贡鳕鱼那样骄傲,我要用你本人在上一封信中的祝福向最最亲爱的你致意,那么再一次祝你万事如意,我最亲爱最可心的汤姆肯,我怀着比一万万万万万倍还要狂热的心情等待你体贴而淫荡的书信。

爱你并且只爱你的

玛丽亚[29]

相形之下,莎拉·考珀夫人的婚后生活并不幸福,她在1701年写道,自己与丈夫共同生活超过了三十五年,为他生了四个孩子,"完全不知道什么是淫荡的念头或性愉悦"。这既是夸赞自己对于性的贞洁态度,也是抱怨自己的婚姻关系。鉴于淫荡言论与行为在当时为人不齿,只有那些依靠性事(或者性剥削)为生的女性,才会对此有更多正面言论,至少以那些见诸史料的方式表达出来。例如,17世纪早期格拉斯顿伯里一个名叫玛杰丽的老鸨,为了让她手下一个年轻的女孩与男人睡觉,鼓励她说"你那地方长得很好,一定要好好利用,否则就是对自己不好,好比土地长久不耕种施肥的话,就会荆棘密布"。"别这样躺着逗我,"风月老手苏珊娜·库克躺在床上的时候,同样直接地斥责她的一个情人,"爬上来,让我好好享受。"(他随即照办)[30]

当时关于性欲,尤其是婚外性欲之合法性的观念,绝大多数是由男性表达出来的(或通过男性表达,因为他们能当上抄写员与作家)。当这样的观念公开表达时,通常以一种滑稽的形式出现。例如1631年,国王的印刷商罗伯特·巴克就因为他的雇工印出的一版《圣经》中漏掉了第七诫中的"不"(not)字[这可不是无意的错误,不同于那种把一行诗中"上帝之伟大"(God's greatnesse)印成"上帝之伟臀"(God's great asse)]而遇到了大麻烦。不过,更常见的情况是他们在私底下表达,尤其是在面对惩罚的威胁时。例如,1576年5月,迈尔斯·霍恩与伊丽莎白·鲍威尔因为在南华克的酒馆发生性行为而被捕,并被移送

18 至感化院，他们对此的回应只是“我们在做之前就已经情不自已”。17世纪早期一个萨默塞特郡的农夫在与情人亲热时被发现，并被告知“他们必须因其行为接受惩罚”，而他同样毫不慌张地予以反驳：“你们之前没见过两头牛交配吗？”1636年，一位埃塞克斯郡的牧师被控亲吻另一位女性，他以相似的方式为自己辩护：“新的牧场让牛犊更壮，外面一个抵得上家中两个。”一位下层的伦敦人在1632年将这些片言只语的大意总结为：“只要双方同意，偷情就不是罪过。”即便在婚姻之外，男女自愿发生性行为也应被视为一种无罪与自然的愉悦。[31]

男男女女们对于此类行为最普遍的辩解就是他们准备结婚。其时一位历史学家说道：“一旦他们结婚在即，束缚性行为的条条框框就瓦解了。”我们主要是从当时的案件中得知恋爱双方对于彼此的这种承诺。事实上，在这些案件中，恋爱随后都告吹，而当事人则被控有偷情或私生子；但显然，双方往往是在作出婚姻承诺后发生性关系，尽管在平时他们（或至少他们一方）也相信一旦女方怀孕，双方就会结婚。例如，多萝西·科尼什的情人

> 在第二次与她交欢的时候于备忘录上记下时间，计算一旦怀孕，孩子何时出生，这样她就可以放心——如果她能证明生下了他的孩子，他就会娶她。

而当1602年威尔特郡普莱特福德的米莉阿德·戴维斯生下克里斯托弗·文森特的孩子后，她同样告诉法庭，

> 鉴于克里斯托弗与她同生在一个教区，又是左邻右舍，而她是在他的劝说与请求下与之同房的，因此她自然而然地期望他会娶她。[32]

通过这一背景我们可以发现当时性监管的局限性。毕竟，这不是

一个把男女强制隔离开来的社会。多数人在他们二十岁中期或后期都保持单身，他们已经积累了技能与积蓄，已准备好步入婚姻，养家糊口。在社会与经济生活的许多领域，男性与女性愈加频繁地自由交往—— 19
工作、社交以及明里暗里相互追求。即便在乡村教区，情况也是这样，而伦敦尤其如此，这座城市本身就是一个世界，充斥着各种非法勾当与猎艳偷欢：妓院、流莺、酒馆、旅店、教堂、剧院、集市、市场以及街道，都涌动着陌生人。[33]

无数通奸者、偷情者、卖淫者与鸡奸者肯定都逃过了监管，其他不少人则躲过了公开惩罚。历史学家们同样指出了这一管制体系的偏袒。女性比男性更容易受到惩罚，而权贵比草民遭受的痛苦要少得多：即使在宗教改革之后，许多贵族与绅士仍然有私生子而不必担心受到指控（事实上，1593 年下议院议员们拒绝以鞭刑来惩罚拥有私生子的人，因为担心它会“加诸绅士与贵族身上，而这些人不宜受此侮辱”）。[34] 有时法律会被滥用，但往往收不到什么效果。上述所有这些局限性都很重要（这种提醒同样适用于研究历史上大多数其他犯罪及司法系统），因为它们反映出权力如何在社会内部分配：在男人与女人之间，在富人与穷人之间，在各种思想权威与社会权威之间。

但这一切都不能让我们无视这一最基本的事实：性监管乃是前现代社会的一个基本组成部分。其运作体现了文化的核心价值。无论按照哪种标准，这一外部戒律的强制实施都取得了显著成效。从早期中世纪到 17 世纪开端，其逐渐更为严苛地强化行为标准。其理论与实践对于全体民众之心灵与生活都产生了深远的影响。

的确，性监管并不仅仅是某种自上而下的外部强制。当然，其身后有教会与国家的权力作为支撑，但是民众的身体力行与广泛认同使其具有了内在活力。每个人在其中都起到了作用，甚至看守、警察与教堂执事也不过是普普通通的户主，只是在社群中各司其职罢了，并不存在单独的、专业的监管力量。这是一个群众性的自行监管系统，整个社群

1. 伦勃朗的作品《床》：当时罕见的一幅表现男性做爱的画面，大概创作于艺术家与其女佣汉德瑞克·斯多弗开始一段非法男女关系之时。

监管着自身，支持着集体行为的准则。除此之外，还因为涉嫌不道德的案件经常缺乏坚实证据，所以这些案子的审判基本上反映了正统观念 22
之共识。[35]

大多数教会法院之审判程序的基础,并不在于强有力的事实,而在于“公共名声”或背德之“声誉”。这些说法都表示公共意见的褒贬臧否,而不仅仅是一种个人的怀疑。可即便是公共意见,也并非都可等量齐观:哪些人持有这种意见才是关键之所在。公共名声若来自体面的公民,乃值得认真对待;但如果是来自“某个自揭其短的下流妇人单方面赤裸裸的指控”,那么就像当时一本小册子所言,这实际上并不是“一种名声,而是一种讹传”。与此类似,教会法庭推定有罪无罪的常用方法,并非根据一系列的证据,而是采用一种公共“誓证”,即考察整个社群的意见。如果被告能够使规定数量的诚实邻居公开发誓说其嫌疑是没有根据的,而且没有人站出来有理有据地反驳他们,那么其指控就被撤销:否则即以公共名声为根据进行审判。从中世纪晚期到 17 世纪早期,誓证这种考察方式显得越来越不容易通过,这也许反映了当时对于性罪犯越来越严厉的态度。在 17 世纪前二十年里,当时记录最为完备的案件来自索尔兹伯里的副主教,其中有一份记录显示,超过二百名的被告之中,几乎有一半没能够为自己洗刷而被定罪。[36]

民事审判同样基于信用、声誉与名声这类评价。实际上在审判性案件方面,教会法官与世俗法官并无较大分殊。根据普通法,有不正当性行为之嫌的男女会被逮捕,并被立即移送至最近的感化院,有必要的话还得接受鞭笞,然后被迫从事数日或数周的繁重劳动。如果他们是户主,则必须提出保释(换言之,找到社群中值得尊敬的成员为其担保),之后在法庭前出现。这类惩罚通常并不只是施加于那些明确犯有“邪恶之举”或破坏治安之人,而同样也根据“恶名”、不道德之“名声”
23 或“流言”,抑或“可疑的”行为,一如在教会法庭之中。[37]

正是由于此点,所以即使只显露不贞之迹象与意图,其后果也与实际犯罪一样严重。1555 年 5 月,伦敦参事会发现一个学徒曾向其师傅的妻子求欢,于是立即下令将此人逮捕,剥光上身“于大堂外面的大门前,然后从那儿被领到齐普赛街的洗心柱接受鞭笞直至见血,然后被绑在一辆马车的尾部",耻辱地游街示众,穿过整个城市,随后被象征性地抛弃于城外。一对男女倘若没有结婚而偷偷厮混,同样有这样的危险。不计其数的男男女女们受到指控,仅仅因其不当地"交往"别人的配偶,此一时期塞缪尔·佩皮斯的日记偶然记录了当时社会习以为常的例行道德监管。1666 年 8 月的一个晚上,当他与妻子及朋友们吃完晚餐回家,它的马车在城门入口处被截停,其乘客被仔细盘问"我们是否是夫妻关系"。几乎不言而喻,任何女性如果在夜间独行,会以不道德之嫌被逮捕(或骚扰)。[38]

这种无休无止的警觉不断被强化,实则也就是一夫一妻及贞洁之观念不断得到灌输。肉欲是危险与可耻的激情,偷情是邪恶,通奸是犯罪;这些信条被反复灌输给每一个男人、女人与孩子,伴随其一生,通过言传与印刷,无孔不入。大多数人将其完全内化于自身,即便偶尔他们会有相反之举。我们可以很容易地看到这点,通过当时人们读的书,接受的教育,聆听的布道,彼此的诽谤中伤,还有他们表达出的对于所有性越轨行为之蔑视态度。绅贵阶层同样不能免于其影响;甚至国王与王后亦然。因为,每一个成人与孩子反复在教堂中听闻,卖淫是"肮脏的、腐臭的与可恶的……罪恶……不合法律,不论对于国王抑或臣民,对于官员抑或私人……对于男人抑或女人,对于任何阶层与年龄之人皆是如此"。[39]

因此,公开惩罚只是性戒律日益普遍的文化环境之最为激烈的一种表现。当法律程序进行之时,其目标既在于强迫个体改造,也在于保 24
卫一种信念。同样有不计其数的例子展现出此种戒律在法庭之外得到成功施行:通过农夫、牧师、朋友、家人、邻居以及雇主,将通奸扼杀于萌芽,对偷情者训诫,向妓院施压。我们可以窥见这种幕后现象,当诉讼的记录显示法律程序还有最后的补救方式,或者显示惩罚并不单单针对一项违法行为,而是针对其抗拒之前的种种努力时。因此,一个女人因其未婚同居或偷情而接受指控,因为"尽管你经常被人用语言与文字郑重劝告远离自己肮脏而淫荡的生活与交际，然而你对这些劝导都弃之不顾”[40]。

更为生动的证据遍布于 16 和 17 世纪英格兰的都市、城镇、乡村等各个地方，其中卖淫者与通奸者普遍受到邻居与社群公开的嘲笑与羞辱。当安・乔治在某个夏日午后与一个士兵在谷仓野合时，被抓了个现行，“左邻右舍把她带走，按入磨坊旁的水流之中，说如果她这么热情的话那就给她降降火”。在 1605 年冬天，当时在伍斯特郡的伊夫舍姆流传说一个本地的地主乔治・霍金斯有一个私生子，但被遮掩得很好。作为一名富裕绅士与重要官员，他有能力阻止任何针对此污行的法律纠纷，然而他无法阻止来自下层的公开批评。12 月的一天，一群人在爱德华・弗莱姆的“天鹅”酒馆会面，决定对霍金斯采取行动。但他们之中没人懂得书写，所以他们把故事告诉给三个来自考文垂的货郎，让这三个人给他们写在纸上。他们又一起编了首歌，嘲笑霍金斯、他的贱人以及他们的孽子，还制作了关于这三人的下流图画，公开散布，以制造最大的影响。三个货郎中的一个，朗斯洛・拉齐，匆匆完成了一堆复制品，还在一堵墙上公开涂鸦，以再现整个事件。他们把一页页纸订满了
25 “天鹅”酒馆，并对其他顾客演唱自撰的歌谣。接下来的数周，他们在整个城镇与周边乡村如法炮制：在当地酒馆散发传单，把它们贴在门上、墙上以及各个地方，四处传唱霍金斯大人与其贱人的歌谣。这首歌是这样的，显然，它与他们绘在上面的图画（现已佚失）相配合：

“我不再可以”：
这就是那个贱人，
与怯懦的乔治・霍金斯鬼混。
他让她怀了个孩子，
在一个野蛮的地方，
名字说出来简直是羞耻。

为了满足诸君的心意，
我就把事情说一说，
那个地方极其私密，
那个地方肮脏无比，
诸位绅士一定同意。
对于奸夫与淫妇，
还有什么比这更糟，
他们只得蹒跚祈祷。
这就是那个私生子，
和他怯懦的父亲，
名叫乔治·霍金斯。
在本郡里面，
我相信没有哪个老爷
比他更混蛋。
噢！被诅咒的子孙，
一想到你这样出生，
我的心就血流不止。
你的母亲是贱人，
你的父亲是恶棍，
你的卑贱将永世长存。[41]

简言之，在这种文化里面，生活中方方面面的自律被视为文明的首
要表征，人们之所以嘲笑不贞，不仅为了取乐，也因为那是软弱的显著
标志。传统伦理的基本准则是，男性与女性要为他们的行为负起个人 26
的责任，不论诱惑多么强烈。只有兽类与野人才“没有限制地顺从”于
“本性的渴求”，开化的基督徒应当“压制肉体，让本性位于理性的统治
之下，一句话，让肉体处于灵魂的掌控之下”。[42]精神和心灵对于肉体之

统治乃是这一戒律文化整体之基础所在。在性戒律施加限制的现实行为中，并不存在任何别种关于性自由之合理、适当的意识形态，不可能设想一个没有性监管的社会。即使是佩皮斯的私人日记，这部在18世纪之前以最大的勇气叙述性冒险的文献之中，也充满了比后世同类著作中强烈得多的负罪感与羞耻感。

为何人们会这样思考？为何性戒律在社会秩序中被赋予了如此根本的地位？如果，读者朋友，你碰巧是身处严格道德监管社会中的一员，你也许能猜到答案。不管怎样，接着读下去吧。

性戒律的基础

实际上，这一状况是由多种因素决定的，因为许多不同类型的思想强化巩固了性戒律，为其正当化提供了各种理据。其中最为基本的乃是这项宗法原则：每一个女性都是其父亲或丈夫的财产，所以任何陌生人与之发生性关系，都得被视为一种盗窃，一种对其亲属严重的侮辱。的确，想一想1662年的贵妇玛格丽特·卡文迪什，她生于一个荣耀的家族，其中任何遭到玷污的女性都要被自己的亲人处死，

> 因为任何污点、无礼、欺诈与失贞，都是对于上帝的冒犯，对于自己生命的侮辱，为她的种族蒙羞，使她的亲人丢脸，令她的家族名声扫地。[43]

非法的性关系还更为实际地侵犯了财产权：情人交换礼物、花钱买
27 春以及私生子，都威胁到了其他人的所有权与继承权。此外，卖淫行为在家庭中间传播了性病、悲伤与不和。它引发了犯罪和其他混乱，并且无可避免地导致其他罪恶：酗酒、行窃、说谎、欺诈、杀婴、谋杀。通过这诸多途径，它摧毁了个体，破坏了社会秩序。因此，对其加以禁止与惩

处就具有极为重要的公共意义。

这种思维方式显得完全在理，因为一般说来，人们理所当然地认为，为了公共的利益，对于私人生活的诸多领域进行外部监管是十分必要的。从社会与经济角度而言，社会并非由自治的个体构成，而是由一家一户构成（确实，如果一个年轻人“没有家法”，或一个女人“自食其力”，自然而然都显得可疑，甚至有罪过）。[44] 家长与雇主注定要监督他们的孩子与工人之德行，正如朋友、邻居与亲属同样理所应当地要关注彼此的生活方式。这些基本观念在每一个社会阶层中都十分盛行，但它们对于那些社会弱势群体的压迫最为沉重——同一阶层中的女性相对于男性是如此，卑贱之人相对于上层之士亦是如此。的的确确，因为每一个社群的首要目标是养育其成员，所以一对贫穷的男女有时会被他们更富裕的邻居彻底拆散，或者强制离居。按照伊丽莎白时代的济贫法，每一个教区要根据其贫困人口之需求来征税，这就导致那些可能增加社群负担或生下穷孩子的男男女女们遭受到日益严苛的对待。例如在 1570 年，肯特郡阿德林顿的上流教区居民们是如此“恼怒”艾莉丝·奇斯曼接受求婚，以至于他们阻止结婚预告的宣读，并“威胁要把艾莉丝赶出教区”，倘若她胆敢反抗他们的“阻挠”。当 1618 年伍斯特郡斯托克顿的安东尼·亚当斯试图带着他的新娘，“一个诚实的年轻女人”，一起生活在他自己的教区时，当地人“不愿意他把她带入这一教区，说两人会生下累赘来拖累他们”——她被迫居住在别的地方。在伊丽莎白时代晚期的特林村（位于埃塞克斯郡），工人罗伯特·约翰逊与伊丽莎白·惠特兰一起生活，并有一个孩子，“如果当地居民能够容忍 28
他的话，他就会娶她为妻”；然而他们不能。十年之后，也是在这个教区，另一位工人抱怨说，他为了与自己的情人结婚，已经努力了一年多。婚事已经在教堂预告，可是“教区不能容忍他们结婚”——如今又指控他们两人偷情与未婚同居。在 17 世纪晚期，这种行为在英格兰全境比比皆是，一再引起人们讨论。“很多乡村教区存在一种坏风俗，”作家卡鲁·雷内尔 1674 年评论道,“人们尽其所能地阻止穷人结婚。”“‘噢,’教会执事们说,”商人达德利·诺斯爵士写道,“‘他们养育的孩子数量超过了他们力所能及的范围,因此给教区增添了负担。’”[45]

在整个 16 和 17 世纪,这种将私生子泛滥视为社会混乱、道德腐化与社区贫困之根源的恐惧感,不论是在国家还是地方层面,都强化了对于性放纵的谴责。因此在 1606 年,当威尔特郡库姆堡的乡绅发现了一起未婚怀孕时,他们立即给地方治安官呈交了一份请愿书,强烈要求严惩那个女人,因为她

> 卖淫的肮脏行径……她放纵的生活,不仅让上帝的怒火降临到我们本镇的居民身上,她邪恶的范例还会严重腐蚀其他人,使得养育贱种的沉重负担会狠狠地加诸我们之上。

事实上,自然而然地,所有怀孕的单身女性都要面对这样的艰难处境。她会丢掉她的工作,预料到自己将被从住所逐出:藏匿怀有私生子的孕妇在当时是一项罪名。如果她去工作,一如 1616 年的玛格丽特·惠勒那样,承受着最剧烈的痛苦,“忍受着极度的痛苦与艰辛,生活毫无指望”,助产士与邻居常常盘问她,拒绝给她提供任何帮助,并且以死亡与诅咒来威胁她——有时候一连持续几个小时,有时候她真的感觉已到了弥留之际——除非她坦白供出那个私生子的父亲的名字。[46]

正因为此,意外的怀孕乃是所有存在非法性关系之男女最为严重
29 的担忧。有些人显然试图避免怀孕,有些人利用草药来引起流产,然而有关怀孕的基本生物学原理直到 19 世纪才得到认识,当时并不存在普遍有效或可靠的避孕方法。偷情行为对于女性的风险要比男性大得多,因为她要独自承受怀孕和分娩的生命危险,她必然要对那个婴儿负责,而且她不可能在身体上隐瞒这一耻辱,她绝无可能逃避严厉的惩罚。正如一位 17 世纪早期的女佣对一个想做她情人的男子说:

> 不，我们绝不应偷欢，直到我们结婚，因为你都看见了，有多少人抛弃了他们的承诺……我只不过是个用人，如果你的朋友们不赞成我们的婚姻，那我们就完了。

如果一位女性已经结婚了，她就能免于私生子的惩罚，因为她怀上的孩子不能说是私生的。可即便在这种情况下，类似的担忧仍然萦绕在那些偷情者心头。一份来自17世纪50年代中期一位萨默塞特郡的已婚女性的证词显示，即使最不讲道德、最不信宗教的引诱者，也不能否认这一恒久的担忧：

> 罗杰于是恳求她……与自己偷欢，那么以后就可以更方便地说服她这么做了，此外，他还告诉她，万一她要是怀了他的孩子，他会提供养育费用。这样一来，谁都不会受到惩罚……但只是在此生没有任何惩罚，前提是他提供费用来养育那个孩子；此生之后则不会存在惩罚，因为既没有天堂，也没有地狱。[47]

同样，基于经济原因，当穷人在婚姻之外生下孩子，他们就有可能被带离父母。在17世纪末，丹尼尔·泰勒和莎拉·埃利斯与他们的三个孩子一起居住在伦敦东区的圣博托尔夫·奥尔德门教区。1700年12月，就在莎拉·埃利斯死后不久，教堂执事们与济贫院执事们突然认定，这个家族剩下的成员给教区纳税人造成了不能接受的负担。丹尼尔·泰勒接受了两位治安法官的问讯并且承认，根据他们所述，"他根本就没有与那个莎拉·埃利斯结婚，只不过是像两口子那样同居而已，而那些孩子都是私生子。"他的两个孩子，威廉与莎拉，随后被带离自 30
己的父亲，送到了邻近的圣玛丽·白教堂教区，他们是在那儿出生的；基于同样的原因，第三个孩子伊丽莎白也被从家中带走，送到了圣博托尔夫・主教门教区。归根结底,性的权利,成家的权利,要受到社群的监管。[48]

除了所有这些世俗的考虑之外,性戒律还明显包含宗教命令的成分。不贞之举要被惩罚,因为正如《圣经》所展现的,此举对上帝极为冒犯。那些打破其诫命的人们在拿自己的救赎冒险,但他们的罪恶同样也影响到了更广泛的社群,即便不易被察觉。正如编年史学家托马斯・沃尔辛厄姆对于14世纪80年代早期伦敦发动的反对通奸者之群众运动的记载:

> 他们表达出自己的恐惧:那些暗中的恶行会造成上帝对他们的惩罚,毁灭所有平民。正因为此,他们希望洗净这一城市的污点,这样一来,城市上方就不会降下灾难或利剑,抑或被裂开的大地吞噬。[49]

两百多年以后,基于同样的道理,库姆堡的市民对于那些怀上私生子的人产生出恐惧感。要是哪个社群敢容忍这种侮辱天主之行,他的怒火就会对他们所有人进行惩罚。最终,神圣的惩罚会摧陷整座城市与土地,一如所多玛城与蛾摩拉城之毁灭(如见于《创世记》,18—19;《申命记》,29、32;《耶利米书》,23;《犹太书》,1)。避开上帝的报复,这就是为何家庭、教区、城市与整个国家急于找出并赶走他们之中的不洁者。他们的社群越纯洁,天主对待他们就越仁慈。

基于同样的原因,性纯洁和宗教纯洁的强制性之间就存在着一种内在的平行关系。在前现代社会,宗教多元乃是一种陌生、不良的概念。
31 不论是在宗教改革之前还是之后,都只存在独一的教会。每个人都必须从属于它,赞成同样的宗教信仰——提出异端观念的惩罚,说到底,就是死。不言而喻,信仰与崇拜绝对不是由个体判断来决定的问题。[50]一如在涉及到性的事务中,法律已经规定了正当的形式,必须得到强制遵守,人们一有偏差即会受到惩罚。强制手段同样惊人地相似。直到

1642 年英国内战爆发前，宗教与性规则之遵守情况都是由教会法庭监管，而在 1660 年王政复辟之后，世俗机构投身于迫害宗教异见分子的行动之中，同样，它也开始着手惩处性罪犯。

在涉及到宗教与性的案例中，惩罚都被认为是一种洗心革面与体国安民的有效手段。这主要有四种途径：首先，公开惩罚缓和了社群的怨气，清除掉其中的污染；其次，它具有震慑之功；再次，它强迫罪犯停止犯罪行为；最后，它同样有助于真正洗心革面。性监管的一个主要目的，总是在于引导罪人与犯法者的悔罪与顺服。倘若加之以教导和劝说，那么肉体之折磨就可以被视为一种敞开人心以改恶从善的有效手段。那些行刑者喜欢将自己看作仁慈的医生，将精神从疯狂带入理智的状态，施加肉体折磨，以将灵魂中的疾病清除。就算不是每次都有效，又算得了什么？“难道因为某些人的疫病无法治愈，就忽视治疗吗？”[51]的确，正如道德家不知疲倦地指出的，惩罚罪人与叛教者乃是一项至为仁爱之举——“可以想象得到的最伟大的仁慈。”监狱牧师埃德蒙·克雷西在 1675 年这样说道。相较于地狱中等待他们的可怕的永恒折磨，人世间这点耻辱与痛苦又何足挂齿呢？[52]

结果是，在性戒律与精神戒律之间存在着一种密切的思想关联。圣奥古斯丁曾说，异端与通奸乃是同一类罪行：人们声称自己仅仅是随心而行，但他们仍旧有罪。[53]更为普遍的是，人们相信道德越轨与精神越轨之间存在着直接联系。大众传道者威廉·克拉格特在纵观古今之 32
后写道，“放纵肉欲的教义”用来“使人远离真理”，并致使他们步入宗教歧途。而另一位传道者写道，除了叛教，最严重的罪恶即是“不洁，一种因为热衷于谬误而导致的自然后果”。[54]

这种性污点与精神污点之间的联系有一个广阔的谱系。正如《圣经》把精神启蒙描述为与基督的婚姻，于是在《旧约》中，上帝自己把偶像崇拜描述为去“嫖娼”，发生“淫行”而背叛他。[55]同样显而易见的是，在《圣经》（例如《哥林多前书》，7.5）以及无数后来的教义中，强烈的性快感被认为是撒旦的诱惑，是所有罪恶之中最危险的。任何人一旦屈服于这种不洁净的欲望，哪怕仅仅一次，就有迷溺于其中的致命风险，这是基督教的一个常识。正如一位牧师这样警告他的读者："你们一定对自己知之甚少，如果你们能够设想到那种情况，你们就会保持自己良心的不安。不，先生，你不能跟放纵的肉欲讲道理。人的心灵并不了解这种激烈的情感。"确实，尽管别的罪行有可能引起人们随后的悔恨之意，但对于这一罪行而言，情况正好相反："对于这一不洁罪恶的反省会再次唤起快感，并使得忏悔之举难上加难"——"就像无底深渊，又似草入牛口，几乎无法从中脱身。"[56] 性叛道与精神叛道二者响和景从，从古至今，无数鼓励着恶行的先知与教派的错误行为不断确证此点。天主教徒、长老会教徒、重浸派教徒、无神论者、穆斯林、无宗教信仰者、异教徒以及异端者：所有这些人都曾被视为倾向于纵欲（而这些群体中的绝大多数，又热衷于指控别人在教义与道德上不纯洁）。[57]

在这种思维方式的根基中蕴含着这样一种假设，把宗教与道德留给个人解释是荒唐的。人们可能真诚甚至狂热地怀有某些观念，但他们仍可能被危险地误导。一位博学的作者列举说："首先，一个人的心灵惯于欺骗而又极其邪恶，如果他能随心所欲，那还有什么有所不为呢？其次，当人们知道自己可以无拘无束，他们就会纵情声色，自甘堕落。"[58] 相较于人性的内在腐化，理性与意识的力量实在微不足道，而
33 谬误与邪恶的势力遍及各处，随时准备对其设下陷阱、侵蚀腐化。理查德·卡佩尔医生解释说，理性是对抗罪恶的"错误武器"，因为这是恶魔的工具。"我们一旦与撒旦这个古老的诡辩家与狡猾的狐狸开始辩论，我们就会满盘皆输……我们的理性是堕落的，是站在撒旦一边的，它正好把我们全部出卖。"至于良心，对于顽固者而言，它是盲目与无能的向导。即便在大多数德行之士那里，"它在某种程度上是亵渎的、腐化的、不完美的，因此，用我们的良心来取代上帝之道，是错误的，它不能成为我们的准则，而是我们的罪恶。"[59]

这些观念在通俗的宗教讲授之中无所不在。约翰·班扬精彩的寓言之作《圣战》(*The Holy War*)把这些观念写得活灵活现,书中描写的是上帝与恶魔为了争夺"人心"这座"城市"而展开的持久斗争。恶魔一开始就先声夺人,宣称上帝的道德律"不合理、复杂以及难以忍受",许诺自己会带来更大的自由与更多的知识。在败坏与扰乱了"人心"的意识后,恶魔毁掉了所有的"道德律法",取而代之的是普遍的"自由"(尤其是对于"肉体之欲望"),人人都可以随心所欲,没有"法律、条令或我的审判来反对你"。他任命野蛮的"欲念大人"为市长大人,其市议员则有"咒骂先生"、"嫖娼先生"与"无神论先生"。即便在城市被以马内利大人(意思是"与神同在")夺回之后,邪恶势力仍然栖身其中,由"偷情大人"与"通奸大人"领导,伺机而动。其中的道德内涵即是,只有在正确的教义与优良的教师之带领下,人们才可以平安地获得救赎。[60,61]

由此,保卫人们灵魂之安宁,同样也必须是政府的一项至高目标。柏拉图与亚里士多德似乎将婚外性行为视作一种危险的、不健康的快感,而大多数前现代的注释家对此深表赞同。[62]"甚至灵魂作为人类更尊贵的部分,"16世纪影响最大的神学家之一,理查德·胡克解释说,"那么人类社会就要更多地去照顾好灵魂的区域,而非那些暂时的东西,例 34
如维持生命的物质需求。"根据17世纪的宗教领袖与作家理查德·巴克斯特的说法,在一个虔敬的社群中,"上帝的荣光与欣悦,以及人们的救赎是首要的目标,而他们的肉体福祉只处于从属地位"。惩罚不贞之人,为了他们自身也为了社群的良善,这是一项基督教与公共的义务,对于社会中的每一个成员而言都义不容辞。[63]

因此,性戒律的文化不仅由强有力的信仰支撑,这一信仰将不道德之举视为危险。它还依赖于一系列重要的政治、哲学与心理假设,关于政府之目的、人类之本性、信仰之伦理,以及先天理解力之缺陷。这一戒律的施行如此长久,它与社会生活结构之缠绕如此紧密,它的思想根基如此深厚,以至于在 1600 年没有人可能设想它的废除。

不过,它的衰亡已经迫在眉睫。首先,宗教改革导致性监管更加严格,但它同时又打破了欧洲基督教世界的统一。在 17 世纪的进程中,
35 宗教分裂的进展将会毁灭掉一切东西。

第一章

公共惩罚衰亡史

（治安法官们应当控告）普通的嫖客与妓女，因为（按照正当的观念）通奸与淫乱是一种现世的罪行，一如精神罪行，并且破坏了此地的和平……警察（可以追踪并逮捕）男人与女人，如果他们（犯下）通奸或偷情。

——米歇尔·道尔顿，《乡村司法》（1618），第160页

这块土地已经被那些恶劣与可怕的乱伦、通奸与偷情之罪所深深玷污，全能的上帝对此极为不悦，为了禁止这些罪恶，现规定如下……任何女性……与任何男性（除丈夫以外）同房……或任何男性如此行事……将被处死。

——《一项禁止乱伦、通奸与偷情之可憎罪行的法案》（1650）

逮捕……妓女，得不到任何现有法律的支持。

——《伦敦警务委员会第二份报告》议会文件（1817），vii. 463

性革命始于公共戒律的崩溃。这部分是社会压力增加的结果。在 37
17世纪之前，90%的人口居住于乡间，除了伦敦以外，英格兰没有大城

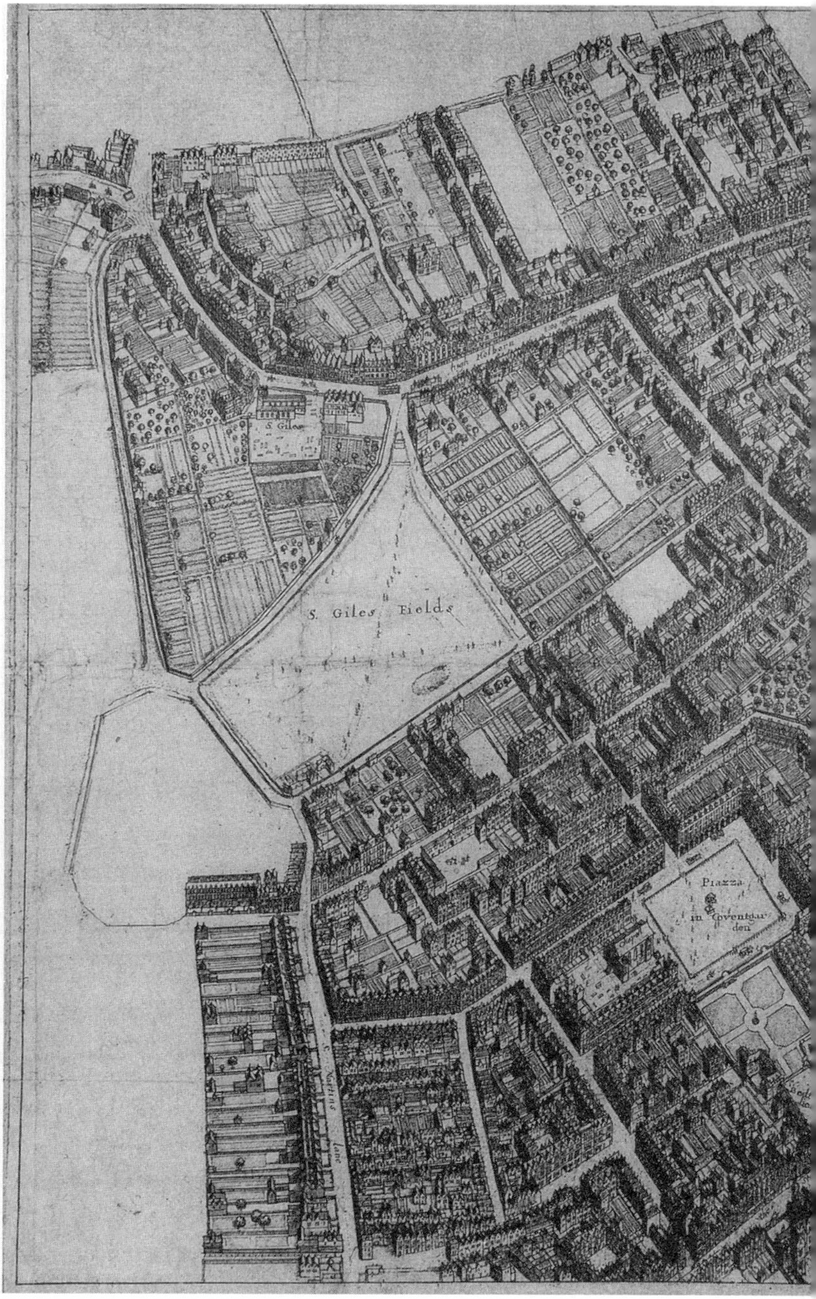

2. 这幅鸟瞰图出自杰出的版画家温斯劳斯・霍拉之手，展现了 17 世纪 60 年代早期伦敦西区的惊人扩张。

Lincoln Inn
Fields
lesser
Lincoln Inn Fields
Lincoln Inn
Strond Bridge
Somerset Staires
Somerset Wharfe
Essex Staires

市。传统的道德监管方式是在小规模的社群中发展起来的,其中的每个人对此都了然于心,并且密切监督彼此的行为。在乡村这一状况变化缓慢:即便到了 18 世纪末,仍然有乡村教区还在以老式方法惩处不贞之行。但城市的情况则与此不同,特别是伦敦。在中世纪末期,只有大约四万人居住于此,但到了 1660 年,其人口已经达到了四十万,到 1800 年则超过了一百万。这一惊人的人口爆炸产生出新的社会压力与生活方式,并且使传统的性戒律机制在压力之下难以运转。

尽管如此,更深的原因并非来自社会或法律层面,而是来自神学层面。宗教斗争因英国宗教改革缓慢和不彻底而出现,并随后成为了 17 世纪英格兰最强大的思想与政治势力。至 1700 年,宗教斗争已经造成一个世纪之前无法料想的种种变化:内战、弑君、君主制与英国国教会之废除、宗教自由。它也同样摧毁了性戒律的公共制度。

欲求完美

天主教与新教在性观念上最大的差异,即是新教对于完美之渴求。传统天主教观念认为,肉体欲望应受谴责但无可避免:将其完全束缚是不可能的,并适得其反。因此,性戒律的强制实施,需要一定程度上对于组织卖淫及纳妾姘居的适当宽容来与之平衡。相反,新教倾向于认为不贞之举绝对要被逐出这个世界,或至少基督徒有责任尽量将其铲除。正如克兰麦大主教 1552 年的教会示范法所言:“偷情与任何一种放纵的肉欲都要接受极为严厉的惩罚,以便能将它们最终从王国根除。”[1] 正是基于此一差异,一种对于私人与外部控制更为严格的戒律呼之欲出。

40 我们已经提到宗教改革运动对于不道德行为之惩处具有的直接影响。这一严厉态度在 1600 年之后的几十年间仍在稳定地持续发挥作用,不论是在英格兰,还是在欧洲其他地方。特别引人注目的是,教会法庭坚持攻击那种在当时得到最普遍宽容的非法性行为,即两个已订婚但还未成婚的一对男女间的性行为。一开始,这种案例只是偶尔得到惩罚,但到了 17 世纪早期,婚前偷情开始得到前所未有的严格关注。在全国不少区域内(约克、牛津、莱斯特、坎特伯雷、埃塞克斯等地),此类控告的数量急剧上升。例如在威尔特郡, 16 世纪 90 年代晚期的时候,每年只有少数此类案件接受处理,但在 17 世纪前二十年里,年平均数已经达到至少五十(还不包括更多难以从现存档案中列举的案件)。可能五分之一的新娘在结婚之时已经怀孕,这表明许多男女在求婚期间已开始性行为。不管怎样,久而久之,婚前怀孕的比例有了明显下降——我们可以借此类推婚前性行为的状况。涉及到偷情与私生子的案件也呈现出相似的趋向:更多的控告,更少的非婚生子,公众行为与态度的真正转变。毋庸置疑,教会戒律的抱负更为远大。当 1604 年英国国教会之教会法在宗教改革后首次进行修订时,它规定其法庭不仅要起诉通奸与偷情,也要起诉"生活中任何其他的污秽与邪恶"。在文学、政治以及日常生活之中,有大量证据表明,这一教会道德学说已融入人们内心,而公众对于不贞之举也怀有敌意。显而易见,只有婚内性行为才正当,这一原则得到支持和内化,势力越来越大。[2]

同样显著的是,在 17 世纪早期,教会最有权力的法庭——高级调查团,多次惩罚有过通奸及其他性犯罪的绅士与贵族成员。其中的一些诉讼可能至少部分带有政治上层权力斗争的目的,但无论如何,它们都表明此一时期内,即便最有地位之人的性过错都得被视为公共罪行。41
1634 年,亚历山大·凯夫爵士被其教区法院勒令赎罪,须支付高达五百英镑的罚金,并被关入监狱,直至找到保释金,这一切都是因为他不顾之前的警告,坚持与艾米·罗保持通奸关系。同一年,利奇菲尔德的托马斯·科顿与多萝西·桑顿被其教区法院与地方教堂判处赎罪,罚金五百英镑,并被送进监狱,因为他们通奸:直到 1639 年冬天他们还被关在那儿。兰开夏郡拉福德的托马斯·赫斯基思先生,因为与多个人通奸而被处以一千多镑罚金，并被勒令在约克与切斯特的大教堂以及他自己地方的教区教堂赎罪；他还被投进监狱，直至他能够提交一大笔保释金。萨福克与法兰克伯爵之子罗伯特·霍华德爵士和白金汉公爵的妻姊波倍克女士，两人在什罗浦郡深处同居。当他们在 1635 年春天到伦敦旅行时，国王亲自命令坎特伯雷大主教对他们的无耻行为采取措施。他们立即被逮捕拘禁。男方被处以三千英镑罚金，并在监狱里被关了数周；女方则被勒令在教堂公开忏悔，像其他通奸者一样，赤着双脚，套着白袍。[3,4] 同样的态度所在皆是，如今我们可以从当时对于上层人士不贞之举的大量公开、随意的批评中窥知此点。在政治诽谤、嘲讽文章、讽刺作品及其他形式的写作与行动中，上流社会的不道德行为几乎无可避免地成为尖锐谴责的靶子，这反映出新教对于罪恶、社会秩序和神圣报应之观念已经越来越深入人心。[5]

宗教改革另一个主要后果乃是，在新教徒内部，关于性监管之界限开始出现越来越多的观念分歧。几乎人人都公开赞成不贞之行应当受到严厉对待，而新教徒犹有怨言，现有的惩罚过于“微不足道”。伊丽莎白女王在 1585 年被警告说：“上帝因而一定对于陛下您十分震怒。”这
42 是耻辱，诺福克郡牧师威廉·扬格 1617 年抱怨说：“这座英格兰如此闻名的教堂对于通奸的谴责除了一件白袍外，竟然没有更严厉的方式。”[6] 然而，人们对于究竟如何进一步处理则莫衷一是。

这一问题自英国与罗马教廷决裂之时起就一直争论不休。福音派新教徒并非唯一支持采取更严厉手段的群体。在 16 世纪早期，许多天主教人文学者同样如此认为，而在 1586 年，当时罗马正处于在位短暂而刚毅果决的教宗西斯笃五世（1585—1590）治下，通奸一度被罗马教廷认定为死罪。不过，新教徒毫无疑问是整个英语世界中反对不道德行为的最为狂热的力量。一般来说，他们对于正当性行为的定义最为严格。甚至在女性怀孕期与经期发生的夫妻性行为，都普遍被视作违背上帝之律法——约翰·科顿在 1636 年为马萨诸塞与纽黑文制定

的示范法典将后者认定为死罪。大体说来,因为新教徒对于《圣经》戒律的根本信仰,他们中的不少人希望再次引入死刑,以惩处通奸及其他严重的性犯罪。这不是为了复古,而是基于一种彻底的进步观念:这将使英格兰与大多数现代世界发达的新教共同体保持步调一致。苏格兰人、日内瓦人、日耳曼人、波希米亚人:他们都是这种严厉态度的时代先锋(邓迪市的议员们如此狂热地追捕性罪犯,以至于在 1589 年他们决定修建一座全新的监狱,专门关押通奸者与偷情者)。[7] 这一不断持续的论争成为了莎士比亚的时事剧《一报还一报》(*Measure for Measure*)的创作灵感之一,此剧的情节关系到非法性行为、订婚以及将不贞之举定为死罪的可能性。

相形之下,英国教会法庭在新教徒眼中就显得一无是处。他们“儿戏般的谴责”(一份 1572 年的新教宣言如是说)对于减少不道德行为没有丝毫作用,他们进行诉讼的主要目的是为了榨取人们的诉讼费。这一新教徒的怨愤自 16 世纪末以来不断加深,因为英格兰国教会越来越普遍地利用教会法来控告新教牧师与教众,指责他们在宗教上不守正道(例如拒绝画十字,拒绝使用法定的祈祷书,或拒绝跪领圣餐)。教会法庭不仅腐败无能,如今它看起来还在迫害善男信女,仅仅因为那些 43
人遵从自己的意识。随着 16 世纪晚期与 17 世纪英国新教徒的宗教分裂状况加剧,此一观念虽在许多方面有失公正,但在论争中已经日益深入人心。在 17 世纪 30 年代,查理一世与他的大主教威廉·劳德发动了一场旨在加强宗教一体的运动,但在很多新教徒的眼中,这场运动削弱了教会法庭的道德权威性。[8]

结果,激进的新教徒一直在进行持续的努力,要将道德监管的责任感渗入世俗领域。17 世纪早期,对于性罪犯加重惩罚的议案几乎在每一届议会都会被提出来:在 1601 年、1604 年、1606—1607 年、1614 年、1621 年、1626 年、1628 年及 1629 年。[9]1610 年的一项法令使得未婚母亲有可能面临至少一年的监禁,倘若她们的私生子有可能要求教区的资助。在1624年,对于私生子与杀婴潮流的妄想症导致了另一项极端的惩罚性法令,其假定任何一个怀孕的未婚女性,如果她的孩子在其后被发现死亡,那她是有罪的(并接受处决),即便她发誓说孩子死于流产或自然死亡。[10] 同时,一旦狂热的福音派获得对于乡村与城镇的控制,他们就会极大地强化当地的戒律。在多切斯特这座英格兰最富清教色彩的城市中,在内战之前的几十年间,婚前与婚外性行为呈现出急剧减少的趋势。[11] 同样的精神在这一时期也驱使成千上万名新教徒奔赴北美,在那儿创建他们的新耶路撒冷。在17世纪早期,所有新英格兰殖民地对于不贞行为都制定了严格的法律:驱逐、监禁、当众鞭笞、在余生佩戴红字及其他耻辱服饰。其中不少殖民地都赞同纽黑文之创建者所秉持的这一观念:"《圣经》已提供了完美的法则"用来治理人世。于是,他们纷纷遵照《旧约》将通奸认定为死罪。[12]

实际上,死刑很少执行。鉴于取证困难,新英格兰的男女经常被判
44 处较轻的罪名(例如"会导致通奸的淫荡、粗俗及愚蠢之行"),并被处以罚金、鞭刑与当众羞辱。[13] 不过,死罪这一严厉说法仍然具有重要的象征意义。在激进的新教徒眼中,尽可能彻底地憎恶与清除淫行,这是建立更好世界和上帝荣耀,以及创造完美社会的必经之途。[14] 这种意识形态在虔敬的社群中如此弥漫,以至于那些誓死反抗它的人在他们的头脑与行为中也难以摆脱这种意识形态之控制。1644年冬天,当马萨诸塞的移民詹姆斯·布里顿生病后,他的头脑被"一种恐怖的意识"紧紧攫住,那就是上帝要因为他过去之淫行而对其施加惩罚。所以他公开忏悔了自己的罪恶。在种种罪恶之中,他提到有一次自己跟人酗酒之后,试图与一位出身很好的年轻新娘玛丽·莱瑟姆发生性关系(但未成功)。虽然如今她已远居于普利茅斯的殖民地,但那里的治安法官还是接到了报警。她被找到,遭到逮捕,穿过寒冷的土地,最终被带到波士顿接受审判。当时,尽管她否认双方实际发生过性行为,但她仍然被判处通奸罪,随后她失声痛哭,真诚忏悔,"极为痛彻悔悟,对她愚蠢的罪

行怀有深刻的忧惧……并且愿意以死亡来实现正义”。在3月21日，审判过了两个星期，她被带到绞刑架。布里顿在她旁边被处死，他同样“在悔过中死去”。在绞刑架下，玛丽·莱瑟姆向聚集的人群发表演讲，劝诫其他年轻女性不要重蹈覆辙，并且再一次表明她对于自己反上帝与反社会的可怕罪行深感憎恶与悔悟。然后她被吊起来，直至死去。她只有十八岁。[15]

胜利与失败

这些在本土与殖民地锲而不舍的奋斗，意在建立一个美好的新世界，献身于上帝，清除掉罪恶，此种宗教期望乃是17世纪40与50年代在全国范围内突然兴起的。在英国社会内部，新教徒一直只是少数，虽 45 然这与他们的影响力很不相称。17世纪40年代的英国内战在1649年达到高潮，查理一世被处死，共和国建立，而这就赋予了新教徒至高的权力。

保皇派与议会派之间的持续斗争根本上是（虽不全是）一场宗教战争。它之所以爆发，乃因为双方对于“上帝在地上的旨意”都狂热地怀有某种特殊的看法，并相信对方都在毁灭这一旨意。新教徒恐慌于国王在国内外的宗教政策，他威胁中止宗教改革，重新引入天主教会，而这对于英国人的自由以及他们的永恒救赎构成了根本威胁。国王及其支持者反过来也恐惧并迫害新教徒，因为他们相信新教徒都是极端危险的颠覆分子，其宗旨与行为削弱了教会的稳定与君主的权威。

国王毫不妥协的政策最终适得其反。1640年查理被他的苏格兰臣民所羞辱，他们举国反抗，因为查理试图强制改变他们自己教会的教义与信仰。苏格兰军队侵入并占领了英格兰北部。数月之内，爱尔兰同样惨遭血洗，这次是天主教徒的一次暴动，他们屠杀了数以千计的新教徒，而这似乎确证了新教徒对于国王之宗教动机的最坏担忧。尽管在英格兰的战争爆发之前，查理就被迫作出了重大让步，但他于 1648 年的最终失败，在他最狂热的对手看来，最明确地预示了上帝对他们这一方的支持，并且指定他们将腐朽的旧势力铲除干净，在地上建立起他的王国。

教会法庭是这场斗争最早的牺牲品之一。“长期国会”（Long Parliament）刚召开数周，1640 年 12 月“连根拔除”的诉求就已呈上。这份诉求阐述了新教对于改革的要求，其中抱怨“卖淫与通奸行为愈演愈烈”，而这是腐朽的教会司法制度直接造成的。在 1641 年 7 月，高级调查团的法庭被废止，而其所有教会惩罚权力也一并废除。为了代替
46 旧的制度，下议院下令草拟一部新的法规来惩处性犯罪。与战时许多其他的立法过程一样，这部法规的通过也旷日持久，但它在 1649 年春天获得了新的推动力——军队赶走了除死硬分子之外的所有议员，并且强制处死国王，废除君主制与上议院，宣告成立联邦。在 1650 年 5 月 10 日，与许多其他的道德改革措施一起，这份法案终于在经过整肃的议会得到了通过，“以禁止乱伦、通奸与偷情的邪恶罪行”。通奸与乱伦成为了死罪。妓院老鸨要受到鞭笞，在额头烙上大写的字母 B，并且在监狱里关三年，若是她们重操旧业，就会被处死。偷情者会被处以三个月监禁，而如果他们重蹈覆辙，可能（这一措辞很模糊）被处死。这份法案的复件被送达至英格兰的每一个教区，以宣告这一新的性管制拉开了帷幕。[16]

这似乎是一次伟大的胜利。在一个多世纪坚定的运动之后，有史以来最严厉的法律终于得到了实施，以强化性戒律。许多其他具有革命性的社会、宗教及宪政进展，同样发生或酝酿于这一时期。在上帝选民的领导下创造一个全新的社会，并献身于他的荣光，这一前景似乎显得指日可待。整个 17 世纪 50 年代，动荡不安的英吉利共和国的历届政权，一再告诫其臣民进行道德改革：对于那些相信自己日常生活即是践行上帝神圣使命的人而言，消灭淫秽及其他罪恶具有极端的重要

性。怀着一种新的热情，新教的治安法官感到自己得到授权，去抓捕性罪犯。在法案通过几周之后，奥利弗·克伦威尔的妹夫，精力旺盛的军官约翰·迪斯布罗就在汤顿主持审判并处死了一名奸妇。虽然此一时期的犯罪记录极不完备，但毫无疑问，肯定还有其他的男性和女性被吊死（在苏格兰同样存在这种情况）。1654 年德文郡的苏珊·邦蒂被判通奸罪，她请求看在自己怀孕的份上得到宽恕。于是她被允许产下婴儿；但就在她刚抱上孩子没多久，她的孩子即被带离，而她也被送上了绞刑 47
架。在她死后，幼小的婴儿被送到四十英里之外的生父理查德那儿，由他照看抚养。[17]

尽管如此，更普遍的情形是，这一法案的实际影响在减弱。它的文本包含如此多的限制性条款，以至于若非可靠的证人正好发现两个人行淫，几乎不可能定罪。至于旁证，无论其多么有力，都不足以定罪。夫妻双方不能为彼此作证，甚至有罪的男女也不能——其中一方的供词不能作为证据指控另一方。因此，尽管在 1651 年，苏珊·沃德的丈夫把情人带回家并与之交欢，“而他的妻子跟他们在一张床上”，但对她而言，《通奸法案》却不能派上用场。同样的情况也发生在 1655 年的罗伯特·佩格身上，当他某天夜里很晚回家，发现自己的妻子在床上，而她的情人正慌慌张张地穿上他的短裤。与此相类的还有 1652 年 3 月，教区官员进入普里西拉·福瑟林汉姆的淫窝，发现她“坐在两个荷兰人之间，胸部裸露，没穿长筒袜，恬不知耻地纵饮高歌”。考虑到这种极端的举证标准，也就不难理解当时没有多少案子依据这一法案审理，而据此定罪的就更少。米德尔塞克斯郡包括了大部分伦敦的郊区，17 世纪 50 年代在这里至少有四十名男女被控犯有通奸之罪，其中不少人因其生活放荡早已臭名昭著，然而最终只有一人被定罪（还有几个被改判或加判重婚，这同样也是死罪，不过更容易举证）。[18]

相反，这一新制度的主要后果是，控告与惩罚呈现出越来越宽松之潮流。在米德尔塞克斯郡，数以百计的通奸嫌犯都由治安法官具结保证，而非送交庭审。换言之，就是被迫解除对这些人的两性关系指控，并找到正派的公民为其良好行为提出保释，再让他们在法庭上为其未来的行为提供担保。对于妓院老板的指控书在英国高等法院中仍不断出现，然而其中没有任何地方明确援用那部新法律。在不少郡，对于通奸与私生子的指控呈现出明显增长：例如在德文郡，1655 年，也就是在迪斯布罗反对不道德行为之运动的高峰期，这类指控占据所有犯罪指
48 控的三成以上。[19]

这些指控多数并未依据新制定的《通奸法案》，而是依据过去有关私生子的法令（虽然就技术层面而言，两者不能兼容，但旧法令仍然保持效力）和普通法，以及治安法官传统上针对性过错而行使的自主决定权——纵使这一权力有悖于新法令的条文。与过去的做法一样，许多罪犯显然首先接受非正式的训诫，在屡教不改的情况下才会遭到起诉。与此相类，1652 年 12 月，伊丽莎白 · 拉特克利夫因为曾有过私生子而受到审判，被控触犯了有关偷情的法案，而她最后却被释放了，原因是她虽然已经承认了自己的罪行，但她“痛悔前非”。又如，伊丽莎白 · 古德哈特被控犯有死罪，此件案子的情况已确凿无疑：她生下了一对双胞胎，这显然不是她丈夫的孩子，而她承认与两个人有过奸情；但她同样“痛感罪责深重”，最后被伦敦治安法官赦免。[20]

司法裁量同样另有自己的一套做法。17 世纪 50 年代在米德尔塞克斯，一些通奸罪名不成立的男女还是得被送到感化院，或遭到监禁，直到表现良好得以保释。议会军的司法审判甚至更为专断。1642 年，为了不遗余力地展示其对于一个“从伦敦尾随我们部队的娼妇”之不快：“她首先在城里被游街示众，随后戴上木枷，关在笼子里，再后来被浸入河水之中，最后驱逐出城。”在 1645 年赢得内兹比战役之后，议会军的部队对于失败一方王党军的营妓采取了报复行为。其中来自爱尔兰的约一百多人被直接杀害，而每个英国女性则被鞭子抽打脸部以致永远毁容。许多议会军的士兵自身及他们的情人，也因为败坏道德而

被军法处置:例如,1651 年冬天在苏格兰的利斯,一对男女被判处

> 在涨潮之时浸入水中两次,然后绑在马车尾部用鞭子抽打,要光着后背挨三十九下,从利斯的警卫总队一直抽打到爱丁堡港……然后从城里驱逐到各自的(即不同的)港口。

从 1655 年到 1656 年,军事统治一度覆盖了整个英格兰。与此同
时,共和国热心于在西印度群岛扩大种植园。于是,在 1656 年春季,部 49
队士兵们被派遣袭击伦敦的街道与酒馆。他们绑架了一千多名“生活放荡的女性”,关押在一艘特遣的轮船中,漂洋过海三个月,将她们强行运至巴巴多斯居住。由于人们普遍的担心,《通奸法案》受到了程序保障的限制,以免其不公正地施加于正派的男性与女性;但是,妓女并没有同样的权利。[21]

因此,从根本上说,这一法案的通过乃是一场得不偿失的胜利。清教徒的统治明显抑制了性放纵:婚生子的数量似乎降至 17 世纪 50 年代的最低水平。但这一法案的影响主要是象征性的:大多数性监管并不依此行事,而就长时段来看,新教徒的这一尝试最终适得其反。废除教会法庭,结果证明是毁灭之举,其留下的巨大的性监管空白只能由世俗机构一点一点慢慢填补。从更普遍的意义看,这一举措摧毁了戒律体系,虽然这种体系存在种种不足,但能很有效地与公众情感协调一致;而取代它的乃是少数狂热分子所信奉的法则,虽然其主张严刑峻法,但却难以强制施行。[22]

1660 年英格兰的君主制与国教会复辟,《通奸法案》被废除。不过,17 世纪中期的这场巨大动乱之影响不可能得到消弭。甚至在内战之前,首都的急剧扩张已经开始影响到道德监管。[23] 如今留下的紧要问题是不断加深的宗教分裂。17 世纪 40 年代与 50 年代不断增加的不仅有人们对于国教的不满,而且也有新教内部的矛盾分歧。一旦没有了审

查制度,也不再有强化宗教一体的措施,各种各样的教会与教派就如雨后春笋般纷纷涌现。复辟的英国国教会决定扭转这一趋势,重新恢复传统:另立宗教门派在过去曾是一项罪行,非正统的宗教会议曾遭到禁止,而且教会法庭曾花大量时间指控宗教异端。然而,这种做法在城市中只是徒劳:别门别派如今比比皆是,且根深叶茂。同样,教会法庭
50 宣称要施行普遍的道德与精神戒律,最后也是无果而终。在一些小型的农村社群中,教会法庭成功地重新建立起针对性犯罪的审判制度,并且一直到 18 世纪都还在发挥作用;但在伦敦及其他主要城市则绝无可能。[24]

虽然这一戒律机制已经被极大削弱,性乱之举依然是世俗监管的重要目标。在王政复辟的几十年间,伦敦每年都有近一千桩针对性犯罪的指控:其中不少指控是针对伦敦内部之犯罪,也有很多针对跨市犯罪。矛头主要指向了公开卖淫,这也是传统世俗监管的重点对象。不论如何,在 17 世纪 50 年代,针对男女婚前与婚外非法性关系之指控仍然很常见。不过,与教会法庭非常活跃的 17 世纪早期比较起来,这一时期的惩罚力度无疑有显著下降。尽管如此,通奸与偷情仍要受到法律追究,并且当时不乏此方面的热情。[25]1660 年之后几十年间,苏格兰人与北美的殖民者重新制定了针对婚外性行为的严格法令,一如欧洲大陆的不少国家。[26] 同样,英格兰在查理二世与詹姆斯二世治下,不时有人要求议会应更为严格地执行现有法律,制定新的法令以打击淫秽,对于通奸行为恢复死刑。[27]

可是上层不再对恶行进行打击。尽管清教徒在位时异常狂热,而且他们之前的历任君主与教会首领也都支持对民众施加性戒律。但时至今日,查理二世对此甚至连空头支票都不开一张(我们会在下一章看到此中的缘由)。他的态度得到更多的是批评,而非赞扬。早在 1668 年,在他治下的第一次重要政治骚乱中,新教徒就以伦敦妓院为口实向他发起攻击。他们说,政府积极压制的应该是淫乱活动,而非宗教持异

见者。在随后的宣传战中，国王的批评者猛烈抨击其宫廷之荒淫堕落、无法无天；而且，这些问题绝不仅仅来自反对者的批评。实际上，对于不务正业的王室之失望与焦虑，已经普遍弥漫于朝臣与教士之中，只是 51
他们隐忍不发而已。在正统基督徒眼中，宫廷的坏榜样已经削弱了民众的敬意，更糟的是，它还可能触怒上帝。性乱是通往反宗教、社会混乱与政治灾难的途径。他们认为，是时候悬崖勒马与改弦易辙了。[28] 在1688 年，他们终于找到了机会。

上帝的革命

1688 年爆发了“光荣革命”，信奉天主教的詹姆斯二世被其女婿——信奉新教的威廉三世率军推翻，这一场革命被英国新教徒普遍视为神力之干预。上帝正是借此给予英国最后的机会来弃绝罪孽、渎教及恶政。结果，革命引起了狂热的道德与精神改革运动，并一直持续到下个世纪，即全国性的“移风易俗运动”。新的君主对此强烈支持，因为这显示出其虔诚信仰，从而与前任的不道德行径区别开来。与此同时，这项运动还为本国同天主教法国之间耗费甚巨的战役提供了正当理由。[29] 无数的政客、教士、治安法官、作家、活动家以及平民百姓亦作如是想。从威廉与玛丽受拥戴的那一刻开始，整个国家就兴起了自发的运动，要从严制裁不道德行为。

这一运动从开始起，就把更严厉地惩治非法性行为视作核心要务。显而易见，人们期望马上通过一部新的法律。正如律师乔治·梅里顿所言，如今对淫乱行径的制裁过于“温柔而宽容”。若要抑制邪恶，贵格会的慈善家约翰·贝勒斯相信，“低于议会的权威是无法做到的”。[30] 甚至威廉与玛丽在登基之前，就被要求开始这项事业。[31] 在 1690 年 12 月，新国王开始出击，他将一封公开信发往国内每个教区，告诫神职人员与教会执事帮助“全面改革我们所有国民的生活与风俗”。他命令教会法

庭立即指控所有的性罪犯,只不过“还没有足够的法律条款来惩罚通奸
52 和偷情”。[32]

在整个17世纪90年代,人们认真尝试弥补这一缺失。在1690年,一群锐意改革的主教与法官一起草拟了一份法案,要恢复对于通奸者的死刑以及偷情者的监禁惩罚,此外,还就1650年法案的某些缺陷提出改进意见。为了让审判更容易,举证的标准被降低:任何没有结婚的男女“被发现在床上,或赤身裸体做任何事情”,都被认定有罪。卖淫则被作为一项单独的罪行来进行系统处理——性交易在伦敦愈演愈烈,随着首都急速扩张,过去的社群监督形式已不再有效。为了重获主动权,法案规定“妓女”在每个教区要是通过例行搜查被揪出来,就会像乞丐一样被立刻赶走。如果酒馆老板在晚上允许可疑的女子出没,将被勒令歇业。拉皮条者和妓院老板将被处以罚金、枷刑,有必要的话还会被驱逐到海外。[33]

类似对于卖淫活动肆虐的担忧,体现在1698年一部反对卖淫及其他罪恶的法案上,这部法案不仅规定通奸者与偷情者要被打上烙印、流放或绞死,而且试图取缔那些两性幽会的场所,例如出租马车。[34]最终在1699年,在主教与改革者联合发起的一次公共运动推波助澜之后,另一部相关法案有很大希望获得通过,其中建议通奸与偷情以轻罪论处,并判处罚金。[35]

道德改革者普遍期望法律更严厉地惩处卖淫、通奸及偷情——即使在1700年后,他们仍然期望“有可能在议会通过一部新的法案来惩处不道德行为”。这些流产的法案实际上是更为广泛的反对邪恶的政治活动之一部分,这一活动最终提议和制定出法律,以惩治亵渎和冒犯神明、赌博及决斗。[36]在新英格兰及周边同样出现了令人鼓舞的进展。在荷兰,一场为了“进一步改革”的运动,包括更严厉打击通奸、偷情
53 与卖淫,在17世纪如火如荼地展开,苏格兰于革命之后掀起了一股反对“丑行、通奸与其他罪恶行径”的浪潮。苏格兰在1690年、1693年、

1695 年、1696 年与 1701 年制定的新法令鼓励对不道德行为采取措施，并且对于臭名昭著的通奸者要“严厉无情地执行”死刑。[37] 在英格兰，多数议员投票赞成对 1699 年的那份议案进行第二次宣读，最终它只能被反复的休会所阻止。不过，只有少数的狂热分子认为新法案的通过至关重要。正如一位持怀疑态度的政治家所言：“那些不把《旧约》与《新约》视为生活准则的人，绝不会因为议会的一部法案而受到感化。”[38]

在新的立法尚未完成的情况下，道德改革者加紧利用现有的普通法制裁手段，不仅针对卖淫，也针对所有的性乱进行惩处。在 17 世纪 90 年代早期，伦敦每年大约有一百起针对通奸与偷情的诉讼。布里斯托尔与此相似，志在改革的治安法官们命令警察草拟出“可能与人鬼混”或“卖淫”人员之名单，并且采取措施赶走暗娼。正如改革运动所不断告诉其支持者的：“通奸等一切淫乱的行径，破坏了和平……为此要接受指控。”[39]

一些后来的评论者看法也一样。虽然不如死刑那么完美，但乔治二世时期的一位主教仍竭力主张，罚金与羞辱的惩处措施“应当更严厉与公正地施加于”通奸者。在整个 18 世纪，狂热的治安法官继续坚持嫖客与妓女应当受到指控：因为“在普通法中，惩治淫荡行为的法案一直都有效”。[40] 不过在那时，正如我们在下一章会看到，思想舆论已经坚定地转到相反的方向。这一原则在立法领域的失败进一步加速了它的死亡。到了 1703 年，伦敦的诉讼数量较之十年前已经减少了一半。在接下来的年岁里，那种将通奸与偷情视为公共罪行的观念逐渐消失。到 1730 年，只有很少的男性与女性遭到这类起诉，大多数治安法官已不再认可这一程序，并且正如《国家审判》(*State Trials*)的编者所言，“普遍的观念”是这类事情不属于刑法管辖的范畴。即使在苏格兰，这一趋 54
势也清晰可辨，英国最后一起以公共犯罪的名义对通奸提起的诉讼发生于 1746 年。[41]

美德的社团

针对卖淫发起的运动从各方面来看都要成功得多。有些虔诚的治安法官独立地开展了针对恶行的斗争，像他们早期的新教徒前辈一样。1703 年，迪尔的市长托马斯·鲍威尔在自己的城市中贴满了王室反对恶行的声明，并且他自己也到处训诫与惩治诅咒者、不守安息日者及其他有伤风化者。“我逮到了一个卖淫者，其行为罪大恶极，”他在日记中写道：

> 把她带到了鞭刑柱——大致位于市场中央，那儿已人头攒动——我下令鞭打她十二下，每隔三下，我就与她谈话，命令她说出所有像她这样以卖淫为业的女人，不论她们来自何方，只要她们来到迪尔从事这种邪恶勾当，迪尔的市长就要像对待她一样对其严加惩治。

不过在大多数地方，道德改革者都联合起来，创建一个致力于控诉公开酗酒者、诅咒者、赌徒、不守安息日者与偷情者的社团。[42]

18 世纪早期，在不列颠群岛、北美殖民地以及欧洲大陆，随处可见这种致力于移风易俗的社团。这类联合体分布于贝德福德、白金汉、柴、格洛斯特、肯特、蒙茅斯、斯塔福德、彭布罗克与怀特岛的农村与郊区。它们同样存在于很多小城镇中，包括阿尼克、班戈、塔姆沃思、肯德尔、卡莱尔、肯德明斯特、莱姆里杰斯、谢普顿马利特以及威尔特郡的朗布里奇德夫里尔（其中有一个由“热情而能干”的老人组成的社团）。但它们最显著地存在于大城市中，因为在那里邪恶与混乱最为普遍。到 1699 年，这些致力于改革的社团已经在考文垂、切斯特、格洛斯特、赫
55 尔、莱斯特、利物浦、纽卡斯尔、诺丁汉与舒兹伯利等城市发挥作用。而在其他的有些城市中，这类社团非常积极或跃跃欲试，例如布里斯托

尔、德比、坎特伯雷、利兹、诺维奇、北安普顿、朴茨茅斯、雷丁、维冈、沃灵顿与约克。在英格兰之外，它们还存在于都柏林、爱丁堡、波士顿、牙买加、比利时、德国、荷兰、瑞士、瑞典与丹麦。[43]

伦敦则是这一运动的源头与中心。[44] 在这里，矛头所指首先是性乱。这一运动最早的领袖是牧师托马斯·特尼森博士，他对于通奸与偷情之举毫不留情。1687 年，他在内尔·格温弥留之际陪伴着她，鼓励她进行忏悔。革命之后，他在王后面前鼓吹抵制肉欲与淫行，谴责国王包养情妇，并且使坎特伯雷大主教成为道德改革的不懈支持者。也是特尼森，作为伦敦西区圣马丁的教区长，他首次发起了抵制邪恶的运动。1689 年夏天，在威廉与玛丽加冕后不久，他的教区发动了一场反对本地妓院的请愿活动，数周之后，一群本地治安法官开始清除附近的妓女。在伦敦城内，新任的辉格党市长同样严厉制裁"最淫乱与可耻的行为，即男人女人半夜三更在街上游荡，并勾搭成奸"。就在伦敦城内与西区采取这些措施后不久，东区（伦敦塔桥）的教会执事、警察与其他户主联合组成了一个社团，专门"压制公共妓院"。他们决定在内部筹款，雇律师来指控所有的妓院老板与常客，并且组织起地方"管事员"网络，监督他们邻近的警员，以及资金的筹集与支出。几个月后，他们发布了一份宣言，希望鼓舞其他人。[45]

到 1700 年，在首都已经有超过一打的各类团体投身于控诉恶行。尽管如此，最初位于伦敦塔桥的社团脱颖而出，领导了反对卖淫的运动，并通过自身的扩张重组，成为了覆盖全市的组织，侦查"色情场所与其中经常出没之人，以将其绳之以法"。也是这一社团，首先发表了一份年鉴，介绍其成就。从 1694 年到 1707 年，这个社团每年都会制作 56
一份"黑名册"或"黑名单"，其中以字母顺序列出过去十二个月中接受审判的性罪犯之姓名与罪行，直到这份名单越来越长，他们才不得不罢休。这些名单被印刷出数千份，广泛散布与张贴，警告那些犯罪者，鼓舞那些同道者，其影响已远及于首都之外。[46]

这一抵制不贞之举的新运动关注的焦点，在于街头拉客与妓院卖淫：这些都是在伦敦缺乏管制而愈演愈烈的罪行。正如一位治安法官所言："罪恶若只是在私下隐蔽地进行，还不至于如此令人愤怒，只有那些光天化日之下在街道、市场寻欢作乐，从而违背了上帝与宗教的恶行才这样令人齿寒。"在所有性犯罪之中，卖淫似乎是影响最为恶劣的。性病的肆虐让数以千计无辜的妻子与家人失去性命，妓院泛滥破坏了诚实公民的和睦与生计。正是在这里，厚颜无耻的娼妓

> 勾引诱惑我们的子孙与仆从沉迷于声色，诱使他们把我们手中的财富盗走，以养活他们的婊子。正是由于她们，雇工们挥霍掉自己的金钱，而这些钱本应用于向商人偿还债务，为孩子购买面包，于是一个个家庭日渐沦落，一处处教区日益贫穷。正是由于她们，我们身染梅毒，钱袋日益空虚，为了报复这些伤害，人们经常陷入争吵、打斗、流血……暴动、闹事与骚乱，让陛下温顺的臣民深感惊惧与不安。[47]

针对街头流莺、妓院老鸨与嫖客的惩处方式，还是令人想起了一些传统性监管的手段与意图。尽管行为不检者要受到鞭笞、游街，并罚做苦力，但如今人们已开始尝试用不那么严苛的方式对待罪犯，而是谴责他们，私下说服他们走上正途，以及给他们传发训诫文字。正是基于相似的原则，人们也开始通过曝光姓名与公开羞辱给性犯罪者施加压力。即便在伦敦，也同样存在恢复教会戒律的呼声。伦敦塔桥的社团建议
57 每一个教区的牧师，应该秘密任命督察员来监视那些因淫荡之举而"臭名远播或嫌疑重大"之人的一举一动。每周日，他都要"召集民众，特地念出一些人的名字与罪行"，将他们逐出社群，"直到他们通过公开忏悔及戴上悔过标记来净化自己的灵魂"。这就是苏格兰的情况。在1708年，安妮女王下令每一个长老会与教区从今以后也采取类似举措，"点名道

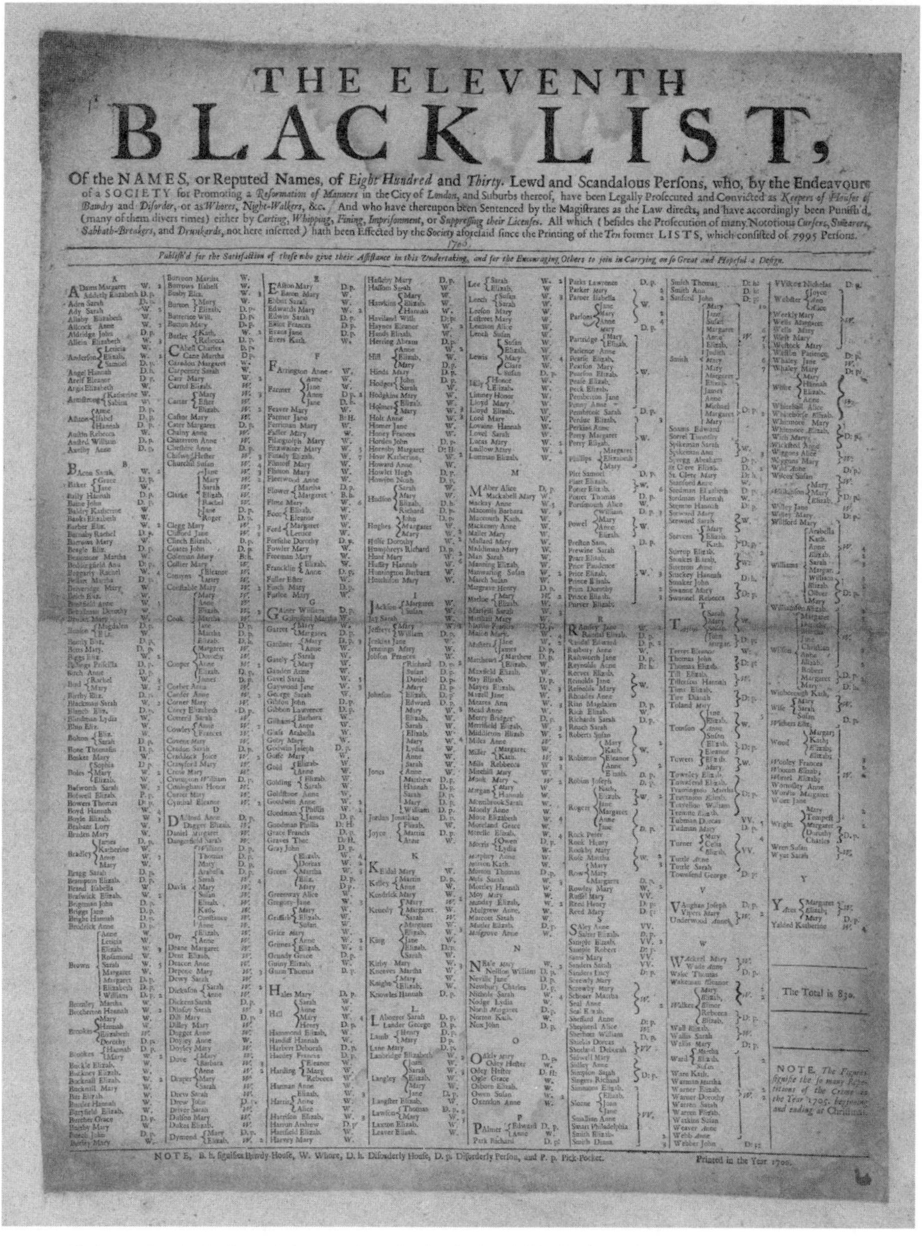

THE ELEVENTH
BLACK LIST,
Of the NAMES, or Reputed Names, of *Eight Hundred* and *Thirty*. Lewd and Scandalous Persons, who, by the Endeavours of a SOCIETY for Promoting a *Reformation of Manners* in the City of *London*, and Suburbs thereof, have been Legally Prosecuted and Convicted as *Keepers of Houses of Bawdry* and *Disorder*, or as *Whores*, *Night-Walkers*, &c. And who have thereupon been Sentenced by the Magistrates as the Law directs, and have accordingly been Punish'd, (many of them divers times) either by *Carting*, *Whipping*, *Fining*, *Imprisonment*, or *Suppressing their Licenses*. All which (besides the Prosecution of many Notorious *Cursers*, *Swearers*, *Sabbath-Breakers*, and *Drunkards*, not here inserted) hath been Effected by the *Society* aforesaid since the Printing of the *Ten* former LISTS, which consisted of 7995 Persons.

Publish'd for the Satisfaction of those who give their Assistance in this Undertaking, and for the Encouraging Others to join in Carrying on so Great and Hopeful a Design.

The Total is 830.

NOTE, *The Figures signifie the so many Repetitions of the Crime as the Year 1705, beginning and ending at Christmas.*

NOTE, B. h. signifies Bawdy-House, W. Whore, D. h. Disorderly House, D. p. Disorderly Person, and P. p. Pick-Pocket.

Printed in the Year 1706.

3. 第十一期黑名单，列出了前一年由东部塔桥的移风易俗社团所惩罚的八百三十名男女的姓名和过错。

姓……以警示邪恶与不道德行为,并且(揭发)和控告那些有罪之人”,与世俗司法机构合作。这些举措最终的理想是建立一个社会,在其中,不道德行为被“所有人避之唯恐不及,除了那些邪恶与亵渎之辈,他们被迫藏身于黑暗的角落,终日惶惶于被人揭发”。[48]

这一运动的成效立竿见影。1693 年,伦敦塔桥社团第一次把活动范围遍及于整座城市,它指控数以百计的男性女性存在乱交行为。它还使伦敦近三十名妓院老鸨承受高额罚金与公开鞭刑,这一数字相较于复辟时期的水准有显著增加。所有这些都反映出这一运动获得了广泛支持——不仅来自于治安法官,同样来自于普通市民,他们在很多诉讼中都助有一臂之力,他们作为陪审团中的一份子,以大陪审员之身份,反复要求从重惩治妓院与站街女。[49]

这种活跃的态势持续了很多年。从 1700 年至 1710 年,每年都有一千多起针对性犯罪的诉讼由社团发起,从 1715 年至 1725 年,数字甚至更高,有时一年还会有接近两千起。这一运动在伦敦城内的效果尤其显著,而这里是运动的中心,是首都的中心,也是国家的中心。数年之内,不论站街女还是妓院都明显减少。在 1709 年,社团在有关妓院诉讼的报告中骄傲地宣称,它们“在城内只发现了一家”,过了些年,“城内连一家也没有了”。即使到了这一运动的尾声,伦敦城内似乎也看不到什么公开的罪恶行径。[50]

社团的狂热不久就导致它们开始负责首都的大部分性监管任务。
59 1693 年,大约四分之一的性犯罪指控都要归功于这一运动,但大多数指控是由地方官员和个人按照传统方式提起。然而十年之后,这一比例严重下降:1703 年,85% 的审判由社团提起诉讼。同样情况也出现在对于鸡奸的诉讼上,从 17 世纪 90 年代晚期开始,这类诉讼就主要由社团提起。因此,社团运动初始之宗旨乃是对于现有的性监管机制提供补充,但最终它却几乎完全取代了旧有的机制。[51]

虽然社团逐渐主导了针对不道德行为的司法活动,它们面临的困

4. 一对男女在一次例行搜捕中被巡夜人逮个正着（一份 18 世纪中期的版本，其创作时间可追溯至 1710 年代）。

难却与日俱增，其中最棘手的就是都市无止境的扩张。在这一背景下，
即使惩治卖淫表现为一股时代趋势，但它也呈现出另一种不同的形势。60
受到惩处的妓女人数虽逐年攀升，但其数量却远不能与性乱行为之愈
演愈烈相提并论。随着社团运动看上去越来越强势，它也开始被自身
的使命所压垮。

从业余到职业

社团的沉浮致使法律与社会的关系发生了一场根本转变。直到此时，对于性犯罪及其他罪行之监管主要依据的是公共自律的原则。看守、警察与教堂执事的职位应由附近公民轮流担任，他们集体负责维持内部的正常秩序。致力于改革的社团宣称要复兴这种公共管理，并且人们普遍认为，它们的运动鼓动了为数众多的民众自发成为了检举恶行者。[52]

事实上，主（塔桥）社团中的积极分子少得惊人。除非他们碰巧是教区官员，否则其中多数支持者只不过每个季节捐一些钱罢了。主社团的核心——那些参加每月一次的集体大会以及竞选社团各种职位的成员——加起来不过“近五十人”，而社团多数事务乃是由一个九人委员会负责处理。此外，抵制淫乱之运动所依靠的也并不是一群业余积极分子，恰恰相反，侦查与指控妓院依靠的是少数雇佣者：经常是两个人，得到本方警察之协助，有时候再加上一两个帮手。[53] 至于监管妓女，这一运动也主要是通过鼓励在职官员与治安法官恪尽其职来达到目的。其关于地方监督员的著作、机构以及网络，激励着有改革倾向的警察，与此同时，它也以大笔现金来慰劳与奖励他们的工作。根据 1694 年的记录，这也是唯一存世的详细记录，主社团曾向两名全职妓院侦查者及其文书支付了近二百英镑，另一次向妓院的指控者支付了八十英
61 镑，还有一次为勤勉的教区官员额外补偿了开支。甚至社团的地方“管事”，在每次发起筹款之后都要得到佣金。“因为我们的法律程序得不到丝毫报偿，”此项运动的一位主要宣传者以一种西塞罗式的笔法论述道，“所以必须承认，金钱乃是这场战争的武库粮仓。”[54]

因此，这场改革运动的主要趋势并非如传统所认为的建立“一种自愿的监管”，甚至也不是像《新牛津英格兰史》（*New Oxford History of England*）所谓的“发动普通市民强制实施法律”，而只是增强了现有监

管方式的效率。那些特别狂热的法官与警察，一直以来就倾向于对性罪犯发起指控。社团运动对此之推动，在于雇用了专门的助手，系统地采用了没有限制的搜查证，以及通过改革司法建立了常规的简易法庭。通过这些技术层面之改良，即使少数人也能够作出大量简易判决。社团针对其他罪行的努力也与此方式相类。在社团运动自身的宣传中，我们可以明确看到，其大多数支持者在诉讼过程中感到气馁的，正是检举道德罪犯时所碰到的麻烦、开销以及不得人心。[55]

事实上非常明显，那些在运动中一贯表现积极的志愿者，到头来往往都是以法律为生之人。最知名的社团活动家是约翰·登特。在运动发起之初，他还是一个出身低微的虔诚小伙子。1692 年，当他的祈祷团中的成员矢志揭发道德罪犯之后，他也加入了这场运动。十年之后，1702 年，当他正在梅菲尔帮忙抵制“公共猥亵”时，他的一个同僚遭到了士兵的袭击。登特把他的朋友从打斗中拉出来，将奄奄一息的朋友抱在自己怀中。在 1704 至 1707 年间，我们发现他这位改革者致力于检举亵渎安息日、诅咒以及酗酒行为。1709 年他成为了一名警察。那年 3 月，他在协助抓捕一名街头流莺的时候被杀害。虽然如登特的朋友所称赞，他为人真诚、虔敬，是“维护信仰之义战”的顶梁柱之一，但很显然，他同时也是一名这方面的专业人士，他全身心投入“逮捕与指 62
控数以千计的下流淫荡之辈（如妓女），除此之外，还有很多不守安息日者、亵渎诅咒者以及醉汉”。[56]

乔纳森·伊斯顿是一位职业工匠，他甚至比登特更早地投入到这场运动之中，实际上，他参与发起了这场运动。在 1690 年，他是伦敦东区反妓院宣言的签署者之一，几年之后，他成为了运动的主要活动家之一。然而几乎从一开始，他的动机就遭到了质疑。他一再被人指控诬告、勒索与侵犯人身。米德尔塞克斯的地方法官对他明显勒索妓院老板与顾客之行为进行了调查，下议院亦对此展开过调查。在 17 世纪 90 年代早期，他被判处罚金，剥夺法律权利，并在新门监狱关了几个月。十几年后，他又因欺诈被判处罚金二十英镑，戴上颈手枷，并被送进监狱。[57]

还有一个例子可以说明，抵制不道德行为的业余活动家如何逐渐堕入金钱的泥潭，那就是伊斯顿的同僚博登海姆·里斯，他是运动早期的另一名关键人物。里斯的初始生涯类似约翰·登特：当运动开始发起时，他是一名刚结婚的宗教社团成员。和妻子托马森一样，他通过培训成为了绣工。然而通过社团运动，他在都市底层执法方面做得有声有色。从1693年到1695年，他受雇于塔桥社团，成为它的一名妓院侦查者，每年可以得到七十五英镑的薪水与开支。随后他投身于抓捕重罪犯，因为油水更大。在17世纪90年代晚期，里斯成为了一名成功的捉拿强盗者，因为抓获了詹姆斯党的阴谋家、小偷与伪币犯，他得到了大量酬金。几年之内，他就积攒了足够多的钱，为自己在新门监狱谋了个副看守的职位，他在那儿一直干到1725年去世为止。倘若里斯一开始对于性乱之举还怀有强烈的憎恶，那么在世纪之交的时候，这种感情已经荡然无存，因为他在那个时候已经去嫖妓，并且把梅毒传染给妻子，还在肉体上对她百般虐待。[58]

我们于是可以看到一种明显的反讽：社团试图让自己的吁求被大
63 众接受，而且它们所宣扬的目标是复兴社群的道德监督；可它们的运动导致了相反的结果。尽管有草根活动家帮着舞动唇舌，但运动主要依靠的还是一小群固定的改革者与官员。大多数支持者只是提供现金支持，而非亲自上阵助力。其主要后果就是导致了都市监管机制建立在一种更加谋利的基础之上。

这种趋势在很早就显露苗头。至少在伊丽莎白女王统治时期，首都生活之逐渐扩张与日趋复杂，就已经削弱了传统监管体系的吸引力与有效性，按照传统，普通户主负责巡逻街道并轮流担任警察与其他官员，其中最早出现改变的是守夜制度。17世纪早期在城中的某些区域，就已经普遍出现了雇人守夜的做法。到1700年这一做法已如此普遍，以至于有些居住区开始为此征税。雇用警员的现象同样因为警务的日益繁重而稳定增加。尽管如此，个人义务之原则仍然未受损害，许多户主仍然履行着个人职责，并且雇用他人之作风实际上并未能提高系统的效率。社团改革的诸种做法即在此一背景中酝酿而生——通过募捐筹款，奖励尽职的官员，以及雇用全职的检举者。这些改革提供了一种全新的解决方式，以应对传统的业余行政之崩溃。这些做法的相对成功巩固了有偿执法的观念，推动了监管活动的职业化。[59]

反过来，与社团之衰落相伴随的是，人们普遍意识到伦敦的监管未为完善，其结果就是 1740 年左右监管系统的根本改革。首都的每一个教区现在都要建立固定、有偿的守夜制度。专业警察愈加普遍。在整个市内，治安法官建立了公职，专门进行执法，并且其数量在各个区域都大幅增加。这些转变的大量出现，正标志着长期以来将监管视作个人承担之公共责任的观念已经走到尽头。从今往后，户主的角色只是 64
付钱让人工作，而专业化的巡逻与事务性的治安法官将成为常态，而非例外。[60]

其结果就是，到了 18 世纪中期，普通公民如果试图对抗邪恶，再也不用亲自打官司，而是雇用他人代劳。18 世纪 50 年代的时候，科文特花园的居民在面对妓院的滋扰时，选择奖励检举者，而非自己亲自指控。18 世纪 60 年代，为了消灭街头流莺，圣马丁的鲁德门地区雇用了一名专业人士帮他们整肃街道。规模更大的运动之手段同样与此类似。1757 年至 1788 年复兴的伦敦易俗会、1787 年由威廉·威尔伯福斯所创立之全国性的阳光协会以及 1802 年出现的祛邪会，都致力于抵制各种不当性行为。其中每个社团中的改革者都通过募捐筹款，然后鼓励警察与治安法官执行法律。只有在一种情况下他们才会亲自参与监管与指控罪犯：那就是事情牵涉得太广，仅靠雇佣工与专业人员远远不够。[61]

在其他领域中也呈现出类似的发展趋势。在刑事审判中，以谋利为目标的专业控诉人越来越普遍。政府自身也通过提供大量报酬来鼓励此类行为。此外，尤其是在 1750 年以后，国内的民间社团也鼓励和资助对于偷猎者、窃贼与其他罪犯的指控，到了 1800 年，已经有超过一千家此类社团。对于城市治安法官而言，获取薪金与收益也被逐渐认可为正常动机：1792 年，《米德尔塞克斯司法法》将支薪治安法官定为常态。这种越来越倚重专业化的趋势，实际上是 1700 年后普通民众法律参与之衰落趋势的一部分。[62] 法律在思想上的重要性仍然牢不可撼：在某些方面甚至更重要了。然而其群体基础，以及在日常生活中的作用，都无可挽回地削弱了。这造成了深远影响。几个世纪以来，法令戒律的文化
65 一直倚靠民众的参与，而到了 1800 年，这在很大程度上已不复存在。

等级制与伪善

这项改革运动的另一个同样显著的效果是，即便对于妓女与老鸨的指控也变得具有争议。在 1700 年没有一个人认为这种罪行可以不受惩罚，而改革社团也可以激烈地指控这些人。尽管他们的策略在短期颇有成绩，但他们也逐渐制造出反对的声音。

1688 年之后，改革者所面对的主要责难是：道德监管是错误的，其举措有失公正。显然，批评者们反对说，只有穷人因为他们的罪行而被惩处，而富人们则高枕无忧。这一问题实际上由来已久，而性戒律的支持者们一直承认此点并对此不懈斗争。事实上，他们总是竭力主张惩罚有罪的上等人比下等人更为重要。你的地位与荣耀有何重要，一位雅各宾牧师质问道："它们能掩盖你的罪恶吗，能准许你无所忌惮、随心所欲地犯罪吗？" 相反，"一个人的地位越高，其骄奢淫逸就越可憎、越可鄙"，而他们也就越应该受到惩罚。在 17 世纪末，"人的地位会加重其罪行" 这一点仍然不言而喻，因此惩罚一个有地位的罪犯，从警戒与影响的角度而言，就比惩罚"二十个低贱之徒"要更好。仅仅惩罚"小人"而不去动"大爷"，是没有效果的，会触怒上帝，也会招致世人的厌恶。[63] 在运动之初，时不时地，人们努力尝试着把这些原则转为实践。[64]

随着时间的推移,更多的积极分子满足于退而求其次。1697 年一位牧师承认,卖淫这一类行为,显然“不只是属于仆人们的罪恶,也属于老爷们;不只发生在贱民身上,也发生在平民和上等人身上”。从原则上进一步说,所有人的罪恶都是一样的,“违抗上帝与本地律法之罪行不会因人而异”。尽管如此,他建议改革者:“当可能弊大于利之时,我认为你们要克制……有时候通过惩罚下等人,能够最好地训诫上等人士,让他们明白什么是正义,了解自己所犯下的同样罪行应该受到何种 66
惩罚。”正是这一观念激发丹尼尔·笛福在 1698 年写出了自己最早的出版物之一。举国移风易俗“势所必行”,他抱怨道,然而“这一改革的偏袒态度使得事与愿违”。只逮捕普通人而放过绅士与贵族,这实在不合理、不公平,那些上等人的恶劣影响才是英国堕落的根源。十年之后,当笛福居住在苏格兰时,他因为类似原因退出了爱丁堡一个重要的改革社团:其中一名主要成员因为通奸行为而臭名昭著,但社团对此却无动于衷。他痛心地告诫说,真正成功的改革绝不会建立在这种伪善的基础之上。[65]

不过在 18 世纪,正是这种社会的偏颇不公得到了坚定的辩护。1731 年一位主教论道,改革社团只有将其目光聚焦于下层社会才是合适的,“国家的富强如此倚赖这些人的勤奋与德行”。上层人士由他们自己反省,或留待更高的审判。所有的性乱都该谴责,1763 年约翰·菲尔丁爵士对此赞同,然而其中最糟糕的乃是“下等与普通的妓院,在那里罪恶被廉价交易,随后扩散到一般民众,而正是他们支撑着宪政”。几十年后,祛邪会也认为控制“公共”行为比监管上层的“私人”行为更重要。即使这样,在 1800 年,对于贵族堕落之公开谴责比一个世纪前变得更加尖锐,同样,人们也普遍认为司法运动存在局限性。任何“禁止公共淫荡”的社会应当逮捕所有阶层的罪犯,如今这已从一种期望变为一种可能。[66]

这一原则之转变可以帮助解释为什么在 18 世纪,对于性监管不公

正之批评变得越来越尖锐，越来越响亮，以及越来越普遍。在世纪之末，
监管的社会基础显然更加狭隘与偏颇。尤其引起争议的是其越来越倚
67 重检举者，这些人可以索取罪犯罚金的一部分。这在以前并没有出现
在道德监管中，不过一直存在于其他领域，并引起了持久争议。在 17
世纪早期，人们就普遍认为，公众检举者之行为“是因为怨恨或私人目
的，绝对不是因为热爱正义”，而在查理二世与詹姆斯二世统治时期，检
举者越来越经常地将矛头对准反对者，这尤其引起争议，因为这会允许
贪财及无良之辈通过指责诚实的基督徒而获利。从 1682 年到 1686 年，
英国对于非国教徒的指控达到高潮，在伦敦有数以千计的男性与女性
因其思想观念而被逮捕、罚款与监禁；但这并不表明当时民众正在狂热
地强行推动宗教一体。实际上，大多数受到惩罚之人与他们的国教邻
居相处太平，他们多是被一帮利己、贪财的检举者所告发。[67,68]

一些年之后，当道德改革运动也采用这种方法时，就必须努力克
服对此的怀疑与敌意。甚至其支持者也需要一再确认检举如今乃是
为上帝工作，“不论多么声名狼藉，现在其又出现了，但其中有些是恶
魔的代理人，满腹心机地陷害别人，养肥自己”。虽然检举不道德行为
之人不应该接受奖金，但贪婪的气味已很难驱散。“确实应该忏悔，”
这些社团在 1709 年承认说，“有一些卑鄙邪恶之徒……向罪犯敲诈，
有时还向老实人勒索。”检举邪恶是荣耀的，伦敦大主教 1724 年承认，
倘若“一个心怀不轨之人混入其中，打着惩治邪恶与亵渎的幌子来为
68 一己谋私，那也不必吃惊”。不过，大多数评论者可没这么宽容。记者
爱德华·沃德写道，制裁淫行毋庸置疑“是一项值得赞美的事业”，但
它已经堕落得“臭名昭著”，因为其依赖的是贪婪的检举者，“他们通过
肮脏的手段生存，像大便上的苍蝇”。甚至性监管名义上的支持者也
逐渐对这种卑鄙手段大失所望，忧心其完全建立在褊狭与堕落的基础
之上。这一计划以良好意图开始，乔纳森·斯威夫特说，然而彻底堕
落为“一种养肥检举者的职业，那些人是最卑鄙的无赖小人，例如警员

和破产的店主”。[69]

淫荡而伪善的改革者,因此成为了 18 世纪戏剧中一个常见的滑稽人物。在玛丽·皮克斯的滑稽剧《不同的寡妇》(*The Different Widows*)中,改革者德洛尔先生是一个伪善的傻瓜,他的妻子很鄙视他。有一次他被发现与一个年轻女人同床共枕,于是被迫坦白“有很多次,当我斥责邪恶的时候,我自己已经被引诱了”——所以许多“美丽纯洁的违法者”最后都上了他的床,而不是进了感化院。乔治·法夸尔的《恩爱夫妻》(*The Constant Couple*)塑造了一个年老的市议员斯莫格勒先生,他吹嘘自己对抗邪恶的努力,即使当他与声名狼藉的卢维尔夫人私通时。当她快被说服的时候,他宣示了真理:“我早就是一个偷情者,我还没有我看上去一半的虔诚。告诉你,小坏蛋,为什么我要伪装成这个样子,因为我们的神圣都是外在的,都是伪善。”在另一出戏中,主角是一个典型的“淫荡之克星”,市副议员德赖弗先生,他承认“私底下我自己爱着一个少妇”,而他的改革社团则对妓女与小偷进行敲诈勒索。[70]

这类嘲讽作品追随的是一种悠久的文学传统,这种传统把清教徒与其他狂热分子描写为伪装者与误导者。这一传统在 18 世纪之所以获得生命风行一时,正因为其唤起的道德异议显得越来越合理。道德改革者们不仅公开歧视底层罪犯,而且他们越来越公然地采用各种唯利是图的手段,甚至已到了肆无忌惮的地步。拒绝同流合污已经没有意义,祛邪会的一名宣传家 1804 年写道,因为“耗子只能被白鼬在洞中 69
捕获,邪恶只能在它的洞穴中追踪,那就得变得跟它一样”。结果便是,很多批评者发现妓女与监管她们的人之间在道德水准上没什么差别。沃德在 1700 年嘲讽道:“一个现代的祛邪者”乃是“一个最需要具备这种恶行的人,此人一无所用,除了像皮条客一样,依靠别人的淫行为生。每天晚上睡觉前他都真心祈祷这个世界越变越糟,这样就能让他活得舒服,也让恶魔心满意足”。一百多年后,西德尼·史密斯以同样的观念批判了祛邪会:“那些人,他们的职业就是逮耗子,他们也热爱逮耗

THE
SAINT turn'd SINNER;
Or, the Dissenting Parson's Text under the *Quaker's* Petticoats.

Tune of a *Soldier* and a *Saylor*.

YOU Friends to Reformation,
Give Ear to my Relation,
For I shall now declare Sir,
Before you are aware Sir,
The matter very plain,
The matter very plain.
A Gospel Cushion thumper,
Who dearly lov'd a Bumper,
And something else beside Sir,
If he is not bely'd Sir,
This was a holy Guide Sir,
For the Dissenting Train.

And for to tell you truly,
His Flesh was so unruly
He cou'd not for his Life Sir,
Pass by the Draper's Wife Sir,
The Spirit was so faint.
The Spirit was so faint.
This jolly handsome *Quaker*,
As he did overtake her,
She made his Mouth to Water,
And thought long to be at her,
Such Sin is no great matter,
Accounted by a *Saint*.

(Says he) *my pretty Creature,*
Your charming handsome Feature,
Has set me all on Fire
You know what I desire,
There is no harm in Love.
Quoth she, if that's your Notion,
To Preach up such Devotion,
Such hopeful Guides as you Sir,
Will half the World undo sir,
A Halter is your due sir,
If you such Tricks approve.

The *Parson* still more eager,
Than lustful Turk or Neger,
Took up her lower Garment,
And said there was no harm in't,
According to the Text:
For *Solomon* more Wiser,
Than any dull adviser,
Had many Hundred Misses,
And why shou'd such as this is,
Make you so sadly vext.

The frighted Female *Quaker*
Perceiv'd what he wou'd make her,
Was forc'd to call the Watch in,
And stop what he was hatching,
To spoil the Light within,
To spoil the Light within.
They came to her Assistance,
As she did make Resistance,
Against the *Priest* and *Devil*,
The Actors of all Evil,
Who were so grand uncivil,
To tempt a Saint to sin.

The Parson then confounded,
To see himself surrounded,
With Mob and sturdy Watch-men,
Whose Business 'tis to catch Men,
In leudness with a Punk,
In leudness with a Punk.
He made some faint Excuses,
And all to hide Abuses,
In taking up the Linen,
Against the Saints Opinion,
Within her soft Dominion,
Alledging he was Drunk.

But tho' he feigned reeling,
They made him pay for feeling,
And Lugg'd him to a Prison,
To bring him to his Reason,
Which he had lost before,
Which he had lost before.
And thus we see how Preachers
That should be Gospel-Teachers,
How they are strangely blinded,
And are so fleshly minded,
Like Carnal Men inclined,
To lie with any Whore.

FINIS.

London, Printed for *N.* [illegible] near *Shoe-Maker-Row*.

5. 一首幽默的歌谣（献给“所有改革的朋友”），说的是一个所谓正直的反对派牧师之下流好色。

子;灭虫者欣喜地抓住虫子;惩治者欣慰地发现他的罪恶。最后来的人很快就变成了和先来者一样的生意人,他们中没有一个人讲道德,或为他们各自的邪恶存于世间而感到痛心。”[71]

罪与罚

1688 年之后,即使对于性罪犯的简易判决也愈发受到质疑。在整个中世纪、16 世纪以及 17 世纪,正如我们已经看到的,妓女经常因其罪恶生活而被立即惩处。改革社团继续坚持这一做法,它们有系统地使用所谓“空白搜查令”(general warrants),这样就能赋予警察逮捕任何可疑人物的权力。不过到了 18 世纪头几十年,这一做法已经引起了极大争议。

我们能从公众对于逮捕站街女的反对潮流中得窥一隅。在 18 世纪的伦敦,士兵与水手的数量不断增加,这意味着道德监管所面临的对抗也变得更加强硬与普遍。在 1702 年以及 1709 年,改革派警察两次在试图拘捕站街女时当场被刺身亡。在 1711 年春季,科文特花园发起的一场反对“放荡妇女与她们男伴”的运动遭遇挫折,因为“警察受到重创,其中一位被一群无赖外加四十名守卫士兵重伤致死,这些人联合起来保护那些妇女”。还有一次是在伦敦东区,一千多名水手包围了地 71
方治安法官,强迫其释放一群要被送往感化院的有罪妓女。[72]

伴随这股公开对抗道德监管之汹涌潮流的,是一股逐渐上涨的不满其法律意义的暗流。1709 年,对于三名杀害改革派警察的士兵之审判转变为一场争论,即官员是否能够合法逮捕一名妓女,如果她只是在拉客而非发生性行为。在 1688 年之前,这一问题是不可想象的:没有人怀疑妓女应该立即受到惩处,也没有人很在意扣押她们所涉及的法律细节。然而,社团的行动第一次使得这一问题得到严肃争论,到底在多大程度上法律可以被延伸用于纠正妓女与无赖的品行。人们对于法律的意见越来越趋于怀疑。“什么！”首席法官大人约翰·霍尔特爵士在面对一项多数同僚支持的法律解释时惊呼：“难道一个女人，尽管她很放荡，就没有安静上街的自由吗？……什么！难道一个女人不能在自己城市的街道上行走吗？……为什么，一个低贱的女人和其他人一样都有在街道上行走的自由。”人们不再认为“一个人的自由应该取决于警察的良好印象”，不再认为逮捕一名妇女“基于她生活淫荡的嫌疑……这难道不是违反了《大宪章》吗？”正是基于相似的原因，改革运动在1725年遭到了致命一击，当其使用空白搜查令逮捕可疑的妓女时，威斯敏斯特法官裁定其不正当与不合法。[73]

不出所料，改革者们相信这一法律挑战来自对于道德监管观念的反对意见。许多治安法官明显不喜欢检举者，拒绝协助社团，或阻挠其事业。不过，这种反感经常集中在运动的手段而非目的上——一些最被痛批为改革敌人的法官，实际上自己明显是反对不道德行为的积极者。更一般地说，社团所面临的困难反映了法律原则更深层次的转变，
72 这影响了18世纪对于各类罪行的处理方式。一个关键的变化就是，惩罚更多地依据特定不法行为之证据来确定。在早先，依靠对于不道德行为的看法往往就足矣：如果男性与女性被认为“淫荡、懒散及妨碍治安”或“名声不佳”，那么根据法律，他们就可以被逮捕。如今依据的范围则逐渐限定在特定的行为上，而非个人的一般品行，并且治安法官、法官及议会关心的是更准确地定义罪行。一个相关的进展就是，随着18世纪的法律越来越依靠简易审判权（summary jurisdiction），法官与基层官员的权力受到越来越严厉的监督，程序更加规范，限制也更为明确。在这一空前审慎的氛围下，社团的行事方式就显得极为随意。当1698年一位长老会派的改革者接受国务大臣詹姆斯·弗农的质问时，他承认他们有些做法违背了“法律的正式规定”，而是“来自上帝赋予的特权，他的荣光能够证明这些极端做法之正确”。这是17世纪50年代新教主将们的观念。即便在那时，这已属于特殊看法，而到了18世纪初，

这一观念已逐渐失去了支持。[74]

这一趋势的一个结果,即是人们逐渐怀疑妓女究竟是否有罪。这并不意味那些女性不再遭到骚扰、逮捕与监禁:权力的均衡依然对她们不利。[75]不论如何,这毕竟是一个显著的进展,扭转了数个世纪的法律传统,并且——至少在原则上——给予了她们前所未有的权利。到了18世纪中叶,人们已经坚定地认为妓女卖淫本身不应当受罚。在1750年左右,小说家兼治安法官亨利·菲尔丁将此视为一种弊端,必须马上革除。虽然"法律以前是另一副模样",他有些沮丧地写道,但如今已不可能只因为妓女拉客以及她们普遍的"猥亵之行"而对其施加惩罚。1770年,他的同父异母兄弟约翰·菲尔丁爵士通过一个议会委员会确认,存在"很大困难去惩处那些罪犯,因为如今的法律不允许,一如妓女这类人在任何法律规章之中几乎都可以逃避制裁"。一代人之后,公共道德守护会发现,甚至公开拉客,以及"妓女……走上街头满口污言秽 73
语"都可以不受司法管制。[76]

在19世纪,仍然不断有人试图纠正这一明显缺陷,但他们的努力都付诸东流,这表明法律之根本假设已经完全远离其前现代的源头。1822年的《取缔流氓法》短暂地恢复了詹姆斯一世的司法解释,明确规定"所有妓女……如不能为自己提供一个令人满意的解释,将被视为无所事事及妨碍治安分子"。但两年以后,另一项法案重新确立了以下原则,只有确实妨害治安,才应受到惩罚。19世纪60年代通过的三部《传染病防治法》授权警察可以在特定的军事区域鉴别出"卖淫"的女性,然后强制登记。这一批准与管制卖淫的制度结果引起了极大争议,而在一次全国性的运动之后,这部法案于1886年被废除。[77]

最后也是最显著的变化是,对于妓女与老鸨的惩处法律呈现出式微之势。直到17世纪末,对于这类罪犯的诉讼仍然非常普遍与有效。在17世纪70年代早期,首都每年可能有四百或五百名妓女在主要郊区被开庭审理,占到所有罪犯的四分之一。到了17世纪90年代,改革社团的力度更大，尤其是在伦敦城内，其每年都要使数十名妓院老板被判刑。然而在18世纪前半叶，诉讼的数量持续下降，到了世纪中叶，法律实际上已经不再处理此问题。1748年，霍尔本新来的高级警员桑德斯·韦尔奇雄心勃勃地试图恢复法律这一功能，他亲自起诉了伦敦三个名声最坏的妓院老板："明星"妓院的彼得·伍德，"王冠"妓院的伊丽莎白·欧文以及"葡萄串"妓院的安妮·艾弗莱特，都在斯特兰德。他自己手下的小警员充当证人。另外，还有大约一百名妓女在这一年遭到指控，其中有人还被多次指控。然而无人被定罪。[78]

这更加值得注意，因为在18世纪早期的时候，老鸨与妓院还面临
74 着越来越大的敌意。当时的流行做法是低调处理妓女自身的个体责任，而严惩背后的唆使者。首都的妓院同样被挑出来，作为抢劫、盗窃及严重不法行为的重要源头。[79]结果就是，18世纪中叶出现了更大的努力以根除这一问题。1752年，议会通过了一部新的"法案以更好地阻止盗窃与抢劫……并惩罚那些经营非法场所的人"，意在解决法律上的困难。其宣布最常见的诉讼策略不合法，并提供高额奖励，强制教区承担诉讼费用；但其效果却微乎其微。1758年，桑德斯·韦尔奇已经是一名治安法官，他对于法案甚至没能够打压"公开与无耻的妓院"而感到沮丧。也是在同一年，尽管桑德斯自己孜孜不怠，但在拥有七十万人口的整个伦敦市内，可能只有不到十或十五起针对妓院的成功行动。接下来的十年中，这一法案对于改革风俗的新社团而言同样失去了效用。因此到了18世纪晚期，即便还有同情者的支持，有狂热者的努力、私人的慷慨资助以及定制的立法，但都已无法有效地压制妓院。[80]

造成这一后果最明显的原因就是费用。早在17世纪90年代，各种针对不道德行为的提案就已经试图解决这一问题。尽管改革社团筹集并支付了高额法律费用，但它们从来就没有足够的资金处理每一桩案件，更不用说对其监控的所有妓院提起诉讼。多数妓女对其狠狠回击，不仅坚称自己无罪，而且还对改革者发起了麻烦的反向指控，在法

律上阻碍他们，在经济上拖垮他们。相对而言，其他道德罪行的诉讼就较为容易，花费也更少。当新的改革社团于 18 世纪 50 年代晚期最早成立后，它每年能够指控六千多名不守安息日者、赌徒及酒鬼，并分发四万多本书籍与小册子，花费大约七十英镑。而当它开始参与反对卖淫后，其资金状况日益捉襟见肘。其年度支出有三百到四百英镑，而其 75
中至少一半用来应付来自经营非法场所老板的恶意诉讼。反诉的压力如此巨大，以至于这一新社团在 1763 年被打垮，当时赞善里一家妓院的鸨母利用伪证赢得了社团的惩罚性赔偿。[81]

因此一个更深层次的问题在于，经验老道的性罪犯对于法律知识越来越熟悉。针对这类人群的诉讼一直以来就特别困难，而到了 18 世纪，胜负的天平似乎已经决定性地倒向了这些人。一位牧师在 1734 年抱怨，自己很沮丧地看到妓院如何通过“唆使虚假的证人，以及在庭上出示伪证”来蔑视正义。与自己的对手比较起来，老鸨们和她们的合伙人钱袋越来越鼓，操纵法律越来越得心应手。一个重要的因素似乎是律师的加入，其影响力在世纪之交就非常明显，他们在程序上向一些针对妓女与老鸨的诉讼提出了挑战。[82] 到了 18 世纪 30 年代，事务律师与讼务律师已经普遍在各类案件中代表罪犯出庭，参加审判，希望提出申诉或得到赔偿。在威斯敏斯特，法官经常为了应付妓院老板与常客对于警员的恶意诉讼而花光了钱。[83] 在 18 世纪中叶，甚至连妓女有时都会求助于律师，而到了 18 世纪末，她们中有些人对于走法律程序已经信心满满。在 1791 年，一名年轻女性被邓加文子爵搭上，当他们之间的交易出了问题后，她马上告他盗窃。她没赢下官司，但是这场诉讼旷日持久，进行了六个月。在早先，一个不识字的伦敦妓女因为此种事而把她的贵族顾客告上法庭，这是不可想象的（她的名字叫伊丽莎白·威尔登，别名特劳顿与史密斯，当遭到盘问时，她坦率与自信地谈论着自己的生活与职业，而她的律师是由一个理发师推荐的）。[84]

经验老道的性罪犯越来越喜欢打官司，这阻碍了警察与治安法官

对她们的惩罚。道德改革者的行动也步履维艰，以至于 18 世纪 30 年
76 代改革社团完全放弃了法律手段。与此同时，其他人，例如祛邪会的早
期领袖们，也求助于造假与伪证的手段。总之，普通人已经很不愿意参与到道德监管之中。即使在 17 世纪 90 年代，户主们还普遍对于法律制度很熟悉，并且积极地监管妓女娼妇。然而仅仅几十年后，他们就变得极不情愿，因为害怕遭到辱骂，不愿承担费用，担心恶意指控。大多数受尊敬的教区居民早已不再日复一日地监督他们的邻居，他们更愿意与这类危险敌人保持一定距离。[85] 公共戒律的推行越来越困难，即使是对那些名声最坏、非议最多的性罪犯。

法纪的终结

在 1750 年，绝大多数婚外自愿性行为已经不再属于法律管辖的范畴。在 1700 年根本不可能预想到这一发展，更不用说在一百年前，因为这一发展已经颠覆了英国历史上长期以来建立的道德与法律原则。

直到 19 世纪晚期，各种试图为两性不贞之举重新定罪的努力仍不时出现。这一观念不断得到道德改革者们的鼓吹，议会也时常通过各种立法来惩治通奸：1771 年、1779 年、1800 年、1809 年以及 1856—1857 年。[86] 那些支持的理由与早先的大同小异：这一罪行明显违反上帝的戒律，它给个人与家庭造成严重创伤，它扰乱了公民社会的秩序。尽管如此，如今的动机与氛围却明显不同，其主要目标不再是惩罚甚至阻止不道德行为，而在于改进离婚法，并将个人诉讼限制在受害方提起的“通奸之诉”。总之，将通奸与偷情视为公共罪行已经得不到当前司法的支持，并已几乎不在人们的考虑范围之内。1700 年左右，通过立法
77 来加强执法的观念仍然流行，虽然已逐渐式微。一个世纪后，在这一领
域，刑事审判制度几乎已经不再被人提起，虽然在过去几百年中，它是那么地积极活跃。

这并不意味着不贞之行不再被监管或惩罚,老鸨与妓女仍然受到各种法律与半法律形式的骚扰与处罚。鸡奸仍然是死罪,并且(我们将会看到)在 1700 年之后受到越来越严厉的惩处,因为其被定性为典型的“反自然”行为。对于平民阶层的男性与女性而言,私生子的法律仍旧将婚外生子定为犯罪。在有产阶级之中,针对不贞行为逐渐出现的私人诉讼的新形式以及离婚制度,至少象征性地填补了公共司法制度的缺失。[87] 在美国,新教观念的遗产更为强大,这也使得即便到了 1800 年——甚至直到 20 世纪——多数州继续将通奸与偷情视为公共罪行,虽然性监管的力度已有所下降。从更普遍的意义上说,尽管对于不道德行为的法律惩罚已经衰微,但更多的力量被投入到教化体系之中,通过教育、文学以及社会规范向人们灌输性道德。正如我们将会看到的,虽然贞洁不再为法律所要求,然而它仍然具有绝对的社会重要性,尤其对于女性。

因此,性戒律实际上包含了众多不同的事物,但无论如何,公共监管之衰亡是一个关键的影响因素。从英国文明的肇始阶段以来,国家与教会的法庭就推行了以下原则,即非法性行为不能被社群容忍;而到了 1800 年,法律对于私人与公共事务进行了明显区别。迄今为止,我们的社会与法律都遵循着这一转变的方向。而接下来我们将会看到,这一转变还缘于那场在西方世界影响最为深远的思想地震:启蒙运动。 78

第二章

性自由的兴起

有人说,真正的自由是有机会跟所有女人交往,无拘无束地满足她们的肉欲与贪婪;然而这是无法无天、毫无理智的野兽之自由,并且必将导致毁灭。

——杰拉德·温斯坦莱,《自由法》(1652),第 17 页

上帝让这些自然的感情与欲望得到正当的满足,使生命更加甜美与宜人……肉体欲望的满足不会伤害到任何人,不是罪恶,而欲望与渴求本身也不是罪恶。

——彼得·阿内,《论社会之幸福》,第三卷,第 83 页

爱是自由的:承诺永远爱同一个女人,跟承诺永远信同一种教条一样荒谬……我以为,一旦废除婚姻,对于两性关系的健康而自然的安排就会随之出现。

——珀西·比希·雪莱,《麦布女王》(1813),第 147、151 页

我们认为那(一项理由)是关键性的,即社会和法律应当赋予
79 个体在与私德有关的事务中具有选择与行动的自由……我们因此

建议，成年人之间私底下自愿发生性行为不应当再被视为犯罪。

——《同性恋罪与卖淫调查委员会报告》(1957)，第24—25页

16世纪晚期与17世纪影响最为深远的文化发展就是宗教分裂的蔓延。经过了数十年的内战、宗派斗争与重建一体化的尝试后，在不惜使用武力的情况下，1689年的《宽容法案》在法律上承认了宗教多元的正当性。这些重大的神学与政治争论之历史回响，逐渐摧毁了性戒律的神学基础。性宽容从宗教宽容之中萌芽滋生。

它的演变实际上是欧洲启蒙运动的一个核心特征。性自由的观念吸引了很多17和18世纪的思想家，并且集中体现了这一时期最根本的思想进程。除此之外，尽管这一观念源自特定时间、特定地域的神学与哲学论辩，但其对于后世的影响力则一直存在。它的突现永久地改变了我们对于性的认识。即使在今天，在非常不同的社会与思想环境中，它仍然继续激起新的发展。

宗教与道德宽容

因为传统上性戒律与宗教戒律的理论与实践缠绕得如此紧密，所以17世纪晚期宗教自由的进展引发出一些明显关于道德自由的问题。对很多观察者而言，这是他们根本不想看到的发展趋向。的确，倡导宽容之人的传统观念认为，宗教自由与其他类型的自由截然不同，它并不意味着思想或行动的一般自由。更少的人会认为，这一观念可以被用来为通奸、偷情或其他任何种类的放荡之举提供辩护。正如长老会教徒约翰·肖尔所指出的，即便

> 那些最坚定地支持最大限度宽容之人，能够包容对于信仰与崇拜事宜的各种态度，他们也仍然同意，这些不道德行为应当受到世俗 80

> 管理者的审理。因为这类行为对于公共社会具有重大的影响力，对其福祉为害甚剧。所以，当一个人因为这种违反上帝与国家之法律的滔天罪行而受到惩罚时，他不能抱怨自己遭到了观念上的迫害。[1]

约翰·洛克对于精神自由与道德自由的这一差异作出的阐述影响最为深远。他宣称，存在着两种理据，都可以提供合理的说法，来支持对于不同宗教观念的宽容。第一种是，人们内心深处的信仰根本不能被强行改变。

> 没收财产、监禁和酷刑，这类手段都无法改变人们内心对于事物的既有判断……只有启发与明证才能够改变人们的观念，而肉体折磨与任何其他外在刑罚都无法使人得到启发。[2]

因此，惩罚是徒劳无功的。

第二种事实是，个人或教会的精神信仰与实践乃属于私人事务。它们不论正确或谬误，都不会威胁到他人的幸福，或社会的整体福祉。因而，它们并不属于世俗政府管辖的事务。对此，洛克反驳说，信仰与实践并不能被一味放任，因为它们不仅仅是私事，而是与公共利益密切攸关。再一次，他表达出对于毫无限制的“通奸、偷情、不洁、淫荡”之举的忧虑，这些行为即使在宗教自由的旗帜下也不能被宽容。洛克反问道，倘若一群人觉得他们在灵魂上感到了鼓舞，

> 在性乱之中玷污自我，或做出其他任何此类肮脏恶行，那么治安法官会因为这些人投身的是一种宗教性集会而不得不宽容他们吗？我的回答是，否。这些行为在日常生活之中与户牖之内皆为法律所不容，因此他们既不是在崇拜上帝，亦非参与宗教集会。

他强调，自己的目标绝非“宽容堕落之举和纵欲之行……相反，治安法官有责任通过惩罚来约束与抑制这些行为”。[3] 考虑到传统观念把 81
灵魂失常与道德失常相联系，那么就完全有必要预先表明反对态度：良心的自由可能会暗示一种普遍的放荡。

不过，这最后证明是一种难以维持左右平衡的举措。当时不少人认为，很难公正地在道德自由与宗教自由之间进行区分。“毫不足奇，”某位洛克最早期的批评者讥讽道，“这位作者的话语中的确点缀着对于爱与和谐的推崇，以及对于卖淫等丑行的责难……但这些无非是遮蔽钓钩的诱饵罢了，以诱使淫荡的读者更加贪婪地吞食。”倘若宗教应被排除在公共监督之外，并留驻于意识之中，一位牛津大学教师反驳说，“也许有人会认为，有理由把其他一些东西也排除出去，而这些正是他们喜好的东西。比方说，一些人可能会把随便离婚排除，有人排除一夫多妻制，有人排除非法同居，还有人干脆排除偷情”，甚或是乱伦。人们应当回头想想，在空位期宗教宽容可能导致了何等严重的后果。[4]

17 世纪 40 年代与 50 年代的例子确实具有说服力。当此之时，对于良心自由之正反双方的辩论确实如火如荼地展开来。多数宗教派系分子与无派系者都声称，控制信仰的举措不可能也不合理，而有限的宽容则会使新教徒变得更为和谐，而不是相反。他们同样认为，理当严惩任何违背道德的放纵之举：良心自由不应当包容那些违背上帝律令或社会秩序的观念与行为。约翰·弥尔顿，这位英吉利共和国中对于思想自由最富热情的理论家，同样会审查那些拥护性自由的观念（以及拥护天主教会之观念，他认为其鼓励了性自由）。[5]“通往自由的唯一途径”，在他看来，乃是“生命之纯洁与举止之神圣”。甚至像威廉·沃尔温这样的人，尽管他彻底支持信仰自由，能够包容穆斯林、异教徒以及无神论者，但他仍然谴责那种可能造成“为非作恶”的观念：“让法律以十倍的严格与苛刻来惩罚所有邪恶与罪行。”罗德岛的创建者罗杰·威廉斯也赞同不贞者“不应当被宽容，而要被制裁”。[6]

82 实际上，空位期发生的事件似乎证实了传统的观念，即哪怕是有限的自由都会带来危险。宗教自由会促进和平与统一的观念遭到了两方面之反驳，一方面是政治之动荡，一方面则是宗教团体间的相互迫害。在敌对的观察者眼中，宗教自由对于社会之后果看上去同样有害。弥尔顿自己关于离婚的著作被视为灵魂沉迷导致道德放任的一个例子，浮嚣派、教友派及其他激进团体则更糟，一直有传闻说他们应该存在乱交行为。平等派与掘地派同样发现，他们对于宗教与政治自由的支持沾染上了性自由的污点。1649 年 3 月，丹尼尔·阿克斯特尔中校在平等派领导人理查德·欧弗顿的住处将其逮捕后，被要求一再毁谤此人实行“公妻制”，并且“在法庭与街道上，在士兵与邻人中宣布其居所是淫窝，所有在里面住过的女人都是妓女，而且他还曾经把我领到一位有夫之妇的床上”。[7] 这些恐惧与中伤大多是没有根据的，然而它们会流传开来。1660 年以后，类似这种把淫乱、暴政与宗教自由（此时尤指天主教会）相联系的看法仍然大行其道。[8,9]

因此，根据这些最近的经验，洛克对于宗教与道德事务的区分就显得不无争议。不过事实上，他自己对于个人自由界限的观念同样不大确定。一方面，他有力地论证每个人都拥有处理其财产、其自身及其灵魂的自由。法律与惩罚不应触及“灵魂的关切”，它们只应当在其分内保护个人的健康与财产，以使其免受自身的“疏忽或不良管理”之害。正如“没有人会纠正一个在酒馆挥霍家产的败家子”，所以“没有人能够被强迫发财致富或身体健康”，那么同样，“每一个人的拯救仅仅属于他
83 自身的关切”——这些都是私人事务。[10] 而另一方面，洛克同样坚持传统观念，即应当也必须通过惩罚人们的罪恶来管理个人行为。这是为了他们自身的好处，因为这既会使他们也会使社会更为接近上帝。当面对“酗酒、淫乱以及诸如此类的堕落之举”时，治安法官因此

> 可以而且应当运用权力干预，并正颜厉色……纠正人们的邪行，使其举止归于正当，且振起节制、和平、勤劳与诚实之风。这是他们在所有地方都应当履行的职责，也因此，他们怀有上帝的使命，不论是缘于自然还是启示。

简而言之，人们应当被“治安法官所管束，以过上节制、诚实与严谨的生活”，因为“通往正确宗教观念的障碍正存在于人们的生活之中”。[11]

简而言之，似乎在1700年以前，几乎每一位支持宽容者强烈关切的并不在于弱化道德戒律。恰恰相反，其中不少人都希望强化戒律。然而这种态度颇堪质疑。倘若人们可以依赖良心而实现其最终救赎，为何良心不能在次要的问题上也指引他们？倘若强制手段不能改变人们对于属灵真理与谬误之意见，何以又能对于肉体过失有更多作为呢？[12] 归根结蒂，这些问题不仅关涉到私人良心与强制行为之界限，也关系到如何定义正确与错误的知识、自由意志的范围，以及公民社会之目的。私人道德与公共良善之间究竟有何种关系？一个政府到底在多大程度上可干预其公民的生活？每个人有多大自由去接受与拒斥特定信仰，去捍卫它们，去践行它们？

这些终极问题没有一个是全新的。事实上，其中的每一个都可以追溯到所有政治理论的核心问题——服从与权威的问题。不过，没有哪位严肃的中世纪或文艺复兴时期研究自由或正义的理论家会认为，从这一视角来系统考察性行为是有道理的。关于个人自由的传统定义只是政治或法律性的。只有从17世纪晚期开始，其潜在的畛域才开始显得更为广阔，不仅包含了精神自由，而且不久又包含了道德自由。 84

自由与良心

此中存在着不少重要的催化剂。至17世纪晚期，此前的很长一段时期，由于人口膨胀与资源短缺，对于不道德行为之严苛态度得到巩固，而在此时，人口压力趋于平缓，同时生活标准开始提高：在这一背景下，人们对于私生子的恐惧逐渐减弱。[13] 与此同时，17 和 18 世纪的政治进展也极大地强化了个人自由的基本理想。从英国内战到美国革命及其后，政府当局与国民权利的紧张状态是一个核心的政治问题，而“自由”则可能是最为有力的意识形态概念。对于个人自主应当施以何种限制，这一问题不只关系到私人良心，也关涉到公共行为的整体领域。不足为奇的是，在 18 世纪早期，许多评论者把不道德行为的显著增加，与这种政治独立精神的日益发展联系起来。1730 年一位主教评论道，这种对于个人自由的基本假设变得如此强大有力与无拘无束，以至于它产生出一种道德败坏的信条：

> 倘若人们没有权力随心所欲地说话与行动，至少在与他们自身相关的每件事上不能如此的话，那么自由就是不存在的。对于合理的自由（reasonable liberty）这一表述，他们无法理解，他们头脑中的自由一旦处于规则与限制之下，就已不复存在。[14]

一个更为直接的影响则是《宽容法案》的通过，它在法律上认可了非国教信仰。但这并未付诸实现，因为对于宽容之质疑乃被广泛接受。与法案正相反，最主流的观念仍然是批评这一宽容理念。这项新的法案之所以被提出来，只是作为 1688 年革命罢黜詹姆斯二世之后的一种有限而遗憾的政治妥协，并旨在赢得宗教异议者对于新制度的支持，从
85 而在本质上并非一种出自衷心的政策（事实上，不少教会人士不久就后悔通过了这部法案，并试图废除它）。[15] 不过在实践中，这部法案很快就建立起了一种几乎完全自由的意识，至少对于那些名义上是新教徒的男性与女性而言是如此。它同样使得人们有可能免于任何信仰，尽管按照法律的字面不能如此。无论如何，宽容之建立有助于削弱一种假

定,即信仰之多元注定要造成社会之失序。虽然宗教与政治分裂之暴力在光荣革命之后仍绵延不绝,然而一种共识却愈加强烈,即话语与信仰的差异性是无可避免的,而法律只应当管理行为,而非思想。因此在英国的公共生活中,一种前所未有的意见与表达多样性就呈现出来了。

个人自由在何种程度上可以延伸至私人行为及信仰?此问题尤其成为了移风易俗运动之聚焦点所在。这一运动同样将此问题政治化,因此性戒律的强制执行就与宗教及党派政治紧密联系在一起。因为这一运动主要为辉格党人、异见分子以及他们的同情者所发起。他们自身组织为私人性团体,并通过世俗方式来惩罚罪人,这种行事方式暗中挑战了英国国教会的权威。不止于此,它还再次唤起了危险的空位期之幽灵,盖因“移风易俗”曾是清教徒的口号。正是这些原因,使得此一运动激起了托利党人与宗教保守分子的激烈反对。[16]

结果则是,1689年之后,新教的敌人以及运动的批评者们,时常攻击异见分子与道德活动家,称他们自己沉浸在自由之中却反对他人之自由。道德不也是一种个人良心的事务吗?他们是什么人,要规定其他所有人的救赎之途?“为何你们不能那样开明,像你们得到宽容一样来宽容别人,将你们手中取得的东西也给予他们?难道因为人们按照自己的步伐与路径走向天堂是不合理的吗?”如果有人选择慢点走,停下脚步甚至“在途中喝酒(也可能是嫖妓)”又该如何呢?“你们捧着垃圾,而我则拿着酒瓶。”约翰·丹尼斯的剧作《直布罗陀》(*Gibraltar*)中的一个角色如是说。“如果良心自由普遍存在,为何每个人不会因自行其是而受到诅咒?”“良心自由,你懂的,夫人”,在《爱的诡计》(*Love's Contrivance*)中,奥克塔维奥对贝丽扎这样说道,意在为性自由辩护 86
(“嗯,并且男人的良心宽广得很。”她答道)。关于现代阶段,道德家阿瑟·贝德福德评论道,《宽容法案》“尤其被用来鼓励通奸”——“如果一个人可以坦然地犯下罪行,他们会说自己拥有法律所赋予的自由,并且照犯不误。”[17]

因此，这一思维方式的日益突显也展现出，对于政府职权之界限、新教之宽容以及道德监管之基础这些方面，存在着政治与社会的对立，但它也同样反映出更深刻的思想趋势。其中有三点尤其推动了性行为属于私人事务这一观念：意识、惩罚以及道德律三者的概念变迁。

基于良心而为性自由作辩护，这部分源于宗教自由的论说。一些鼓吹精神自由的理论家推导出这一观念的逻辑结论，主张个人的良心应当是所有事情的终极指引。将个体直觉逐渐抬升为至高的道德裁判，这是此一时期最引人瞩目的观念发展之一。[18] 当一个人处理伦理问题之时，应当遵从自己的良心，这种观念如今显得顺理成章；而这在1750 年就已被视为当然：“每个人都应当凭他自己的良心来调整自身的行为，而无须考虑世界上其他人的意见，这正是道德审慎的首要准则之一。”塞缪尔 · 约翰逊写道。无论如何，在 1700 年之前，这种观念被视为对于人性固有之堕落以及私人自省之不可靠等传统思想的直接拒斥。为了造就真诚，最终裁决罪恶之人会忽视那些曾经重要的责任：充分了解自我，寻找真理，以及为过失负责。这种观念毫无道理地假定每一个男人与女人都能够自行判定对与错，而无须经书、法律或师长的帮助。它甚至暗示道德规范有可能是相对的。在所有那些能够毒化一个共和国的煽动性教义之中，托马斯 · 霍布斯于《利维坦》中指出，居于首位的就是“每一个平民都是善恶之行的裁决人”，居于次席的则是“任何违反良心之举皆属罪恶”。[19]

不过，诸如“内在精神”较之《圣经》与外在权威的至高地位，以及
87 上帝在信仰者心中实存这类观念，其历史实甚为久远。它们源自中世纪与大陆的神秘主义，并与新教关于上帝对其选民直接、无中介之影响的正统教义存在紧密联系。同样，与之确实存在关联的还有基督救赎人类，以及通过灵性的完美来驱除罪恶的观念。

结果，这些观念对于早期的宗教改革产生了巨大影响，在当时关于

婚姻与性方面的问题得到了广泛的公开辩论。从 16 世纪 20 年代起，欧洲大陆各种激进的组织开始进行新的婚姻及两性关系的尝试，包括自愿离婚与一夫多妻制。一些改革领袖，如马丁·路德、马丁·布塞珥、菲利普·梅兰希通等人，在一些场合主动对于一夫多妻制表示了支持。类似的观念亦在英格兰传播。有些 14 世纪晚期与 15 世纪早期的罗拉德派教徒为婚外性行为、自由恋爱以及离婚进行了辩护。16 世纪 50 年代玛丽殉道者中的有些人显然曾支持过一夫多妻制或公妻制，1553 年及 1572 年被发现的其他一些组织亦是如此。再来说说颇有影响的贝纳迪诺·奥奇诺，他于爱德华六世统治时期被克兰麦大主教带到伦敦以助力英国宗教改革，他也就两性问题发表了一部声名狼藉的大胆之作（其中，一个角色详尽地引证来自《圣经》的明确理由，以支持其迎娶不止一位妻子的欲求。他的对手则试图予以反驳，但终归失败，最后他不得已只能说，“如果你这么做，而上帝对此也认可的话，那么你可以确定自己被神授所引领，你未有过错”）。这些未必尽属扩展个人自由之尝试，它们甚至会再次考虑性纯洁的特征、戒律与父权制，以及强制性一夫多妻制。明斯特的重浸派由此制定出死刑惩罚，以针对通奸、偷情、与怀孕或经期的配偶行房、女性重婚，甚至只是贪恋他人妻子。[20]

这些早期例子的长期影响主要是消极的。与男女乱交的瓜葛以及明斯特人的可怕例子，都使得大多数观察者对于这些观念闻之色变。部分出于对此的回应，主流宗教改革者逐渐重新确认了传统的婚姻与一夫一妻制的规范。尽管如此，思想的潜流仍然在英国国教的边缘持 88
续不息。[21] 因为倘若拯救一如正统加尔文教所述，是一项只关乎信仰的事情，那么其一个逻辑的结论（所谓“唯信仰论”之观点）即是，如果内心纯洁，那么任何行为都不会与之相矛盾，不论其多么极端。1616 年神恩教派的北方传教士罗杰·布里尔利与他的会众们陷入了一系列困难，其中之一就是宣称“得到确信的基督徒绝不会犯下严重罪行”。罗伯特·汤，另一位在 17 世纪 30 年代和 40 年代活跃于兰开夏郡与约克郡的牧师，他也同样坚信获得启蒙的良心高于《圣经》中的道德律。通常而言，这类观点只在精微的神学或形而上学意义上得到理解。如果从此类观点推出结论，认为不应当服从上帝的戒律，这乃是一种“丑陋无比、卑劣至极”的谬误，汤对此控诉道。“我从未犯下淫荡之罪，”教友派领袖詹姆斯·内勒申辩说，“我憎恶肮脏之行。”[22]

即便如此，这些观念有时也得到了更为任意的阐释。在17世纪40年代和50年代的躁动氛围中，一如在早些时候的精神酝酿期，人们以一种全新的热情探讨这些观念。1650年民间传道士劳伦斯·克拉克森向世人主张，所有行为皆为上帝所驱使，倘若问心无愧，没有什么行为是罪恶的，“即使那种行为被叫作通奸”——“毋须考虑《圣经》、圣人抑或教会怎么说”。的的确确，他曾暗示，能够怀有一种纯粹的心灵进行婚外性行为是精神解放的一种标志：“对我而言，除非发生过那种所谓的罪恶行为，否则我不能够支配罪恶。”而如今，他觉得与其所有同类已完全融为一体。[23]

在政治与宗教权威崩溃的情况下，关于自由与启示的修辞大行其道，通奸者、重婚者与性侵犯者同样运用这种修辞争辩说，公共戒律不过是“良心迫害”，不应该将妻子束缚在一夫一妻制的“奴役”之中，并且，当“一个男人通奸之时，乃是被上帝所驱动与影响”。[24]威尔特郡兰利·伯勒尔的牧师托马斯·韦伯是一个具有文学趣味、热爱音乐的唯信仰论者，他与其第三任妻子、情人及情人丈夫，还有其他一些男男女女一起生活。在17世纪50年代早期，他公开承认通奸，并接受了两次
89 审判，但据说他坚称“除了女人外没有天堂，除了婚姻外没有地狱”，“上帝并不要求人服从于任何《圣经》诫命”，并且他自己“生活在法令之上”，“除了自己母亲以外，对于任何女人都可以说谎”。根据他一个同伴的证词，韦伯在观看“一只大雄鸽”交配后，教导团体中人说，交配“对于每一个男人与女人都是合法的，并且他们彼此应当如那些鸽子般自由地行事，尽管他们彼此并未结婚”。[25,26]

虽然引起了强烈的关注,为免其直接扩散,这类具有精神启示色彩的性自由教义总是受到极度的限制。[27] 不过在某些方面,这类唯信仰论者的思想观点预示了更为普遍的趋势。特别是,他们强调罪恶主要为一种个体良心不安,这一观念逐渐在世纪之交更加多元化的氛围中为论述良心的理论家所共享。其中最重要的是伟大的胡格诺派思想家皮埃尔·贝尔,对于精神自由的强调使他断定,所有的善与恶最终都取决于行为者的动机。任何行为,如果源自对于正义的真诚信念,就不能被指责为错误。拿他最喜爱的一个例子说,一个女人倘若与她误以为将成为自己丈夫的男人发生性关系,并没有什么罪恶,事实上,她做了一件正确的事情。因为听从的是自己的良心,所以她并没有犯下通奸或其他罪行。[28]

像贝尔这样的神学家总是小心翼翼地强调一种明确的区别,那就是不道德的观念与不道德的行为,前者必须是私人内在的,而后者则不是。[29] 因此,良心地位的提升就其自身而言并未推动性自由,其主要后果乃是扩展了个体自由的范围,覆盖到所有道德判断与信仰。反过来,这也强化了私人伦理与公共行为之区别:如今只有后者才会受到教会或国家的审判。

不止于此,随着人们相信人的良心不可以受到强迫,对于性越轨行
为的惩罚就失去了其不少传统上的正当性。这是第二种显著的趋势。 90
在 17 世纪 90 年代,在道德改革运动的初期,人们仍然普遍认为,惩罚罪人有助于其内心革新。只过了数十年,天平就已转向另一种观点,即真正的悔悟不能由强力所致,而只能通过温和的方式,譬如宽容、教育与劝服。当然,通过惩罚而改造个体的观念从未完全消失。不过,那种认为男女伦理根本属于内在并处于法律管制之外的观点,显示出性戒律之适用范围的明显缩减。那么,留给法律的任务如今就只有维持公共秩序了。它处理的对象是人们外在的行为,而非其内在的良心。它关注的事务只是罪行(crime)而非罪恶(sin)。1704 年牧师威廉·比

塞特承认，对于罪恶者（sinner）的改造是徒劳无功的，“我们承认，他们才有力量处理他们自己的（灵魂）……他们内心可能非常惬意地邪恶、淫荡与粗俗”：没有人打算强迫他们“使心灵变得神圣，更不用说当这种神圣违反他们的喜好时”。监管之目的干脆就成了确保其他人不受到伤害。[30]

因此，法律的运用在人们眼中渐渐不那么重要，它不再是一种促使人们获得美德的方案。惩罚仅仅用来抑制恶行的影响，只有建设性的方式才可以解决不道德行为之根源。这种分离有助于解释为何在18世纪早期的英格兰涌起了这样一种新的慈善形式。其中，大量的精力被倾注于捐助施舍、教育工作、劝导文学这些事业之中，如今它们被视为改进下层人士道德状况的最佳途径。到了18世纪20年代和30年代，宗教改革团体甚至在进行宣传时也往往特意强调其多样化的预防性与建设性的“指导、告诫以及谴责方式”：惩罚越来越被视为只适用于十足的恶棍。同样明显的转变是，一种优雅的社会风气在有产阶级中变得流行。对于天罚与天谴的恐惧被取代，人们如今以一种有关良好举止、体面与良心的话语来批评通奸行为。对于美德的冲动被认为源自内在。
91 在那些论述优雅的重要理论家中，没人太在意惩罚之举。“因为，虽然我是一名改革者，”理查德·斯蒂尔在《闲谈者》中声称，“我却不屑于做一名审判官”——并且他还继续抨击性监管之举的虚伪与徒劳。[31]

这一趋势又因为天意观念的式微而得到强化。在国家与集体层面，对于性罪犯进行公共惩罚的一个主要正当性源于对“上帝怒火”之恐惧，中世纪、都铎时期以及斯图亚特早期皆是如此。在空位期，它乃是《通奸法案》得以通过的原因之一。在光荣革命发生之后，它又支持了移风易俗运动的激进行为。但随着18世纪的进展，大多数英国国教徒与温和的福音派教徒开始相信，神圣天意只是通过可以预见的因果律“普遍地”运作，而非通过直接对特定的人类作为或不作为施加惩罚来“专门地”运作。这种解释同样流行于自然神论者与宗教怀疑论者。

"神的天意,"大卫·休谟在18世纪50年代写道,"并不直接显现于任何行动之中,而是以那些普遍与不变的法则统摄着万事万物,其在太初之时已经确立。""完全错误"的是认为上帝曾经直接介入调解:所有事物依靠的都只是"物质与运动的普遍法则"。因此,当这一观念被18世纪下半叶的道德活动家援用时,其吸引力更加有限,并且其基调显然有别。天意在当时经常被视为一种善意与遥远的力量。虽然作为一个民族,英格兰人需要进行改革,但他们同样享受着"无价的祝福"、"善意的政府"以及"民族的成就"。正如1765年一则改革派的布道所言,英格兰是"我们罪恶的但也是格外蒙恩的、卓越的国土"。当此之时,人们惩罚恶行的动力较少地来自对于大难临头的道德恐惧,而更多地源于一种改良社会与荣耀上帝的积极渴望。[32]

另一种趋势与此相类,即强调基督的仁慈,并且认为福音书的地位优于严厉而复杂的《旧约》教义。传统上,神学家坚称这两部分文本在根本上是相互兼容的,他们发展出繁杂的注释体系,用以解释上帝言论中明显的前后矛盾。因此,《摩西律法》中的某些部分(其"道德"律,譬如十诫)被普遍视为永恒不朽,而某些部分(其"礼仪"规定与宗教训令) 92
则不再重要,同时,其"司法"律的持续有效性则受到激烈的争辩。(例如约翰·维特吉夫特,稍后的坎特伯雷大主教,在1574年激动地写下:"如今每张桌上都在争辩治安法官是否一定得依从摩西的司法。")但如今这种博学与复杂的推理日益变得可疑,人们怀疑其是否能够作为一种自明真理之基础。恰恰相反,甚至性戒律的坚定维护者也强调,基督教道德主要源自耶稣自身之为仁慈的典范。在这种更温和、更朴实的神学中,罪恶的重负与矫正更多地落在了个体良心之上,而非公共的正义。因此在如今,上帝已很少诛灭嫖客,1693年一位灰心的道德家这样评论道:"那么我们只能以坚忍的耐心等待,等待那完美无瑕的存在以奇迹与震惊将我们充盈。"[33]

对于未来惩罚之恐惧同样也逐渐淡去,取而代之的是关于上帝之无限仁慈的乐观主义。长期以来,地狱的存在一直是批判罪恶的最终论据。1720 年一位牧师这样问道:为何现代的基督徒如此普遍地沉溺在性自由之中?这并非因为人们不再相信地狱,而是因为他们开始认为罪恶与救赎是可以和解的。“许多人求助于上帝的宽厚与仁慈”,相信上帝可以理解或免除他们的罪恶;“其他人则自以为是,认为上帝虽然以永恒的惩罚来威胁罪恶之人,但他自己手中也保留了执行这一威胁之权力,并且有可能最终不会执行”。[34] 甚至还有些人主张,不贞之举之所以在这个世上如此普遍,只是因为全能仁慈的上帝准许其存在:从中他们断定,“罪恶并非如前人所述,是一种邪恶的本性,或导致了有害的后果”。[35]

道德律与道德真理

在一切观念之中最具腐蚀性的即是:不贞之举并非总是有害或错误的。正如我们所见,这是对于性戒律强制化的一种由来已久的挑战。
93 不过,纵观中世纪与文艺复兴时期,性自由只是得到了无力而含蓄的辩护。多数时间它是以一种随意与秘密的方式被提出:一种虚构的修辞,或对于特定罪犯的辩解,而不是作为一种源自普遍原则的公共信条。除此之外,社会、思想以及体制的权威也不遗余力地痛斥此种观念。如何以及在多大程度上执行性戒律,对此的争论当然一直在持续,至于彻底废除性戒律,这种意见却从未被严肃地提出。与之相较,从 17 世纪晚期开始,那种认为不贞之举可能无害的意见开始得到表达,并且其说服力与影响力要强大得多。

造成这种情况的主要原因在于,道德律是什么这一问题被卷入到启蒙时代早期那些最重要的神学与哲学争论之中——关于真理的性质与确定真理的方法,关于《圣经》的地位,以及关于政治与伦理权威的正当性基础。从这些辩论之中,一些新的观念在多个角度浮现出来,对于全面禁止不贞之举的做法提出了怀疑。这些观念的贡献往往是隐在的或无意的,因为不论是保守的还是激进的伦理与宗教理论家,都未必希望助长性自由。无论如何,总体的影响乃是道德法则被人们置于一种更自由与更多元的基础之上。

在正统神学自身之内,一直存在着充足的潜能,以重新考虑性规则。虽然《圣经》禁令的主旨足够清晰,但对此的细微阐释却从来都不是简明易懂的。贞洁这一概念的内涵取决于合法婚姻的定义,因此很有必要求助《圣经》,以为此类事务确定基本原则:在何种范围内可以允许血亲结婚、离婚与再婚的可能性,以及一夫一妻制。不止于此,虽然官方的说法是第七诫包括了所有的不贞行为,但人们仍然争辩《圣经》对于通奸、偷情、乱伦、卖淫、不洁及淫荡之行的各种禁令该如何阐释,这些禁令彼此如何取得一致,以及它们在多大程度上能够与《圣经》其他地方隐含的规范相协调。除此以外,还存在着关于适当惩罚的难题。不少都铎时期与斯图亚特早期的评论者都认为,通奸者应当被处死,一如《旧约》中的命令(《利未记》, 20;《申命记》, 22),并且在 1650 年这 94
一措施得到了《通奸法案》的确立。尽管如此,更为传统的观点总是认为《摩西律法》的这一部分虽然有指导意义,但已不再具有必然效力;因此“应由每个国家自行决定,对于此种行为究竟是处以死刑,还是通过某种严厉的谴责来予以惩罚”。[36] 更为复杂的是,基督在有的时候确认甚至强化道德律,以批判不贞之举(例如:《马太福音》, 5;《马可福音》, 10),[37] 但看上去与此矛盾的是,基督有时候又对于通奸的女性展现出宽容(《约翰福音》, 8):后者是否暗示基督对于此种罪行一种更为宽容的观点,或仅仅意味着他拒绝“插手治安法官的事务”? [38]

与此前宗教改革与空位期的情况类似, 17 世纪末宗教一体化的断裂,对于这些长期存在的问题也提供了新的刺激。人们否认《圣经》对于通奸与卖淫的谴责也包括了普通的偷情,“在那个时代一桩微不足道的罪行”。他们认为,婚前性行为乃是“清白与无害的”,《旧约》显示此种行为“在古代得到了宽容与允许”，它“并未危害到第三人，双方都作为个体行事”。同样流行的做法是援引《圣经》的先例为离婚、姘居或一夫多妻制提供辩护。有些人甚至在《圣经》中寻找根据，为一个已婚人士与一个未婚人士的“半通奸”行为提供辩护。[39] 在 17 世纪 90 年代，牧师约翰·巴特勒激起了众怒，因为他在教会法庭与印刷品中详尽地声明，在某些情况下，与一个女人未婚同居（他这么做过）以及与她生下小孩（他也这么做过）不能算是通奸或偷情，尽管那个男人之前已经有了妻子与小孩。[40] 这一时期新兴的杂志对于性道德之辩论更加广泛与公开，这使得人们对于传统道德规范的质疑获得了更多关注。索尔兹
95 伯里主教吉尔伯特·伯内特哀叹道，这些辩论“支持自由恋爱，甚至在没有办理离婚手续的情况下亦如此”，它们如今被公然提出，“在人群之中蔓延，并且在人人口中谈论”。[41]

不过，传统伦理面对的最直接挑战，并不是来自对于上帝言语的重新阐释，而是来自 1700 年左右逐渐兴起的对于伦理之真理与权威的争论。《圣经》之为道德根基这一观念受到了两个方面的攻击。其一是有人主张，《圣经》中任何与理性相悖的内容都不能被视为真理；其二是有人坚称，基督教的道德律并不是上帝所赋予，而是像其他文化一样，只是人类的习俗与创造。

随着 17 世纪的作家们逐渐意识到全世界古代与现代社会的广度与多样，上述的后一种观念得到了强化。尤其令当时人震惊的是，其他人群的性风俗看上去如此截然不同。在有的民族中，“处女公开展示她们的私密部位”，有的民族允许私通与杀婴，有的通过集体享用新娘来进行庆祝。在有的社会中，“公开为男人经营妓院”，抑或“十或十二”对夫妻同床共枕。在有的地方，女人被买卖，或者随意离婚；有的国王在处女出嫁前将她们一一蹂躏；还有一些地方支持乱伦，共同享有全部女性，或者重视女性滥交。在古代不列颠人之中，一如尤利乌斯·恺撒所记载，“十或十二个男人”共有一个妻子，而父母经常与他们的孩子上

床。希腊人与罗马人似乎对于鸡奸不以为意：事实上，“神圣的柏拉图即对此称道”。[42]《圣经》也表明，其他一些蒙受上帝恩典的文明完全接受一夫多妻制与纳妾制。难道这一切不都证明了性伦理是变动不居的吗？为什么只能允许一夫一妻制下的两性关系呢？

对此，传统的回答是，基督教道德，尤其是英格兰国教的道德乃更为优良。1698年一位牧师警告说：“把我们自身笼罩在任何时代的事 96
例与习俗或者前人的阴影之下，这一做法是荒谬而徒劳的。我们置身于一种更良好、更高贵的恩典之下，因此我们被更严格的法则与更高贵的美德所维系。”[43] 与之相反，那些异教徒与野蛮人的道德准则只不过是“支离的格言”，它们存在着如此大的差异，正因其不具有坚实的基础。洛克不无鄙夷地质问道：“说到底，像苏格拉底与加图这种人又能算什么呢？他们允许其他人来到自己的婚床，将自己的妻子借给朋友们享用，怂恿煽动着他人的欲望。”让一个人接受古代哲学家的伦理指导，这无异于将他们驱入“一片不可捉摸的原始丛林，一处没有尽头的迷宫，他们将永远无法脱身其间，倘若他们接受的是世界上其他宗教，情况还会更糟”。事实是，“单凭理性很难”有效与全面地“建立起道德”。[44] 只有神圣天启的“朴实诫命”才能做到，洛克论证道：

> 如果一个人相信耶稣基督是上帝派遣的王者及那些信众的救世主，那么对他而言，耶稣所有的诫命都是神圣原则。不需要别的证据去证明他所说的是否为真理，他说过就已足够了。于是，只需诵读那些受到启示的经书，其中所有的道德义务表述得清晰朴实，并且易于理解。[45]

法学家约翰·塞尔登以一种更直率的方式说道：

> 我不能想象自然法除了表示神法以外，还有什么别的意涵。

> 如果别人不告诉我，我如何知道自己不应偷盗，自己不应淫邪？那是因为我的确已经被告知了吗？那不是因为我认为自己不应当做，或者你认为我不应当做，如果是这样的话，我们的思想就有可能变化。这些约束来自何处？来自更高的力量，而不是来自其他任何地方。[46]

到了1700年，人们似乎已颇为怀疑，在伦理事务中信仰与服从是否一定优先于理性的认识，而宗教多元论的传播也削弱了这种观点。此外，这种观点随着自然科学与形而上学在当时的进展也开始显得过时，新的潮流似乎期望通过一种新的科学方式来为上帝的运作提供证
97 明。更为现代的观点则主张，精神与道德真理应当首先建立在一种符合逻辑且可以证明的基础之上。根据这一观点，真正的信仰只能来自真正的认识：理性之外的一切不应被信仰。只有自然的法则才能约束并解释道德的规则，1682年一位剑桥的神学家如是说。否则的话，一件事情“仅仅因为某个女人自己的理由就可以被视为好与坏，而这种理由也可以同样用来证明谋杀与通奸是好事，一如它们也可以是坏事”。[47]

对于理性判断的论证经常与对于良心自由的论证相重合。两者都具有如是特征：对于宗教证明的可能性颇为质疑，对于《圣经》文本的可靠性持怀疑主义，不信任教士的标榜，相信真正的宗教本质上具有朴素性，坚信任何普通的男女都有能力解释它。沃尔温认为：“如果人们自己鼓起勇气，毫不怀疑自身的理解力”，他们就会很快抛弃由牧师传授的一切虚假与利己的杂乱之说，并发现“所有必要的知识都是易于掌握的，求之即可得”。贝尔这样主张：任何所谓来自《圣经》的说法，倘若违背了自然理性，就不应当被信仰，甚至连上帝的道德诫命也不能与我们的“普遍理性观念”相矛盾。正如休谟1755年对这一立场之归纳：“全部摩西律法都要被废除，除非它可以被自然法所确立。”[48]

到了17世纪晚期，对于性道德的辩论话语开始发生变化，成为了

对于启示与“理性”宗教之兼容性这一普遍争议的一部分。到目前为止，重新论述性规则的严肃尝试，一直被限制在对于《圣经》与教父著作的重新翻译与阐释活动中。正如克里斯托弗·希尔对于17世纪中期激进主义的点睛之语：“不论其结论多么激进，不论其神学多么异端，他们逃离神学的路径依然是神学。”[49] 无论如何，随着人们逐渐不再倾向于以启示为根本来探讨道德律令，他们更愿意寻找那些看上去源于内在“理性”或“自然”的支持。这就为人们的探讨打开了一扇更广阔的大门。自然法是否能够为上帝反对偷情与通奸的诫命提供支持？或者说，它是否允许一种程度更高的性自由？ 98

自然法与自然伦理

这一问题又因为人们对于如何定义自然法，以及如何认识人类理解力的意见分歧而变得更为复杂。不过从根本上说，存在着两种对立意见。16和17世纪的正统观点认为，自然法与《圣经》中的道德律是完全一致的。世界上的所有人，不论其是异教徒、不信教者，还是基督徒，都得服从“上帝的意志以及他直接铭刻在每个人心中的神圣理性，人们由此而得知何者为善、何者为恶”。但它并未传达救赎所必需的宗教戒规，并且也经常被人类的卑劣习气所遮蔽。[50] 不过，“它虽然没有以自然的方式完美地铭刻在人们心上，却通过上帝以手指刻写在石板上的法律完美地宣示出来，此即十诫，而在《圣经》的其他地方则得到了更为全面的开示”。《圣经》乃是“自然法最为清晰的呈现”，而第七诫则属于“上帝的普世政治”之一，它“应得到每一个政治体的实施与执行，同时也是个体良心的伦理依据”。[51] 有些虔诚的权威人士甚至主张自然法，一如《旧约》，规定乱伦与通奸应处以死刑。这是一项“普遍公正”的法则，“其根据乃是人所共具的自然法或自然本性”，威廉·珀金斯这样坚称。而托马斯·卡特莱特则主张，“对抗自然之光”乃是否定其普世权力（他想得出的结论是，根据当事人是否具有减轻罪责之情节，处决方式可以或轻或重）。[52]

这种推论方式往往非常偏颇，因为它经常以《圣经》之禁令为出发点，然后在别的地方为其寻找支持。18世纪同样存在着很多尝试，以证明一夫一妻制和贞洁与理性和自然相契合。不过在那个时代，多数神学家与哲学家试图采用更客观的方式，首先是建立起法则，然后再参考通行的普世概念，如正义、仁慈及真理。因此，《圣经》中的道德律也就
99 变成了一种次级的例证，用以支持理性的探讨。在英格兰，采用这一方式的先驱人物乃是洛克、卡德沃斯以及坎伯兰等人，并且又得到18世纪大多数温和的自然神论者与基督教思想家的进一步深化。

结果乃是，不贞之举的错误性可以从不同角度进行论证。有些人的观念主张，所有行为的评判标准乃是其造成的公共及私人后果，而性自由则总是导致伤害。[53]但多数人持有相反的观点，即存在着一种绝对、自然的道德，先于上帝的诫命与人类的法律。在这一论述框架下，不道德的性行为违反了自然法，无论其背景或后果是什么。不贞之举本质上"违反了理性与真理"，威廉·沃拉斯顿这样认为。[54]约瑟夫·巴特勒则承认，不可否认，这种行为似乎有的时候（甚至在"某些最令人震惊的事例中"）产生出的快乐要多于痛苦；但无论如何，其肯定要受到我们内在道德本心自然而绝对的谴责。同样的结论亦来自理查德·菲兹、弗朗西斯·哈奇森、理查德·普莱斯、约瑟夫·普利斯特里、罗伯特·马尔萨斯以及无数不那么重要的思想家。[55,56]

不过，单纯凭借理性而建立道德存在着一种危险，即便当其目的是为了支持美德之时，也可能在有些时候偏离传统的规范。[57]哈奇森在构建出一套完全理性的性伦理之后，发现自己被引向了一个结论，即"后代的缺陷"可以为已婚男子纳妾提供理由。[58]其他的道德家，例如亚当·斯密与沙夫茨伯里伯爵三世揭示出，古典风俗中对于可允许及不允许的性行为之区分，实质上只体现出一种程度差异，只是为了避免过

度放纵，而不是为了严格限制某些类型的两性关系。在“由自然所激发的两性激情”之中，斯密解释道：“所有强烈的表现形式都显得不雅观”，无论是在已婚还是未婚状态。对沙夫茨伯里来说，他干脆建议读者，正 100
如“搔痒引起的大笑成为了一种极度的痛苦”，因此适度的性能够带来愉悦，而“过度……则会导致混乱与烦恼”。这类观点不一定旨在推动性自由，然而较之过往，它们的确以一种更为宽松的立场来定义贞洁。[59] 我们将会在第四章（“一夫多妻制与人口”）中看到，从与人口学和经济理论的视角思考性伦理的新风尚也潜藏着类似的风险。正如马尔萨斯 1803 年所指出的，甚至这种观点也变得平常：“某些不合法的男女关系为双方都带来了快乐，并且没有损害任何人。”而早前的评论者对此则完全无法想象。[60]

这种对于伦理的开放态度也逐渐影响到了教士的最高层。因此在 18 世纪，一位苏格兰教会的领导人士就有可能写一部书来严肃地论述“一种自由得多的性交易”。在其中，罗伯特·华莱士主教提出，男人与女人自由自愿地与不同的伴侣相继同居，可以消除关于女性矜持的错误观念，因为“跟一打男人温存过的女人绝不会对第十三个男人摆出冷淡的架子”。[61] 思想上不那么新锐但同样惊人的宽松立场出现在乔治二世的约克大主教朗斯洛·布莱克本身上。“我经常与他一同进餐，”霍勒斯·沃波尔曾写道，

> 他的情人克吕维夫人坐在桌子的主位，而海特——他与另一个女人的非婚生子，长得很像他——坐在桌子的末席……我记得一件事情，足以显示出他是世俗之人，而王后本人又将此事转述给她的父亲。那是在国王最后一次汉诺威之旅的途中，在亚茅斯女士（国王的情人）过来之前，主教跟王后殿下在一起，他对王后说：“夫人，我曾经与您的首相沃波尔在一起，他告诉我，您是一个明智的女性，毫不介意自己的丈夫拥有情人。”[62]

在1700年前很难想象这样的话会出自一位新教的主教之口。[63]
101 另一名教会人士亦然，查尔斯·德·吉法第耶主教，他之后成为了乔治三世及其家人的密友，他炫耀自己最近的风流韵事，并劝告一个年轻人，在现代的性伦理之中，《圣经》的作用无足轻重：

> 相信我，我们内心的道德乃是唯一指引我们的道德，那些令人作呕的教条陋规已被人们弃之敝屣，它们源自陈旧荒谬的原则，只是为那些不能享受优雅情趣的拙劣灵魂所设，我们这些灵魂健全的人则完全能够感受所有美德之可爱，感受邪恶之可鄙处，而无需接受圣人那荒谬理性的指引……第一要务，投入女人的怀抱。[64]

这种态度的兴起也显示出一种与自然法相对立的观点之出现，其认为性放纵是正常的，而贞洁的规范只是人为的。这一观点本身并不新鲜，因为基督教认为欲望乃是人类原罪的一种表现，这也就暗示了上述观点。差别乃在于这种观点更强调肉体欲望，而非约束限制。在其最极端的形式中，这一观点改变了基督教与道德之间的正统关系。激进的自然神论者与自由思想家主张，有组织的宗教并没有教导美德，相反，其掩盖了美德。上帝真正的法律是朴实与理性的，并不神秘，根植在自然之中，而非《圣经》里。正是那些教士与统治者们将繁冗的仪式与迷信强加于人们，使其自身不能领悟道德真理与“自然宗教”。1697年爱丁堡大学学生托马斯·艾肯黑德在他因渎神被处决前不久写道，在花了多年“认真充分地推理与思索”宗教之基础后，他觉得必须承认，“绝大部分道德（如果不是全部）”都只是人类的发明。事实上，“任何事情在道德上可能是邪恶的，任何事情也可能是良善的，因此任何事情都可能是得体的或不雅的，可能是道德的或不道德的”。[65]类似观念同样在受过教育的英格兰人中间流行开来。律师会馆中的一个年轻人约翰·博斯，后来成为了爱尔兰的大法官，他当时极力向朋友们主张，基督教只不过是一套可疑的人造教义，而女人的自然功能乃是“满足男人的欲望”。他可不是孤身奋战，他的多数男性读者，例如丹尼尔·笛福，认为一夫一妻制“只是教会的强制，教士的鬼把戏，毫无理性可言”。“如 102
果听听我们那些招摇的浪荡子的言论，”1725 年一位哲学家写道，“我们会发现，在他们的想象之中，自己的邪恶行为披着一些带有自由与宽容色彩的漂亮衣服，抱怨那些精巧规则的制定者奴役了他们，剥夺了他们的快乐。”[66]

这种解释某种程度上基于 17 世纪对于自然状态与公民社会之基础的辩论。霍布斯关于世俗主权一个臭名昭著的举例是，尽管通奸为自然法所禁止，但只有人类的法则能够确定这意味着什么。对于罪行的定义在不同的文化之中差异极大，因此，“在一个城市被视为婚姻生活的性行为，在另一个城市则会被判为通奸”。[67] 王政复辟时期的法官约翰·沃恩爵士是霍布斯的一位密友，他与塞尔登、马修·黑尔在这个问题上走得更远，他们主张在自然中不存在任何道德。“因此，任何男女性行为，或此种行为所产生的任何后代，都不能被视作反自然的”，这都是习俗与传统使然。[68] 类似的结论也见于斯宾诺莎的道德哲学。[69] 甚至洛克自己私底下也断定，一个男人与一个或多个女人同居并生子，根据自然法本质上是一种无罪的行为，只有依照社会的法则与习俗才能被视为“严重罪行”。[70]

在 17 世纪 70 年代和 80 年代的王位继承危机期间，这一观念的政治意义被查理二世私生子蒙茅斯公爵的一些支持者们所追捧（许多新教徒更希望他而不是天主教徒约克公爵詹姆斯继承王位，即后来的詹姆斯二世）。辉格党律师威廉·劳伦斯出版了一部大部头文集，收录的文章从自然、理性、历史、神学等各个角度论证现有的一切婚姻法都只是教会的创造，私生这一概念与神法及自然法相悖，根据相同的原则，未婚之人发生性关系并不算是私通，而是最纯洁的“私人婚姻”，选择

103 这一关系就要求"所有人应当拥有良心的自由"。[71]约翰·德莱顿曾在1681年对这种观点做出过著名的讽刺,在他的诗歌《押沙龙与阿奇托菲尔》("Absalom and Achitophel")之开篇写道:

> 在虔诚的时代,牧师开始耍起手腕,
> 那会儿一夫多妻还不是罪恶;
> 当时的男人到处留种,
> 孽种一个接一个呱呱坠地:
> 自然在怂恿,法律不阻拦,
> 他们与妻妾纵情淫乱。[72]

婚姻与贞洁只是被发明的传统,对此种观念进一步的支持来自当时激进的神学讨论中逐渐流行的文化相对主义。根据全世界宗教的多样性以及其伦理规则的相互矛盾,不难推断实质上根本不存在善与恶或正当与错误之举的客观标准。"美德?"范布勒有出戏剧中的一个角色夸张地表现出这种流行观念,"唉,美德与邪恶有什么差别,哪里是人们说的那种东西。美德存在于良善、荣誉、宽宏、真诚与虔诚之中,而不存在于敏感、狂躁与严苛的贞洁之中。"[73]在禁欲之中不存在任何的内在之善,只有人为的造作。甚至那种认为公开场合不应性交的说法,贝尔不无戏谑地暗示,似乎也只是建立在"习俗与……观念的专横束缚之上"。[74]

在18世纪,人们发现不少海外文明尽情享受着性自由,这就为上述观念进一步提供了经验的支持,与此同时,社会演变的理论也广为接受,在其中,性道德的变更与改进经常是一个核心论题。[75]随着大英帝国扩张到北美与亚洲,以及詹姆斯·库克和其他人横跨远东与太平洋的伟大航行,人们越来越着迷于记录美洲土著、印度部族与太平洋岛民
104 的性风俗。[76]不过在17世纪晚期,这种人类学的路径就曾帮助提高了

各种非基督教的新兴道德哲学的地位，并发展了美德为人所造这一观念。颂扬自然欲望，以及伊壁鸠鲁与卢克莱修的“神圣之爱”——例如说，它为性自由提供了有力的支持——对于这一时期英文写作的影响变得越来越大。[77]

这些为性自由进行辩护的各种方式，被王政复辟时期的性放纵者狂热地——如果不总是非常有条理地——拿来使用（一如下章所述）。查理二世“不能想象上帝因为一个男人通过这种方式得到了一点快乐就把他毁掉”。禁欲只是“滑稽与自负”的产物，没有人“原则上”是纯贞的。同样，罗彻斯特伯爵约翰·维尔莫特的整个道德哲学可以归纳为两条准则：人不应当伤害自己，或者伤害到他人。他认为，不伦之举并未得罪上帝，因为他如此伟大，所以不可能憎恨或惩罚他创造的众生：“他不能想象像神这样的伟大存在会使自己陷于悲惨处境。”他也不相信地狱（这是一种“对于罪恶过于极端”的惩罚）。宗教仅是“牧师的欺骗”，而《圣经》及其奇迹只不过是支离破碎的荒诞故事，基督教道德只是伪善，只有那些“乌合之众”才对此遵从，因为他们不知道更好的。荒谬无比的观点才认为人类是堕落的，认为“在人的本性中存在着道德腐化”，或有理由压抑我们的身体本能——唯一真正的“善与恶之法则”乃为我们的身体感官所提供，生命的唯一真正目的在于追求快乐。随之而来的是一种观念，认为一夫一妻与贞洁都是“对于人类自由不合理的强制”。相反，性快感“要得到享受，这是我们自然欲望的满足。认为人应当严格受到限制或压抑，这是不合理的”。[78]

在1700年前，这样的论证因其非宗教与性放纵的倾向，很容易被正统道德家批评为似是而非的诡辩。它们只是“许多漏洞百出的辩解”，那些“肆意纵欲”的人们通过狡诈的虚构“决心不顾一切地追逐欲望，编造出最好的理由为自己辩护”，它们的推理无可避免地充满“成见、偏颇与收买”，因为“这是通奸、偷情以及所有淫乱之举对于他们精神自然而然的影响”。[79]这些指责也有几分道理。相比于传统道德的严格，早期为性自由的辩护经常显得粗疏而矛盾，虽然有严肃的思考，但也有不少社会与思想层面的故作姿态。正如一位讽刺作家在1675年所指出的，现代的浪荡子，“否认善与恶之间的任何实质差别”，声称自己遵从的是《利维坦》的学说；然而“他在生活中从未对此理会”，也不晓得霍布斯的书到底说了些什么。[80]

可是到了18世纪早期，类似的观点以一种更有说服力与客观冷静
105 的方式表达出来。虽然有关性自由的问题仍然充满争议，但对于自然、理性与习俗，人们在思维方式上的根本差异已经大为减小。[81] 这些观念都已变得广为人知，并得到了当时一流小说家的戏拟。例如塞缪尔·理查森塑造的反英雄小说人物洛夫莱斯，其处世逻辑是每年结一次婚，再离一次婚，这样就可以避免任何通奸与偷情行为。在菲尔丁的《汤姆·琼斯》中，当自然神论者斯奎尔先生被揭发是淫荡的偷情者时，他告诉主角他的行为事实上毫无害处：“事物的本性才能决定什么是合适的，而不是靠习俗、礼节或政府法令所决定。确切地说，任何符合自然本性的事物都是合适的。”“‘说得好！’琼斯大呼，‘有什么事能比满足自然欲望更无辜的呢？或者说，还有什么比繁衍我们种族更值得称赞的呢？’”正是如此，斯奎尔先生回答道。[82]

在当时严肃的著作中，这一观念经常被置于一种更普遍的哲学框架之内。马修·廷德尔在其自然神论杰作《基督教与创世同龄》（*Christianity as Old as the Creation*）中嘲笑基督教的性道德乃是教士的发明，跟《圣经》中关于高利贷与吃血的禁令一样，已经不适用于现代国家。判断行为是否正当的唯一标准，乃是其是否有助于
106 人类的福祉：

> 喜欢或者渴求一个女人，不考虑其特定环境，我们不能判定这种行为到底是善是恶。那种狂热的欲望根植于人性之中，绝不属于罪恶，而审视这一行为，我们发现其主要企图乃是促进双方的愉

悦，以及繁衍与保存种族。[83]

当时一位哲学家认为，基督自己的目的实乃将人类“从摩西律法的诅咒中”解放出来。他断定通奸是一项无害的行为，“古往今来所有人都难免于此，要么藏在心里，要么见于行动”。虽然遭到了教会的歪曲，但耶稣自己的教诲实际上旨在重建自然法，这种自然法体现在所有快乐与天真的社会之中，其特征之一即“女人和其他一切东西都是共有的”。事实上，良善与幸福主要在于自然欲望的满足：“当你饿了，就需要食物；当你渴了，就需要饮水；而当你受到性冲动的刺激，就需要性交”——只有“庸俗的观点”才会认为在性或其他事务上存在着诸如“好与坏的道德”。[84]

在 1714 年，医生与哲学家伯纳德·曼德维尔同样主张，任何时代道德善恶的区分都只是狡猾政客的欺骗。所谓的美德总是“有悖于自然的冲动”，正是那些人造的宗教与社会法则将欲望诬蔑为祸害，扼杀其外在表现，否定其力量，并且确保“女人要消磨时日、浪费青春、垂老至死，而不是以一种不合法律的方式解放自身”。1749 年一位通俗作家提出，性自由事实上是一种“人性的权利，以及人类的正当自由……男欢女爱的本性与倾向如此正当而健康，上帝亦当同意，男女在其中共同满足了自己的需求与欲望，彼此皆受其益”。因此，未婚人士发生性关系、生小孩以及同居都没什么过错，公开卖淫亦如是，男女自愿离婚与再婚亦如是。同样的态度也见于启蒙时代早期的一群人，他们倡导一种更具理性的犯罪与惩罚观。切萨雷·贝卡里亚认为，男女间的性激 107
情是一种无法阻止的自然力量。通奸源自“一种自然的需要”，它不会“腐化社会”，对其进行惩罚是毫无意义且有害的。[85]

17 与 18 世纪的自然与道德争议中最具雄心的综合尝试，乃是大卫·休谟对于性道德的解释，其首先出现在《人性论》（*A Treatise of Human Nature*）中，之后又在《道德原则研究》（*An Enquiry Concerning*

the Principles of Morals）中得到了修正。休谟最初的观点是，人类具有一种内在的道德情感，从中产生出某些自然的美德，但贞洁不包括在内——“对于欲望的限制违反自然”。相反，欲望往往“强而有力地与所有令人愉快的情感相联系”，而贞洁只是一种人造的美德，创造出来的主要目的是为了让男人放心“他们的孩子……确实是自己亲生的”。[86]《道德原则研究》则走得更远，其中论及了不同社会性规范的巨大差异，而这正是当时性自由论者的普遍主题。休谟的贡献在于，将当时把道德差异视为习俗与趣味所致的传统认识，发展成一种更系统化的论述，在其中，多样化的性规范实际上共同具有一种普遍的理性。这一更深刻的真理揭示出，“人们在道德中的思维原则都是一致的，虽然其得出结论往往各不相同”。休谟自己虽然蔑视一夫多妻制与离婚，但还是持有当时的流行观点，即“自由恋爱”甚或通奸，与诸如酗酒这类行为相比，不那么邪恶或有害。[87]

到了 1750 年，一种关于性自由的完备理论浮现出来——不只是拒绝现有的法律，而且是以一种新的方式基于各种前提来思考何种行为可以、何种不可。可否允许往往或隐或显地由两个主要的条件所决定。首先，行为是自然的（往往还要求对个体无害）。事实上，这当然不是一种客观标准，而是由特定文化所决定。被视为“反自然的”行为，如鸡奸或手淫，不能得到允许，[88] 不过另一方面，一个人怎么对待自己的身体乃是一件私人事务。许多 17 世纪晚期与 18 世纪的作者基于同一种个体自由原则，一边提倡更开放的性自由，一边又为自杀的权利辩护，这
108 绝非巧合。[89]

另一方面，性自由显然可以影响到他人。因此第二种标准乃是，行为不会严重损害公共利益，或者至少造成的好处要多于坏处。这就意味着不能像过去一样，依据一种绝对的标准进行判断，而要考虑具体的环境与后果。例如，不忠之举只要隐而不发，就不会造成害处，这一论点得到了越来越多的讨论。[90,91] 同样，人们也开始认为，任何社会的性

规则都源自其对于“公共利益”的集体判断。因为不同文化甚至个体出于各种正当理由，对于“共同利益与效用”怀有不同的想法，因此他们心中的性规则也就彼此各异。这一思维方式的影响是双重的。它创造出一种较之早期传统观念而言，对于私人与公共生活领域更明确的区分。然而，它同样在确定两者的内涵与关系上造成了棘手的困难。正如休谟所正确指出的，这一事务的症结即是，在现代世俗道德的两种目标中一直存在着某种紧张关系——个人快乐之最大化，以及社会效用之追求。在性方面，“这两个目标都是良善的，并且有点难以调和，我们也无须诧异有些国家的习俗过于偏向其中之一，有的偏于这一端，有的偏于另一端”。归根结底，不无矛盾的是，性欲既是文明的根基——“人类社会首要与最初的原则”——也是社会纽带的恒久威胁。[92]

尽管如此，其总体之影响还是强化了这一假设：性主要属于私人事务。这就鼓励了那些不贞之徒，例如桑威奇伯爵四世说：“其他人应当体谅我的弱点，不要干涉我作为公共人物的行为。”如今，“公共行为”与“私人品格”被认为属于两种“独立而不相干的事情”。[93]那么，主要的问题就变成了如何在两者之间划定界限。在18世纪后期，这种界限 109
的划定虽然一直存在争议，但已经成为了公共政策的核心原则。这一情形延续至19和20世纪，并且仍塑造着我们当今的思维。虽然公与私之界限一直在变化，但它已成为随后多数人为性自由进行辩护的主要根据。即便后来最有雄心的自由理论家也多认定，行为是否不道德与个体内在无关，要看其是否影响了他人。正如约翰·斯图亚特·密尔之所思，个人自由绝对可以容纳偷情——虽然可能不包括性交易，同时也肯定不包括公开性交；但其中的要点在于，“任何人都可以自由发生性关系，这应当被视为一件无关紧要与纯粹私人的事务，其关涉的只是自身而非他人”。如他在1854年所写的，他热切期望着，那种把男女之事公之于众的做法“在将来的某一天会被视作人类婴孩期的一种迷信与野蛮”。[94]

私人恶行与公共利益

18 世纪初逐渐将个人道德与公共事务逐渐分离的倾向，同样衍生出一种更为激进的观念挑战，即婚外性行为事实上能够促进公共利益。有一些性乱之举因此得到了容忍，甚至鼓励。

这一观念与正统新教完全对立，后者认为容忍卖淫不会抑制淫乱，反而有助长作用。“如果欲望有激情，它就会不受控制，”一位传教士 1704 年警告说，“它不会被约束在本分之内，而是尝试引诱贞洁的夫人与主妇，任何美德几乎都难以抵御。”另外一位作者在 1699 年指出，存在一种误解，认为“以一种自然的方式限制欲望会导致人们采用不自然的发泄方式”，因为“世界上没有哪个地方比意大利”存在更多的鸡奸行为，“而在此地，教皇的账簿里登记着八万名妓女”。[95]

尽管存在着这些例子，但在 1700 年左右还是出现了一种对立的观
110 念，主张容忍卖淫。1691 年《雅典信报》的一位读者来信质问，难道给所有站街女在晚上安置一个地方不是一种进步吗？一如阿姆斯特丹。编辑回应称此观点“完全不合基督教义，纵容了一种罪恶”，不过他最后还是承认，除开宗教因素，这确是“一项不错的政策，可以避免许多罪恶”。同样，我们可以在一位苏格兰牧师 1689 年访问伦敦的日记中瞥见此种观念，他写道：“为了使贞洁的女性不受到引诱，我们应当容许那些漂亮妓女黄昏时分在街上晃荡。”[96] 在接下来的几十年间，随着惩罚手段逐渐不受欢迎，这一观念也慢慢地得到了认可。

到了 18 世纪中期，即便是传教士与治安法官也普遍认为，卖淫是无可避免的，甚至可能是有益的，而这一观念在古典、中世纪以及欧洲大陆的先驱在当时也为人们所熟知。后来的坎特伯雷大主教约翰·波特在一本畅销书里写道，在古代的希腊人与犹太人之中，妓女、妻妾以及公共妓院大行其道。“最明智的异教圣人”鼓励年轻人“在那里发泄

欲望”,而不是侵害诚实的女性,没有人认为这种性自由“有悖于良好风俗”。[97] 治安法官桑德斯·韦尔奇认为,完全不可能也不必要压制卖淫,妓女们构成了一块重要的“荒地”,如果消失了,男人们就可能会变为鸡奸者。还有不少人认为,没有这一“发泄自然需求”的渠道,鸡奸、强奸与谋杀肯定会接踵而至。[98] 容许实际卖淫之观念的争议性越来越大,但与此同时,其有效性也越来越被认可。颇有影响的治安法官与社会改革家帕特里克·柯洪则断定,抑制这一罪行“不可能真正抵挡汹涌的潮水”,还不如建立“一种谨慎细致的制度”,管理性交易,将其置于警方监控之下。[99] 到了 19 世纪中期,这种做法得到广泛支持,而 19 世纪 60 年代的《传染病防治法》则将一套政府登记与管理妓女的系统付诸实践。

这一趋势又得到了一些实践发展的支持。其中之一就是,人们日益担忧鸡奸行为愈演愈烈,先是 18 世纪早期伦敦大量存在的男同性恋亚文化,后来更是出现了特定的约会场所、异装癖的集会,以及公园与 111
公共厕所中的性滥交。[100] 而随着首都及其夜生活的扩张,卖淫乃成为一种更加明显与棘手的问题。其中特别重要的诱因乃是英国陆海军人数的大规模增长。伦敦及其他港口和要塞的常规驻军与海员创造出一个巨大的性交易市场,与此同时也造成了性病的流行。查理二世曾经雇用了一支七千人左右的常备军,还有一支海军,其人数在战时高峰期达到了两万五千人。在 17 世纪 90 年代,武装部队的总人数已经增至十一万五千人以上,到了美国独立战争时期,更是达到了十九万人。[101] 从更一般的意义上说,那种认为年轻男子需要性发泄以免于强奸、诱拐无辜女性或求助于非自然行为的观念,实则属于当时人们日益沉迷于诱惑女性与买卖婚姻(我们在下一章会对此探讨)等行为的一种体现。

伯纳德·曼德维尔的著作及其引发的争议,对于容忍卖淫这一观念起到了特别重要的宣传作用。他的论著《蜜蜂的寓言:私人恶行与公共利益》(*The Fable of the Bees: or, Private Vices, Publick Benefits*)首次出版于 1714 年,其中为公开卖淫,或“牺牲部分女性以保护其他,以阻止一种更罪恶的丑行”之观念进行了思想上的辩护。十年之后,当这段话突然引起了广泛注意之时,他通过匿名出版了一部对于此书诙谐的阐释之作——《为公共焦虑的审慎辩护》(*A Modest Defence of Publick Stews*)——煽动起一场辩论。与其哲学一致,这些炮火都对向了“移风易俗”运动的社团,他们的行为方式(我们将会在最后一章见到)造成了这样的忧虑。“如果妓女与娼妇都要受到那些蠢人所主张的严格检举,”《蜜蜂的寓言》一书质问道,“那得需要多少锁链或门闩才足以保证我们妻子与女儿的清誉?”妓院和茅厕一样必不可少,妓女“已经是不洁之人,犯不着兴师动众”,允许这些女人尽其所能正是为了“保证其余人的平安”。[102]

与传统道德观念判然有别,曼德维尔的思想机智而流畅,这一特点
112 及其惊人的流行程度,都使得他对于卖淫的支持成为了 18 世纪所有讨论此话题的出发点。早在 1760 年,《为公共焦虑的审慎辩护》一书就至少已有六种版本,至于《蜜蜂的寓言》一书,则有十二种版本,此外还有些部分抄袭之作,以及无数批评及阐释之作。其基本哲学观念之传播如此广泛,以至于很难找出一个对其不予理会的 18 世纪知识分子。其性观念的普遍反响在当时各类文体的随意引述之中显而易见:讽刺文学、传单、布道、讲演以及大众印刷品。[103]

曼德维尔的观点很大程度上得自其前辈思想家,至少是皮埃尔·贝尔。曼德维尔可能在年轻时见过此人,并且他广泛援引此人。他的著作同样模仿了长期在滑稽与通俗文学中流行的对于道德监管之批评。此外,根据上文之所述,曼德维尔认为,美德与道德乃人为构建这一基本观点,已经普遍见于 1700 年以前激进的神学与哲学思想中,尽管他将其推向了极致。说到底,倘若曼德维尔的观念更具有原创性的话,其恐怕也不会受到这样迅速的追捧。他的贡献主要在于能够借助一系列不怎么精巧与体面的观念,将其转化为一种强有力的性自由宣言——通过系统陈述这些观念,阐述其思想意涵,以及在一种更为广阔的哲学

结构中将其合为一体。这不仅挑战了正统性道德，而且也冲击了对于个人行为与公共福祉之关系的固有思维。传统的认识完全不正确，曼德维尔不无快意地指出，虽然听起来自相矛盾，但私人恶行的确可以促进公共利益。在这里他并不是指所有恶行都是有益的，只有某些过去视为邪恶的行为实际上对于社会有益。例如在经济方面，

> 逞欲之徒无节制地追求奢侈，水性杨花的妓女每周创造着新的时尚……慷慨的浪荡子与阔气的继承人毫无顾忌地大把撒钱……那些给同胞带来了最大麻烦以及创造了最苦工厂的人，不论对错，都是这个社会最重要的朋友。[104]

贸易与工业如此，性事亦不例外，禁欲、节制以及其他传统美德皆有悖于生产。事实上，人类乃为自私的热情所驱策，正是对其的合理利用而非压抑限制，创造出最为称心的社会效果。就这样，他一下子质疑了大多数支持性监管的剩余理由。 113

毫不奇怪，他的主张惹来了激烈的诋毁与指责。一位主教愤怒地说，这一观念荒谬透顶，有悖于“所有时代与所有民族的经验……它们因为宗教与道德而兴盛，同时又皆因为奢靡与放纵而腐化衰落，最终沉沦灭亡”。在查阅了古代与中世纪制裁犹太人、希腊人、罗马人、西哥特人、伦巴第人及其他主要文明之罪恶的法律后，传教士与道德改革家约翰·迪斯尼认定，所有传统的智慧皆与那种“新原则”相悖。尽管如此，到了18世纪中期，这一原则已经人尽皆知。在塞缪尔·理查森的小说《克拉丽莎》中，洛夫莱斯对贝尔福德低声笑着说，“浪荡子层出不穷”，这难道不正说明引诱女人是“一种必要的恶”吗？他自己的行为“完全依照我可敬的朋友曼德维尔的那条准则，私人恶行导致公共利益”。这条准则在18世纪50年代如此声名卓著，以至于一本从良妓女救济院的手册觉得有必要在开篇就强调与此相反的主旨，即私人恶行会损害

公共利益。[105]

因此，这一新的思维方式之影响在于，其永久地改变了讨论的规范。即便是那些争议最少的性戒律，例如公开嫖娼损害公共利益，如今也遭到严肃的质疑，其支持者也不得不进行辩护。虽然人们往往拒绝社会秩序与繁荣有赖于恶行与不贞这一观念，但他们还是不停地对此进行讨论。久而久之，这一观念的许多原则也被主流意见所吸纳与接受，以偶然或随意的方式被反复重申，一个典型的例子出现在托马斯·德·维尔的讣告中，他是米德尔塞克斯郡的总裁判官，也是一个声名狼藉的好色之徒。“总而言之，”《绅士杂志》在列举了他的性丑闻之后评论道，“他似乎称得上是一类典型人物，这种人邪恶至极，却因其公共贡献而弥补了私人美德的欠缺。”[106]

114 经济史家已指出，曼德维尔有关利己有益的思想影响了其后的思想家，例如亚当·斯密，并开创出一种新的社会进步理论，其着眼点在于消费的意识，而非俭省与节制。[107] 他的道德观之影响亦复如此。到了 1800 年，人们已普遍认为，任何禁止婚外性行为的举措所造成的问题都要多于所解决的。一些评论者指责那种限制自由男女“根据其喜好来处理自己身体的自然权利”之观念，根本上就是不正当的。1785 年一位律师警告说，早先的历史证据非常清楚地表明，“公共危害、个人冲突、邪恶与残暴的罪行乃源自一种错误的宗教观念，这种观念总是灌输人们要与自然本能永远势不两立”。[108] 如今更多人开始相信，一种宽松的性道德完全不会导致国家的毁灭，恰恰相反，它实际上是社会与商业进步的一种附带结果。同样的思维方式从 17 世纪早期开始就出现在有关奢侈与消费的道德讨论中。[109] 不过，将其运用到性伦理则是一种新的发展，这完全掉转了传统新教的观念。传统观点认为，惩罚恶行与强化性戒律肯定有助于社会稳定，如今的新观念则完全与之相反。

因此，性自由的发展也得益于新经济哲学的日益壮大，及其对于道德、自制与繁荣问题的全新观点。18 世纪晚期观念转变之程度，充分体现在1787年夏天的一次对话中,对话双方是威廉·威尔伯福斯及其政治顾问菲茨威廉伯爵四世。“我同意他的观点,”菲茨威廉记录道,“背德之举所在皆是,大多数因为行为放纵,极少数因为宗教自由。”“然而接下来我就不能同意他了,他认为应当改弦易辙,可是既然大量行为、贸易与财富都继续存在,而后者又产生出前者,如果他希望前者消失,那么我只能建议他以一种恰当的方式来消灭后者。”即便威尔伯福斯本人,这位当时最狂热的道德活动家,也公开认可此点。他在1797年写道, 115
必须承认,“商业精神,虽然我们极大地受惠于它,但其本质上并不利于在一个强大而兴旺的国家中维护宗教原则”。[110]

自由的盈缩

考察1800年以前性自由的兴起,其实就是思考一场重大的意识形态剧变。对于性戒律的传统辩护主张,不道德行为甚至不道德信念乃是危险的。它们腐蚀了个体,危害了社会的福祉,因此对其进行惩罚完全合法,甚至必要。到了18世纪晚期,这一学说的各项前提都受到了严重的挑战。人们主张在所谓的私人与公共事务之间存在着一种更为重要的区别。因此他们随后声称公共权威不能插手个人良心事务,其中就包括他们的道德选择。同样,不道德行为也被认为属于私人事务。甚至有人主张,一定程度的性自由是一件好事,标志着社会健康与进步,而非腐化与堕落。简言之,思想与行为层面个体自由的理想取代了性戒律。

因此到了19世纪初期,人们对于性自由的辩护较之以往更加系统与公开。在这一变迁背后,乃是对于人性、基督教义、道德哲学以及人生目标等问题的全新阐述。有的观点认为,启蒙运动最伟大的胜利,乃是将追求幸福提升为人生的首要目标。正如作家与政客索姆·杰宁斯1757年所言,上帝因其“无限的善意”与“无限的权力”,使得“幸福乃是世间唯一具有真正价值的事情，无论是财富，还是权力、智慧、学识、力量、美丽、德行、宗教，甚至生命本身，除了促进幸福以外，都无足轻重”。没有什么比人们对于性快感之态度转变能更好地体现出此种观念的发展。这一来自性行为的愉悦、如今已不再被看作一种罪恶或恶
116 魔与堕落的标志，而逐渐被视为一种行为之至善与上帝之仁慈的标志。性欲不是一种要被限制的肮脏激情，而是一种需要满足的身体愉悦。归根结底，自然神论作家与教士彼得·阿内问道：

> 倘若这一行为是邪恶的，为何不存在另一种繁衍人类种族的方式？倘若我们应当感谢上帝赋予我们的存在，那么我们是否还应指责上帝用以达到这一目的的方法或工具，这难道不是自相矛盾吗？倘若伤害人类或夺去其生命是一种罪恶，那么反过来，愉悦人类、创造以及养育生命难道不是一种善行吗？[111]

事实上，那种把性视为不洁与致人虚弱的古老恐惧一直存在，并且不止限于宗教性的信众之中。禁欲的学者蒙博杜勋爵就是其中之一。他警告说，性是如此诱人，以至于其可能危害到思想生活。根据詹姆斯·博斯韦尔的记载，他“不允许一个哲学家沉溺于与女性交媾的快感中，而只能作为一种生理排泄，因为他说一个男人如果陷入女人怀抱的快感之中，很快就会耽于享乐，而没有什么比这更可鄙的”。不过，即便这种对于性满足之诱惑力的贬低也证明了其地位的提高。到了 18 世纪中期，不只放荡者将欲望称颂为最伟大的激情，生命中“最精致与最迷人的愉悦”。正如 1785 年一位有影响的思想家所言，性自由的问题乃是最为深邃的哲学问题：因其实际影响如此巨大，但最重要的原因在于，“这一问题关系到人类最强烈，而且可能是唯一真实的快感，就此而言，这一问题实乃尘世之人最重要的关切”。[112]（或者，如约翰·威尔克斯在《论女性》中以一种更简洁的话语所表述的：“生命只不过能提供

一点做爱的快乐，随后我们就一命归西。"）

虽然其重要性日益突显，但这一学说远远没有统治思想界。性放纵一直受到指责与攻击，而大多数男女仍然尊奉性戒律的理想。虽然所有男人确实都有偷情的自然倾向，但容忍偷情、卖淫或任何"不正当的两性关系"却是荒谬而无意义的，约翰逊博士就如此认为。"我会比以往更严格地惩罚这种行为，"他告诉博斯韦尔，"只有这样，先生，严肃 117
的法律才得到坚决执行，才足以对付那些罪恶。"[113] 在18世纪下半叶及19世纪，正如本书结语之所述，当时在大众与福音派教徒中间兴起了一股反对性开放的潮流。事实上，维多利亚时代以及20世纪那些性约束的学说与其自由派对手一样，往往同样源自于一种富有理性、主张进步的意识形态。[114] 尽管性自由的主张仍然面临争议，但它的兴起促生了一种更加多元的思想格局，并且不论好坏，它将此一观点传播开来，即道德规则存在歧异，不论是在社会内部，还是在不同社会之间。[115]

同样，关于人身自由的论证更适用于某些特定的行为，而不是其他。我们所谓"放荡"与"自由"的观点亦是如此：一个实质上用来为性滥交提供辩护，另一个关注的则是把性行为从非理性的规则与传统中解放出来。在所有这些辩护之中，性作为一种健康的自然行为几乎总是被限定在异性之间。与此相类，虽然有人主张一切两性关系都是自由的，不过总体而言，人们更认可这一原则主要适用于未婚男女，而非已婚人士。偷情与嫖娼本质上属于私人事务，这一点论证起来更为容易，因为这些行为并没有严重伤害他人，而与之相较，通奸的危害则更大——很明显，出轨行为往往会严重伤害到配偶与孩子。[116]

在现代人看来，这些辩护中最刺眼的莫过于其对于阶级与性别的限制。[117] 虽然性自由在观念上适用于社会的所有阶层，而且在18世纪晚期与19世纪的工人阶级中，各种形式的自由结合也屡见不鲜，但此种观念首先还是意在为绅士与贵族提供辩护。相比之下，性规范经常被视为中产阶级体面正派的一种特征。[118] 同样地，在受教育阶层看

来，劳动阶层的道德状况乃是一种公共事务，因为国家的整体实力与繁
118 荣昌盛由此维系，还因为穷人的私生子会造成地方税收与资源的负担。“在每一个文明社会”，亚当·斯密在1776年评论道，都存在着两类不同的道德律法：一种是针对普通民众的“严格”律法，另一种则是针对上流人士的“宽松”律法；只有后者才能够承受并彼此谅解“男女至少一方通过出轨行为”来追求快乐。尽管在18世纪晚期，有关私生子的法律可能是针对不贞行为之公共戒律最为重要的遗留形式，但不足为奇的是，倡导性自由的上层人士压根儿就不把它放在眼里。[119]

正如斯密所指出的，性自由同样严重地偏向男性的利益。有的时候此种学说以一种普遍的意义表达出来，并时而（17世纪80年代阿芙拉·贝恩的诗歌是最惊人的例子）把男女两性都纳入其中。但多数时候它明显强调的是赋予男性自由“使用”或“享用”女性的权利，很少有专门支持女性之性自由权利的公开讨论。相反，虽然人们过去遵循宗教道德标准，如今更重视世俗的意义，但这一转变却强化了双重的性标准。不少关于性自由的讨论都承认所谓女性贞洁只是一种人造概念，是文化与教育灌输出来的产物，1749年休谟认为这一事实“如此明显”，以至于毋庸赘言。然而，人们又觉得应当继续强化这一概念，其主要理由乃出于现实的与家长制的考虑，一如那些性戒律的辩护者。这些理由中最基本的，一如伯内特主教所述：“男人对于他们的妻子与女儿具有一种所有权，因此对她们的亵渎或侵犯乃是一件不正义与有害的事情。”另一种流行的观点是，一个不贞的女人可能给她丈夫生出孽种，由此危害了继承权与夫系的传承，可事情无法逆转。休谟议论道：“从这种粗浅的解剖学的观察，可以得出两性在教育与义务方面的巨大差异。”正因为血统与财产权的混乱直接威胁到公民社会的利益，所以女
119 性失贞不应被视为无害或私人事务。[120]（虽然“以一种更直接的方式来解释”，但根本原因乃在于“男人才是法律的创设者与解释者”，另一位作者如是说。）[121]

因此在这一时期，随着那种认为性自由对于男性而言是自然的这一观念之兴起，一种新观念得到了强调，即正派的女性应当追求贞洁。即便是约翰逊博士，虽然他厌恶放荡之举，但也认为此中存在着一种“巨大的”差异，一位人夫偶尔小心谨慎地与人偷腥算不了什么，对他的妻子没有造成“非常严重的伤害”，但一位人妻的出轨则会危及“全部财产权”。[122]

我们当然可以在18世纪找到不少上流阶层的女性，这些人公开展现出一种尺度极大的性自由。[123] 有一些证据显示出她们如何进行自我辩护。1751年，瓦纳夫人弗朗西丝居然发表了一部关于其偷欢生活的五万多字记述，冠以含糊的标题《一个贵妇的回忆录》（*Memoirs of a Lady of Quality*），作为托比亚斯·斯莫利特的小说《佩里格林·皮克尔历险记》（*The Adventures of Peregrine Pickle*）的一部分。考虑到她的第二任丈夫是一个粗鲁的阳痿者，她坚持认为其可以自由选择对另一个男人保持忠诚。这种承诺“我认为跟任何婚姻一样神圣，并且比那些强制或不自然的婚姻有力得多”。对于丈夫，她唯一感到需要负责的是，自己不应当让另一个男人的孩子来继承他的财产。[124]

与此类似，博斯韦尔的一位女性朋友认为“她拥有与丈夫同样的自由来过得风流快活，只要不给家里带来孽种”。博斯韦尔的小情人卡姆斯勋爵之女简·霍姆，也对于他们之间的关系持有相似的看法。

> 她是一位敏感的哲学家，她说：“我像爱丈夫一样爱着我的丈夫，像爱情人一样爱着你，每一种爱都很真实。我对他尽到一个好 120
> 妻子的本分，我对你则献身于愉悦的快感。我们守住彼此的秘密。自然的义务要求我不能怀上你的孩子，我们的爱情不能伤害其他人。我的良心并没有责备我，我确信上帝也不会感到冒犯。”

博斯韦尔有时承认，对于这种私情感到不安，“尽管她深情而宽容，却沉浸在自己的想法里。她批评我的软弱，我该怎么做？我延续着自己罪恶的爱情……”简·霍姆当时只有十六七岁。十年之后，她的丈夫帕特里克·赫伦因为发现她与一名陆军军官有染而选择了离婚。当关系败露之时，她称“自己充满自责，希望全能的上帝不会仅因为这种罪行就惩罚她，那完全是一种激情的满足，而那些激情是上帝根植在她本性之中的”。[125]

尽管这种论述并行于时，但从来都没有成为主流，更不用说获得尊重，风流行为只属于男性。卡姆斯本人也持有这种传统观念，即男人偷欢“偶尔发生，但很少或几乎不会导致感情出轨”，但女人偷欢则不可原谅。在其女儿离婚之后，他与妻子卡姆斯夫人乃将女儿放逐到法国，并再没有跟她说过话。[126] 简言之，对于上流女性而言，性自由的观念主要作为一种警告或消遣，出现在关于放浪之徒的小说或批评之中，而不是作为一种严肃的辩护。这一观念在下层民众中的流行，同样被痛斥为一种由男人引诱导致的可悲后果，或被指责为一种卑劣道德品格的体现，或是一种自愿的卖淫。[127] 与此同时，正如我们将会在下两章中看到，一种观点认为，女性淑德即使有其内在性，仍然主要有赖于接受他人教诲以及时刻警惕男性欲望，这种尖锐观点催生出一种针对女性行为更为严厉与禁欲的准则。

因此，在 1800 年以前，性自由乃被限制在某些重要方面。不过，在随后的一些年中，其中的不少核心前提——隐私、道德自由、刑罚的界限以及性伦理的理性与文化基础——已经成为了主流法学与社会思想中的共识。自此以后，人们的争议焦点越来越集中于此一观念的准确定义，而非其前提预设。与 17、18 世纪相比，纵观 19、20 世纪，人们显
121 然已经不再那么热衷于公开争辩性自由观念的基本原理，与此同时，这一观念也逐渐占据了思想的主流。即使是维多利亚时代批判道德自由改革论最重要的著作，即詹姆斯·菲茨詹姆斯·斯蒂芬的《自由、平等、友爱》（*Liberty, Equality, Fraternity*），也不出所料地承认“法律与舆论

在任何情况下都应尊重隐私”，以及任何社会的道德标准各不相同并只能建立在自利的基础之上。他承认：“有可能这样一个时刻会到来，那时候惩罚出轨、诱奸甚至偷情都显得自然而正当，然而就目前看来，这一前景非常渺茫，我们甚至怀疑自己是否往这个方向在行进。”[128]

成年人自愿发生性关系属于私人事务，随着此种基本观念逐渐被接受，其内涵也逐渐在扩大。最明显的后果乃是，从 19 世纪到 20 世纪，男性的滥交行为越来越得到默许，尽管一直有传统道德的支持者对此进行批评。当 1834 年私生子的法律进行大规模修订的时候，济贫法专员依据自然法与神法，主张下层女性要为诱发或同意非法性行为承担责任，而男性则免于接受相应惩罚。[129]鉴于人们主要考虑的是男性，查尔斯·狄更斯 1848 年对一位国外访客说：“在英国，无度的淫乐成为了一种基本原则，以至于如果某人的儿子特别节制寡欲，他就会因此被警告，怀疑其身体是否健康。”一个皇家专门调查委员会在 1871 年宣称，男人嫖娼应当仅被视为一种“自然冲动的不定期发泄”。1886 年一份关于同样话题的内部公务备忘录也断定：“此点毋庸置疑，男人生来就不道德。”[130]弗洛伊德理论与其他跟性相关的科学理论在 20 世纪同样最直接地确认了男性对于异性的性冲动。不过，随着时间的流逝，性自由之理想也开始容纳其他的人群。

其对于女性的公开容纳，与女权主义和其他社会平等意识形态的
兴起密切相关。不过，这一联系并不是直接的。大多数早期的女权主 122
义人士及其支持者，都谴责逐渐兴起的男性自由，其认为女性乃是两性之中贞洁的一方，并且这些人希望促进男性的自我克制，而不是允许女性像他们一样乱来。这就是 18 和 19 世纪以及 20 世纪早期的女性权利支持者所要传达的讯息。例如在 1854 年，约翰·斯图亚特·密尔“急于留下记录”传诸子孙：“我的谨慎观点乃是，只要性这一动物本能仍然占据着一个极不合理的重要位置，我们就不能指望人类生活会得到任何重大的改进。”约瑟芬·巴特勒曾成功地领导了反对《传染病防治

法》（1864—1869年通过，1886年废除）的全国性运动，她认为因为男人们热衷滥交，性病在他们中间“几乎普遍存在”。1913年，妇女参政权论者克丽丝塔贝尔·庞克斯特则指出，其比例约为75%—80%，因此“女性选举与男性贞操”就成为了她领导的女性社会政治联盟之口号。简言之，建立一个更优良的社会有赖于更普遍的女性权利与更纯洁的两性关系。[131] 经常有人不无道理地指出，赋予女性更大的性自由并不能终止男性在外面拈花惹草。与这种性约束之主流意见并行于世且不完全相悖的是，18世纪末期以来女权主义与共产主义的自由恋爱主张，他们将此视为解放女性与创造更平等社会的手段。

这一观念呈现多种不同的形式，反映出激进的非主流思想所具有的多样化来源与关切。其首要动力来自于对现有婚姻制度的普遍不满。自从宗教改革以来，就不时有人提出在夫妻关系破裂的情况下应当容许自由离婚。[132] 如今随着改革派思想家逐渐意识到，当前有关婚姻的法律与传统极大地压制了女性自由，那种吁求的声音就越来越大。有的时候人们以一种沿自早期自然神论者与自由思想家的话语，指责这些法律与传统是一种基督教的强制。而另一种流行的论调则是将婚姻
123 与奴役等量齐观，此观念认为强迫女性保持贞洁只是为了维持卖淫，而19世纪的女权主义者与社会改革家对此厌恶至极。不少早期社会主义者更是认为，传统中对于两性与家庭关系的规定与整个资本主义经济体系相关，两者皆为害甚烈。因此，一些激进的评论者主张，夫妻应该可以自愿地离婚与再婚，而另一些人则更为激进，提出全面废除婚姻制度。

在1800年以前，这种观念最知名的坚持者就是重要的激进派哲学家威廉·葛德文与玛丽·沃斯通克拉夫特，他们首先独自奋战，后来成为情人，最终在玛丽1797年去世之前几个月正式结婚。当他们初次相遇时，葛德文已经开始写作《政治正义论》的第一版（1793），那本书直接宣称“婚姻是一种虚伪的制度”，“取消婚姻会消灭一切罪恶”，所有的

女性与男性都应该在两情相悦的情况下，自由地发生性关系（“一件无足轻重的事情”）。当沃斯通克拉夫特过世一年后，悲伤的葛德文出版了一部关于她的回忆录，这本书同样惊世骇俗，其中忠实记录了她的感情关系、未婚产子，以及她生前对两人关系的公开承认。例如（葛德文以其生硬的文笔写道），

> 那是在她 1792 年 12 月抵达巴黎的四个月之后，她怀着内心的秘密渴望发生了那种关系……（几个月后）她又与伊姆雷先生好上了，找到了给他生小孩的理由。

当她与葛德文开始同居，同样地，

> 我们并没有结婚……没有什么看上去比这更荒谬，或更有悖于真正的情感，那就是要求丰溢的灵魂服务于一种仪式……玛丽认为其行为完全合宜。[133]

理查德·卡莱尔此前是德文郡的铁匠，后来成为了《共和报》（*The Republican*）的编辑，其后还与女权主义者伊莱扎·夏普尔斯践行了他的思想原则。他在 19 世纪 20 年代，出版了一系列畅销读物，提倡性快感、避孕、年轻人定期性交，以及自由而平等的两性关系、蔑视婚姻等。“性行为，”他解释道， 124

> 不比吃饭或喝水具有更多的道德内涵……一个真正的道德家不会认为自然行为有什么罪恶，也从不会谴责那些既没有暴力也没有危害的性行为……与健康、美丽、温柔一样，性行为是人类幸福的真正泉源……一个女人同意与一个男人生活在一起，不论是一个月、一年或一辈子，且没有交纳神父契约（即婚姻）的费用，这种行

> 为与明媒正娶一样道德……倘若她因此而生下了一百个男人的孩子，她的美德也同样完好无损。那些批评的喧嚣声只是来自宗教、神父的算计以及愚昧无知。

不少卡莱尔的追随者与通信者都狂热地认同这种情感。其中一位来自坎特伯雷身份不明的酿酒商告诉他，

> 我一直认为，除了两情相悦以外，任何法律规范都不能够约束性行为，其只能产生有害的作用。我七年前怀着这类情感步入了婚姻，而我随后的经历一直在支持与强化这一观念。我迄今仍是一个享乐主义者，我认为快乐与美德是同义的，与此相类，邪恶与痛苦也是同义的。在这个世上激发快乐的感觉又不引起邪恶，在我看来，乃是无上的道德。

那些帮助宣传了此种观点的人，还包括重要的激进派活动家弗朗西斯·普雷斯，以及年轻时期的约翰·斯图亚特·密尔。女性与男性应基于平等地位自由地结合与分手，这一观念同样得到了 18 世纪晚期与 19 世纪早期其他一些社会、政治及宗教改革家的传播甚至实践，其中包括威廉·汤普森与安娜·惠勒、密尔与哈丽特·泰勒、威廉·林顿、罗伯特·欧文及许多欧文主义者。其中最著名的当属珀西·比希·雪莱与玛丽·沃斯通克拉夫特·葛德文，后者是《弗兰肯斯坦》的作者，
125 也是玛丽·沃斯通克拉夫特与威廉·葛德文唯一的孩子。[134]

正如卡莱尔的例子所显示的，即便女性的滥交如今也偶尔会得到支持。一位通俗作家认为，“多样的爱情对男女而言都再自然不过”，所有类型的古典与现代社会都显示，对于两性而言，“某种程度的天赋自由”不可避免且值得追求。性行为“合乎道德、具有人情、完美优雅、怡乐身心”，罗伯特·戴尔·欧文在他的一部畅销的小册子中这样宣扬，“男

人女人们接受的社会教育完全将其排除在外……源自这一本能的快感……是良好而适宜的，值得追求与享受。”年轻女人不可避免地会寻求短暂而“不合法的关系”，她们应该接受避孕措施，而不是谩骂侮辱。（在19世纪早期也头一次出现了这种历史现象，即有人公开提倡民众普遍采取避孕措施——作为一种控制人口与改善工人阶级生活状况的手段——其倡导者为欧文、卡莱尔与普雷斯等。）[135]

与此相类，在1800年左右，诗人詹姆斯·劳伦斯受到沃斯通克拉夫特的启示，同时有感于当时德国对于女人本性的争论，以及有关其他文明性风俗的人类学记载，遂发表了一系列著作，在其中论证了废除婚姻制度、赋予女性完全性自由以及引入母系继嗣所带来的社会益处。他认为，男性与女性本质上都是倾向滥交的：“一个男人因为今天爱上了一个女人，那么明天也得继续爱着她，这种规定没什么道理，就如同规定一个男人因为碰巧今天与一个女人跳舞，那么在下一场舞会中也得做她的舞伴。”简而言之，“人类的幸福与自由”要依靠女性的性解放：“让每一个女人都从男人的怀中完全挣脱出来，享有男人如今已享有的所有自由，只要自己喜欢，她可以接受尽可能多的情人，不管对方是来自何种阶层。”[136]

正是基于此种原因，雪莱在一首19世纪被人广为传颂的诗歌中狂热地宣告所有性规则的终结：“爱情在牢笼中枯萎，它的精华乃是自由……废除婚姻会带来自然与正义，因为在牢笼之内永无选择与改变。”他的妻妹克莱尔·克莱蒙特也主张只有私生子（“自由与爱情的结晶”）才能真正激发母爱，并幻想只要其他跟自己一样聪明的“自由 126
女性”也坚持自身的权利，那么全欧洲的女人都将迅速抛弃自己的丈夫。[137] 在美国，一些早期的共产主义移民曾经实验过全新的两性模式。在19世纪20年代晚期，不屈不饶的社会改革家弗朗西丝·莱特为自由恋爱与其在田纳西的废奴主义社群中的杂婚行为进行辩护。而从1848年开始，纽约州北部奥奈达的大型乌托邦社区中的成员就实行一种“复合婚姻”,其中男性和女性必须定期更换性伴侣。[138]

尽管在随后的几十年间,主流的思想一直强化着一种关于女性行为更为严格的理想,但到了 20 世纪早期,在大洋两岸仍然涌现出一些言论直率的组织、杂志以及个人的联合体,其支持未婚同居、女性的性自由、各种性行为的科学研究,以及为了女性自由而提倡避孕。例如英格兰的立法联盟(创立于 1893 年)旨在使公众接受关于“两性关系之自由”的意见,而马尔萨斯联盟的一些成员则践行或鼓吹自由恋爱。其孜孜不倦的创立者查尔斯·罗伯特·德赖斯代尔则与医生同僚和女权主义者艾莉丝·维克里以及他们的两个孩子过着一种未婚的幸福生活。他的兄长与启示者乔治·德赖斯代尔的著作《身体、性与自然宗教》(*Physical, Sexual, and Natural Religion*)卖出了九万册,其毫不妥协地倡导避孕、女性权利与享受性快感。本书主要目的在于“使未婚性行为
127 变得光荣而合法”,因为“拒绝婚姻与摆脱束缚的爱情”是

> 两性结合唯一真实的方式,是自然指示给我们的。我们能够肯定,任何拒绝这一爱情之自然法的制度,例如婚姻,乃是万恶之根源。随着历史的行进,人类会变得更自由,并且更清醒地认识到其身体与道德的法则。[139]

思考那不可思考的

更引人注意的,乃是性自由对于同性关系的逐渐包容。这一发展肯定是多数早期性自由的支持者难以预想的,他们的意图往往正是为了防止和制止鸡奸,[140] 在 18、19 世纪以及 20 世纪多数时候的主流观念中,那一直是种可憎的行为。事实上,法律对于鸡奸的惩罚,以及谴责其有悖于正常的性行为,这在 1700 年以后变得比之前更普遍,在英格兰,对于鸡奸犯的定期处决一直持续到 19 世纪 30 年代。不过,与这种

官方及非官方的排斥与压制相伴，一种半隐秘、非主流及少数人的为同性恋辩护的论点开始慢慢浮现。

这不只是一种思想的发展。这一时期的伦敦和其他西欧城市同样兴起了一种全新的男同性恋文化。那种最初促生了异性恋自由之理论与实践的都市与多元主义环境，同样孕育出同性恋之生活与思维的独特现代方式。[141]

同性恋的情感并不是一种新事物，尤其是男同性恋。事实上，人们认为其在英国文化起源之时就得到了包容。虽然基督教明确地批评鸡奸行为，但因为宗教信奉的概念被视为对基督的爱与婚姻，所以16、17世纪的某些男性以一种毫不羞耻的肉感话语来表达自我的感情。“击打我的心吧，三位一体的上帝，”约翰·多恩在一首神圣的十四行诗中写道，“带上我，囚禁我，因为我 / 永无自由，除非你奴役我 / 永无贞操，除非你诱拐我。”新英格兰的清教徒爱德华·泰勒的表达则更为露骨， 128
他想象自己的“子宫”因为基督“精子”之渗入而怀孕：

> 噢，让你美好的爱河渗入
> 我自身，并且喷涌出纯净的精神
> 进入我的瓶中，让我的体内充溢着
> 活力……

古典文学典范的巨大声望，同样导致了文艺复兴时期作品中大量同性幻想的描述，人们也越来越了解在古人眼中，男人之间的爱恋是普遍存在并值得赞美的。不止于此，社会关系的一般类型也催生出不少男性之间（实际也包括女性之间）情感与身体的亲密关系。不过，即使在最热烈的状态下，这种“同性社交”友谊不论在虚构还是现实中，都必须与同性恋的行为与倾向区别开来。鸡奸跟异性恋中的不贞之举都属于罪恶，或者更明确地说，这种行为历来被视为对于上帝的严重冒

犯，在性与社会层面都是一种特别危险的放纵之举，容忍鸡奸乃是其他文化之劣等与堕落的一种体现。[142,143]

因此值得注意的是，这一时期人们逐渐以那种为异性恋自由进行辩护的措辞来为同性恋辩护。其中之一即否认此种行为被上帝所特别厌恶。这种观念最初级的版本出现在反国教者乔治·达弗斯那儿，当他 1721 年被捕时说道："我们所有人都是罪人。"基督徒的罪孽一点也不比鸡奸者少。相较而言，这种观念最高级的版本则要激进得多。1698 年 11 月，爱德华·里格比为了引诱涉世不深的威廉·明顿，递给
129 他一杯酒，坐在他的膝盖上，把舌头伸入他的口中，手则放在他的臀部上，然后赤裸裸地问他"是否想跟自己做爱"。当明顿表示惊讶时——"那怎么可能？"——里格比回答说，"我会教你怎么做，这种事情我们在祖先那会儿就已经发生过，我们的救世主是那位英俊的使徒圣约翰……难道你没有在《圣经》中读到过吗？"（见彩图 1）此处所提及的典故显然回应了一个多世纪前克里斯托弗·马洛的文字："福音作者圣约翰与基督同床共枕，总是倚在他的怀中，而基督对待他就像索多玛罪人一样。"[144]

此后在著名人物和伟大文明之中又出现了更多的例子。"这难道不是伟人所做的吗？"里格比自信地反问道，"法兰西国王如此，俄国沙皇也因为此种缘故，让一个木匠亚历山大做了亲王。"而最具权威的例子则是古代世界的风俗习惯。在 18 世纪 40 年代，古典的事例成为了同性恋意识中一个特别显著的成分，以至于斯莫利特在其小说《蓝登传》（*Roderick Random*）中对此进行了戏谑嘲讽。当男主角遇见特别深情的斯特拉维尔勋爵之时，后者通过展示"其熟知古代作家"而暴露了自己的取向。在从怀中取出《萨蒂利孔》（*Satyricon*）的抄本之后，他宣称，

> 任何对于佩特罗尼乌斯之"爱的品味"的厌恶，与其说出于真正的理性与思索，不如说源自偏见与误解——据说古人中的精英耽于

> 此种激情,其最明智的立法者在他的国家中允许这种激情的满足,最著名的诗人也无所顾忌地对此公开承认。[145,146]

一种类似的思维模式支撑了英国历史上对于同性恋关系第一次有广泛影响的公开辩护。托马斯·坎农的《古代及现代鸡奸行为之研究与示例》(*Ancient and Modern Pederasty Investigated and Exemplify'd*)一书假装声称,社会习俗如今被普遍"推翻……与否认",将同性恋情描述为一种"受到赞美的激情,为快乐论者所认可,为哲学家所支持,为君 130
王所珍视",并着手"对此进行自由而最富哲学内涵的讨论"。正如坎农在其导言中所指出的:"每个人只要稍稍浏览古典著作就知道……恋童乃是多数开明时代的最高趣味。"[147] 在向心有疑虑的出版商辩解此书时,他同样"引经据典,谈到了仲裁者阿瑞底姆的佩特罗尼乌斯,也引述了其他希腊与罗马的古代作家"。[148]

尤其在私密场合,人们愈发自信地主张,同性恋自由合乎自然而没有害处,且普遍存在。1726 年夏,在伦敦突然逮捕与处决了一系列鸡奸犯之后不久,一位已婚男士威廉·布朗到穆菲尔兹猎艳,那是一个臭名昭著的同性恋调情场所。他认识了托马斯·牛顿,一个著名的娈童,但他不知道这个牛顿曾经被关押,并且背叛与诱捕了其他人。因此,当布朗让这个人的手进入自己的臀部时,他发现自己被人包围,遭到逮捕,并被盘问"为何做出此种有伤大雅的放荡之举……而他毫无愧色地回答道:'我这么做是因为我认为自己了解他,并且我觉得愉悦自己的身体并没有什么罪过。'"牛津大学瓦德汉学院有位好色成性的院长,1737 年的一天,当理发师弯下身子给他刮胡子时,"发现院长试图把手探入自己的裤子"。据说这位院长后来解释道:"亲爱的,这没有什么伤害。"[149] 乔治·达弗斯的一位同床者作证说:"我问他这么做什么意思?他回答,没有伤害,只有爱。"另一位则说:"他告诉我,我不用对他的所作所为感到困扰或吃惊,因为那十分普遍,他也经常对其他人这么做。”[150]

这类主张并不罕见。17 世纪 90 年代早期，一个男人看上了织工约翰·琼斯，一番爱抚之后，把他带到了一家酒馆，说服琼斯“与自己性
131 交”，事后，他告诉琼斯“自己经常跟不同的男人这么做”——他希望双方能再来一次。[151] 托马斯·里克斯于 1806 年因为鸡奸而被处以绞刑，他讲述了自己初次发生此种行为，那是大约二十年前的某个夜晚，当他从曼彻斯特一家酒馆回家，路上他撒了泡尿。这时他的酒伴“走过来一把握住了他的阳具”，他们“彼此摩擦直至筋疲力尽”，而那个朋友则让里克斯放心，因为“很多人都像他们这样做”。坎农描述此种情感说，同性欲望并没有什么与众不同之处——“不自然的欲望本身就是一个自相矛盾的说法，纯属胡扯。欲望是来自人类最隐秘部位的一种爱欲冲动，这些部位不论如何构造，产生多大的激情，难道不都是自然的吗？”鸡奸所带来的身体和情感愉悦与男女做爱相比，如果有什么区别的话，那就是其更有快感。[152]

传统思维的最终倒转乃是认为，宽容男人的性行为可能产生更大社会利益。这种观念需要一种复杂且更抽象的辩护方式，但其明显已得到了讨论。斯特拉维尔勋爵就认为这一做法会防止私生子、诱奸、嫖娼以及性病。正如与妊娠期女性发生关系一样，鸡奸不会导致怀孕，不过鸡奸也不会造成人口减少，“整个中国虽然都塞满了人，但无拘无束的鸡奸行为在其中却大行其道，两者并行不爽”。[153]

至于女性之间的性行为则更难以思量。与鸡奸相比，这种行为要隐蔽得多。它本身并不是一种罪行，也从未成为深刻的神学与道德的关注焦点，其实际存在的证据极为有限，并且同时代有关这种行为的讨论也相应地模糊而零星。尽管如此，从 17 世纪晚期开始，人们对于此种行为的认识似乎也按照一种类似的途径呈现出来。

到了 18 世纪 40 年代，至少在放荡者的圈子中，男人与女人的同性恋行为可以明确地得到人们的平等看待，不仅基于亲密的友爱与自然

的激情,也基于两者本质上皆无害。职此之故,在查尔斯·汉伯里·威廉斯爵士关于政客托马斯·温宁顿及其情人汤森德子爵夫人的著名诗体对话中,女方为自己与凯瑟琳·埃德温之恋情辩护说,这种关系不仅 132
令人愉快,而且比男女做爱更加安全:因为"当我在基蒂温柔的大腿中融化时,/我不害怕有孩子,不担心任何灾祸"。[154] 在19世纪早期,约克郡的贵妇安妮·利斯特写下了英国关于女同性恋最早的——虽然也是秘密的——全面辩护,在其中她所使用的思想资源与其他种类性自由的辩护者们所使用的相同。她认为自己与其他女人的关系不应受到谴责,而应被上帝理解与宽恕——"主会对我怜悯,而非审判"。此外,她认同此种观念,即性规范是由文化决定的,并且对女性造成了不公平的压迫,她还探索了其他宗教里更自由的性风俗,将自己一位情人的婚姻形容为"合法的卖淫"。她自己则"不要任何神父,只要爱情"。至于正面的例子,古典文学提供了不少有关男性与女性之同性恋及双性恋的典故,利斯特对此勤勉地整理与阐释,必要之时通过解读批评其中厌恶女性的倾向,或者阐扬其中的微义以支持自己的观念。进一步的启发则来自为男性放纵与浪漫自由所提供的辩护,例如拜伦的诗歌。最终,与所有此前性自由的辩护者一样,安妮·利斯特着意强调了她的感情与行为合乎自然:"我的行为与感觉对我而言完全自然,因为它们不是被灌输的,也不是虚构的,而是来自本能。"[155]

考虑到公众对于同性恋激烈的阻碍与压制,我们就会毫不奇怪,这类观点主要是以自利、迂回与片段的形式表述出来。其最勇敢的支持者托马斯·坎农遭到了起诉,作品也消失了。他在外流亡,回来的时候则成了一个异样与潦倒之人:他被迫去印制忏悔之言,撤回此前的观点,此后一些年他过着平静的退隐生活,撰写散文与诗歌,辱骂自然神论者,颂扬基督教的真理与与贞洁的美德,展现他对于"耶稣,我唯一流血之爱"的向往,以及他对于死亡的"强烈渴望"。[156] 与女性性自由的例子一样,那些对于性的全新思维方式之演进,在此也造成了一种双重的后果。首先，随着人们越来越重视“自然”行为之定义，那种将鸡奸视为典型“反自然”行为的看法及对此的迫害无疑得到了强化。可与
133 此同时，那些理解人性、法律与伦理的新方式，不但促生了异性恋自由的观念，而且在18世纪晚期以同样广泛、合理与冷静的表述为同性恋自由提供了辩护。

这一发展最充分的证据体现在当时最伟大的改革人士杰里米·边沁身上，他终其一生都在密切关注这一问题。在其写于18世纪70年代至19世纪20年代的数百页笔记与论述之中，他不但系统性地思考与摒弃每一种反对容忍鸡奸的传统论述，而且吸收了当时为异性恋自由所进行的辩护，并从逻辑上将其延伸至同性恋及其他所谓的反自然行为。[157]

边沁从两个方面批判了恐同症之宗教基础（“所谓来自《圣经》的依据”）。像许多前辈一样，他认为整个犹太—基督教对于贞洁之迷恋实际上是教士与统治者为了自己的邪恶目的而人为强加给社会的。这种“错误的宗教”产生出“一个没有尽头的迷宫”，其中性欲被毫无理性地禁止。[158] 事实上，从更先进的文明视角来看，犹太人对于鸡奸的禁令并不比他们的饮食规定或服饰禁忌，或对经期行房的禁止更值得尊敬。[159]

另一方面，为了在论敌的地盘入室操戈，他也对于《圣经》中的先例精心地进行了完全相反的重新阐释。根据他的《圣经》解读，索多玛的居民之所以受到惩罚，并不是因为他们的同性性交，而是因为他们强迫陌生人也这么做：这属于强奸行为，而且有悖于待客之道，因此触怒了上帝。[160] 不止于此，他还发现以色列人经常无视摩西对于鸡奸的禁令，并且公开容忍同性之间的性行为。大卫与约拿单之关系实际上正是一种“最炽热的性爱”，并且还有许多人与他们一样。这种行为被认为是自然而普遍的，且值得赞许，有些时候甚至会得到政府的提倡。毕竟，《旧约》中不是提到过“圣殿之中的男妓屋舍”（《列王记下》，23.7）

吗？因此，“不仅未受到惩罚，而且我们发现这种快感得到了权威的支 134
持，并在犹大王国的不同时期一直持续下去”。[161] 最有说服力的例子即是耶稣本人，他的真实讯息（“对于性不要阻止而要鼓励”）后来被圣保罗及其继承者隐瞒与扭曲。基督不仅“宣布完全废除摩西律法”（包括十诫），视之为“一种人类律法而已……无助于社会之幸福”，显然他还对所有“自我否定的禁欲行为”以及惩罚“性违规”的措施报以蔑视与嘲笑，“对这一受到摩西律法之严苛管束的领域，耶稣却沉默不语”。[162] 他实则是“一名享乐主义者”，认为任何性快感都不是罪恶；而在他生活的时代与地域，“这种行为司空见惯”。他最忠实的追随者乃是一名年轻的男妓，他对此人从未有任何不悦。基督自己不仅与女性发生性行为，例如抹大拉的玛丽亚，而且他还是“一位雅典趣味的参与者”，并与使徒圣约翰发生过性关系。[163,164]

那么，为何男人间自愿的性行为不能在现代社会中得到宽容？边沁承认，除了其参与者之外，人们都觉得此种行为“最令人讨厌与恶心”。他自己在早年的著作中就称其“可悲”、“腐化”、“可憎”、“病态的趣味”、“秽行”、“传染病”、“肉体不洁”、“荒谬的嗜好”、“堕落的欲望”以及“恶习”。[165] 但是，大多数人对于这种习俗的憎恶并不比屠杀犹太人、摩尔人、异教徒、重浸派教徒、阴阳人、吸烟者或食牡蛎者的做法更有合理性。“要消灭一个人的话，应当拥有比厌恶其趣味更好的理由，不论这种厌恶有多么强烈。”[166] 这种行为是自愿的，而且显然让参与者感到愉悦。他们在此过程中没有造成任何直接伤害，或破坏他人的平静。这
种行为在同时代的其他一些社会中得到了宽容，并且在过去有不少伟大 135
人物都曾参与其中。因此，真正的问题应当是它造成了什么伤害？[167]

难道鸡奸的习惯如某些人所暗示，会使人衰弱，并因此而削弱国家的力量吗？然而，没有任何生理学上的证据可以证明此点，历史倒是提供了反例。古代的希腊人与罗马人比现代任何一个民族都要强壮与勇敢，但是在他们中间“这种癖好大行其道”——“每个人都不例外，没

有人为此感到羞耻”。[168] 这种行为会导致人口减少吗？这种传统的恐惧同样被其他社会的例子反驳，而到了 1800 年这种恐惧已经完全被马尔萨斯主义关于人口过剩的担忧所取代。边沁认为，不管怎样，平心而论，鸡奸对于人口水平的影响远远不及经济环境、自愿独身、女性生物学、男女偷欢、卖淫及其他次要因素。[169] 最后一个问题是，鸡奸是否侵害了女性的权利，这导致男人对她们漠不关心，从而降低了她们曾拥有的“性愉悦”？考虑到所有文明国家中女性满足性欲的唯一途径就是结婚，那么这一问题的答案应该是否定的。因为现实中的同性恋关系一般而言并不持久或专一，除非在受到迫害的情况下。鸡奸本身并不排斥或延误婚姻，对妻子造成的伤害也并不比男女通奸更加严重。[170] 简言之，它是无害的，是“一种虚构出来的罪行”，并不比搔痒或打喷嚏更危险，对它的惩罚“完全建立在偏见之上”。[171]

边沁推论道，对于鸡奸之宽容甚至可能有益于社会。它有可能减少手淫，虽然那种行为不被惩罚，但它看起来在所有性行为中“无疑对于……行为者的健康与持久幸福危害最大”（这是 18 世纪的传统观念，甚至边沁也相信此说）。[172] 与男女性交不一样，鸡奸不会导致女性的诱奸或卖淫、意外怀孕、危险的分娩、流产、杀婴、私生或人口过剩。实际上，边沁越来越胸有成竹地论证，把这一行为视为“反自然”乃是偏颇
136 与错误的。性欲是一种自然的人类欲望，每当文明国家认为有必要教育年轻男子培养彼此亲密感情，同时限制他们与女人性交的时候，这种满足性欲的特殊方式就会得到鼓励。[173]

实际上，边沁对于“违规”性行为的辩护不仅限于鸡奸。基于同样的理由，他也主张宽容女同性恋、师生恋、兽交以及任何成人间自愿的性行为，不论结婚与否。因为“如果存在一种观念比别的更荒谬，那就是一个立法者在一男一女自愿做这种事情的时候，冲到他们跟前，检查场地，规定时间，并限制其方法与姿势”。[174] 相反，从一种功利主义的角度来看，人类从性行为中获得的快感总和是无与伦比的。这种快感是

最普遍、最易得也是最强烈的，是“最大的快乐之源”、“最强烈的愉悦”，没有什么在数量上比这种行为“产生更多快乐”。如果建立起一种“包容一切性满足方式的整体自由”，包括宽容避孕、流产、杀婴与离婚，那么人类将会得到巨大而恒久的利益：“其在现实中带来的快感难以计数。”[175]

值得注意的是，边沁从未发表这些文章，虽然他曾反复考虑这么做。[176]他很清楚，这些文章可能为其哲学与人格招致多大憎恶，尤其是 137
正如他本人曾尖锐分析过的，在当时的环境中，对于鸡奸的憎恨成为了一个人声誉的试金石。[178]不过“为了人类之利益”，他也感到有必要详尽思考这些问题，一遍又一遍非常详细地将其付诸笔墨，与别人秘密地分享，希望这一切有助于对这些问题最终的“自由探讨”与普遍容忍。“至少，”他解释说，“当我死了之后，人类在这方面会比现在更好。”[179]

我们可以进一步肯定，这些观念在他的朋友间以及激进的思想圈子中得到了广泛争论。在1810年代中期修订这些手稿的时候，边沁与他的密友与助手们生活在一起，包括弗朗西斯·普雷斯以及政治哲学家詹姆斯·密尔［还有他的小儿子约翰·斯图亚特·密尔，他后来抨击“(所谓的)基督教道德”及其“性爱恐惧”的经典之作明显得益于边沁］。其他明显受到边沁之鸡奸观念影响的重要思想家与活动家有威廉·葛德文、艾伦·伯尔、彼得·马克·罗杰特、埃蒂安·杜蒙，以及他自己的弟弟与合作者塞缪尔。[180]在18世纪70年代早期，当边沁还是个年轻人的时候，他就意识到，“多数而非少数”像他这样的异性恋者，痛恨那些性取向“毫无害处”的“无辜之人”受到的无端迫害。在他死后不久，其私下阐述的不少论点就在那首著名的匿名诗作《唐·利昂》(“Don Leon”)中得到了详尽而公开的表达，这篇作品呼吁宽容鸡奸行为之毫无害处的自然激情，从19世纪30年代开始，它首先是以半秘密，其后则以公开形式流传。[181]尽管如此，这些观念仍然属于另类，饱受非议，它们的逐渐澄明，正显示出19世纪初期性自由的理想具有何等深远的潜在影响。

启蒙的观点

性自由的兴起不仅限于英格兰,它实际上是整个欧洲启蒙运动的一部分。因为它被研究得如此之少,以至于我们很难知悉 18 世纪晚期
138 性自由的理想在多大程度上波及其他国家,虽然看起来它显然无所不在。并且,对于性自由的具体辩护似乎根据民族国家语境之不同而呈现出差异。同样明显的是,从中世纪开始,英国的神学与哲学观念之发展就与欧洲大陆之相关发展保持平行,并且受到了国外作家与范例的深刻影响。[182] 性自由最极端的支持者们,从阿德里安·贝法兰到夏尔·傅立叶,往往都来自国外。而所有英国本土最具影响的个人自由理论家,从霍布斯到边沁,都受到了国际上关于宽容、自然法、刑事司法以及个人伦理之争辩的启发。

同样显著的是,性自由的发展很大程度上是一个混乱而无意识的过程。它不是任何政治或哲学规划中的一部分:极少数思想家对其有过系统论述。它主要是随着新思维方式的逐渐扩散,以及人们对此的普遍接受、运用与延伸而发展出来的。性自由的观念可以源自《圣经》,也可以源自截然对立的反宗教主张,正如新兴的激进世俗哲学同样完全可以为传统道德提供支持。事实上,在任何特定的途径与任何特定的结果之间不存在任何必然联系。[183]

因此,1800 年前性观念的变迁是沿着一条非常紊乱与偶然的路径,是新旧观点东拉西扯和七拼八凑的结果。不过,这难道不是大多数观念的传播方式吗?难道不是我们多数人认识周围世界的方式吗?正是这种多元思想的融合与思维方式的根本变迁,解释了为何性自由的观念虽然从来都不是启蒙运动的核心,却最终成为了此运动最普遍的后果之一。

它同样有助于解释——正如不少 18 世纪思想家所意识到的——

为何最终的结果不是一种关于性自由之范围的全新共识，而是眼花缭乱的各种道德观点，彼此间存在着不可缓解的张力。原因不仅在于正统思维方式的持久影响巩固了性戒律的文化，还在于启蒙运动内部 139
对于理性、自然与社会之观点在改造论辩话语的同时，本身也引发了不少全新的原则问题与阐释问题。正如哲学家弗朗西斯·哈奇森于 1725 年写道，不难知道为何这个世界上存在着如此“多样化的道德原则”——它们源自“不同的幸福观或良善观，以及人们对于达到此种目的之最有效方式的分歧意见”，源自人们对于“何为公共利益以及如何促进公共利益”之争议，还源自千奇百怪的“神意观与神法观”。[184]

简而言之，性自由并非是一系列互相协调的判断，而是一组得到多种阐释的观念。公共行为与个人行为应如何准确界定？“自然”行为的界限在哪里？应该如何定义“危害”或“同意”？国家还能以什么角色来制裁肉体关系、维护道德、保持健康、规定非法行为以及保护弱者？当性自由与其他基本价值冲突之时该怎么做？相较于合法婚姻之定义——这曾是传统性伦理的核心问题——这些在当时是并且现在依然是更加复杂与棘手的问题。作为一种文化，我们的回答一直变动不居，我们永远不能完全取得一致。事实上，我们经常争论不休，在法律、哲学、政治以及公共生活等方面，这些问题激起了 19、20 和 21 世纪某些最激烈的争辩。[185] 但这是我们必须付出的代价，如果我们试图把道德价值建立在理性之上，而不是根植于神圣的戒律。 140

第三章

诱奸的热潮

对于女人反常的、无尽的性欲，哪一个国家、哪一座村庄不怨声见道？

——罗伯特·伯顿，《忧郁的解剖》（1621），第541页

为什么女人在爱的方面比男人更有创造力？唯一的原因只能是，她们拥有更多的欲望，更饥渴的情感，更强烈的性欲，以及更多恶魔的禀赋。

——威廉·威彻利，《乡村妇女》（1675），第IV幕第2场

作为一种性别，女性要比男性更为贞洁……男性无疑比女性更受制于欲望。

——玛丽·沃斯通克拉夫特，《女权论》（1792），第281、312页

多数女人（她们很开心）并不为任何一种性感觉所困扰。这对于男人很普遍，但在女人那里只是例外。

——威廉·阿克顿，《生殖器官的功能与紊乱》（1865），第112页

自西方文明初始之时，人们就一直相信女人的性欲更加旺盛。最极端的厌女观认为，女人的心灵是腐化的，其子宫是贪婪的，她们的“色 141
欲之火”如此强烈，以至于“真敢做的话，所有女人都会成为娼妇”。[1]更一般的观点则认为，虽然性欲是一种普遍的诱惑，但女性对此无论在心理、道德还是身体上都比男性更缺乏抵抗力——她们更不理性，更难以控制自身的激情，更难以自制。因此，在基督徒接受的教诲中，人类的全部罪恶实际上都源于夏娃这位女性始祖原初的弱点：性的玷污仅仅是其表现之一。对于女性之缺陷与性欲的假定乃是《圣经》、古典、中世纪以及文艺复兴思想中的老生常谈。正如历史学家、文学批评家以及其他学者经过详细探讨所论证的，这种假定是前现代观念世界的基石之一。[2]

因为人们认定女人很容易被唤起性欲，所以直至 18 世纪，人们普遍相信女性的性高潮对于怀孕而言必不可少，如果缺乏性高潮，就不可能怀上孩子。这也是为何塞缪尔·佩皮斯在与一位情人偷欢达到高潮之后，马上担心起对方是否也达到了高潮——直到她亲口确认自己并没有。这同样可以解释女仆安娜·哈里森为何有那种气喘吁吁的言语，她在 17 世纪 90 年代通过与熟人偶尔发生性关系来增加收入。“求求你快点儿，快点儿，快点儿”，当一个男人进入她的身体时，她这样喊道，“我害怕你让我怀上孩子……不，不，我必须小心才是，怀上孩子太麻烦了，得不到父亲的承认。”正统的观点就如主张一夫一妻制的虔诚之士约翰·伊夫林在 1676 年对于一位年轻新娘的建议，在性生活之中避免自己的性高潮“非但不可能，而且很愚蠢”。[3]

到了 1800 年，相反的观念却牢固地确立了起来。如今人们相信男性本质上更为好色，并且热衷于引诱异性。与之相较，女性则被视为纤弱的、守势的，在性方面处于被动，需要时刻警惕男性的贪婪。人们也不再认为女性的性高潮对于怀孕而言必不可少。

这一转变在 18 世纪中叶就已开始进行，其最著名的表现为最早一

批用英语写作的伟大小说,出现时间在 18 世纪 40 与 50 年代。正如批
142 评家伊恩·瓦特所指出的,在五十多年前,这些小说中体现出来的性意识是“一种历史的新生事物……完全有悖于”此前的所有文学作品,它们标志了“我们文化史中一个非常显著的突变”。此前从未存在这样一种区分,即男性拥有不可救药的色欲,而贤淑的女性则根本没有性欲,而在此之后,此一观念乃成为了“我们文明的一个本质特征”。自此以后,人们普遍认为女性本质上不如男性好色。这一新观点的影响甚至更为深远。纵观 19 和 20 世纪,此种认为女人相对被动的性观念构成了整个西方世界两性互动的基础,[4] 其影响无处不在,如今依然。

科学解释?

此种转变是如何发生的,几乎从未有人问过这一问题。[5] 事实上,历史学家、文学批评家、哲学家、法律理论家以及其他学者经常将此视作当然,并且主要把目光放在其影响上,经常认为这一变化乃是新科学观念所带来的结果。此种假设尤其通过托马斯·拉奎尔的著作产生了广泛影响,其赫赫有名的《制造性:从古代希腊到弗洛伊德的身体和性别》(*Making Sex: Body and Gender from the Greeks to Freud*)支配了当今有关性与性别的史学著作。此书通过精妙的个案研究揭示出,在整个西方历史中,医学观念如何被社会所构建。拉奎尔揭示出,科学家用以描述身体的术语从来都不是中立的,而是源于不断演化的有关男性女性之本质的文化假设。从古典时代直至启蒙时代,人们普遍认为,男性与女性都具有基本相同的解剖结构,然而此后人们开始越来越强调——虽然从未完全排除其他观念——两性身体天生的差异。[6]

拉奎尔教授敏锐地意识到,解剖学上的观念变迁反映了更普遍的文化转变,而非科学进展——这是他的部分观点。至于这些关键的“社会与政治新发展”究竟是什么,它们如何关联到思想领域的变迁,“还需

要进行更细致的研究”。尽管如此，他还是提到“这一身体的重构”是最 143
为深刻的变化：它塑造了“广阔的话语场域，它们衍生出相互竞争的意识形态，定义了冲突的术语，赋予各种争辩以内涵”。它并非“源自”，而是“内在于”

> 福音派新教的兴起，启蒙的政治理论，18世纪新型公共空间的发展，将婚姻视为契约的洛克式观念，法国大革命所带来的社会剧变之可能，革命之后的保守主义，革命之后的女权主义，工厂制及其对两性劳动分工的重塑，服务领域和商品领域内自由市场经济的兴起，阶级的诞生。

在缺乏其他描述的情况下，很少人会惊讶于当今如此多的历史学家干脆认为，17世纪晚期与18世纪医学观念的变化本身导致了人们有关男女之性欲的全新观念。[7]

实际上，这一转变只有从更广阔的视野才能得到适当的解释。即便到了1800年，关于性行为的生理学观念自身的影响力仍然远不如其在19和20世纪。人们的确开始以一种有别于18世纪的方式来看待男性与女性的身体，但仅凭此并不足以造成那种更广阔的文化转变。正如我们将要看到的，有关男女之性欲高低的动态平衡观念在此前就得到了明确阐述，并且重要性日益突显，而其视角则来自于更广阔的自然、文化与社会考量：在戏剧与小说、新闻、诗歌、神学与哲学著作，以及道德评论中。本章开头将描述这一转变最为显著的特征，结尾则阐述18世纪两种最为持久的文化创造间一种引人注目的共生关系——小说的兴起与诱奸的热潮。

浪荡子登场

最先发展的是一种逐渐强化的假设，即男性不可避免地充满贪欲。
144 当然，认为男性应该拥有强烈性冲动的观念并不新鲜。众所周知，基督教义认为欲望是一种根本的驱使力，是男女两性之堕落本质的一部分。因此，强奸与诱奸女性总是被视作一种显著的危险。当男人屈服于罪恶的激情时，都铎官方的训诫叹息道，“有多少处女遭到摧残，有多少人妻走上邪路，有多少寡妇身受玷污”。多萝西·莉在1616年警告说，“我们女人”知道“男人在任何地方都伺机诱骗我们，一如长老诱骗苏撒拿”。到了中世纪，教士们已经开始哀叹女人们被婚姻的承诺骗上床。不少关于通奸的严肃讨论，也同样强调男性要为他人妻子与婚姻的堕落负更大责任。正如17世纪中期一位苏格兰教会的领袖所承认的，“男人多是引诱者”。另外一位重要的神学家在1673年写道：“倘若上帝不通过律法来约束性欲，就会导致女性成为最卑劣与最悲惨的存在，被男人使唤得连猪狗都不如”——男人可以随意强奸，或者对于一个又一个女人用完就扔。[8]

在现实中，男性同样在性方面更具侵略性。虽然男性对于女性的追求可以得到有关女性欲望与道德弱点之观念的支持，但在关于民众日常生活的记见中，居于主流的仍然是男性的纠缠与骚扰。从理论上说，人们认为在自愿与非自愿的性行为间存在着鸿沟。强奸是死罪，任何男人都无权强迫一个女人（尽管在婚姻中，因为妻子属于丈夫，这一观念失去了意义）。不过，因为被强奸的女性甚至也会背上不贞的污名，以及在缺乏严重伤害的证据和目击者的情况下难以定罪，所以强奸罪行很少受到审判。另外，因为人们普遍相信没有性高潮就不会怀孕，所以对那些不幸被迫怀孕的女性来说，其前途命运实甚为可怖。1632年，一名沃尔瑟姆教区的年轻女性向法庭辩解说，强奸她的人“使用了很多暴力把她拖到田间，告诉她如不就范的话就杀了她，因为过度惊吓并且

担忧性命，她只得委身于这名男子”。但她怀上了那个人的孩子，因此
她必须接受惩罚，并在教堂进行公开忏悔。与此同时，人们认定在除强 145
奸以外的所有案例中，女性都一并负有责任，或者没有理由抱怨，这就
致使大量原本属于侵犯而非自愿的行为取得了合法性。正如一位研究
17 世纪英国生活的杰出学者所归纳的：“很多女性，甚至是多数女性，
都经历过某种形式的性骚扰。”[9]

例如，1664 年 2 月，三十岁的塞缪尔·佩皮斯目睹了一名年轻女子所遭受的侮辱，而他则希望自己也参与其中：

> 这天深夜，当我的马车行至路德门山街时，我看到两个时髦男子与他们的仆从拉着一个年轻女孩，我稍后仔细地看了看……是一名售卖缎带与手套的女贩。他们似乎强行拖拉着她，但这个女孩还是跟着走了，我相信她最后应该顺从了。不过上帝原谅我吧，我满脑子渴望着自己加入他们的行列。

在这一年的稍后时间，他在日记中记见了自己与其手下威廉·巴格威尔的漂亮妻子最早的几次相遇。二十多年后的 1687 年，当他准备提升巴格威尔时给其写信说：“我是你的朋友，并始终不渝。”我们不知道他的妻子的名字，在佩皮斯所有的日记与通信中从来没有提及。不过，从他遇见这对夫妇的那一刻起，佩皮斯就开始残忍地折磨她——当他第一本日记于 1669 年结束时，他仍在与其同床。至于说他们的性关系是如何开始的，那是在最初见过几面之后，佩皮斯就开始强行亲吻并抚摸她，尽管她明显对此抗拒：

> 1664 年 11 月 15 日（在酒馆）：在那儿我抱着她大吃大喝，而这个可怜的人儿看上去愁容满面，听起来哀声连连，我真的认为自己今天可能无法得逞。不过最终，在受到一些抵抗之后，我还是一

步一步得偿所愿，甚为快然。

1664年12月20日（在巴格威尔家）：这个可怜人儿为我准备了一顿他们家的晚餐——我吃得好极了。晚餐之后我找个机会打发他离开，此后我就可以与她独处，为所欲为，尽管遇到反抗，我还是如愿以偿，甚合我心意。

146 1665年1月23日：……发现巴格威尔夫人晚餐后在办公室等着，我与她去了一家之前去过的酒馆，在那儿一起度过了晚餐后的所有时间，感到十分愉悦——看到一个挚爱着自己丈夫与宗教的女人如何被征服，是一种奇妙的感觉。

1665年2月20日：……天色已黑，我悄悄走进巴格威尔夫人的房子，在那里我与她云雨一番，虽然碰到了不小困难，我还是如愿以偿。于是在心满意足之后，我走回了家。

1665年2月21日：起床，到办公室（忍着左手食指扭伤的剧痛，那是我昨天提到的在与她搏斗的过程中受到的创伤）。[10]

更加粗鲁的是，无数男人（佩皮斯同样在其中）利用同一屋檐下年轻女仆的弱点对其纠缠不休。在此之中，只有那些怀孕的受害女性才有可能引出法律方面的问题，然而她们在相关陈述之中的顺从者形象，以及当时舆论对于她们的反应，产生出一种披着父权外衣的更广泛的性剥削文化。艾莉丝·阿什莫的主人，一位厨师，“霸占了她的肉体”达一年，“有时在他自己房间的床上，其他时候则在任何能够与之独处的地方”。当她拒绝的时候，他恶狠狠地回应说，“你是我的仆人，我想对你干嘛就干嘛”；但当她怀孕之后，他拒绝承认自己的父亲身份，于是她在布莱德威尔以私生的罪名遭到起诉。同一年（1605），在布莱德威尔的法庭上，另一位仆人也说，每当她早上进入主人的卧室时，他“都把她拉到床上，凌辱她的身体”。最粗暴的行为乃是对于儿童的强奸与虐待，有时候这种行为明显地受到一种可悲的民间信仰之影响，即与处女性交可以治疗男人的性病。任何地方,即便在地位相同的人之间,也一直存在着这样一种鸿沟:多数男性的性权利意识,以及多数女性的受害经历。这也是为何,即便是莎士比亚,即便他的创造力无与伦比,其性语 147
言仍然总是被男性寻觅、占有、骚扰及征服女性的主题所占据。[11] 根据我们自身的标准,当时男性与女性的权力平衡严重倾斜,而性关系中女性的作用与意愿被极大限制了。

那些我们祖先使用的更广义的概念在当时有其历史特殊性。在18世纪,"诱奸"(seduction)一词的基本定义是诱导一个女人与自己发生非法但自愿的性关系。虽然双方都应为这种行为受到谴责,但诱奸本身并非一桩罪行——即便在其中有欺骗行为,例如虚假的婚姻承诺。不过,因为男人的性暴力往往被人忽视,所以当时诱奸的意义还与我们今天所谓的性骚扰、强迫、诱拐或强奸等行为发生了部分重叠。的确,在这种文化中,强奸本身被普遍视作一种玩笑——由于人们认为所有女人心里面都渴望被强暴,人们也完全不相信女人声称自己是在不情愿的情况下与人发生关系。这是一种古老的思想,像玛丽·皮克斯与夏洛特·伦诺克斯这样的早期女性剧作家就曾反复借此来打趣,同样,它也出现在无数男人的幻想之中。例如,作为当时男性的一员,亨利·菲尔丁就着迷于性暴力。我们将在本章后面部分看到,他终其一生都在用尽心力与男性和女性的激情、诱奸以及性不公缠斗。不过,我们在此处先来熟悉一下菲尔丁及其同代人所因袭的思维模式,让我们首先来看看他以匿名的身份对罗马诗人奥维德那篇著名而冗长的情人劝导书之翻译,其中言及女人是什么,她们到底想要什么,以及如何满足她们。他教导其读者,我们男人

> 能更好地控制我们的情感,我们的欲望也没有那么强烈,也不会超越所有的界限,而她们的……每一次新的恋情都让她们春心荡漾,她们时时刻刻都在渴求着其他女人的情人与丈夫。

……

她也许会抱怨，说你粗鲁。尽管她有抱怨，如果你采取主动的话，她也会非常开心……当你一直亲吻（保持住）至最后一刻！……女孩子们可能会说这是暴力，但她们很享受这种暴力。
148
因为她们经常渴望着强迫之下的愉悦。因为一个女人在被迫发生关系时，尽管会皱起眉头，但内心往往颇为满足，而你的无礼之举实则得其欢心。当她想要被强暴而却守住了身子时，无论她怎样强堆笑脸，实则衷心甚为不悦。

虽然菲尔丁马上提醒他的现代读者说，这只是奥维德的观点，而不是他自己的（因为"强暴实际上在这个时代已不再时兴"），但在他本人的作品中，仍有大量的段落表达了相似的看法，正如在18世纪前后整个西方经典文学中也存在此种特点。[12]强迫与同意之间的界限并不总是易于查识。在下文中，尤其是在思考当时对于诱奸的态度时，我们必须在头脑中谨记，我们对于两性关系之认识与过去的男性和女性（尤其是男性）对此之认识所存在的差异。

我们将清楚地看到，即便在18世纪之前，由于人们无休止地公开谈论着有关女性淫欲的陈词滥调，这在某种程度上导致了一种对于男人贪婪之性的欣赏。尽管如此，正因为性欲被公认为一种如此危险的力量，所以对性欲的控制传统上也就被赋予了极高的价值。由于男性无论在思想还是身体上都优于女性，因此他们应该更能践行这种自制之道。这种将贞洁与理性自制相等同的观念从另一个角度解释了，为何古典、中世纪与文艺复兴时代在讨论男人的放荡行为时，经常认为其比女人和年轻人的不检点之举更肆意妄为，更值得谴责，因为后两者弱点更多，更不成熟。[13]尽管如此，在1700年之前的几十年间，这种性规训的古老框架开始解体。正如我们已经看到的，其思想基础逐渐被有关男性享有更大性自由的论述所侵蚀，而其在实践中的力量也被日趋复杂的都市生活、教会法庭之彻底弱化，并且被社群道德监督之式微严重地削弱了。简言之，某些针对男性自制之最重要的强迫力突然间开始消散。

这些环境氛围的转变所导致的后果，可以从查理二世宫廷里放浪的论调窥见一斑。作为其自觉逆反传统价值的一部分，浪荡子们发展 149
出一种风气，在其中恣意放纵被认为可以增强而非削弱阳刚之气。当时人们对此的反应充满了强烈的敌意，即便在那些国王最忠诚的支持者中间亦是如此。大多数早期的观察家依据传统的视角来审视它，即男性因缺乏自制而导致个体堕落，以及他们受制于最低贱的欲望。而这种认识又通过两种观念得到了强化，其一是人们对于上帝之怒的恐惧，其二是传统思想中放荡与暴政的内在联系。即便是浪荡子自身也认可性欲与堕落之间存在着这些联系。尽管展现了男人性征服的种种冒险之举，性放荡的写作却特别钟情于描写女性的欲壑难填以及纵欲所导致的阳痿。下文是罗彻斯特伯爵想象出的一场对话，发生在查理二世的两个情妇之间（“索多玛”是一个名声狼藉的伦敦社区，最后一行所提及的乃是克利夫兰公爵夫人众多情人中的另外两个）：

克利夫兰公爵夫人对密友奈特说道：
“我很愿意享受阳具，我知道怎么搞到那玩意。
我希望你能私下里给我一些建议，
做爱既可无所顾忌，名声也能保存完好。”

“夫人应该到索多玛的酒馆里面，
那儿的侍者端着酒杯围坐在炉火边，
在那儿完全放开，您不会辜负一打阳具和一打美酒。”

“就这样吗？”公爵夫人说道，“唉，天啊！”这个娼妇说。

“干脆给我后门的钥匙，我宁可跟脚夫与车夫搞，
而不是被丘吉尔与杰明虐待。”

他同样无情地描写了国王本人与另一名情妇内尔·格温：

他的王权与阳具一样长，
而她可以一面摆动着一根，一面玩弄着另一根……
可怜的君王！他的阳具有如宫廷中的丑角，
150 因为能带来愉悦，所以左右着他……
他跟一个又一个妓女滚作一团，
真是个开心的君主，可耻又可怜……
你得相信，只有时间才能告诉你
忙碌的苦命人儿内莉要费多大劲，
用她的手、指、口与大腿，
才能让她喜欢的人达到高潮。

这种堕落行为的影响引起了人们的普遍恐惧，担忧其传染到整个社会。正如另一位诗人对查理二世的批评：

你这个卑劣的榜样毁掉了整座城市，
所有人都在嫖娼，不论是老爷还是乡巴佬。
娶个老婆就是埋个私生子的祸根，
根本没有婚生子，出来的全是孽种。
你和你的家族，尽是杂交的货色，
我们再也不会见到一个纯种的幼崽。[14]

尽管存在着这种焦虑，但因为这种风气的引领者是一拨身处高位

之人,还因为其可免于惩罚,因此王政复辟时代的浪荡之风,还是极大地提升了性放纵在社会上的声誉。距离宫廷与首都很远的地方,放荡的理想被视为一种时尚而得到人们的辩护。正如 17 世纪 60 年代一名莱斯特郡的男子在强奸一名女仆并致其怀孕后,满不在乎地为自己辩解道:“这可是当今的时尚……本地最上等的绅士如今都在自己屋子里养着一个妓女。”[15]

这种日益放纵的趋势正是 1688 年以后移风易俗运动所针对的目标。[16] 尽管这一运动实际上将精力集中于下层社会的罪恶,以及有关性自由的时髦论述,但它还是导致了人们对于男性纵欲态度的转变。正如我们在上一章所见,18 世纪早期,人们已经普遍相信性风俗的堕落如此流行,以至于试图对个体进行教化已无法将其根除,更不用说靠强制力了。惩罚性罪犯如今看来,不过是一种表面缓解罢了。真正的问题并不是某些个体选择或堕入邪恶,而是男性,尤其是那些上层男性普遍缺乏道德。乔纳森·斯威夫特在 1709 年写道,那些人压根儿就不怎么 151
考虑道德,以至于“任何一个……跟你说他去嫖娼或说他得了淋病时,其若无其事之态有如提到一则公共新闻”。几年之后,《卫报》评论说,一个生活时尚的男人渴望贞洁已经“变得可笑”。虽然偷情者与诱奸者仍然受到罪恶感之折磨,但这种烦恼可以很容易克服。如今,在“时髦之士”中间,“羞耻感与愧疚感的约束已经因风纪大坏而土崩瓦解”。[17]

此种悲观主义早已存在于很多早期道德家的看法中,不过在 18 世纪前期,它又获得了全新的力量。当时的语境发生了翻天覆地的变化,性戒律的理论与实践如今前所未有地严重崩坏了。除此之外,性放纵获得了一种新的辩护理由,它瓦解了基督教的一种根本预设,即男人与女人根本上要为他们的道德行为承担个体责任。作为对世界更具经验化理解之一部分,思想的平衡开始从自由意志的传统视角,倾斜到更重视自然与社会中非个人化与结构性的力量,后者似乎才真正驱使不同性别、不同阶级的人们各行其道。

这种历史进程，以及纵欲观念之兴起，逐渐创造出一种有关男性设饵、女性上钩的强大话语。许多世纪以来，人们一直将女性的欲望与夏娃的原罪联系起来，此女是恶魔的同谋，据说她的弱点以及对亚当的色诱预示了后世女性的奸诈狡猾。如今，所有这些消极态度一并转而指向男性。早在 1706 年，丹尼尔·笛福就说："在我们对于性欲的普遍追求中，恶魔乃附身于男性而非女性。"亨利·菲尔丁也认为，"为了猎取美丽与贤淑之女性，每一种手段，每一种圈套"，男人"在如今无所不为"——"此种最卑劣的诡计与背叛难道不是每每派上用场吗"？女人则相反，"她们很少误入歧途，除非受到男性的诱导，她们被男性欺骗、腐化、背叛，并常常被引向毁灭，不论是身体还是灵魂"。"男人，"一位
152 批评者在 1754 年直截了当地说，"他们总是勾引者与诱奸者。"[18]

夏娃本人不再被视为撒旦的工具，而成了第一个被诱奸的女人。她的堕落预示了，"女性受到普遍引诱，因为如今每个懵懂无知的女人都被一个诡计多端的勾引者所烦扰……如果女人继承了夏娃的轻信与软弱，男人就可以利用他们那恶魔的手段与精明顺利得手"。像蛇一样，一位牧师警告说："引诱者……先力图迷惑之，继而毁灭之！"《未婚女子箴言》（*Advice to Unmarried Women*）的作者认为，好色的男人是一种无所不在、暗中为害的危险，"像蛇一样迷惑你们初尝禁果"，应该远远避之。事实上当时普遍认为，男人不只具有恶魔的启示，还具有其相对女性猎物之软弱、大意的不公平优势。与撒旦一样，他们是献媚的高手，欺骗的行家，计划着玷污无辜的处女："引诱者设下圈套，用以获取无知又单纯的猎物。金色的美梦、愉悦的快感麻痹了她的幻想与意识，她不再去想其他东西，沉入梦乡；然后发现自己已不再清白。"通过他的男性同谋，撒旦如今仍然施于女性"同样致命的灾难，而那在数千年前的伊甸园就已经发生"[19]。

浪子与娼妓

尽管在1700年之后的几十年间，人们对于妓女的态度发生了很大变化，但传统的观点一直对此毫不留情。毕竟，《圣经》中那个毁掉无辜男人的娼妓成为了一种典型形象，体现了传统中认为女性更为淫荡、更为危险的观念。妓女可以像抹大拉的玛丽一样忏悔，但除此之外，她们的行为被主要视为一种女性滥交的极端表现。虽然长期以来，人们认为卖淫是一种必要的罪恶，否则的话，男人们就会有"通奸、糟蹋处女、反自然的欲望等等"，可是那种认为妓女本身应是男性诱奸或经济绝境之牺牲品的观念，在1700年以前的著作中几乎无处寻觅。只有偶尔在舞台的表演中，妓女的形象才不会完全沦为贪婪妄为的罪人。即便在此，男人们给她们造的孽也几乎不被提及。尽管妓女是这个世界道德 153
败坏与腐化堕落的一种显著象征，但和所有的男人女人一样，她们必须为自己的道德选择、自己的罪恶以及自己的救赎承担个体责任。在16世纪与17世纪早期的戏剧中，女人以色相戏弄、引诱与欺骗男性，而男性也以此对付女人，两者在剧中的比重相当。这暗示在两性的战争中，双方势均力敌，而个体的伦理命运则主要取决于他们自身与冥冥天意。[20]

即便在17世纪晚期，多数评论家仍然固执于这些假设。在《夜行者》（*The Night-Walker*）这份杂志中，有关卖淫最大篇幅的讨论来自重要的记者与书商约翰·邓顿，他将一些所谓的秘密故事与采访组织成篇，借此证明多数妓女完全是放任其堕落的本性。其中不少人第一次接受诱惑偷情"乃是为了满足一点偷欢的欲望"，而一旦被唤起，女性的里比多——"天生的强烈嗜好"——就难以抑制。若是丈夫不能满足她们，她们就得引诱学徒，向陌生人买春，或到镇上寻欢。事实上，此种"罪恶中的诱惑如此强烈"，以致许多妓女继续她们的交易"仅仅是为了满足肉体欲望"。虽然还有别的因素，但其命运的根源乃在于自身。与此相类，这篇文章抨击男性纵欲之举是某些男人自己故意不去践行正确的行为规范。[21]

不过仅仅十几年后，在对于宗教改革社团日益高涨的反对声浪中，主流民意对于卖淫的观念完全反过来，并转而强调男性之贪婪。到了1710年代，越来越流行以社会压力与结构制约的术语来分析背德之举，而这通过不同的方式影响了不同的社会群体。正如《旁观者》这份在当时影响最大流传最广的出版物一再阐述的，“贫困的妓女”并非自愿选择步入罪恶之途，她们主要是经济困窘、老鸨剥削以及男人诱奸的无辜受害者。它总结说，“很多人的可怜之处”在于，她们“在缺乏任何怀疑、经验或警告”的情况下陷入了圈套。同样，“通奸，尤其是诱奸……
154 欺骗女性的行为”逐渐表现为一种确定的社会常态，成了这个时代的核心罪恶之一。老鸨与浪子们要为卖淫承担主要责任，与那些被他们毁掉的无辜而可怜的女人们相比，他们的罪行昭然若揭。理查德·斯蒂尔借用贺拉斯的名言警告说：“一群新的奴隶与日俱增。”[22]

同样的观点在通俗作品中更加占据上风。1723年一位下层记者辩解说，妓女们显然是“饱受摧残的苦命之人，值得我们同情而非蔑视”。事实上，没有任何女性的激情可以强烈到为了交欢而不惜犯罪，不正是男性猛烈的性欲和他们毁灭性的手段，煽起了毫无防备的无辜少女内心的欲火，在熊熊火焰之中迅速走向灭亡吗？另一位作者总结说，事实就是，“她们在男人们的引诱下纵欲行淫，欲望遂一发不可收拾，以致最终丧失了廉耻”。这正是威廉·荷加斯著名的系列连环画所描绘的故事，例如《一个妓女的历程》，其开头就展现了设计圈套的关键场景，而这种想象已经出现在二十年前的《旁观者》中。“城里的一家旅馆”，“一辆来自乡下的马车”驶来，“城里最精明的老鸨正在打量一个从马车里出来的漂亮乡下姑娘”，在后面，一个浪荡子正等着这个姑娘上钩。随后，这个姑娘不可避免地遭到玷污，然后堕落，最后灭亡，“从置身于罪恶的富贵之家，到被悲惨地赶出妓院”，最后耻辱地死去（参见插图21）。[23]

因此，到了1730年，有关卖淫与罪责的讨论，呈现出与17世纪晚期以前截然不同的论调。虽然人们依然公认妓女是致人堕落的危险人物,她们把少不更事的年轻小伙拉下水。但如今这种想法逐渐得到另一种观点的平衡,即妓女实质上是老鸨与浪荡子的无辜受害者,她们之所以继续干着这种营生,主要是出于经济需要与社会排斥。因此,此一问题之根源乃是男性的贪婪,而非女性的欲望。

这一新观念得到了曼德维尔论卖淫之著作的支持,其认为男人的 155
性激情是一种不可遏制的自然强力,引诱女人只不过是其必然的后果。乔治·利洛的《伦敦商人》(*The London Merchant*)同样反映出这一观念的日益流行,这部作品是英国最早表现普通人道德困境的悲剧之一。这部戏在 1731 年出现时引起了巨大反响,并且其影响力经久不衰,成为了 18 世纪晚期英国与美国舞台上最受欢迎的作品之一。其情节取自一个古老而著名的故事:乔治·巴恩韦尔,一个伦敦的学徒,受其喜爱的妓女之唆使,进行了盗窃与谋杀,最终走上了绞刑架。在这个故事的早期版本中,妖妇莎拉·米尔伍德的形象是一个内心邪恶、狡诈的妓女。但在利洛的笔下,她性格之由来得到了交代,原来她本性并非如此,正是那些最初糟蹋她的男人们才非常自私、伪善、贪婪:"为了引诱天真的我们,什么痛苦你们没给过,什么手段你们没用过,然后摆出你们的架子,反过来鄙视与唾弃我们!"她曾经天真无邪,秀外慧中,然而男人们"在我看清他们面目前,糟蹋了我,在我失去价值后又抛弃了我,一个又一个禽兽接踵而至,而留给我的只有贫穷与耻辱"。"我们只是男人的奴隶",她痛苦地喊道,正是他们自己"野蛮性欲"的榨取才导致像她这样的女人们变得邪恶与贪婪。一旦被男人毁掉,她们没有别的选择,只能转过头耍弄"年轻与无知的男性,他们还从未伤害过女人,也毫无戒惧之心"。[24]

18 世纪中叶,这种将女性视为受害者的观念已经被牢固树立起来,即便在司法界亦然。一天早上,法院书记员约书亚·布罗格登在看到一个漂亮端庄的站街女被捕后,查阅其此前所有酒后拉客的证据,并最终将目光聚焦于那个真正的罪犯：最早诱奸她的家伙。“那个毁掉这位年轻尤物的恶棍得到了什么报应呢？”亨利·菲尔丁也控诉道，妓女乃是“被毁掉的可怜女孩，她们年轻、幼稚、无助、贫困，她们往往遭到了背
156 叛，甚至被迫犯下罪行，或者被人收买与引诱”。1759年一位牧师认为，大量例子表明，多数失足女性都是“以种种不合理的方式，被淫邪狡诈的引诱者”拐上了邪路。其后一位权威声称，即便是在那些“最为堕落”的妓女之中，他都没能够发现“一个特例，即在其中，男人的不忠并未造成根本的伤害”。[25]

18世纪晚期无数小说同样描写了诱奸、卖淫以及年少无知的处女所遭遇的不幸结局。约翰·霍克斯沃斯的长篇通俗小说《冒险家》（*Adventurer*）讲述了一个浪荡子最初诱奸了一个天真的女仆，二十年后，正当他准备与一个年轻妓女发生关系时，她竟然被揭示出是这个男子当年所抛弃的私生女，因为贫穷、虐待以及一个邪恶的老鸨而沦落风尘。约翰逊博士笔下的“米塞拉”被她的监护人侮辱并抛弃。而在威廉·多德的《姐妹》（*The Sisters*）中，露西与卡洛琳·桑松两姐妹同样被这种可怕的命运所威胁，最后，她们的父亲也在悲痛中去世。在激进的改革家伊丽莎白·英奇博尔德的《自然与艺术》（*Nature and Art*）中，一个邪恶的男人把一个贫穷佃农的女儿诱奸，并强迫其卖淫，最后竟判处她死刑，而他则从年轻的浪荡子一路高升，最终成为了冷血的法官。在1800年左右，这类情节即便对于乡下读者而言亦如此熟悉，以至于整个故事模式在短短几段文字之中就可以得到展现。在廉价通俗的小册子《天真之劫》（赫尔、班伯里、彭里斯这些偏远地区也曾翻印此书）中，作者仅仅用了五页纸就讲述了莎拉·马丁悲剧的一生。她是一个美丽的农夫之女，被“一个淫荡的恶棍诱奸，其人最大的爱好就是毁掉女性的清白”，随后又被此人弃置伦敦，“为生活所迫，靠卖淫聊以为生”，最后被逼自杀。[26]

同样的观念反复出现于诗歌、绘画以及法律文献中（见彩图2）。

下面是托马斯·霍尔克罗夫特笔下的《濒死的妓女》(“The Dying Prostitute”),她正交替地跟心怀怜悯的读者和那个第一次玷污她的卑鄙狡诈的浪荡子进行对话:

为那个可怜妇人的惨景而哭泣吧,
她把自己的健康与名誉都奉献给了男人;
付出了全部的爱意、真心与信任
却只换来贫穷、悲哀、疾病与无尽的耻辱。 157

不要咒骂这个沉沦的可怜人,她的身上
满是那个男人造成的痛苦;
当然她也完全该骂,她早已被
他那激烈残暴的意志永远地支配。
……
我曾经善良,也曾经美丽,
我的名声亦无可诋毁;
如今这些对我只是折磨,只能催我泪下,
只能增加我现在的内疚与羞愧。
……
唉!阴险的凶鬼!恶魔!你在哪儿?
你从我的惨境中能得到什么?
我的颜老色衰是不是更能令你欢喜?
在我的裹尸布上是否会绽放你的桂冠之花?[27]

从这种思维模式中产生出一种最为持久的现代小说原型——有良心的妓女。妓女作为美丽而无辜的“堕落天使”,这一主题早在 18 世纪 40 年代就已出现在约翰·克莱兰的情色文学及其他作品中。[28]1800 年以后，这一主题又得到了托马斯·德昆西、查尔斯·狄更斯、但丁·加布里埃尔·罗塞蒂、伊丽莎白·盖斯凯尔、托马斯·哈代以及其他无数作家与艺术家的发挥。整个 19 世纪和 20 世纪，内心善良的妓女一直是小说、话剧、歌剧、电影及电视的一个重要形象。[29]

这当然不是唯一的看法。在讽刺性印刷品、通俗报刊以及道德小册子中，两种古老的观点在 1800 年后仍然颇为流行。其中之一就是将站街女与高级妓女视为自信的生意人而加以迷恋，认为她们凭借自己的机智从那些呆头呆脑的顾客手中骗来钱财（见插图 6）。另一种将其视为可憎与贪婪的存在，威胁着社会的健康与秩序。正如我们在第四章和第五章中将会看到的，即便慈善家也很难摆脱对于此类施舍对象
158 的反感。那些被情人抛弃或者为了金钱而交欢的下层女性，在自我意识之中同样不会像中产阶级那般，如此煞有介事地津津乐道男性的贪婪、女性的无辜以及卖淫之举。例如在 1729 年，一个中年老鸨温妮弗雷德·劳埃德诱导两名年轻自愿的女仆玛丽·麦克唐纳与汉娜·史密斯与她的顾客詹森先生共度良宵，她说服那两个女孩相信整个过程完全不会有辱人格，反之，其代表着一条通往独立与成年的路途。当玛丽初次与这位体贴的绅士睡过之后，得到的报酬有五基尼之多，劳埃德夫人“表扬了她，告诉她如今已是个女人了”。而汉娜只有十四岁，劳埃德夫人对于她在性交中受到的疼痛表达了怜悯——“噢，”她说道：“当他第一次跟我做的时候，我大声喊有人杀我，但如果你到了四十岁，就不会感到疼了”——同样地，她还“鼓励说他会将她变成一个真正的女人”。正如 1730 年伦敦东区的妓女安妮·卡特所言，她干的营生并不是一种惨兮兮的苦活，只是“按照契约……用自己身体去满足别人”而换来金钱。[30]

6. 在詹姆斯·吉尔雷这幅创作于1778年的漫画中，一个肥胖的乡下青年成了一群自信的伦敦妓女的性猎物，他恐惧地尖叫着："别碰我！我还是个处男。"

然而，有关怜悯与男性背叛的话语甚至逐渐渗入到这些不同的观点之中。它们如今的根基已如此深厚，以致妓女和其他不贞的女人对此日益熟知，她们公开借用这套话语，将自己描述为“背运”或“不幸”的人。[31] 被诱奸的娼妓由此成为了 18 世纪文化所创造出的一种最引人注意与影响深远的典型形象。它颠覆了过去关于妓女根深蒂固的假定，迅速地占据了主流，支配了 18 世纪中期以后人们对于卖淫之观念。纵观 19 和 20 世纪，这种对于妓女的新看法——不是轻率、自主的性工作者，而是诱奸、圈套与贫穷的受害者——一直是关于性交易的首要视点。

女性的观点

有关卖淫的看法不断变化着，这仅仅是人们对于诱奸投以越来越强烈关注的冰山一角，其基础乃是一种新近流行的观念，即男人们天生
160 在爱情中就是自私与虚假的。这一观念的不少最有头脑的支持者本身即是男性——不过，此观念之所以日益重要，关键的因素还在于女性开始成为公共作家、诗人、演员以及哲学家，这就在主流文化中引入了女性对于求爱与性欲的观点。[32]

这种发展确实前所未有，而其影响实则远被低估。在此前任何时期，女性直接参与公共讨论总是要受到很大限制。除了日常言谈，男性几乎垄断了所有规定与强化男女之特性的媒介——小说、戏剧、诗歌、训诫、新闻、教育、通俗读物、道德论战、神学以及哲学。这就是为何女性视角往往在公共层面被如此低估。不过从 17 世纪晚期起，这种现象在某些相互重合的方面开始发生变化。

其中的一个变化就是，1660 年后职业女演员在英国舞台上出现了。在此之前，女性一直都不能参与公开表演，人们觉得那样的话就逾越了本分，所以剧中的女性角色都由男童扮演。不过，在意大利、西班牙与

法国,从 16 世纪晚期起女性就开始登上舞台,而这种潮流极大地影响了查理二世。他的法国母亲亨丽埃塔 · 玛丽亚王后在 17 世纪 20 年代和 30 年代于宫廷中私下提倡此举,而查理二世在 17 世纪 50 年代流亡到欧洲大陆的那些年里,对此也习以为常。当他在 1660 年返回英国即位后,重新开放了公共剧场(清教徒从 1642 年起就关闭了它们),并立即批准了这一行为。这就使戏剧对于女性角色之设置发生了转变,而戏剧乃是当时最重要的公共娱乐媒介。从此以后,戏剧对于女性角色在性关系方面的定位,往往主要强调她们的顺从以及男性的征服。与伊丽莎白及雅各宾时代相比,当时的戏剧极为强调男人之好色与女人之无助的强烈对比。强奸由此成为了悲剧情节中的常见安排,甚至在旧戏改编的时候也无缘无故添加这么一笔。这就使得舞台上出现了大量有关性侵害的场景,但同时也强化了一种观念,即多数无辜女性在面对男人的欲望时无从抵抗。身份地位的作用在其中也得到了强调。舞台上的强奸者总是身份显赫之人,他很少使用强力,而多是靠他的身 161
体、社会以及政治的权力来诱使女性受害者上钩。[33]

在喜剧中,女性的登台演出催生出一种对于求爱、恋情以及婚姻的冷嘲热讽,尤其是在王政复辟时期的戏剧中。妓女与情妇头一次被刻画成为男性诱奸与社交障碍的不幸牺牲品。在悲剧中则存在着一种明显的转变,"女性悲剧"出现了,其主旨在于男性对女性之伤害。在内厄姆 · 塔特改编的《李尔王》(*King Lear*)中,埃德蒙诱拐并打算强奸考狄利娅。在约翰 · 班克斯的《美德的背叛》(*Vertue Betray'd*)中,安妮 · 博林受到欺骗,嫁给了亨利八世,而她钟情的是另一个人。在托马斯 · 奥特威冗长的《孤儿》(*The Orphan*)中,邪恶的浪荡子向毫无戒备的女主角发誓:"亢奋的公牛跑遍整个田野, / 在牛群之中看中了她, / 恋慕她,满足她的一切愿望。"不论她如何提防男性,"他们以献媚与欺骗出名! ……轻轻松松地把可怜的少女糟蹋,并把我们毁掉"。尽管别的男人如此警告她:

切莫相信男人，我们天生虚伪，
假意，狡猾，粗暴，无常：
当一个男人谈论爱，莫要太信他；
若是他起誓，一定在骗你。

但也无关乎她实际爱慕且秘密嫁给另一个人——这一切全是徒劳。[34]

到了18世纪初期，这类女性受害的新观念已经变成了英国戏剧的基本主题。尼古拉斯·罗尔所作之《美丽的忏悔者》(*The Fair Penitent*)，初演于1703年，其后又不断地被重演、翻印和引用，它的原型是一出17世纪的戏剧，讲述了一个无情的淫妇被丈夫一怒之下杀死的故事。而如今，为了与新的情感相协调，这个角色变成了一个悲剧性的少女卡莉斯塔，她被狠心的罗萨里奥（这部戏的流传如此广泛，以至于罗萨里奥这个名字成为了登徒子的代称）诱奸并抛弃。这个故事最初是关于一个淫妇，如今已转变成关注浪荡子的邪恶、社会对女性之压抑，以及非法之爱的可怕代价，成为了一个劝诫的故事。“不忠的男人！”卡莉斯塔的闺蜜感叹道，“男人啊！以勾引我们为乐事！ / 是一群专门
162 背叛女人的恶棍……保护我远离男人吧，/ 远离他们的巧舌、他们的誓言和谄媚。”“我们女人是何等不易，”卡莉斯塔自己也痛苦地说道，“我们一生自始至终就是男人的奴隶。”她责备自己的软弱（她的堕落乃因为“我在恋爱，并且我是女人”），但正如结尾所指出的，真正根本的问题乃是男性的淫乱——“你们男人若要行事专一，/ 那你们首先得洗心革面”。同样的转变也见于18世纪对于简·肖尔故事的处理上，她是爱德华四世的情妇，此前一直被描述为一个诡计多端的妓女。而从罗尔的《简·肖尔》开始，她被重新塑造为一个苦命的美人，其悲剧的根源乃是人们在性问题上所持的双重标准：

因为我们遭受不公正的审判，
不幸的女人只得承受这样的命运，
我们女性只能忍受如此的骂名，
而男人，那些无法无天的浪子，却可以
在爱情的土地上东寻西觅。
可女人，她们是感性与自然的傻瓜，
如果哪个可怜女人背离了道德法则，
如果她因为鬼迷心窍而忘乎所以，
踏入了寻欢作乐的歧途，
那么她注定毁灭，受尽指责，颜面无关，
一失足就葬送了她的前途。
她再怎么哭泣悔恨已是徒劳，
再怎么回想往昔亦是无补，
她像一颗陨落的星，却无法再升入空冥。[35]

众所周知，王政复辟时期的戏剧仍然包含很多淫荡的女性角色——通奸的人妻，狡诈的情妇，唯利是图的妓女，这些形象并未立刻消失于舞台。例如约翰·克罗恩《乡间智者》（*The Country Wit*）中的贝蒂·弗里斯克，德莱顿《善良的守护者》（*Kind Keeper*）中的特里克西夫人，以及托马斯·德菲《欧德萨普老爷》（*Squire Oldsapp*）中的特里克拉夫女士皆属此类人物。新的人物原型逐渐在这些旧的原型旁相谐以生，而非取而代之。不过在世纪之交之时，新的原型越来越有影响。显而易见，像《孤儿》与《美丽的忏悔者》一类的戏剧在18世纪日益风 163
行，而那些将女性刻画为狂蜂浪蝶的作品则转趋式微。早在17世纪70年代和80年代，就出现了这种观点转变的一个显著迹象，此即通过浪荡子在舞台上滔滔不绝地讲述那套关于女性反复无常的传统说辞，展

现出他们的矫揉造作。《孤儿》中的坏蛋波利多在准备抨击一个无辜女性之道德败坏时,命令他的侍者“找些歌来让我开心”,

……其中描述,
女人的虚伪,她们的隐秘邪恶,
背叛的微笑,假意的泪水,三心二意,
她们金玉其外,败絮其中,
道出她们一切的恶行,和她们一切的谎言。

当他猎取女性未遂时,也抛出这套压抑女性的诽谤之言来攻击她。但我们观众很明白,这无非是刻薄而狡猾的恫吓而已,因为我们对其外在与实质的对比了然于心。一个柔弱可怜的女人饱受一个强大而残忍的男人欺凌。一如其他那么多王政复辟时期作品对于道德之分析,此种关键的信息就是,社会生活被非理性的习俗所统治。在经验的探究之下,我们会发现,那套关于女性之好色与虚伪的修辞,归根到底无非只是传统、习惯与人为的思维模式。[36]

女性表演者的出现不仅激发了上述新观点,而且催生出一种更普遍的现象,即女性首次成为了文学界的永久组成部分。[37]女性开始成为剧作家、诗人、小说家及其他文体的作家,她们影响着男性作家,与对方相互观察,并且直接向公众表达自我。虽然刚开始的时候,她们的女性视点经常包括了传统中有关恋爱女人反复无常的观念,但她们同样并且越来越倾向于强调男人在恋爱中的贪婪与口是心非。例如,女性剧作家更多地嘲讽男性的虚伪,并且以更彻底的方式探究女性的观念。毫不意外的是,英语文学中第一部以同情笔触深入描写堕落女人的作品出自阿芙拉·贝恩之手,她是探索女性性感觉的伟大先驱。尤其重
164 要的是她对于约翰·马斯顿《荷兰妓女》(*The Dutch Courtesan*)之改编[《复仇》(*The Revenge*)]。在原作中,主角是一个邪恶的妓女,她最

终尝到了因果报应，如今这个角色变成了一个悲剧性的无辜受害者科琳娜。她被自己深爱的男人诱惑与欺骗，她被当作一个妓女看待，但她的行为却从来不是。当男人的背信弃义真相大白时，她的内心在痛苦与愤怒中爆发出哀号：

> 真的吗，你抛弃了我？你真的忘了我们往昔那些数不清的美好时光，忘了那些讲述爱情故事的分分秒秒吗？你真的诅咒在卿卿我我之余我说给你的甜言蜜语吗？当时我们觉得人生苦短，总是盼着下一个良辰降临。你真的都忘了吗？你的誓言原来只是虚情假意，当它们烟消云散，我的心也黯然神伤。你希望我活着见到这一切！你相信，如果你闭口不言，那么我的良心就得不到任何同情！你这个卑鄙、狠毒、无耻的男人！

在许多女性作家对于性关系的写作中，其要旨正如1686年少女诗人莎拉·费奇所述，男人们一直试图“捕获”贞洁的女人。他们对于女性之好色与善变的一切斥责，只不过是让女人成为“替罪羊”——实际上男人才一直在压迫与引诱女人，他们贪得无厌地猎艳偷欢，恬不知耻地大行其道：

> 不仅没有隐藏他们的骇人之举，
> 而且还展示与炫耀着这种可怕的罪行；

而且

> 你们说服我们，只有我们女人
> 应对所有罪行负责，而你们则清清白白，
> ……

> 因为你们用尽手段让女人变成了娼妇，
> 所以如果你们敢，你们会说所有女人都是这样。[38]

从长远来看，影响更深远的是女性对于小说这种新文体之创造所作出的贡献，这种文体在 18 世纪中期爆发，成为了最有影响的虚构文学，并且成为了道德与社会教育的核心渠道（正如这一文学形式的卓越代表在 1747 年所述，这种“故事或娱乐不应当被完全视为一种敦风化
165 俗的工具”）。虽然小说从来都不是一种稳定或单一的范畴，而是一种不断演化的混合形式，不过这种崭新叙事方式之影响却是确定无疑的。小说作者们越来越强调现实主义——刻画真正的男女生活，而非虚构的个性。这一文体对于角色之心灵与感受的探索比戏剧要深入得多，此外，戏剧对于情节、时间及语言亦有更严格的限制。如今新的文体可以毫无限制地剖析感情状态之变化、内在的想法以及主观感受，而每一个读者都能对此独立思考。由于这些原因，求爱与诱奸就成了小说的基本主题。自此，女性就以小说家、小说读者以及小说女主角的身份突显出来。至 19 世纪初，简·奥斯汀可以自信地断言，尽管被人贬低为琐碎，但实际上，女性小说家对于女性生活之探究，“较之当今其他的文学人群，提供了更广泛与更真挚的快乐”，在她们的文学作品中“展示了心灵最伟大的力量，以最精炼的语言向世界传递了最广阔的人性知识、最快乐的多样性描述，以及智慧与幽默之最活泼的迸发”。[39, 40]

奥斯汀的早期先驱，如莎拉·贝恩、德拉莉韦尔·曼利与伊莱莎·海伍德，她们笔下的女主角对于性欲皆毫无意识。与此同时，与早期女性剧作家一样，她们也强调了还有男性的诱奸、背叛与不忠，此外，她们也深入展现了女性之为受害者的观念。在曼利《新亚特兰蒂斯》（*New Atalantis*）的第一部分中，我们看到一个淫荡的女人被两个诡诈的男人欺骗并惩罚。第二部分则更为残酷，一个有权有势的贵族设计引诱并强奸了被他监护的无辜少女，然后又抛弃了她：

她的余生是一种充满了恐怖、悲惨与痛悔的景象。她的死亡乃是一个标石,警告着所有轻信的少女不要再因为男人的誓言与虚情假意而重蹈覆辙。[41] 166

女性的思想家与哲学家,同样开始深入阐述男人对于性怀有的冷漠与不公正的态度。正如玛丽·阿斯特尔在1700年沉痛不已地说道:"对他们而言,女人若因他们的玩弄而毁掉,完全是无关痛痒之事,盖因女人天生即是他们的奴隶……男人用来俘获女人的伎俩更仆难数。"女人"怎么小心提防也不过分"。相似的观点也见于玛格丽特·卡文迪什、达玛丽思·马沙姆以及其他女权主义者。当然,这种论点并非始自今日。早在1640年,我们就能有所窥察,例如大众诗人约翰·泰勒就曾经想象过女性在这个问题上的感受。妓女并非天生,而是由男性的背叛所致:"那些伤害她们的人,岂非显得道貌岸然?那些腐蚀她们的人,岂非显得趾高气扬?……这个世界之所以把一些女人烙上娼妓的标记,正因为存在着致其沦落的嫖客。"男人才"沉溺于荒淫无度",而女人则天性贞洁。[42] 类似的观点也出现于中世纪某些批评厌女观的人物。[43] 不过,只有从17世纪晚期开始,这些观点才开始被公开、详尽且广泛地表达出来,它们在更广阔的层面显著地改变了当时的文化。

甚至普通阶层的女性,如今也可以了解与传布这种观点,她们中不少人是迅速发展的报纸杂志的读者。从17世纪90年代起,报纸普遍鼓励其读者寄来疑问、评论、随笔及诗歌以备发表。不少杂志专门针对女性而发声,更多的则面向一般男女读者群。由此,女性的意见、爱情与求偶成为了颇受欢迎的新闻主题。在此前,女性发表文字的尝试往往饱受传统之争议。如今,作为印刷媒体、读写能力与通信交流之民主化大潮的一部分,女性的声音与关切变成了公共讨论的一个恒久而日常的组成部分,不停且自信地向日益增长的读者群体发声。[44]

167 所有这些社会与思想的发展（我们在第六章将就此进一步探讨）都可以通过1726年5月20日的一封特别的书信体现出来，它的作者是一位来自伦敦的心碎的年轻女子。在她的丈夫出海期间，她被一个熟人诱奸（也许是强奸），在欺骗之下与他保持着不正当的关系，怀上了他的孩子，最终被他抛弃。悲痛欲绝的她挺着大肚子，穿越一百多英里来到肯特郡，找到了那个男人，并且托人捎信给正在迪尔沿海行船的他。而当他对此毫不理睬，并鄙视她不过是“妓女”时，这个女人选择了投水自尽。在自杀前几日，她给一个朋友写了封信，死后在其住所被发现，随后刊登于《伦敦日报》的头版，数以千计的男男女女们读到了这封信。以下就是她的这封临终之言：

夫人：

……

我希望自己可以停止思考。忍受耻辱，我不能做到；这样来面对我的朋友，或实则面对这个世界，对我来说比死亡更可怕。我愿意原谅整个世界，甚至原谅L先生这个我所遇到的最大敌人……我认为自己的过错在于如此信任他：我希望自己的不幸情形能为其他人提供警示，即不要对男人着这种不忠实的动物过于信任。

……

L先生应该没怎么读过洛克先生的书，他的行为与之甚为相悖。洛克先生反复教诲我们须推己及人，不应信口开河，纵使要救人性命。他在想到我的时候应该想想这些话。他不会忘记我是如何受他摆布而陷入迷惑，没有足够的力量来抗拒：他后来双膝及地，恳求我原谅他，像一个男人糊弄女人那般对我许诺一切，发誓如果自己辜负于我，就天打雷劈……他声称将待我如妻子而非友人，虽然难以给我名分，但他会像丈夫一样将我深爱，对我负责。噢！如果他信守承诺，那么我会一直心满意足。但我没做过男人的姘妇，不了解这样的背叛……可我仍然会原谅他，并且承认自己的过错。人们不应对此轻率地评判，如果他们不了解我的衷情。

您谦卑的仆人

H.B.[45] 168

这完全是一出个人悲剧，其当事人在人群之中如此普通，以至于我们如今甚至还不知晓他们的全名。在过去难以想象，这样一个女人可以写下她的堕落之事，明确地指责男人的薄情寡义，而这样一篇普通的性受害者的私人记述，又可以迅速传遍具有同情之心的全国读者。到了18世纪早期，这一切都成为可能。

因此，从17世纪晚期至18世纪初期，一种关于男女性关系的崭新观点逐渐占据上风。其对于男性淫荡之预设，很大程度上源自女性表演者、作家、观察家以及读者的逐渐兴起。塞缪尔·约翰逊在1750年说道，在过去，"因为写作能力主要是一种男性的天赋，所以他们指责女人造成了这个悲惨的世界"，但如今女性打破了男性对写作的垄断，并且她们"更有力的论述"已经推翻了古代关于女性更为善变与淫荡的男性偏见。[46] 颇具讽刺意味的是，这一新的观念同时见于男性纵欲的辩护者与批判者，因此它的影响力越发巨大。至18世纪30年代，人们已经习惯于认为男人，尤其是有身份的男人，总是残忍地试图占有女人——他们运用了所有更高的知识与权力来瞒骗天真的女性，同时又持有一种不公正的双重道德标准，以谴责受害者而非引诱者。

新颖的看法

这就是为什么英语世界中最早的一批伟大小说家如此关注诱奸问题。其中最重要的当推塞缪尔·理查森，他的《帕梅拉》《克拉丽莎》以及《查尔斯·格兰迪森爵士》是18世纪最具轰动效果与影响力的小说。

他的作品正是女性视角之不断强化的一个经典例证。尽管他的小说充
满原创力，但其中的一般思路与主题明显源自此前有关女性之被追求、
169 引诱、强奸与压迫的小说，那些作品出自女性作家先驱佩内洛普·奥宾、
简·巴克、玛丽·戴维斯、伊莱莎·海伍德及伊丽莎白·罗。一个广泛
的女性熟人、读者与通信者的圈子为他助力，反过来，其作品也表现了
作者亲眼见证的可敬女性，她们生活在男人的淫威之下。正是这些书
籍，最为有力地帮助建立起小说这一英国文学的卓越文体，并将诱奸的
故事作为其最基本的情节。纵观整个 19 世纪，我们很难想到有多少严
肃的小说家不曾致力于这一主题。[47]

理查森的作品之所以社会影响更大，在于其自觉地吸收现实事例，将自身呈现为一种纪实的历史，并力图为读者提供有关爱情、求偶与欲望之事务的指导。事实上，理查森的小说中不少主题已经出现于他此前公开发行的说教读物。在其第一本书《近简集》中，男人贪婪性欲之危险性就已是一个重要的主题。其要旨是，正如一位父亲坦率地告诉他女儿的，“男人皆诓汝”。另一个人则警告说，“现代的年轻男子淫荡无耻”，这会给“他们遇到的年轻淑女带来可怕的危险”。而另一个女孩则被警告，“与一个人品败坏的男士交往”极其危险，那个人“已经糟蹋了两个甚至三个富裕商人的女儿”，他肯定也会引诱她——“用尽花言巧语许诺”与你结婚。盖因浪荡子无所不在且积习难改，他们往往只是追求性征服，他们在实施罪恶前，先“以海誓山盟的表白”悄悄得手。最大的危险则来自于身处高位的男人，他们是“财大气粗”的登徒子，是对纯洁的女仆“垂涎三尺”的一家之主。[48]

理查森对这后一种事例非常熟悉。他曾听说过一个这样的故事，
一个年轻漂亮的女仆“服侍着夫人，在她十五岁的时候，引起了夫人儿
子的注意，这个少爷是个无法无天的家伙，他在自己母亲死后，就用尽
170 手段试图诱奸她”。[49] 这样的例子不计其数，又如伊莎贝拉·克兰斯顿
的事情不仅在私下流传，而且见诸报端。18 世纪 20 年代早期，莎拉·乔

利的妓院“诱骗她到那儿做活”，实际上是把她交给了浪荡子弗朗西斯·查特里斯上校。或者如安妮·邦德在18世纪20年代末期，“失去了其仆人的工作，坐在其租住的房子门前，这时一个陌生女人走过来，询问她是否想找个地方工作。然后告诉她，自己可以帮助仆人找工作。”这个女人是伊丽莎白·尼德汉姆，曾是乔利夫人的邻居，她是一个臭名昭著的妓院老板与鸨母。因此，安妮·邦德最后发现自己也被送去服侍查特里斯上校。他花了十天时间在家中设计诱惑她，让她睡在自己的卧室，“时不时……给她一袋金币，并告诉她，他可以给她漂亮衣服与金钱，给她一座房子住，还可以给她找个丈夫”。后来，他放弃了说服她的企图，直接强奸了她，然后将其抛弃。[50]

跟同时代许多评论家一样，理查森显然也被女性遭到诱奸与被骗卖淫的事情所吸引。在《近简集》中，他绘声绘色地讲述了一个年轻女子刚到伦敦，有人骗她去服侍一位夫人，结果却陷入了淫窟。她在那儿碰到了另一名年轻女子，此人声泪俱下地讲述了自己如何被人欺骗、强奸，最后被迫卖淫：

> 在这种可怕的处境中，我每天都陷入不同男人的可恶纠缠中，我虽然一直极力抵抗，但总是无济于事。这里充斥着可耻的罪恶与恐怖，我已经逗留了十个月，处境之悲惨远非口舌所能表达。

理查森十分重视将此类现实生活的情节传递给读者，以至于在本书的173封信中，他只在这封的后面附上一则文字，以强调此事的真实性：“注意：这个耸人听闻的故事是出自那位女士之口，她好不容易才逃出那个邪恶鸨母的圈套，此事定然属实。”[51]

在他的小说中，同样的事实展现得活灵活现。他的女主人公都是被好色的上层男性追求、诱拐及不断威胁的少女。在《帕梅拉》中，淫 171
荡的乡绅B凌辱了十五岁的女仆，而这并非因为他特别邪恶，而在于整体文化都对这种年长、富裕及有权势的男性糟蹋下层女性的行为予以默许。那个男人的管家朱克斯夫人“是一个邪恶的鸨母”,她囚禁了帕梅拉,一面威逼一面利诱她委身于其主人。“男性与女性难道不是为了彼此而存在的吗?一个绅士爱上一个漂亮女人难道不是自然的吗?如果他能得偿所愿,难道是一件坏事吗?”“堕落”是一个“愚蠢的词汇”,她用花言巧语赞美一个被供养的情妇何等高贵,“如果你愿意,或者更体面地献出自己,天底下还有什么女人比你更幸福呢”。当帕梅拉毫不屈服,这个老女人就失去了耐心,鞭打与辱骂她,把她按倒,鼓动着B先生强奸她(见彩图3)。B先生的一个邻居就女主角的境况慢吞吞地说道:“这有什么呢?无非就是我们这个浪荡的邻居看上了他母亲的女仆而已。如果他满足她的一切要求,我看不出她受到了多大伤害。在整件事情中他并没有伤害家人(他的意思是说,B先生没有伤害任何重要的人,没有伤害到他这一阶层中的任何人士)。”甚至连教区牧师也对此听之任之:“他说,因为这种事情太普遍、太流行,单凭一两个牧师根本不足以抵抗。”成为大人物的情妇绝对是荣耀之事,“并且所有年轻绅士都会包养情妇”。[52]

理查森的杰作《克拉丽莎》进一步强化了两性关系中邪恶与美德的范型。在《帕梅拉》中,女主人公的美德与坚毅逐渐感化了B先生,他并非“一个放纵无度的浪子”[53]:他克制住强奸她的欲望,而后来他们结婚了,从此以后幸福地生活在一起。可是,理查森显然受到了一些读者的攻击,他们不相信这一个反转的结局,尤其怀疑帕梅拉是否真的如
172 小说中塑造的那般天真纯洁。因此在《克拉丽莎》中,情节更为一贯,笔调愈发黑暗,对于社会及两性堕落的分析也要深刻得多。罗伯特·洛夫莱斯先生“是一个出身富贵的男人”,也是一个冷酷无情的浪子。他爱上并想迎娶克拉丽莎·哈露,她富有、美丽,并且社会地位不及他。但与此同时,他也喜爱那种欺骗、勾引、征服处女的行为所带来的兴奋感。他的手中已经有了几十个受害者,因为女人不可能抵抗他的强烈

意愿。于是他不断地撒谎与密谋,欺骗克拉丽莎说一起私奔到伦敦,然后将她关起来,并一直施加压力。最终,当她拒绝屈服之后,他就把她骗到妓院中,在那里麻醉并强奸了她(见彩图 5)。尽管她遭到了这最终的打击,但仍然保持着美德,像一个真正的基督徒那样死去,也因此击败了她在这个世上的敌人。[54]

理查森对于男性贪婪及女性被诱奸的刻画产生了巨大影响——不仅是对于 18 世纪晚期与 19 世纪英国人的观念,而且也对于整个西方世界的文学。其影响体现在荷兰第一部伟大小说《萨拉·布格哈特小姐的历史》(*De historie van Mejuffrouw Sara Burgerhart*)之中,并且还体现在其他无数的重要作家身上:卢梭、狄德罗、拉克洛斯、歌德、克莱斯特、普希金,甚至萨德侯爵。苏珊娜·罗森的《夏洛特·坦普尔》(*Charlotte Temple*)在大西洋彼岸的场景中改写了理查森的主题,并成为了一本畅销之作,到目前为止仍然是最受欢迎的 19 世纪早期的美国小说。横跨整个英语世界,他的小说受到了其他作家数不清的赞扬、征引、阅读以及模仿。[55]

当然,不是所有人都接受理查森的观点。一些勇敢的女性小说家嘲笑其中无所不能的浪子形象——不过,她们的讥讽也说明了理查森的流行。因此,在简·奥斯汀最后一部也是未完成的小说《桑迪顿》(*Sanditon*)中,反英雄角色爱德华·邓汉姆爵士

> 阅读了太多的感伤小说,可那很不适合他。他的幻想早已被理查森及其后继者的小说中激情洋溢与最不可思议的部分所占据,那些小说之要旨在于男性不顾一切人情事理,决然地追求着女性,正是这些情节占据了他大部分读书时间,并形成了他的性格。 173

结果是,

> 爱德华·邓汉姆爵士人生的伟大目标即是成为引诱者,他完全知晓自己的堂堂样貌,也相信自己拥有足够手段,引诱女人遂为其天职所在,他觉得自己天生即是一个危险之人——正如洛夫莱斯……他全副武装,以应对最严重的蔑视与厌恶,如果那个女人不能以情动之,他就得以力强之。他清楚自己的事业。[56]

另一方面,在现实生活中,贪婪的男性经常诋毁女性的矜持只是一种自我的压抑而已。"我对矜持有自己的看法,"博斯韦尔写道,"我仅仅认可其外表,因为如果一个女人缺乏恋爱的激情,她就只是个无趣的伴侣罢了。"[57,58] 同样的想法也见于切斯特菲尔德勋爵私下写给儿子的劝言中,当这部文本在 1774 年发表时,闹得满城风雨[在塞缪尔·杰克逊·普拉特的《快乐的生徒》(*The Pupil of Pleasure*)中,切斯特菲尔德的道德遭到了讽刺,其中反英雄角色菲利普·塞德嘲笑说,"理查森是一个儿童……他的洛夫莱斯是一个菜鸟"]。当拜伦在 1813 年读到他未来妻子关于两性关系的看法时,嘲笑说:"她似乎被宠坏了——不是像孩子那般——而是完全跟克拉丽莎·哈露一样陷入了一种尴尬的正确性之中——相信自己一贯正确,而这可能导致她犯下惊人的错误。"(确实如此,她选择了嫁给他。)[59]

因此,当时的主流是对于男性之贪婪的强调,而其他的思潮则在一旁继续流淌着。尽管如此,在 18 世纪中期,有关男女性欲的一种根本共识已经明显地展现出来。为说明此点,我们只需要比较理查森与他在文学上的最大对手亨利·菲尔丁对于这个问题的看法。

从小说写作生涯之初,菲尔丁就有意识地将其置于理查森的对立
174 面,明显地抗拒着他的风格、语气和情节。在现实生活里,这两位作家也身处截然有别的性环境之中。理查森是一个沉默寡言、学养有限的中产阶级商人,周围皆是崇拜他的有德行的女人,他非常骄傲于自己从未发生过苟且之事,并且他不仅面向男性读者,更面向女性读者写作。

菲尔丁则与之相反,他出身于伊顿公学,是一名绅士与律师,他的父亲乃是一个浪荡子,也是贵族名门与宫廷显要的近亲。年轻的时候,他是一个伦敦西区的剧作家,过着放荡而淫乱的生活;及至中年,他使其女仆怀孕(最后娶了她);等到晚年,他已是一名治安法官,每天穿梭于卖淫与性交易的肮脏环境之中。当代的评论家认为,他的作品反映了一个上层的、放荡的与男性的世界。理查森本人、塞缪尔·约翰逊和查尔斯·伯尼都批评菲尔丁"写的是一种放荡的生活,几乎所有人物皆荒淫无度,谁有胆量高声给矜持的女性阅读他的小说?他的小说只是男性的消遣"。[60]

因此毫不奇怪,这两位作家长期被视为道德的两极。初看之下,菲尔丁的伦理确实非常不同。表面上,他的作品表达了世俗对于男人性自由的接受,而这会激怒虔诚的读者。其作品还充斥着熟谙性事的女人,她们内心狂热、充满诱惑,对男人而言十分危险。在菲尔丁的滑稽戏作《邪梅拉》中,帕梅拉的真面目乃是一个无耻的贱妇,是一个妓女并且有私生子,她与其同样狡猾的仆人们勾结在一起,设下圈套,诱使愚蠢的"呆瓜"先生与之结婚。在《约瑟夫·安德鲁斯》中,帕梅拉的兄弟被一个淫荡的寡妇呆瓜夫人追求;而《汤姆·琼斯》与《阿米莉亚》中的男主人公皆被老女人的诡计所陷害。

尽管菲尔丁的作品充斥着轻浮与下流的戏谑,他对于性欲和诱奸的根本态度实则非常接近其伟大的对手。他认可当时文化的基本预设,即一般而言,男性追求女性,女性的天真一直受到男性阴谋诡计的威胁,并且堕落的女性乃是被浪荡子诱奸的受害者。我们已经看到,他在新闻报道中表达了此种观点,而他的小说亦复如此。邪梅拉、呆瓜夫人及贝拉斯顿夫人(《汤姆·琼斯》)的放荡,是一种为了喜剧效果,对于自 175
然秩序的倒转——女人并非天生荡妇。不止于此,虽然菲尔丁相信男人不可避免地会与人偷情,但他同样明确地表示诱奸处女是可鄙的,如果男人们能够保持贞洁或者忠于原配,那是值得敬佩的。即便《汤姆·琼斯》中充斥着人类之愚蠢与缺陷所带来的粗暴快感,这些原则仍然清晰可辨。事实上,情节转折和意外之喜往往首先以一种遭到嘲笑的面目出现,然后才成功地重新建立起来。菲尔丁所赞赏的那种不完美但仁慈的道德正体现在琼斯本人身上:

> 我不是貌似虔诚的伪善者,也不会假装忠贞无邪,不像我的邻居们。我有愧于女人,我承认此点,然而我从未有意伤害任何人,也不会在心知将给他人带来痛苦的情况下,追求一己之欢愉。

他与浪荡子的邪恶品性形成了鲜明对比,那些人,一如理查森所刻画的,是一种无处不在的危险。他们视女人为“敌人”,并“定期谋划着”去征服女人。他们的婚姻承诺不值一钱。他们犯下了“不可原谅的背叛罪行”。如费拉马勋爵,他试图强奸索菲亚·韦斯特恩,为了迫使她嫁给自己,他们都是洛夫莱斯的幽灵。[61]

菲尔丁最后也是最黑暗的一部小说《阿米莉亚》对此进行了最尖锐的刻画。首先,我们看到的是马修斯小姐,她是一个毫无道德的美女,一度将男主人公引入歧途。不过,随后我们就读到了她过往的历史,明白了她性格的由来。她本人最初被一个英俊而残忍的官员勾引,那个玩世不恭的家伙诱奸了她,包养她做情妇,并且一再丢开她另觅新欢,直到她对于他的铁石心肠感到无比愤怒与绝望,最终把刀刺向那个人的心脏。“噢,希望我的命运能成为每一个女人的警示,”她呼喊道,

> 要保住自己的清白,抵抗任何诱惑,否则一定会为自己的愚蠢交易而悔恨不已。希望这能提醒女人在与男人交往时要小心谨慎,尽量避免受到侮辱,绝不要过分相信男人的真诚,也不要太信任自己
> 176 的力量,其形势十分严峻。女人应当记住自己是走在悬崖之边,如果滑到,不,如果她只走错一步,就将坠入无尽的深渊。[62]

另一个核心角色是一位贫困牧师的贤妻，她陷入了一个狡猾而冷酷的贵族的魔爪之中，那个人正属于把女性视为“敌人”的浪荡子，猎取并毁灭着女性，他只跟女人睡一次，因为“新鲜与反抗”才能让他兴奋。利用自己建立起的皮条客网络，并进行了长时间的预谋。他引诱她参加一场化装舞会，然后麻醉并奸污了她，并将性病也传染给她。然后他的丈夫，也从她那儿感染了性病，并了解到真相。他悲痛欲绝，试图杀死自己与妻子，并且不久之后即过世；而本书的女主角仍然一再受到诡计多端与久经沙场的浪子的纠缠。她的反抗证明了她的美德，但她的命运岂能因此改变。这种危险潜伏在各处，而有权有势的邪恶男人会利用一切可以支配的手段：巴结、谄媚、财富、贿赂、高于女性丈夫与父亲的权势、赞助、酒精、麻醉、假面舞会、老鸨、皮条客、谎言以及强力。[63]归根结底，在喜剧的外表下，菲尔丁的根本关切还是男性的贪婪与女性的无助。

同样令人吃惊的是，理查森及其崇拜者们在很大程度上接受了一种基本的前提，即男人必然性放纵——真正的区别在于他究竟是“节制的浪子”还是无可救药的色鬼。不仅理查森具有此种失望态度，甚至其多数正派的女性读者也为洛夫莱斯与哈格雷夫·普勒斯芬（《查尔斯·格兰迪森爵士》中冒充强奸者的色狼）之流的坏男人辩解。而理查森也对此种区别进行了评论，在《查尔斯·格兰迪森爵士》的第一稿中，女主角完全愿意嫁给一个久经风月的男人，只要那个人能够放弃放荡之习——因为，如她所言，“这没什么大不了，只要男人能真正反省自己过往的生活与行为，我们就不会有肉体的反感”。[64]同样，对于《帕梅拉》中的 B 先生与《克拉丽莎》中洛夫莱斯的色友贝尔福德而言，他们在婚前的放纵之举也得到了宽容。即使对于理查森来说，男性的偷情甚至诱奸总是可能得到原谅的。

因此，当他在最后一部小说中试图塑造一个完全贞洁的人物时，就 177

强烈地意识到必须主张一种极端的观点。他的一个崇拜者问道，真的“只有圣人与君子”才能够反对“节制的浪子”吗？当被问到如何展现“一个有德之人的品格”时，理查森年长的朋友科利·西柏建议说，这样一个完美人物在向一位体面的女士求婚之前，一定会抛弃他的情妇。“当我拒绝情妇时”，理查森记见道，西柏闻后大为吃惊：“一个处男，他这样说——哈，哈，哈，哈！……他面露窘色地嘲笑我！”另一位趣味相投的批评家也同意，查尔斯·格兰迪森爵士仍然“保留处男之身”是不对的，“我认为这在男女关系上损害了他的人格”。让理查森沮丧的是，甚至他最知心的女友，也是小说最初的支持者布拉德雪夫人也同样认为，女性对于男性之不贞必须迁就。她评论道，一个男人可以拈花惹草而不至于变成一个无可救药的“邪恶浪子”，正如“一个男人偶尔喝点酒也不至于沦为醉鬼”。“因为好男人这么少，”她于是断言，“女孩们不得不嫁给浪荡子，这总比不结婚要强得多。”[65,66]

18 世纪中叶，一种崭新的对于性、诱奸以及男性之自然并必然不贞的平衡认识已经确立。这些观念被各具背景的男男女女们共同认可，尤其被性自由的支持们提倡。我们目光所及的一切，无论是当时的私人写作还是谈话，都能清晰地发现对于男人性征服之冷酷无情且贬抑女性的颂扬之词——不仅作为一种感官享受，而且作为一种恃强凌弱之举。正如时髦的激进者约翰·高勒——他在当时以聪明和英俊知名——私底下对威廉·葛德文所言，他与女人睡觉不是要发泄性欲，而
178 只是为了羞辱她们：“如果仅仅考虑快感的话，手淫更为愉悦……跟女人上床的更大快乐在于成功地欺骗她们，从她们身上夺走她们不愿意舍弃的东西。”[67] 而那些谴责男性淫乱的人同样接受了此种有关男性之贪婪与女性之被动的基本原理。这些原理渗入了当时的文学之中。此
179 种对于性欲及性别的崭新思维方式，将会统治 19 和 20 世纪的性观念。

第四章

男人与女人的新世界

男人会抱怨你的拘谨。他们会向你保证，要是你的行为更加直接坦率，你就更招人喜欢。不过你得相信我，他们说这番话时可并非真心诚意。

——约翰·格里高利，《诫女书》(1774)，第 36 页

我发现在(这个世界上的)不同民族中，人们处于从野蛮至典雅与文明的各种等级之内。我不知道还有什么条件像对待女性那样，能如此完全地展现出等级划分的准确度与正义性，我们可以称其为道德的温度计。

——《论爱情、婚姻及通奸之书简》(1789)，第 37 页

我们应该极为严厉地对待那些失德的女人，因为我们必须把她们与那些守德的完全区隔开来……一个守德的女人不仅在于身体纯洁，更在于心灵无瑕，她应该对那些污秽之事毫不知晓。

——《济贫会的一次讲演》(1817)，第 10—11 页

众所周知，女人在自然状态下——没有堕落、未受引诱、身心

180 健全——极少做出那些轻佻的求欢之举，这正表明女人并未感觉到性欲。

——威廉·安德鲁斯·奥尔科特

《婚姻生理学》(1856)，第 167 页

男人与女人在性方面的观念革命具有极为深远的影响。尽管如我们所见，诱奸的热潮似乎尤其要归咎于上层男性的贪婪，但其最明显的实际后果则是，女性行为的社会约束更为严苛。跟其关于性别之基本观念缠绕在一起的，还有其对于阶层、特权、纯洁与权力的复杂预设。事实上，启蒙运动对于男性与女性气质的重构，导致了现代的性世界中一些最为棘手的社会及伦理问题。一个人如何因其自身的行为而有罪？有什么更广大的力量塑造了人类行为？男人与女人应当如何行事？

优雅与感性

1688 年之后所有关于性的讨论，其首要的主题都是男性行为举止之堕落与改良。鉴于男人们的行为如此恶劣，而外部监管亦多不复存在，因此，如何驯化他们本性中的放肆与淫乱便成为了当务之急。

早期男性之荣誉与斯文的典范大都忽视了异性，而主要着眼于男人之间的交往。其时普遍认为，女人相对而言更缺乏德性与自制，男人不应该从她们那里学习如何自我控制。不过在 18 世纪，这一观念已逐渐被颠覆，如今人们开始相信，事实上，女人拥有更高的道德。因此，对于男性而言，与女性的交往成为了一种基本的修身方法，以此来培养其风度，教导其有关“优雅”、“感性”与行止有度的全新理想。[1]

大多数当时的评论者都将这一观念的历史追溯到中世纪，声称骑
181 士精神之诞生乃是西方文明一个关键的进展。其“对于女士之极大的尊重与敬奉”，按照约翰·米拉尔的风行之作《品第之起源》(*Origin of*

the Distinction of Ranks）的说法，“仍然深远地影响了我们对于女士的行为，使得她们在一定程度上受到优雅、周到与悉心的对待，而希腊人与罗马人则对此一无所知，甚至所有的古代民族亦如此。”不过，当玛丽·沃尔斯通克拉夫特尤其指责路易十四因袭那种男性之“体贴与尊重”的传统时，可能更为接近事实，当时的女性受到的正是此种传统之对待。[2] 的确，这一新观念之最近的先例出现于 17 世纪的法国。

从 17 世纪早期开始，一些主要的法国思想家就发展出一种关于女性的全新观念：她们在道德上绝非更低，而是体现出一切良善与美好的品质。同样是在法国，有关两性具有相同理性能力的论述首次被广泛接受与发展，部分应归功于笛卡尔有关身心二元之革命性观念的影响。在法国宫廷内，在沙龙里，更普遍的是在法国文化的上层之中，有教养的女性纷纷以赞助人、知识人以及男性举止品评者之身份出现。正如克里斯托弗·雷恩在 1665 年对一次访问的记述：“女人们……在这里制造着语言与时尚，并搅和到政治与哲学之中。”[3]

然而，这些理想被译介到英国的历程却缓慢而曲折。它们显然影响了查理一世宫廷中的柏拉图式爱情的风气，不过随后受到内战的干扰。在 17 世纪晚期，也有少数英国作家支持类似的观点。查理二世有个名叫威廉·拉姆齐的医生，曾在蒙彼利埃求学，他就声称女人“与我们没什么区别，除了生殖器有异。她们一般而言，更为聪明，也比男人更敏锐……她们多数人比男人更为慈悲，更为虔诚、忠实、温和、美丽。”她们的存在由“一种更高贵、更纯净的物质构成”。[4] 不过，在王政复辟时期的宫廷，这并不是一种主流的观点，而在英格兰也不存在这样一种文化，可以包容两性共同参与的思想与社会沙龙，而正是在其中，上述新观念得以蓬勃生长。

1688 年之后，女性之影响力的观念得到了人们的热情支持。这属 182
于一项更广泛运动的组成部分，那项运动旨在以公共与私人生活之更优良的行为标准来取代放荡的准则，其源自移风易俗运动。正如人们相信光荣革命开创了一个繁荣与政治稳定的全新时代，艾迪生、斯蒂尔和其他 18 世纪的作家也主张，那种优雅的理想体现出一种雅致而富有德性之都市男性气概的崭新典范，适应于现代的商业世界。对于女性更完美的假定居于其核心（它的法国及贵族源头被有意忽略了）。正如“女人被塑造出来，以便缓和男人的性情，抚慰他们以使其变得温和与怜悯”，因此，经常与她们对话，对她们的观念抱有敬意，并从她们的美德中获取教益，如今已被公推为男性接受教化而成为一名绅士的关键途径。男人要“尽力取悦异性，以那些最合宜她们的行事方式来切磋与琢磨自身”，没有这种动力的话，“他不但会成为一个不幸福的人，而且还会是个粗鲁的半成品”。[5]

男人要在多大程度上取悦与模仿女人，这显然是一个关键的问题。一些早期支持优雅之人相信，男性举止能够通过与男性同仁之共事而得到改进，但这只是一种少数主张。“在我们的时代，若要看上去优雅，绅士风度与女士皆属必不可少之物，”沙夫茨伯里伯爵三世在 1705 年抱怨道，“我们可真倒霉。”到了 18 世纪 30 年代，这已成为了老生常谈。“优雅之方别无他途”，一本畅销的行为指南直白地宣称：

> 书籍可以给予我们正确的观念，经验可以改进我们的判断，但是只有与女士的交往才能使我们的谈吐从容不迫，凭借此点，一位优良的绅士才有别于学究，还有商人。

斯威夫特也同意，“没有女人的陪伴”，优雅是难以持续的：她们“一定会引导我们步入正轨，并使我们持之以恒”。再没有“比跟一个有美德的女人交往更好的礼仪学校了”，休谟写道，“在其中彼此让对方愉悦的努力，一定不知不觉地改善了心灵，女性的温柔与谦逊一定感染到了她们的崇拜者，而女性的优美也让他们每一个都时时自警。”[6]

183 这一观念的影响极为广泛。正是基于此，学者们开始形成一种理论，整个人类文明之发展乃是通过男性逐渐对于女性的体贴与尊重——如果女性对于现代的男性具有这样的影响，那么毫无疑问，她们在过去也一定如此。各个时代相次之演进因此也就与女性在历史上地位的提升联系在了一起。正因为此，其他文化的相对滞后就可以被判定为其男性缺乏对于女性的尊重。这种类比已经在艾迪生 1710 年代的著作中有所暗示；而在 1740 年之后，它变得尤有影响，作为启蒙时期绘制人类社会进步蓝图之普遍兴趣的一部分。在当时许多先驱性的人类学家与历史学家的著作中，有一点是不证自明的，一如威廉·亚历山大 1779 年之所述：

> 我们几乎能总发现野蛮人中的女性沦为一种顺服的物种，或说得更确切，一种奴隶。我们也总是发现她们正在脱离此种境地，而男性也以一种相似的进度脱离着愚昧与兽性，步入知识与文雅。因此，我们在任何国家中发现女性所处的地位与环境，都最为准确地向我们表明了其人群所达到的公民社会之具体水准。如果他们的历史对于其他任何臣服者都不置一词，唯独提及他们以何种方式对待他们的女人，我们就能从中构建出对于他们的野蛮性或风俗文化的一个可以接受的评价。[7]

其对于性规范的影响同样深远。这种认为女性在道德上优于男性的基本假定，成为了 18 世纪晚期、19 世纪以及 20 世纪两性关系的基石之一。正如拜伦在 1813 年 9 月写给安娜贝拉·米尔班克的一封信中，像无数其他求婚者一样翻来覆去地说着那些陈词滥调："我认为即使是最差的女人也可以让一个男人得到相当的声誉——她们比我们男人都好——而她们身上存在的缺点一定也来自于我们男人。"在公共生活中同样如此，这种观念得到了男性与女性的无尽赞扬。至 18 世纪中期，其日益强大的力量就已清晰可辨。浪荡子被一个美好女子的爱情所改造，成为了一种定式，这体现出一种观点，即在男性那里，淫乱是自然的 184

甚至吸引人的，但这可以通过与更高的女性道德之接触而被矫正。没有作家像理查森那样与这一主题作持续斗争。这多么令人愤怒啊，他私自沉思着，“千千万万的年轻女子……会崇敬一个好男人，而她们却要嫁给一个坏男人——登徒子们难道不是漂亮家伙吗？”“所有女人都自以为是，即便当她们知道那个男人曾经伤害过别人，也认为他不会且不能这样对待自己。”他的《近简集》因此警告说，“那种认为一个浪子可以变成一个好丈夫的疯狂主张，乃是年轻女性所接受的最危险的观念”，而《克拉丽莎》一书的写作更是特别驳斥了“那种危险却广为接受的观点，即一个洗心革面的浪荡子成为了最好的丈夫”。[8]

然而矛盾的是，也很少有其他作家像理查森这样，从一种更高的立场倡扬女性贞洁对于男性贪欲所具有的改造力量。在其第一部小说中，浪荡子 B 先生在不断地接触到帕梅拉的美德之后，感到“我该认为自己配不上她，直到我能让自己的举止、情感以及行为与她自己的相和谐”。正如小说导言所展现的，她意在对其读者也产生此种影响，“希望每一个顽固的浪荡子在读到你之后，都能幡然悔悟”，其主张，“每一个忍不住阅读你的处女，能模仿那种美德，得到好报”，一如女主角。同样，克拉丽莎更高的德性也改造了洛夫莱斯的密友约翰·贝尔福德，于是他悔悟、改过，决心寻找与解救此前所有被他伤害的人，最终他成为了一个幸福的丈夫与父亲。甚至是最邪恶的浪子，在接触到贞洁处女的感情之后，也在弥留之际忏悔过往的行径。这就是哈格雷夫·波莱克芬爵士的命运，他是《查尔斯·格兰迪森爵士》里面的恶少，而洛夫莱斯的命运也同样如此。在小说里，亦如在现实生活之中，女性道德之优越的观念极为强大。[9]

在这一显著而肤浅的推断之外，存在着一种更深刻的真相。事实上，那种关于女性应通过展现其固有的谦逊以驯化男性的假定，反映并延续了女性的弱势地位。很多作者视之为当然，并大加赞赏。“正如自然赋予了男性之于女性的优势，使其拥有更强大的头脑与身体，”休谟写道，“他就得减少此种优势，尽量宽容行事，对于女性的嗜好与观念故意表示尊重与同情。”无需“多想，那样一种亲切而崇高的人格应该被 185
置于一种荣耀的依附状态中”，乔治三世的一位牧师评论道，因为

> 如此温和、如此美好的心灵会将依附关系提升为一种优越与控制的力量。它自身带有美德之影响力与无法抗拒的强力，有力量控制那些最为狂暴的激情，它择善而固执之，由是可以征服并击败最为顽固的心灵。[10]

更糟糕的是，这种新的优雅风尚使得女性遭遇到持续不断的物色与约会，与此同时，又往往因为男人所谓的自然欲求而免除他们的责任。正如小说家与评论者喜欢指出的，危险的男性常常是优雅而诱人的伴侣，“我们中间最有魅力的绅士”实际上是“糟蹋你们女士的人”，沉迷于“毁灭女人”。汉娜·摩尔就哀叹道，即便是“最可人的女性”，也经常争风吃醋，以“得到一个登徒子的青睐，她们倾慕于他的侃侃而谈，引述着他的甜言蜜语，她们过分的偏爱可能阻碍了那个男人变得更好，因为他发现自己这个样子会更受欢迎”。因为人们对于女性贞洁不会采取同样纵容的态度，最终的后果乃是，多数举止合宜的心理以及实践之负担都压在了女性身上。女演员玛丽·罗宾逊不无尖锐地评论道，不忠的男性，

> 以人性之脆弱为其辩解……他会申言这是激情的主宰，感性的控制，并为悠久的习俗所认可。他是个风度翩翩的男人，因此被大部分的女人所喜爱与崇拜，虽然他每时每刻的一切作为都在证明，女人乃是被他欺骗的受害者。

玛丽·沃特利·蒙塔古夫人在1710年写给一位追求者的信中说，

男女之间的求爱，只不过是一种残酷的血腥运动："对你而言是娱乐，对我们而言则是死亡。"斯蒂尔也同意，实际上，"女性要承受一切风险，而男性则无所顾忌"，而在此之后，"她们一无所有，只剩下徒劳的叹息和
186 眼泪，并谴责那些让她们落得如此悲惨和耻辱境地的人"。[11] 简言之，尽管有一大堆关于女性优越举止能够训导男性的说辞，这种新的优雅与斯文之理论的主要后果却是约束女性的行为。[12]

当然，男人欲望之表现实际已不再比约束女性之习俗更为"自然"：男人可以简单地接受或者弃绝放荡的作风，以达至更高或更低的境界，不论其有意还是无意。不过，随着时间的推移，那种认为女性天生贞洁而男性则不然的观点，得到了日益发达的科学之支持。在18世纪早期，有关优雅的理论特别将重点放在对于正确举止的学习上，此在两性皆然。从这一世纪的中期开始，其重心则越来越多地放在了所谓自然感性的表现之上。以洛克和牛顿的思想贡献为基础，当时主要的科学家与医生发展出一套新的有关人类心理、感官知觉以及神经系统之性质的主流范式。在多种普及化的媒介之中，小说因其对感情状态的特别关注，发挥了最关键的作用。例如理查森，凭借其朋友与医生乔治·切恩的专业知识，具体刻画了人类如何对于感觉与活动进行体验。这一思维方式如今已成为那种坚强信念的基础，在其中，女性内心与肉体都应更富于"精致"、"柔和"、"温顺"、"想象"、"感性"及贞洁。随之而来的观念即是，不贞之举在身体与心理的原因及后果对两性而言存在着极大的差异：

> 一个丈夫与一个妻子的不忠之举所导致的后果乃是截然有别的。男人的天性使其可能与妻子之外的女人发生关系，同时仍真诚地爱着他的妻子。一个有夫之妇则绝不可能在失德的同时，还可以保有其种种荣耀、高雅与得体的情感，那些是婚姻美满与家庭幸福的保障。[13]

这一对女性贞洁之“自然性”的日益强调，对于父权制之思想基础的重构具有关键意义。在1700年左右，许多过去有关女性之依附地位的论述，已经遭到了更广泛的政治与哲学发展的质疑，《圣经》与父权论著作的地位，则受到了方兴未艾的对于真理之“理性”认知的挑战。那 187
种不变的、天命的家长秩序，因为詹姆斯二世的退位，以及政治与社会关系中契约论的兴起而遭受了致命打击。最后，现存的社会理论面临着全新的经济与社会发展之挑战：宫廷影响的式微，都市生活的日益重要，以及新的商业、传播与社会组织方式的扩张。

关于男性之优越性的论述也相应地不断演化着。早期对于父权制与性别的理解，本质上基于一种有关人类之缺陷性的神学观。尽管当时的人们都具有歧视女性的倾向，他们仍然一直暗示，尽管女人比男人更为孱弱，两性在心理与生理上还是具有基本的共性。不过到1800年左右，《圣经》中有关女性依附地位的事例已不再作为一个通常的出发点，有关原罪与女性孱弱的神学亦然，甚至古典医学理论也不再重要，其强调男性与女性之身体虽然相近，但其“体液”之平衡却存在差异。上述这些观念从未完全消失，只不过事到如今，人们要追究两性差异的根基，更倾向于求诸有关两性及社会关系之演化与目标的人类学和史学理论，以及有关两性之心灵及身体差异的无可置疑的生物学事实。

在某些领域，新的思维方式会容许更大的平等，显例即是女性的公共写作日益被接受（虽然进程较慢），而在早先，这被认为完全是女性的禁区。然而在两性关系领域，结果则与之相反：男性与女性所谓的性别特征之差异乃得到了强化。人们依旧普遍相信，如果赋予女性更大的性自主权，就会产生混乱。结果是，对于人性的诸种新的描述往往维护这一基本的原则。它们经常强调贞洁在两性那里都是值得期望的，不论对于男人还是女人，这都是通往至高幸福的途径。另一方面，它们也经常承认男人往往更为淫乱。此外，它们几乎总是认为，女人的自然状

188 态就是保持贞洁。正如影响极大的道德家约翰·布朗1765年之所述，根本上说，正是由于女性那显而易见的“身体之精致”与“心灵之淑慎”，“女性的贞德才会从其最为有力与牢固的根基之上产生出来”。类似的关于女性天生正派的基本说法，也见于让—雅克·卢梭这位18世纪后期伟大的论述自然与习俗之理论家，成为了其影响深远的学说之关键部分。[14]

这种将女性贞洁之观念逐渐自然化的倾向，强有力地塑造了其后有关女性行为举止的典范标准。与此同时，因为两性之间的交谈逐渐被视为文明生活的一个基本部分，并且当时也要求女性参与到跟男性的社交，因此她们得相应地展现出更为优雅的外在举止，以体现其所谓更优越以及无性的道德。在18世纪末，女权主义者愈发愤怒地指责，她们眼中女性气质之无知与做作的行事规范，乃是由这种双重压力所导致的。玛丽·海斯宣称，这完全不合理，男人们“煞有介事地谈论着女性的美德，并且似乎还根据他们的标准，将此视为维系社会的主要纽带，可是他们又毫无顾忌地打破这一纽带”，靠着卑劣的欺骗伎俩。女人们被“那种关于女性美德的错误观念贬低了”，玛丽·沃尔斯通克拉夫特抱怨说，“女人，孱弱的女人啊！从小的教育使她成为了感性的奴隶，又被要求在那些最难以忍受的场合中抵抗那种感性。”[15] 正如机智的（终身未婚）历史学家露西·艾金所言：

> 啊！虚伪的谦卑之下是对你的蔑视，
> 屈尊乃为了征服，谄媚有嘲弄之意！
> 学着点吧，无知的女人，学学男人，看穿一切，
> 189 警惕那种可怕的恶兆……当男人单膝着地！[16]

尽管如此，那种对于女性的基本观念在1800年左右已如此根深蒂固，以至于沃尔斯通克拉夫特本人也相信女性天生更为正派，“女性之

孱弱的一切根源……皆来自一个首要原因，即男性对于贞洁的要求”，因此，我们对于男性的首要要求就是“变得更贞洁与更正派”。大多数别的女权主义者也抱有类似看法。她的朋友海斯，虽然也是一位大胆的思想家与作家，而且毕生与性教条作斗争，也明确地认为

> 女性比男性天生更为正派。所有民族的历史——有关人类的，不论残忍还是温顺，不论文明还是野蛮——所有，所有都能认定这一真相。并且毫无疑问，千万种论证都能支持这一事实，其如此不容辩驳，如此庄严神圣，对于个体与社会福祉如此珍贵，对于家庭幸福如此关键。与此同时，这一对于女性而言至为荣耀的真相，在其他事例中亦屡见不鲜，尽管她们遭受着奴役和侮辱。[17]

女性普遍比男性更为贞洁，她们有必要一直保持这样，这对她而言既是一种理性原则，也是一种自然法则。纵观整个 19 世纪直至 20 世纪末叶，此种观念愈来愈有势力，直到它几乎成为了完全自明的事实。的确，它乃是 19 和 20 世纪女权主义的核心前提，并且是女性之道德权威性的一个来源，她们以此提出社会与政治权利的诉求。不过从历史来看，这却充满了反讽。女性道德优越的观念被提出，原本是改良男性举止的一种手段，但在实践中却最终强化了对于两性的双重标准。

自然与教养

到现在为止，我们的目光都集中于一般层面有关男性与女性气质之新观念的出现上，思考男性之淫乱与女性之贞洁的第二个重要主题乃是社会差异，我们已经看到这对于男性化行为之观念的重要意义。浪荡子总是打算俘获地位较低的女子，他们的性能力是确认而非违反 190
了其他的权力等级。那种认为行为举止由环境与社会影响所塑造的观

念，对于优雅的理想同样具有关键意义。这种观念也对于女性道德之看法发挥了日益显著的影响，因为即使是最坚定相信女性内在美德的人也承认，正派的作风得经过学习与强化—— “尤其在这个时代”，正如威廉·拉姆塞所指出的，“在其中，她们需要接受许多美德的充实，以抵挡得住男人们对其贞洁发起的持续进攻。”[18]

每个人都同意道德乃是自然与教养共同的产物，但真正的问题要远为复杂。两者之间的平衡何在？何种教育最适于灌输美德？它在多大程度上可以克服出身与阶级的限制？贫寒女子并非注定更不贞洁、更不完美吗？这些问题在早期有关不道德行为的思考中是隐晦不明的，可是在1700年左右，它们在所有关于性道德、社会政策以及两性关系的讨论中具有了越来越显著的重要性。其结果就是，贞洁与社会阶层之间的联系变得比以往远为紧密。

人们对于男性诱奸的关注，与早先很多的老生常谈交织在一起，例如女性的孱弱、虚荣与低劣，她们的性过错，以及不贞之妇的内在邪恶。甚至那种认为所有女人都内心淫荡的观念（一如亚历山大·蒲柏之名句，“每个女子，内心深处，皆是荡妇”）[19]也一直存在于滑稽和色情作品之中，虽然其表现形式较为温和。尽管如此，如今人们普遍强调，女人只有通过不正当的刺激才会变得淫荡。女性的欲望本质上是一种蛰伏的激情。倘若通过婚姻之外的不正当途径诱发这种激情，它就会奔溢失控，让当事者变成一种非女性的恶魔：那些堕落的女人正是如此。不过大体说来，女性并不像男性那样容易被诱导刺激。所以核心问题就变成：是什么让一些女人较之其他女人更容易陷入男性的引诱？

191 答案似乎主要在于她们的教育与环境。正是它们塑造了每一位女性的道德观念——既加重了她们的女性缺陷，使她们更易于堕落；也使她们有能力对此抗拒，维持住自己的美德。在1700年之前，这仅仅意味着灌输宗教信条，避免交友不善。虔诚本应培养淑德，而宗教无知与择友不慎则会将男性与女性推向罪恶的悬崖。不过，到了18世纪，人们开始以一种远为深广的话语来认识与描述环境的影响。

女人内在的激情如男人一样强烈的古老恐惧，如今转化为一种有关女性之性压抑的更为细致的指令。正如克拉丽莎警告其朋友安娜·豪，女人得更加严于自律，否则她们会变得像男人一样糟糕：

> 学习吧，亲爱的，我恳求你去学习抑制自己的激情。它们的目的除了放纵，还是放纵。我们女性的激情，抑制起来不太痛苦，实则与备受我们指责的暴虐与顽固的男人之极其黑暗的激情来自同一个源头，而对他们来说，风俗习惯与更自由的教育都能提升这种激情。亲爱的，让我们一齐对此深思，审视自我，心怀戒惧吧。[20]

不过，即便在说教文学中，这也绝非一种简单的理想。事实上，此种对于女性之缺乏性欲及纯真无知的全新关注，造成了一种意义深远的含混性，当时的小说家就曾对此敏锐地进行探索。[21] 如果正派是女性天生的，那它如何能被培养？作为正派的一种本质品性，单纯真的值得崇敬吗？或者它只是一种危险的弱点，容易使女孩们面对世界的邪恶毫无防备？这一重要的张力出现在 18 世纪所有关于求爱、诱奸与女人之性困境的小说中——所有的女主角都被迫穿越这样的危险区域。

反过来说，何种教育与环境可以让一个女人更有可能做出伤风败俗之举？在 16 和 17 世纪，答案非常干脆：人们堕落的原因在于其无法控制自己腐化的倾向；而在 18 世纪，这种对于个人责任的强调已逐渐被对于社会力量的重视所取代，这些力量可以影响不同的社会群体。 192
丹尼尔·笛福的《摩尔·弗兰德斯》是较早体现这种观念的一个例子。大多数有关摩尔之性经历的描写之中，都体现出一种对于个体之罪恶与救赎的陈旧而普泛的叙述。正是“恶魔”将她诱入邪恶，而她自己的缺陷则使其最终屈服于此。尽管如此，在这本书以及 18 世纪 20 年代笛福的其他著作中，同样清晰地贯穿着更为现代的有关贫困、无知妇女之特定结构性缺陷的思考。尤其显著的是,此书对于摩尔初次失身以及逐渐沉沦的描写。正如所有的罪恶应部分归咎于个体自身的激情,她具有着“女性常见的虚荣心”,并且“心高气傲”,这让她很容易上钩;但罪恶的真正推动力乃是双重的。第一即是上层男人的性欺骗。如同帕梅拉,如同其他无数年轻而单纯的侍女,她中了一个邪恶而老练的单身汉之圈套,他十分清楚“如何像捕获一只山鹑那样捕获一个女人”,而这个女人“对于那个时代的这种邪恶行径一无所知,我完全没有考虑到自身的安全或者我的美德”。[22]

第二个根本原因即是摩尔接受的不适当教育,使其“满是虚荣与自傲,而没什么德性”。如同他之前和之后的每一位正统作家,笛福也坚信,只有完全的宗教教养与环境才能确保男性与女性安然度过一生。没有此种“神圣的助力”,即便最良善的个体也绝无可能“保持美德的至高信念”。相反,摩尔最初是一个诚实而勤劳的孤儿,却因为一种超越其实际生活处境的教育和生活方式而留下了德性上的缺陷。[23] 在短短几十年内,随着人们越发倾向对于女性之诱奸与堕落作出结构性的解释,这种观点就成为了腾跃于众口的老生常谈——似乎可以极好地解释在自然与教养的共同作用下,与他人相较,何以某些女性要更为脆弱(而某些男性要更为淫荡)。

这种日盛一日的认为教养比内在罪恶更为重要的信念,建基于一
193 种关于人类本性之可塑性的观念之上。尤其关键并且日益重要的是约翰·洛克有关自我与习俗的理论,肇端于他的《人类理解论》(*Essay Concerning Human Understanding*)与《教育片论》(*Some Thoughts Concerning Education*),而在 18 世纪中期,则帮助推翻了基督教关于所有人皆因原罪而天生堕落的固有信条。相反,如今流行的论调正如洛克所言:“我们碰到的人中,十之八九,其善恶贤愚皆由其教育所致。”[24] 人格之差异并非固有,而主要是后天习得的。

这一原则开始主导了人们对于性规范的解释。一位评论家在 1739

年指出，通奸的首要原因显然在于“其年少时所接受的错误而恶劣的教育方式，对于年轻女士尤其如此”——“先生，我请您稍微想想，我们那些有头有脸的年轻小姐，甚至一些店家的女儿是如何接受教育的”。女性之耽于轻浮、奢侈以及与男性不断的社交，这正是现代的时尚，而这也无疑是其毁灭之途。在18世纪40年代，理查森小说中的人格都能以类似的方式来理解。我们如何来解释放荡之举？正像这样：B先生如此放纵乃因为

> 他可怜的母亲最初娇惯了他。我听说，当他小的时候，没有人可以劝导或反对他，因此他没有自制的习惯，并且不能忍受哪怕是一丁点儿违逆他狂暴意愿的事情。

为什么有些女性较之他人更容易堕落？洛夫莱斯对此有解释，莎莉·马丁与波莉·霍顿是《克拉丽莎》之中两个典型的堕落女性之形象，他认为她们“以一种远远超出其实际地位的方式被培养长大，发展出娱乐和公共消遣的趣味，这使她们难以抵抗他的勾引伎俩”。并非她们自身，而是其父母

> 要为她们的不幸负主要责任，使她们沉迷于这个迷乱时代的愚蠢行径和奢华享受之中，而这些非常容易使那些中等地位的人耻于从事任何有意义的人生事务，并且使年轻女性轻而易举地就成为了色鬼与浪子的猎物。[25]

这将成为所有关于诱奸与卖淫之分析的重要主题。教育或非分的愿望乃是造成某些女性更容易失足的关键所在。的确，有些时候，这干脆被视为一种女性本质性的倾向。“难道不是虚荣，那种沉迷于衣着打扮的幼稚虚荣诱骗了你？”1791年，一名哈克尼的牧师对其教区一个堕 194

落的女人斥责道：

> 你是否屈从于某个更有地位之人的诱惑，以满足你的虚荣心，为了穿得更光鲜，口袋更有钱，活得自由自在？你愚蠢的头脑是否还期盼着，那个大手大脚满足你的人还会这样继续地资助你？你本人的经历已经让你看到了自己的糊涂……因此，斩断那些对于衣装与欲求的非分念想吧，安心于上帝为你安排的实际处境。一旦你被那些地位更高的人引诱，不论他们是你的主人，你主人的少爷或朋友，还是其他什么人，只要你没有决心抵制那些损害你美德的诱惑之物，灾难一定接踵而至。[26]

根据此一看法，及其对于在面对诱惑时个体自律之正统基督教的强调，愚蠢的女人至少部分地要为她们自己的悲剧承担责任。尽管如此，从更普遍意义而言，父母们对于女儿过分精心的教育才是原则性的错误。这就创造出那些轻浮而享乐的牺牲品，她们多数人都有失足危险。这也成为了多数小说叙述之标准主题，即使是过度浓缩的《纯真误》（*Innocence Betrayed*）也顺带提及了莎拉·马丁这个可怜而无辜的女子，她的父亲“以一种超乎其实际处境的方式教育自己的女儿”。因此，对于那些容易被引诱的贫穷女孩来说，合适的理想乃是“不去接受那高居其上的繁文缛节的教育，而是学习仆人应尽的侍奉之道”。[27]

这种认为女性的邪恶乃由环境所致并非本性使然的观念，在更具体系化的思想家那里得到了进一步的发挥。亨利·菲尔丁通过阅读历史认识到，在过去，即使那些最为堕落的娼妓，“她们的邪恶乃是源自当时败坏的风习，而非源自其内在本性的任何独特之处，而诸如利维拉、
195 美萨里娜、阿格里皮娜或波培娅之流，如果生活在更好的时代，则有可能成为贞洁而贤淑的主妇”。他断言，显而易见，“如果软弱的女人走上了歧途，更应归咎于那个时代而非她们自身”。[28]

这种思维方式在女权主义者那里尤为流行，她们将其发展为一种对于女性之教养的尖锐批判。凯瑟琳·麦考莱在1790年写道，多数女性之所以陷于不贞，“是因为无知、偏见及其教导者的错误方法，而非由于其本性或机缘中的任何其他根源”。不应该教导女性变得无知与天真，在万幸的情况下，这也会使她们茫然无措、孱弱无力，而在最坏的情况之下，则会将她们扭曲为愚笨而做作的狐狸精。不论在哪种情况下产生出的缺陷，实际上都会增加诱奸、失贞以及卖淫的风险。对于此种罪恶的真正克服之道，并非无休无止地约束女性，而是不再把她们培养成没有头脑的勾引对象。只有当男性与女性同等自由地发展其自然理性时，对两性而言，真正的贞洁之风才会大行于世。这正是玛丽·沃尔斯通克拉夫特《女权论》一书的核心主题之一，也是很多此前及此后批评现代性别角色之虚假与不公的要义之所在。[29]

因此，在18世纪下半叶，有关女性之性堕落的解释各式各样；不过，它们共同的倾向乃是将其归咎于不良的社会风习，而非女性的内在欲望。尽管如此，此种新思维方式的现实影响却颇为复杂多样。

从某种程度而言，这也导致人们越来越相信，即使是堕落的女性也保有某些纯真，她们的未来并不是注定黑暗的，她们也有可能重新融入社会。这一观念显然源自正统基督教之中有关个人罪恶与救赎的学说。它也同样发挥了圣奥古斯丁的著名论述，即贞洁“并不是一种可以未经心灵之同意就可以被盗走的财富”。正如1757年一位公共作家所言：“不能自制并非总是不贞洁的证明。许多可怜的美人儿受到甜言蜜语的蛊惑，相信了虚假的承诺，陷于轻率的感情之中，纵然如此，她们依然保有着她们的贞洁，她们的心灵并未遭受玷污。”“我的本性绝不像我的日常行为那样堕落。”一名身陷囹圄的妓女在1773年如是说。她保留了德育的种子，她还没有完全被剥夺“每一种温柔的情感，每一种优雅的 196
思想，每一种女性特有的良善品性。尽管我已让它们沉寂休止，或者任由它们与那些更粗野的激情混合，然而我还没有彻底抛弃它们”。[30]

这种认为性的罪恶既可习得亦可革去的观念，在 18 世纪后期与 19 世纪的慈善家那里日渐流行（我们在下章会看见）。它也同样迎合了女权主义者和其他一部分人的观念，这些人认为堕落女人之道德与现实罪恶实质上是习俗使然。女人之所以沦落风尘，并非因为她们曾一时失足，而在于这个世界（尤其是其他女性）如此残酷地排斥她们。没有人会避开登徒子，玛丽·罗宾逊声称，那些家伙情人可多着了——可是对大多数堕落的女子而言，命运是如此不公：

> 习俗，作为男人顺从而可靠的朋友，她是多么的无耻。
>
> ……
>
> 她束手旁观。她应和着人类中一部分的感觉与思想，他们对其表示遗憾，但他们不打算调整她。而当她飞向女性的时候，他们不仅发出谴责，而且避之唯恐不及。

凯瑟琳·麦考莱则论道，此乃“一种陈腐而愚蠢的观点”，

> 即认为女性贞洁的首要威胁在于一种腐化人格的极端力量。可是自然绝不会创造出这种脆弱的生灵。人类心灵乃由更高贵的质料所构建，绝不容易腐化。并且，女性即使经历极为不良的环境与教育，她们也很少变得完全放纵，除非她们被另外一些恶毒而怨愤的女人抛入绝望的境地。

玛丽·海斯也同意，正派女性对于妓女产生的“愤恨、鄙夷与恐惧”的感情无论多么自然，仍然是错误的。即使最堕落的妓女，她们实质上也是“好色之徒”与“悲惨环境”的受害者。因此，每一个女人应当“反躬自省并自问，如果我的心灵与行为比那些不幸的姊妹更纯洁，我难道不是更该心怀感激，而非沾沾自得吗”？[31]

不过，在另一方面，即便最具同情心的改革者也多半同意，持续的乱交会给女人的“性别与人性带来耻辱”。更普遍的一种假定乃是，仅 197
仅一次失足就无可挽回地玷污了女性并毁灭了她的美德。威廉·佩利是18世纪晚期最有影响的道德家之一，他正是此种观念的典型代表。他认为一个女人一旦受到诱骗，就立刻转变为一个妓女：“正如一个女人的美德是得自于此，她贞洁的丧失也就意味着其道德原则的崩溃，我们得明了这一后果，不论这种罪恶的交媾是否被发觉。”甚至边沁也认为，谈论一个“姘妇”或“娼妓”被人引诱是不合逻辑的，这些女人已经没有底线，甚至强暴她们也不一定是犯罪。[32] 简言之，在18世纪，一方面是人们对于女性之纯真的强调，以及将妓女视为受害者的同情视角；另一方面，一种蔑视下流女性的趋势也持续存在着，甚至在某些方面愈演愈烈。

这种情况不难理解。司法惩罚之消失，以及男人拥有了更多自由，都使得对于妇德的要求越来越沉重。如今，女人的自律成为了一切性道德的关键。当女性的整体文化都建立在此之上时，如果一个女子未能尽此义务，那么她就是不可原谅的。这一点甚至得到了浪荡子与教会人士的认同。一如洛夫莱斯之谑言：“是否因为我们男人难以抵抗诱惑，女人就有理由也这样，而她们整个的教育都在于提防与警惕我们的引诱啊？”答案自然是否定的。一个女人的失贞在最好的情况下，被认为展现出一种致命缺陷，而在最坏的情况下，则让人怀疑其是否纵欲偷欢。不论哪种情况，她的堕落都使其成为其他女性在性别与社会层面的敌人。她们偷了男人，她们退化为使人反感的、不配做女人的妖精，而且这些人还对其他女人构成威胁，使她们堕落，蹈其覆辙。正是由于这一切，人们必须避开她们——她们的同性尤须如此。[33]

这种态度又因为教育与贞洁的一种新联系而得到了强化。工人阶级的女性尤其面临着被引诱的危险，这一事实使她们获得了一定的同情与理解（佩利就说，“地位较低”的女性“最容易接触到这种引诱”）。

但是在很多评论者心里，她们的脆弱性唤起的是轻蔑而非同情，因为这
198 似乎确证了那个基本观点，即女性越贫困、越缺乏教养，也就越容易成为或变得不道德。曼德维尔在 1724 年写道，“中等阶层”之下的女性，没有被教育得那么正派，如果她们哪怕只有一丁点儿“姿色……能够吸引年轻人，她们的贞洁就绝无可能保持长久，肯定会委身他人”。当笛福读到这段话，也认可道，所有女人在某种程度上都“警惕与防备着”色欲，不过这种“内在的淑德……在有地位的人之中，总是要靠教育来增进”。[34]

到 1740 年，这一社会偏见与两性双重标准之融合，乃是《帕梅拉》情节的核心，在其中女主角受到的压制不仅来自女性之依附性的传统，也来自强大的社会歧视。在不去冒犯社会纲纪的情况下，保护贞洁困难重重，这正是此书的一个重要主题。所有更有地位的人都认为，鉴于其双重的不利因素，她肯定会不可避免地委身于人。而一旦她这么做了，他们又会加倍地指责她，指责她的软弱与下流。她只不过是“着色的泥土”，B 先生的姐姐嘲笑道，她认为帕梅拉已经屈服了。“当我认为你清白时，我确实同情你”，可如今她心怀鄙夷：“噢！帕梅拉，帕梅拉，我很遗憾你这般地表里不一、装腔作势，我看你真是没得救了！你曾经是一个端庄、纯真与谦逊的女孩，可如今，你简直一无是处，只是令人害怕。”类似的想法也出现在很多“反帕梅拉”读者的反应之中，例如亨利·菲尔丁，他批评这个故事根本不可信，甚至有害。在他们看来，不论这个低微的女人最终屈服了，还是她偷偷地与人苟合——不论哪种情况，她必定缺乏美德与贞洁。一位颇有派头的批评家轻蔑地评论道，帕梅拉只不过“是个轻佻女子罢了，任何一个头脑正常或谈吐无碍的男人，都可以在一周或两周之内将其揽入怀中”。[35]

长久以来人们一直赞赏，在 1800 年前后的几十年间，英国的中产阶级与工人阶级首次以一种具有凝聚力和自我意识的整体出现了，而在当时，阶级也成为了区隔社会的主要方式。最近人们也指出，性别的

意识形态对于阶级认同的构成具有核心意义。[36] 我们在道德与社会结构的争论中看到的实是此一问题的背面:阶级之观念的日益重要如何影响了男性与女性气质之观念。 199

在维多利亚时代,各种有关此种联系之精妙复杂的假说纷至沓来。基督教医生与女权主义者伊丽莎白·布莱克威尔在19世纪80年代基于生理学与文化上的原因,指出工人阶级之放荡有如原始人和禽兽:"他们生活在国家的野蛮之地,以及大都市的贫民窟中,男人与女人都淫乱不堪。"对于无数受过教育的观察者来说,底层女性之下流与放浪乃是不言而喻的。[37]

这种态度的起源在一个世纪以前已可窥见。1772年一位有教养的作家轻蔑地说,"下层阶级的女人"没有任何性禁忌,她们被黑人吸引,"因为难以启齿的缘故,如果法律允许的话,她们会跟马和驴发生关系"。这是一种极端的观点,不过根据很多18世纪晚期评论家的看法,似乎显而易见,就整体而言,劳动阶层的女性更无教养,更不文明,更没有妇道,也更缺乏美德。这并非她们的个体堕落,而属于一种系统性的社会问题。"伦敦如此地藏污纳垢,以至于下层民众多被污染了。"一位牧师在1786年评论道。其结果则是,"伦敦,确切来说,是这个国家,它的女仆已寥寥无几,妓女却泛滥成灾,这么说似乎过于严厉,然而实情即是如此"。不贞对于普通女人而言无足轻重,一个律师对此颇为认可:"在下层人群之中,贞洁这种本性的约束力已丧失殆尽,人们渴望着获得更大的快感。"另一位批评家说道,女性之贞洁显然是"风俗、习惯以及教育"的产物,而非来自"本性与内在",正缘于此,"即便从比例上说,在那些有地位的人中,荡妇的数量也比下层中的人要少,尽管前者的生活往往慵懒而奢侈"。约翰逊博士同样认为,"人受到的教育越好,就越正派",所以"就我耳闻目睹来说,女士的地位越高,经济越富裕,她们就会越有教养,越有德行"。[38] 200

这种观点颇具争议性。例如,博斯韦尔就不予认同。"先生,这个世界的倾向是，”他回击道，“上层女性的道德比下层的更低劣。”的确，在 18 世纪后期，同样涌起了一股公共潮流，批评上层男女道德败坏，但这在一定程度上是由同一种思想进程所致。其要点乃在于，至 18 世纪后期，人们开始习惯于从阶级的地位来思考道德，并且相信不同的社会群体具有不同的性规范。[39]

这些有关自然与教养的各种认知方式，其最终后果就是产生了一种影响深远的双重意识，此种意识在维多利亚时代达到了顶点，并一直延续至20世纪。一方面建立了一种关于女性之天真与被害的有力假定，许多观察者甚至将其发挥到妓女身上；而另一方面，缺乏教育的女性在性问题上常受到怀疑，并且即使在慈善家眼中，妓女也往往被嫌弃为恶心与腐化之人。因此，男人的贪婪要被谴责，女性的堕落则应受到排斥，而劳动阶层的女性乃被视为不完全的女人。这种同情与厌恶态度的偏重权衡，在评论者那里显然因人而异，但只有少数论者能完全脱离这种二元的思维。正是在启蒙时期，道德、教育与阶级之关联的全新进展才使得这种意识广布于世间。

婚姻与金钱

18 世纪关于诱奸的所有讨论之第三个重要主题，乃是对于现代婚姻状态的忧虑。问题看起来在于，如今人们主要为了金钱而结婚，或者完全不结婚。有财产的男人之所以鄙视婚姻，在于自己很容易就可“肆意发生不当的性关系”。更坏的是，他们滥用求婚的仪式引诱女性：先用结婚的许诺跟她们睡觉，然后抛弃她们。若男人与女人因为错误或
201 者利益的原因而结婚，这就会导致夫妇不谐、婚姻不幸与通奸之行。[40]

这些基本的主题首先在 17 世纪的小说、诗歌与戏剧中得到细致的探究。弗朗西斯·培根在乌托邦寓言《新亚特兰蒂斯》（*New Atlantis*）中哀叹婚姻的衰落：

> 当男人们手边拥有更能满足其堕落意愿的方式时，婚姻几乎就会被排除。因此你会看到，无数的男子宁愿选择一种放荡而肮脏的独身生活，也不接受婚姻的束缚……一旦他们结婚，婚姻对他们只是一桩买卖，要么是为了联姻，要么是嫁妆，要么是生命……绝非男人与女人的真诚结合，而这才是婚姻的立制之本。

或者，一如塞缪尔·巴特勒短短几十年后所言：

> 婚姻纯粹就是一桩买卖
> 满足的是利益与生意之要求；
> 完全没有爱情或善意，只有算计，
> 就像罚款一样支付住宅和土地。

悲剧经常探讨年轻人因为被迫进入没有爱情之婚姻所造成的不幸结局。同样地，在喜剧中，自然的爱情与算计的婚姻乃是一个流行的主题。[41] 正如不少学者所指出的，无论如何，这只是一种有限的批判。它同时赞美幸福、甜蜜之婚姻的理想，且其力量受限于戏剧情节及布景之人工做作。

只有到了 1688 年光荣革命之后，作为一种对于国家状况之更普遍的道德恐慌之一部分，婚姻状况的明显恶化才开始成为严肃公共讨论的一个主题。大多数早期的评论者认为这是一种近来的发展，不过很快，它的流行就变成了社会分析者之中的常见修辞。《闲谈者》《卫报》《观察家》都曾谴责过它。1727 年，丹尼尔·笛福发明了短语“合法卖淫”，这成为了一个长期流行的简称，以形容没有爱情的包办婚姻之邪恶。[42]

它也是不少女权主义者热衷的主题。一个终身未婚的女人玛丽·阿斯特尔抱怨道，多数男人娶妻是为了金钱，女人就像奴隶，在“商人手

里……买卖”,还受到丈夫的专横虐待。阿斯特尔的一个读者莎拉·考
202 珀是一个富有的孤儿,父亲本是一位商人,她感到自己陷入了与一个野心勃勃的爵士的婚姻困境,在日记里她痛苦地记录说“自己每一天都过得像奴隶”。当她的丈夫在1706年去世之时,她提醒自己从今往后“要生活得自由自在,不再让自己处于奴役之中”。莎拉·费奇曾抗议(不久她也被迫进入没有爱情的婚姻),现代的男人如此好色与贪婪,以至于他甚至会“允许一夫多妻制”,

> 但他无疑会憎恶所有的妻子,
> 心里喜欢的却是某些娼妇。
> 他们最怨恨妻子这一名称,
> 却必须要迎娶一人入户,
> 他们会有一个婚生的孩子,
> 做自己的继承人,若是他们有财产,
> 要不然就身负自己的姓氏:而为了私利,
> 他们又娶了一位妻子,以讨其朋友欢心,
> 那些人乃力主这门亲事,
> 因满足心愿,可能他们,还会有所表示。
> 话虽如此,可一旦财富被其耗尽,
> 这虚假的一切立马颠覆,
> 他们的娼妓母亲还会受到赡养,
> 而他们的妻儿只会被其不屑一顾,
> 可怜而悲惨地回到朋友那儿,
> 一无所有,除了痛苦的凄诉。[43]

至18世纪中叶,有产阶级之无所不在的金钱婚姻,乃成为了小说与严肃写作的一个普遍主题,其被认为是无休无止的不幸、诱奸、卖淫、

通奸与败德之根源所在。所有此时代重要的艺术家与作家都以之为前提。婚姻市场之邪恶乃是理查森的一个主要批判对象。在《克拉丽莎》中,即便洛夫莱斯的邪恶人格也归咎于此。正是当他希望迎娶的女子因为一个"君子"(即一个贵族)而抛弃了他之后,他开始变坏,发誓为自己复仇,"不遗余力地搞女人"。[44] 荷加斯的连环画《时髦婚礼》(*Marriage à la Mode*)精彩描绘了这一主题。在第一幅场景中,我们看
到了主要人物:愚笨而挥霍的伯爵,渴望金钱;他的不肖子,因为过度狎 203
妓而沾染性病;富有而粗野的中产阶级参议员,打算把女儿强行嫁出去以换取地位;最后是那个女孩,因为不如意的婚姻而不得不与人苟且偷欢。最后,她的情人因为谋杀她的丈夫而被处死,她这个可怜的女人也服毒自尽,而她那贪婪吝啬、铁石心肠的父亲从她濒临死亡的身体上取下了珠宝。唯一无辜的人,她刚出生的婴儿,也已经因为梅毒的遗传而落得残废、身患疾病——这不仅象征其父母的毁灭性的不健康状态,也象征了整个统治阶级危险的道德与身体堕落(见彩图 6 和 7)。

为什么功利婚姻引起了如此的关注?最基本的理由在于一种日益尖锐的意识,即婚姻并不是一种永恒、神授的制度,而是一种脆弱的人类发明。直至宗教改革,婚姻都是一件圣事。可到了 18 世纪晚期,人们开始坚定地主张婚姻法则只是一种习俗,可以变化,其结果即为人们开始忧虑地审视婚姻趋势所显示的社会病灶。正如现代伟大的保守派约翰逊博士所言,婚姻完全是一种社会必需的人为构造,需要获得法律与习俗在各方面的支持:

> 男人与女人之婚姻同处状态绝非是自然的,我们发现,他们维系这种关系的所有动机,以及文明社会为了防止分居而施行的种种约束,都几乎不足以确保他们同处。[45]

此外,还有更多特定的原因导致了这种持续增长的关注。其中之

一是,男性自由的发展确实导致了在结婚名义下的偷情与通奸现象之增加。约瑟夫·普利斯特里在1778年说:“那些因为男人真的许诺结婚而失足的女人,其数量远不及那些纯粹被人诱奸的。”我们可以初步但明确地以非婚生子的数量来对此衡量。在17世纪,这一数字非常低,1650年左右大约只有1%的新生儿属于私生。此后其数量不断攀升,屡创新高。到了1800年,所有女性中约有四分之一,其第一胎是非婚
204 生的。她们中多少是受到了男人勾引诱奸之害,而不是缘于失效的婚约,我们永远不得而知(并且无论如何,两者之差异亦绝非判然有别)。尽管如此,这其中不少人肯定是在婚姻的预期之下才发生性关系的。这显然是一个显著趋势:到了1800年,约有40%的女性奉子成婚。[46]

在18世纪的伦敦,私生子的比率(我们也可由此假设诱奸的发生率)比英国其他地方要高得多。我们手上有限的统计数据似乎说明,中层与上层阶级的单身男子尤其喜欢把底层单身女子的肚子搞大,然后弃之不顾。这种故事就发生在摩尔·弗兰德斯身上,她讲述了其女主人的少爷如何诱骗她发生性关系,“似乎完全出于结婚的打算”,并保证“他决心娶我,只要他拿到财产,与此同时,倘若我答应了他的请求,他就会给我无上的尊贵,并且千遍万遍地保证,他会真诚地爱着我,绝不会抛弃我”。只是到了后来,她才意识到,“在他占有我为情人之后,就没有再说过一丁点儿要结婚的话了”。[47]

上流社会的浪荡子用着相似的伎俩。例如18世纪20年代后期,巴尔的摩勋爵查尔斯·卡尔弗特就是用这种手段追求年轻迷人的寡妇玛丽·潘达维斯。他追求了她几年,同时又偷偷地跟其他女人睡觉。最后,他使出杀手锏,公开宣布他的爱意,并佯称性爱是幸福婚姻之必要前奏。“我们的谈话”,玛丽后来回忆道,

> 开始只是随便聊聊新闻。一些婚姻徒有名义,我们都认为,当代那些基于利益而非感情的婚姻多半得不到什么幸福。最后,他说他

> 立志绝不结婚，除非他非常肯定对方的感情。我的回应是："你能够发现还有谁（如果那人能够自己做主）比她更愿意嫁给你吗？"他回答说那还不够。

此语的暗示不言而喻（当她提出反驳的时候，他走了出去，剩下她 205
肝肠寸断）。这种圈套如此臭名昭著，以至于在 18 世纪中叶，布拉德肖夫人认为，任何有头脑的女孩若"被这种承诺结婚的旧把戏所诱骗"，都是不可原谅的。[48]

人们越来越关注功利婚姻的另一个缘由在于婚姻市场的成长。婚姻一直是一门精打细算的生意。家里越有钱，就越急迫地关心保护家产，因而孩子的婚姻就越由不得自己做主，而由父母与亲戚费心安排。在有钱人社会的各个层面，对于金钱的算计（嫁妆、分产、夫妻财产以及继承）乃是婚姻嫁娶之要义。[49] 这一主题已经在伊丽莎白时代的舞台上得到了讽刺，但这种物质考量在 17 世纪晚期与 18 世纪早期变得更为突出。

首先，这个时代符合条件的男性精英供不应求，并且上等阶级男子与有产阶级女子结合的现象大幅增加。除此之外，婚介在更广阔与更公共的场所也日益涌现。整个国家中，正如一位评论者在 1732 年所言，这一时期地方城镇和度假地之所以大量增加，很大程度上是因为它们可以为女士提供机会来"展示自我，寻觅良缘"。因此，争夺有钱配偶的角逐就变得愈加醒目。此一后果又因为报纸与新媒体的兴起而进一步被放大，那些媒体不仅热心报道婚姻事务，而且它们自己就变成了其进程的一部分。至 18 世纪 40 年代，富有的女性继承者的地址与联系方式如此广为人知，以至于一个野心勃勃的婚姻投机者，可以在三十二页纸上密密麻麻地印上近期一些家境优渥的单身女性的重要信息（姓名、地址、所持股票以及挂名的财产）（见插图 7）。最后，毫无疑问，部分出于对于此种社会发展的回应，上层阶级一致强化了家长对于婚姻的主导，其考量即在于经济目的。17 世纪晚期的一系列规章与法律之变化，削弱了妻子与孩子的财产权，而 1753 年的婚姻法更是极大地限制了年轻人的婚姻自由，强化了其家人之监督与同意的重要性。秘密（或“私
206 下”）的婚姻曾在 1660 年之后数十年内颇为盛行，如今已被视为非法，所有婚礼都必须在夫妻的教区举行并提前公示，如果父母有一人反对，低于二十一岁的男女就不可以结婚。任何无视这一新法律的牧师将被视为重罪犯，并被判处流放美国十四年（有一两个这样的人）。[50]

当时人们于这种趋势的体察，进一步促生了他们对于这个社会愈来愈商品化之忧虑。此种忧虑又因为一种相对的理想之兴起而愈加强化：即婚姻应当首先是基于个人感情的一种个体自由契约。此种意识形态日益强大的影响乃是功利婚姻饱受批评的第三个原因。互相吸引的原则在中世纪与文艺复兴文化中就根基深厚，并且绝对不像当今的话语时常暗示的那样，代表着审慎思维的对立面。然而，这种观念的权威性之所以在此时代得到高扬，正在于那种同样也推动了性自由之原则的思想潮流：私人良心的提升，个体自由与追求幸福的理想，以及那种认为在生命所有领域中，自然本能皆高于后天习俗与审慎思维的观点。此种思潮的吸引力，随着女性逐渐以自己的视角来审视求爱与忠诚得到了进一步增强，因为包办婚姻的批评者们尤其抨击女性所处的不平等地位。

如今，我们坚信浪漫的爱情和个体的选择应当是婚姻的基石，这是西方社会的特性之一。不过，这一原则的突显乃是一项相当晚近的发展。在 18 世纪以及 19 世纪早期，这种原则的政治与法律影响力在有产阶级中间仍颇为有限。而 1753 年的《婚姻法》直接与之对立——为了阻止狂热的青年违反长辈意愿而结合，它坚决地将个体幸福置于父权家庭的物质利益之下。正如历史学家大卫·莱明斯曾精彩展现的，即使是那些反对此种法律的国会议员，虽然倾向于爱情之意识形态，但只
207 是讽刺性地接受了它的一套说辞而已：事实上，他们乃是“投机者，满心

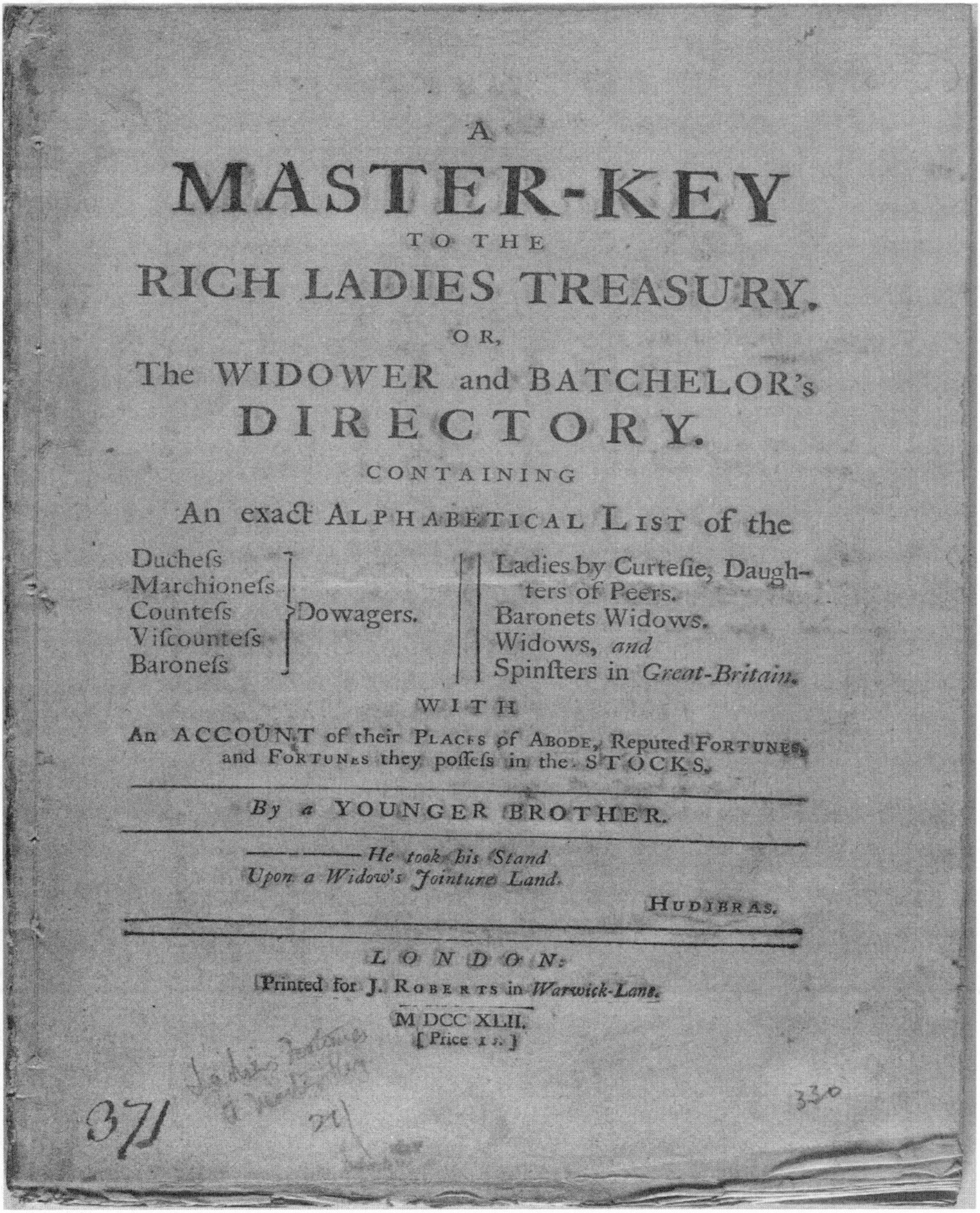
A

MASTER-KEY

TO THE

RICH LADIES TREASURY.

OR,

The WIDOWER and BATCHELOR's

DIRECTORY.

CONTAINING

An exact ALPHABETICAL LIST of the

Duchefs, Marchionefs, Countefs, Vifcountefs, Baronefs } Dowagers.

Ladies by Curtefie, Daughters of Peers.
Baronets Widows.
Widows, *and*
Spinfters in *Great-Britain*.

WITH

An ACCOUNT of their PLACES of ABODE, Reputed FORTUNES, and FORTUNES they poffefs in the STOCKS.

By *a* YOUNGER BROTHER.

——He took his Stand
Upon a Widow's Jointure Land.

HUDIBRAS.

LONDON:
Printed for J. ROBERTS in *Warwick-Lane.*
M DCC XLII.
[Price 1 *s.*]

7.《开启阔太太的百宝箱》:单身汉如何在婚姻市场中拾级而上。

Spinsters.

Names.	Places of Abode.	Reputed Fortunes.	In the Stocks.
Miss			
Coulthurst -	Basinghall-street -	8,000	
Clark -	York-buildings -	10,000	1000 E. I.
Chowne -	Forster-lane -	5,000	
De Castro -	Beavers Mark -	10,000	1000 E. I.
Cholmley -	Theobalds, Hertfordsh.	12,000	1000 E. I.
Clayton -	Brook-street -	15,000	
Cotesworth -	Conduit-street -	16,000	1000 E. I. 1000 B.
Cotesworth -	Hexam, Northumberl.	16,000	1000 E. I. 1000 B.
Chock -	Villars-street -	10,000	1000 E. I.
Craile -	Pall-mall -	15,000	
Cudworth -	Cecil-street -	10,000	1000 E. I.
Cross -	Mill-bank -	15,000	
Cutler 2 -	- - -	10,000 Each	1000 B. Each
Carpue -	Haymarket -	5,000	
Cox 2 -	- - -	10,000 Each	1000 B. Each
Cox Jenny -	Princes-strt. Stocks-Mt.	6,000	
Clerk -	Kensington -	8,000	
Cooke 2 -	- - -	10,000 Each	1000 B. Each
Craggs -	Bond-street -	20,000	
Coulston -	- - -	12,000	1000 B.
Cornwallis -	Sackvile-street -	15,000	
Cater -	- - -	20,000	1000 B.
Cotton 3 -	Dover-street -	10,000 Each	
Carey -	- - -	12,000	1000 B.
Cock -	- - - -	10,000	1000 B.
Collins -	- - - -	15,000	1000 B.
Close -	- - - -	10,000	1000 B.
Calamy 3 -	- - - -	8,000 Each	1000 B. Each
Carpenter -	Highgate -	7,000	
D			
Dixon -	Hackney -	20,000	1000 B. 1000 E. I. 1000 S. S.
Drake -	Cavendish-square	20,000	
Decker -	St. James's-square	30,000	1000 E. I.
Dives -	St. James's -	20,000	
Decker 3 -	Golden-square -	15,000 Each	
Davis -	St. Alban's-street -	10,000	1000 E. I.
Dickens 3	Golden-square -	10,000 Each	
Derham -	Drayton, Middlesex	12,000	1000 E. I.

Spinsters

想的只是在婚姻市场上谋得一席之地”,富有的女继承人,在他们看来,应该让人人都有机会争取。尽管如此,这种态度的文化影响力无疑与日俱增。这能够有助于解释,在17世纪晚期与18世纪早期秘密婚姻为何大量涌现。这种原则不仅在说教文学之中,而且也在时髦男女的头脑之内广泛存在。许多上层阶级的女性对此似乎显得尤为笃信不疑,即便她们自己身处包办婚姻之中。所有这一切可以解释,为什么在18世纪50年代,人们对于爱情婚姻与金钱婚姻之分野如此争论不休。[51]

功利婚姻这个话题的迷人之处正在于,它阐明了激情与神圣、男性与女性利益、情投意合与玩弄感情之间的诸种张力。不止于此,对于大多数评论者而言,它的重要性超越了夫妻自身的动机。婚姻之堕落也造成了社会秩序与顺从之中一些更深刻、更麻烦的问题。

早在1701年,作家与外交家威廉·坦普尔爵士就已经感叹,功利“婚姻之缺乏感情、选择或意愿”会导致贵族与士绅的身体及道德堕落。在18世纪中期,社会上的一个普遍论调即是,与其他阶层相比,上层人士的婚姻更少、更不成功,而他们的家族血脉已经相当退化。在很多激进者与女权主义者眼中,这标志着统治精英的根本腐化。一位1753年《婚姻法》的反对者抱怨说,贵族阶层无可救药地坚持内部通婚,并且使跨阶级的婚姻更为困难(更强大的家长主导力无疑会导致此点),而新的法律只会使问题更加恶化:“你会限定那些大人物只跟彼此通婚,并阻止他们得到更健康的血脉吗?你会让体孱失调之人相互结合吗?”同时代一位人口学家评论道,“更为低下与贫穷之人”的生育力更强,“他们的孩子最有活力,最健康、强壮、长寿,最不容易患上遗传性疾病,并且能够忍受最沉重的疲劳”。不过很显然,那些人的道德水准就不能等同视之了。总而言之,正如一位新闻记者1752年之抱怨,这一问题给社会各等级都造成了影响: 210

> 在下层社会,人们往往全凭一时之感官吸引而彼此嫁娶,这

种乌合之众的交媾无异于法律或宗教层面的偷情……而在上层社会,婚姻只是一桩生意,一项交易与买卖,彼此都竭力欺骗对方。[52]

人们担忧,在整个社会层面,色欲与贪婪正在摧毁婚姻与社会结构。

最后的关键问题乃是父母(特别是父亲)与子女(特别是女儿)之权威的平衡。显然,年轻男女往往受到父母的诱骗而结为夫妇,其父母之考虑正在于金钱。这就产生出一个道德与社会的难题。那种认为父母明通事理与至高无上的假定如此根深蒂固,他们对于家庭乃至社会秩序之稳定如此重要,以至于很难据理主张任何一个孩子——更不用说所有的孩子——有权忤逆父亲明确的心愿。同样,家长控制的适当界限为何?如果家长被严重误导,以至于坚决主张一种不幸福的功利婚姻该怎么办?

这些问题从17世纪晚期开始变得更为紧迫,因为其中具有明显的政治意味。君主政体毕竟是一种基于父权原则的统治体系,可是它在17世纪40年代与50年代遭受了冲击与毁灭,而在1688年之后,它又在一种全新的契约观念之下被逐步修正。其结果乃是,王室、家长以及丈夫的权威往往被等量齐观。这正是关于婚姻之所有争论的部分思想背景。由此,以不同的方式,家长之专断与贪婪的日甚一日,可以被视为现代状况的一种典型特征,并且是其他严重社会罪恶的根源所在:子女的错误教育、诱奸、通奸以及婚姻悲剧。此乃《克拉丽莎》的主旨之一,并引起了广泛共鸣。"不正是这样的家长导致了那些让孩子伤痛不已的不端之举吗?"这部小说的一个读者问道,其想到了女主人公在现实生活中的对应者。"我把所有悲惨的结局都归咎于他们,他们比洛夫莱
211 斯邪恶得多,糟糕得多。"[53] 这是一个典型的启蒙观点。再一次地,人们的解释不再着眼于个人的邪恶或脆弱,而在于社会的结构性问题:家长权威之堕落。

惩罚诱奸

因此在 18 世纪中期，伴随着男性之性自由的扩展，人们也日益关注其后果。对大多数评论者而言，重建过去的戒律或废除所有性约束似乎都是不可行的。如何引导男人的欲望以尽可能降低其对于女人的伤害？这正是人们对于诱奸最后一个重要的思考主题。

最显著的解决之道乃是允许卖淫。正如我们在第二章所见，人们越来越相信有必要牺牲一部分下层女性以保护正派的女性免于危险。其结果则是，自 18 世纪中期开始，容忍卖淫的理论与实践对于英语世界的性经济一直具有核心的作用。至 19 世纪晚期，政府对于卖淫之管理在整个不列颠帝国和不少其他的西方社会得到施行。性交易的规模亦迅猛地扩张，与之相伴的乃是城市、工业经济、军队、全球商业、交通的兴盛，以及海外殖民地的发展。只有到了 20 世纪末，卖淫对于性经济的重要性才开始降低，其原因在于大规模避孕与女性之性自由的扩展。

尽管如此，卖淫从来都不是一种得到普遍认可的解决方式。许多卖淫的批判者（不论是基督教、自由派、激进派或女权主义）都忧虑这使得男性的乱交制度化了，他们还担忧一种其背后的假设，即妓女是无足轻重的次等人类。并且，卖淫同样很难与那种信念并存，即妓女本身乃是诱奸、社会排斥与经济困境的受害者。以那种观念视之，卖淫不仅远没有阻止无辜女人的堕落，实则正建立在这种堕落之上。我们将在下一章看到，这种看法深刻影响了 18、19 和 20 世纪的慈善事业、社会政 212
策、女权主义与政治学。

另一条解决之道乃是以新的方式管制男性的淫乱。从 17 世纪晚期开始，随着教会法庭司法权之衰落，一系列新制定（或新扩展）的法律程序逐步出现，用以起诉通奸者与偷情者。传统的戒律在实践中总是更多地惩罚女性而非男性，与此相反，如今这些诉讼之基本观念则为女人是男人猎艳的受害者。其根本关切与其说是纯粹惩罚背德之举，不如说是保护女性，巩固婚姻制度，以及维护父亲与丈夫的性产权。如果一个男子诱奸了一个女子后又将其抛弃，他就能以毁约为由被女子起诉，或者被女子的父母起诉，理由是赔偿损失。同样的父权观也支撑着对于“私通”的诉讼，在其中，一个丈夫可以起诉他妻子的情人，要求获得金钱赔偿。[54]

不过，所有这些都是私人的、民事的程序。其唯一的赔偿就是金钱，而受害方不得不费尽心思进行诉讼，花销不小，风险颇大，甚为不便，很少有受害者可以担负得起。因此，很多18世纪与19世纪早期的评论者公开支持一项针对诱奸的专门法律。这项罪行比多数死罪造成的社会后果都要严重得多，威廉·佩利写道，可耻的是“法律除了允许经济补偿之外，并没有其他惩罚以安慰受害家庭”。另一位作者在1780年指出，非常荒谬，一个男人“诱奸、玷污与抛弃一千个已婚或未婚的女人，使她们沦落风尘、惨不忍言，应当受到的惩罚居然还不及盗窃、杀死甚或故意残害或损伤一头牛羊”。[55]

这一时期的许多重要法学家与立法者都对此表示赞同。所有诱奸已婚女子之人都应遭受罚金或监禁，这是一个在18世纪晚期和19世纪早期关于通奸与离婚法案之争论中反复出现的主题，而在18世纪70年代，杰里米·边沁与首席大法官曼斯菲尔德勋爵都制定了专门针对诱
213 奸未婚女性的法律。这也是帕特里克·柯洪颇受欢迎的社会和立法之大规模改革蓝图的根据之一，他的蓝图谴责现时代“有关公共与私人罪行……之区分”破坏性极大，诱奸者应当面临苦役、监禁或终身流放。[56]

人们更普遍的关切在于，那些玷污清白处女之人必须负责照顾她们。“当一个男人诱奸一个女人”，玛丽·沃尔斯通克拉夫特写道，他“应有法律义务去抚养那个女人和她的孩子”。对于社会和个体而言，最好的情况乃是，所有诱奸者干脆被强制与他们的受害者结婚。这是一个非常古老的观念。《旧约》即有此种处罚（《申命记》, 22），而且许多早期新教徒都曾支持重新引入这一惩罚手段。[57]其原则同样影响了18世

纪很多人的情感。"一旦一位处女被一个单身汉诱奸，"一位通俗作家在1753年论道，"必须且应当假定，他征服她是凭借婚姻的承诺，因此他应被强制践履他的约定。"[58] 在无数案例中，由于家庭与社会的压力，这一原则已经秘密地得到了实行。在公共领域，也明显存在着此类先例，直到1834年《济贫法》改革前，穷人的监督者经常强迫未婚生子的贫困男女结为夫妻。因此，很容易假定把此种做法推行到所有被诱奸的女性。当亨利·菲尔丁作为治安法官处理一对被捉拿在床的年轻未婚男女时，就是采用这种解决方法，"在遭到法官的训斥以及一些威胁之后，那个小伙子宣称他愿意尽其所能弥补女孩，马上娶她为妻"，后来确实如此（数年之前，菲尔丁自己就曾做过同样的好事，在发现对方怀 214
孕之后，就娶了那个女人，即她的厨娘玛丽·丹尼尔）。[59] 即便是强奸行为，柯洪声称，只要那个女人同意，"如果推行这一原则的话，对社会也比较好"。在19世纪与20世纪早期的北美，这些原则得到了法律的尊奉。在大多数州，诱奸成为了一项罪行，然而婚姻则是其可以接受的结果；对于法庭如此，对于大多数提起诉讼的女性而言也显然如此。[60]

但如果那个诱奸者已婚该怎么办？还要施行这一原则吗？自从1603年以来，重婚就是一项重罪，而在19世纪此乃成为了一个广受争议的问题。许多严肃的评论者主张将一夫多妻制作为一种诱奸的补偿。如果人人都同意婚姻对于女人、孩子与社会是最好的，而把一个男人限制在一个伴侣上又是不合理的，那么这岂非一种明显的解决方式？当离婚不被允许时，一夫多妻制可否提供一种合理的方式，以平衡男性的欲望和性责任，并进而支撑婚姻本身？[61]

一夫多妻制与人口

支持与反对一夫多妻制的论述早在1700年左右就已大行于世，主要出现在布道文、谈话及私人写作之中，当然还少不了印刷品。[62] 德拉莉韦尔·曼利的畅销之作《新亚特兰蒂斯》用一些文字记述了作者本人与一个有妇之夫的婚姻（她很快与他分手），还有辉格党领袖及大法官威廉·考珀，他同时照顾两个女人（及其孩子），每个女人都声称是他的妻子。曼利声称，考珀的第二个情人正是被他那“有关重婚合法的博
215 学论述”所劝服的，

> 事实上他承认，从古至今，女人都是专有的，承认为了孩子的利益与品质，以及其他必要的事情，一夫多妻制被人们自然地否定了，原因在于其家庭关系冷淡，抚养孩子时间过长，以及其他一些似乎反对此种做法的事件。但如果一个男人拥有持续的种族繁衍能力，并且他必然会在任何一个妻子身上发现上述的种种麻烦，那么自然的法则，以及许多民族和地域的习俗，似乎都支持他这么做。古代犹太人声称自己禀受的律法来自唯一的上帝，而他们不仅拥有好些妻子，而且无所限制地广纳姬妾……突厥人以及欧洲人以外世界上的其他人群仍然保有着这项权利。应该承认，他们的各种行为都不像我们如此邪淫，他们的诚实、道德与生活习惯都不像我们这般腐化，欧洲人所谓的改革陋习，不过是让邪恶更优雅……他的确谴责乱交之举，因为那是非理性与肮脏的，但如果一个或数个女人不论是否结婚，她们都为一个男人所专有，她们就完全没有越轨，而是实践了自然的法则。[63]

在18世纪中期，对此观念深感兴趣的思想家是塞缪尔·理查森。在18世纪30年代后期，他印刷了一本博学的反对一夫多妻制之大部头书籍的两个版本，其作者为他的朋友帕特里克·德拉尼，一位重要的爱尔兰学者。此君认为，这种信条在当时“每天都得到辩护，在日常的言谈中，也经常出现在印刷品里，凭借大量貌似合理的论证”[64]。但此后不久，在《帕梅拉》的第二部，理查森让B先生对于一夫多妻制的热衷

成为了一个核心的情节设置。洛夫莱斯亦然，他认真考虑了某些一家之长的多妻制，“那些人可真是妻妾成群！”——难怪此一观念如今这样“受人追捧”。18 世纪 50 年代早期，当理查森努力克服查尔斯·格 216
兰迪森爵士同时对于两个女人的爱情时，他私下里承认，自己看不到有什么很好的理由来反对此种行为。其显然没有违反自然的法则，也没有违背《圣经》。正好相反，二者似乎都鼓励此种行为，而几乎每一种现代文明亦如此。如果这在英格兰合法化，他心想：“我不知道自己的内心是否迁就于此。”而他非常确信的是，大体来说，一夫多妻制会带来更大的幸福，而非助长淫风（理查森夫人的观点则未被记下）。[65]

詹姆斯·博斯韦尔也多次热情地得出了相似的结论。1764 年，当他还是个年轻人之时，去瑞士拜访他的英雄卢梭，而他最渴望得到伟人认可的一个话题正在于此。“道德，”他阐述道，

> 对我而言并非确定之物。比如，我想拥有三十个女人，而我能满足这个愿望吗？……想一想，倘若我有钱，我可以得到很多女孩，并让她们怀孕，由此子孙蕃息。我可以给她们提供嫁妆，先把她们嫁到本分的农民那里，他们也乐于接受。这样，她们的身份虽是妻子，但同时又保持着处子之身。至于我，则乐得享用这么多的女人。

当卢梭出乎意料地对此提出反对之后，博斯韦尔又脱口说出他的其他幻想：“那么我能否像东方人那样呢？”或者“我仿效那些古代的长老，我敬重那些大人物”。多少年以后，当他早已娶妻，他依然热切地将同样的观点说给自己、自己的朋友以及妻子。[66] 大约在同一时间，约翰·卫斯理的学生与妹夫，具有领袖魅力的不顺从国教者韦斯特利·霍尔，也四处鼓吹一夫一妻制并不合于真正的原始基督教，他同样践行了自己的信念，与七个女人结合。[67]

这种观念同样得到了一些态度更为客观的思想家的支持。18 世纪

217 80 年代早期，马丁・马丹，一位颇受欢迎的福音派传教士，也是考珀大法官的侄孙，还是专门为了患病妓女而开设性病医院的牧师，他出版了一部厚重的畅销书《论女性的毁灭》(*Treatise on Female Ruin*)，鼓吹“每一个诱奸女人的男子，不论是否曾许下结婚的承诺，都应该公开与那个女人结为夫妇，” 即便他已结婚，“否则以死论处，或者终身监禁，直至他顺从为止”。他认为，这显然是解决诱奸与卖淫之双重罪恶的源自神授的途径——上帝难道未曾命令 “如果一个男子引诱了一个没有订婚的女子，并且跟她睡了觉，他就该娶那女子为妻” (《出埃及记》, 22.16)? [68] 结果是，围绕此一问题爆发了一场广泛激烈的争论，详细论述并拓展了前两个世纪以来累计的对此问题正反两面的论述。就在马丹的书面世数月之后，在远离伦敦的柴郡教区，其牧师亦惊叹这 “仍然是人们谈话的焦点，我去过的任何一个集会皆是如此”。[69]

三个主要的因素导致了这一问题的重要性。最根本的是，《圣经》似乎有不少地方支持男人娶多个妻子。那些长老的多妻制在《新约》中并未受到任何明确的谴责，这成为了一个长期的神学难题。[70] 宗教改革之后，一如我们在第二章之所见，圣经事例的权威性导致早期的新教徒进行了多配偶婚姻的试验。17 世纪 50 年代，人们对于此种实践之兴趣再次兴起，当时他们似乎正在彻底地重塑社会。在那些主张一夫多妻制是 “真正的婚姻形式”、“合法且荣耀” 并得到上帝完全认可的人之中，有弥尔顿、共和派下院议员亨利・马滕，以及霍布斯的 “至交”——著名的作家与法官弗朗西斯・奥斯本，他那广为人诵的著作抨击一夫一妻制只不过是 “狡猾牧师” 的发明。在 1657 年，奥斯本的一个朋友出版了贝尔纳迪诺・奥奇诺为多妻制辩护之名著的英译本，次年，护国公公开怂恿
218 准许一夫多妻制的婚姻。正如霍布斯所指出的，禁止多妻制纯粹是一种专断的人类习惯所致：“在世界上某些地方，男人可以有很多妻子，而在其他地方，则没有这种自由。” 甚至反对一夫多妻制的教会人士有时亦对此承认。一位剑桥的教授在 1731 年写道，不承认《圣经》容许纵欲放

荡乃是愚蠢的，“其不仅允许多妻制，还外加承认纳妾”。[71]

在17世纪晚期与18世纪，《圣经》与教父的文本仍然是所有关于一夫多妻制之讨论的一个组成要素。1780年，当马丹将解经学作为其论述的主要根据时，他是自觉地把自身置于这一思想传统之中。他相信，自己正在从事一项重要工作，其肇始于最初的新教改革者，旨在除去天主教的诸种堆积物，让基督教的婚姻返归上帝最初的设计（他声称，《旧约》与《新约》的真实讯息乃是，性行为本身就创造了一种不可撤销的婚姻，任何一个男人都可以成为很多女人的丈夫，所有其他的礼仪和解释都只是牧师后来的发明）。在16世纪80年代，这样细致的圣经学乃是这项工作唯一的展开方式。即便在17世纪80年代，这仍然是最受尊敬的方式。马丹在18世纪80年代求助于此，也显示出基要派的《圣经》解读对于18世纪晚期与19世纪早期的宗教复兴具有何等关键的意义，以及它如何强有力地启发了福音派的激进社会改革。尽管在当时，这种路径仍然悬绝于正统教会文化之主流，更不用说世俗观点了。[72]

1700年之后，实际上，人们对于一夫多妻制的兴趣主要与性自由的一般进展相关联，这正是导致其重要性的第二个原因。源自《圣经》的论述逐渐被其他的观点所超越——男人的天性好色、性伦理出自人为、原始基督教被教士所遮蔽、自然法的要求、其他文化的例子、家长对于女人与孩子的所有权。正如福音派人士要求恢复《圣经》的真实涵义，这一思潮也主张晚近的婚俗主要出自人类的创造，但其结论正好相反——婚姻法则应遵循人类的政策，而非《圣经》的传统。至18世纪中 219
期，这成为了更普遍的观点。“感谢上帝！”1753年，司法部长达德利·莱德爵士在议院感叹，我们弃绝了那种认为婚姻是永恒神圣制度的观念，“我们如今已超越了它，也超越了很多其他的迷信观念”。早在1710年代，他是个年轻人时，就与朋友们争辩一夫多妻制与离婚是否正当，并且他认为，不应以上帝的而应以“世界的利益”最终解决这些问题。[73]

一夫多妻制是否有益于国家，这一问题此前即在皇家婚姻的背景下被人提出。在 16 世纪早期，路德、布塞珥与梅兰希通都建议，亨利八世迎娶安妮·博林作为第二个妻子完全合法——这显然也是一些正统天主教神学家的看法。16 世纪 30 年代后期，相似的论述同样用来为黑塞的菲利普辩解，他的确是个重婚者。同样的情形又发生于 17 世纪晚期，当时查理二世发现自己的王后怀不上子嗣。在众多经过认真思考的解决之道中，就包括离婚与多妻制。约翰·洛克当阿什利勋爵（未来的沙夫茨伯里伯爵）的秘书时，就多次向其论证何以这两种做法都可以得到宽容。在 1671 年，阿什利和其他一些国王的僚友希望得到主要的法学家与教会人士的权威意见，表明这两种选择并未违背神法。四年之后，热切希望国王休掉天主教婊子并生下一个新教继承者的下院议员迈克尔·马莱特试图提出一个议案，以允许有多名妻子，他认为禁止多妻制的做法只不过是天主教迷信的一种残余。[74]

至 18 世纪，与一夫多妻制密切联系的是一个更为普遍的政治问题：国家的人口状况。人口的关切一直对于性习俗的思考具有普遍影响。在中世纪鼎盛期，人口压力使得神学家去论证童贞高于婚姻，即使上帝命令亚当与夏娃“生养众多”（《创世记》，1.28）。[75]16 世纪晚期与
220 17 世纪早期日益严重的人口过剩，同样促使人们更加反对淫乱之举，正如我们在上面章节中所见到的。相似的联系从 19 世纪早期开始再一次出现，人们当时接受了马尔萨斯的观念，这造成他们重新开始担忧人口过剩的危险，这反过来又导致性约束进一步强化。只有在 20 世纪晚期，大规模避孕出现了，性观念与人口之间的紧密关联才被切断。

在这整个故事之中，1650 年至 1800 年构成了一个分水岭。正是在这一阶段，我们所知的社会科学诞生了，而人口学的思考（此前这方面的思考则含糊与专门得多）第一次对于社会与政府的性观念具有了核心意义。其最早的表现形式之一是一种被称为“政治算术”的人口统计新方法。“算术”乃是这种新方法的简称，它要求科学地搜集与处

理大量有关人口、出生率、死亡率、财产、社会结构等方面的数据。这一做法是“政治的”，乃因其最终目的在于促进国家的繁荣。这场人口学观念的革命发生之时，正值人口与经济的发展减缓，不过也处在持续战争、经济竞争与帝国扩张的时期。[76] 它的影响巨大，从今往后，任何社会问题都得经过这样的计算。这正是一夫多妻制在当时备受关注的最后一个原因。

政治算术最重要的后果即是建立起一种观念，一个国家的力量首先靠的是其居民的数量——正如佩利所言：“人口衰退乃是一个国家所遭受的最大罪恶，而增加人口则应当被所有国家视为高于其他一切政治意图的首要目标。”[77] 最重要的关切因而也就是尽量提高出生率，找出何种婚姻与两性的安排最能促进此点。像许多繁荣的天主教国家那样提倡独身，像突厥人那样容忍卖淫、允许离婚或鼓励多妻制，其后果如何？这些习俗有哪一个给别的国家带来了好处？

大多数主流评论者的观点都是否定的。长期以来就存在着一种传统，论证一夫一妻制的婚姻在任何方面都要优于其他的两性实践（其新 221
教的、英国的样态又是最优越的）。如今，人口学又为这一论证添砖加瓦。偷情、通奸、独身与卖淫都被认为会折损人口，这些行为的生育力更低，其后代相较而言可能更不健康、更少关爱。正如 1700 年一本流行的论著所言，举世皆知“路走多了就变得贫瘠，长不出东西”，同样地，“奸夫淫妇的后代很少活得长”。人们也普遍认同，多配偶的婚姻并不利于人口蕃息，因为这会让女性资源短缺，并且这也给不幸的丈夫造成了难以承受的压力。“因为一夫多妻制弄垮了父亲，”一位爱国者论述道，“所以这自然会造成其后代孱弱，并阻碍人类的繁育。”[78,79]

人们对于人口的日益关切，也激发出一些全新的实践。随着挽救每一个生命的意愿越来越强烈，18 世纪中期旨在关爱劳动阶级之健康与生育的慈善机构大量涌现——发端于 1741 年成立的伦敦育婴堂，其目的是收养私生子与其他弃婴。这一观念其实并不新鲜，但此前一直被英国人基于道德理由而拒绝。它之所以能在 18 世纪 30 年代与 40 年代得到接受，很大程度上在于政治算术的重要性与日俱增。这种新思维方式也强化了人们对于诱奸之流行与婚姻之衰落的担忧。许多评论者担忧《婚姻法》会削弱婚姻，并累及人口，因为其规定人们得举行昂贵而累赘的教堂婚礼，而不是便宜、快速、私人的婚礼，而后者早已流行于贫民之中。1750 年一位政治算术家即呼吁道："我们应当鼓励此一阶级的人群结婚与生育，所有的阻碍应当通过立法尽可能去除。"这
222 部法律很不恰当地照顾了富裕阶层，而牺牲了公共利益，贝德福德公爵在 1765 年论述道："为了保护千百人，它毁掉了亿万人。"[80]

由此，并且是为了与其他古典与现代文化竞争，鼓励结婚与生育的措施得到了广泛的提倡。在 1695 年至 1706 年间，英国与法国之战争的部分财政来源就是对所有没有孩子的鳏夫与二十五岁以上的单身汉征税，按照地位的差异分为不同等级。例如，一个未婚公爵每年是十二镑，一个主教每年是五镑，而一个工人则是一先令。整个 18 世纪还存在许多更激烈的提议，例如向单身汉征税，禁止他们担任公职，或者施加其他压力让他们履行成为丈夫与父亲的公共义务。单身男子应被严惩，约西亚・塔克论述道，尤其是那些最有钱的，因为"他们这些人，做了很坏的示范，并且凭着自己的地位、财富、诡计与巧言，引诱那些未经世事的女子，让她们最终沦为城市中的卖淫者"。1782 年的一位牧师亦对此认同，"卖淫这个恶魔，快速地肆掠大地，减损着人口"，因此每年都有数以千计的生命被毁掉，婚姻被阻止，生育被妨害，其为害甚烈。[81]

此种倡导人口增长的基本观念，也得到了很多激进的支持性解放之人士的认可。因为生育为上帝所喜爱，而且紧密关系到政治体的福祉，所以他们认为，每一次性行为都可以强化国家。这种看法完美地配合了一种假设，即性是健康与自然的，它几乎成为了每一次支持性自由之讨论的组成要素。倘若偷情可以光明正大，1753 年一位牧师鼓吹——如果我们可以将其论述滑稽地概括——这个国家的财富与人口就会急

剧增加,“我们很快就会变成整个欧洲的霸主,全球的头号强权”:

> 所有党派都会对此行为怀有善意,那些从事于此的人们都会感到无比愉悦,社会亦由此大获其利;因此它必定谐于《圣经》的基调与主旨,合于我们所谓的理性,并足以张扬我们本性之高贵。[82] 223

一夫多妻制在这场辩论中赢得了双方的严肃支持者。许多评论者认为它可以增加人口,比卖淫更为可取。正如一位作家在1695年所述,卖淫“于国家危害甚大,妨碍了人口快速增长”——“两妻制、多妻制,总之任何妻制都比那强”。允许男人多娶妻,还可以防止每年数千例针对私生子的杀婴之举,这种行为不仅恐怖,而且削减人口。不止于此,一夫多妻制也显然比生硬做作的一夫一妻制更为自然,后者仅仅是近代以来天主教强加给地球上一个小角落的制度——在世界其他地方以及欧洲的往昔,一夫多妻制才是常态,并且带来了丰饶与繁荣。正如颇具影响的政治家与哲学家亨利·圣约翰,即博林布鲁克子爵一世所倡言,“这种行为由来自古,经久不衰……得到了上帝的认可……提供了最有效的途径以保证孩子的出生与受教”,以及增加人口。简而言之,“对其禁止实属荒谬”。[83]

在男性的性自由与社会责任之间取得平衡的希望,也是支持这一观点的理由。正是这一点吸引了博斯韦尔、托马斯·杰弗逊与无数幻想家长统治的普通男人。他们并非自视为浪荡子:他们关心道德并且痛恨诱奸。博斯韦尔跟无数已婚与未婚的女人睡过,她们来自社会各个阶层,然而博斯韦尔有一条坚定原则,“绝不勾引无知的女孩”。而且,《旧约》中的长老以及东方的君主似乎提供了一种具有责任与伦理的典范:男性的自由与权力如何支配女人又不毁灭她们。一位道德哲学家在1759年问道,如果男人必须迎娶而非抛弃所有被他引诱的女人,“岂非更好,岂不是更诚实、更负责任,并且防止进一步恶化的趋势”?难道那不会极大地增益“我们的健康、信用、力量、策略以及人口”？如果允许一夫多妻制，马丹声称：“数以万计的女性（特别是那些低微者）将免于毁灭。”[84]

因此，一夫多妻制往往被视为一种工具，用来拓展婚姻，并且支撑起性戒律，以抵挡上流男性贪婪好色的风气。伊曼纽尔·斯威登堡的
224 追随者们在1789年问道，什么才是“最常见与最强大的道德罪恶”，什么才是本世纪最大的社会问题？答案当然不是“一个未婚男子与一个单身女子的恋慕，也不是非法同居，只要施行一定的管理，这种行为在自由国度根本不应被禁止”，答案毋宁说是：

> （1）通奸；（2）乱交的欲望；（3）蹂躏处女的欲望；（4）强奸的欲望。（5）勾引无知女性的欲望。如果这五种色欲不从社会中根除，尤其不从那些公务人士身上根除——无论是教会还是政府中——那么通过他们的上流圈子就会传染到其他人，并进而感染社会……它就将成为各种罪恶的巢穴，以及各种悲剧的温床。[85]

正是这种态度鼓舞马丹的一个女性读者“将女性的毁灭作为关注焦点”，组织了一场公开辩论，主题为“在这个国家允许多妻制的后果”，其是否可以“防止诱奸与卖淫”。博斯韦尔的朋友佩吉·斯图亚特同样也

> 对此明了，因为她说有很多男人根本负担不起结婚，这就造成很多女性嫁不出去，假设世界上的男人女人一样多，一个男人可以抚养很多妻子或女人，这也不会剥夺其他某些男人的份额，因为你无法从一个一无所有的男人那儿剥夺什么东西。[86]

这正是为何有限的一夫多妻制之观念能吸引理查森、马丹及其他

严肃的基督教道德家，他们的主要关切并非推动性自由，而是约束男性的放荡，促进婚姻、父权制及家庭生活，并保护“处于弱势的女性，使其免于恶行、背叛与男性的残暴”。“一夫多妻制能造成什么伤害，那局限于相当少的一群人，”另一位支持者在 1786 年质问道，比较而言，

> 那些无穷无尽的混乱，源自我们每一个平凡的男性，我们引诱一个处女，许诺娶她为妻，一如上帝的命令。这不正导致了每一座都市、城镇、乡村里妓女泛滥吗？这不正导致了无处不在的杀婴 225
> 恶行吗？这不正导致了独身如此盛行，因为男人可以满足自己的情欲又无需承担养家糊口的责任吗？这不正导致了那最可耻的疾病如此流行吗？这在很大程度上造成了凡俗、不信教、放纵、自私、爱国及各类美德之敌人，一言蔽之，几乎造成了所有的社会罪恶。[87]

一夫多妻制之所以在 18 世纪晚期受到如此广泛的讨论，因为它以这种或那种方式对于如此众多的各式观点皆具吸引力。它表明了《圣经》之观念恒久的启发性与丰富性、人口学思想的影响、18 世纪大多数男女的父权制思维模式，以及支持与反对进一步性自由的人们在思想上的交集。不同的评论者心中的“一夫多妻制”自然有不同的内涵。当博斯韦尔详述“家长”或“亚洲”的事例时，他显然经常想象的是一种随意的男女关系，但他与其他不少人同样思考过真正的、终身的多妻制。从来没人主张所有的男人都应该执行一夫多妻制，或主张它优于一夫一妻制，而只是说它“本身并无不好”，它并未明确地受到神法与自然法的禁止，并且它只是一种权宜之计，至少就“某些与某类人群”而言，可以减轻更大的罪恶，例如不育、诱奸，或者（博斯韦尔在头脑中把自己比作黑塞的菲利普）“对于某个女人来说，一个男人太多了”。[88]

这种意义的多样性同样可以解释,为何此观念从未被广泛认可为一种公共政策。无数男女似乎秘密地用这一观念慰藉自己,他们的婚外关系好似其他光辉时代与地域中之自然并得到上帝认可的同居关系。尽管如此,当有人认真提议将一夫一妻制公开推行以解决诱奸问题时,很多评论者就谴责此种观念自古而来的不道德意味。马丹的批评者们告诉他,他的论述完全是“毒药”,包含了“太多危险而有害的学说”,他推出的方案“如果被世人接受,肯定会导致淫乱之风,并且必然
226 会瓦解每一种社会和谐的原则”。[89]美国革命与法国革命给人造成的那种道德崩溃与社会解体之恐慌,也提供了新的刺激,以论证传统基督教一夫一妻制乃是公民的完美基石。18 和 19 世纪帝国和传教活动的兴起也起到了类似的后果:人们逐渐把一夫多妻制跟落后的黑人异教徒及其异质信仰联系了起来。与此同时,有产男性也日益缺乏动力构建出一套严肃的论述为自我辩解,其原因在于 1700 年后议会私人离婚(parliamentary divorce)的逐渐兴起,性监管的衰落,姘居的随意化,以及性自由越来越多地依赖自然的而非《圣经》的论证——如果婚姻本身根本就不是自然与必要的,为什么还要结几次婚?

一直以来就有人论证一夫多妻制降低了妻子的地位。随着女权主义的婚姻观念日渐深入人心,这一论点的重要意义与日俱增。“我怎会尊敬那些父权家长!”布拉德肖女士强烈反对一夫多妻制,“如果他们执意要做暴君,我们凭什么还将其奉为楷模?”对于休谟、普利斯特里以及稍后的沃尔斯通克拉夫特来说,这也正是他们反对的核心。[90]

1776 年,当孜孜不倦的废奴主义者与社会改革家格兰维尔·夏普遇见著名的塔希提人奥美时,他大量使用了这些观点,以解释一夫多妻制正如通奸,违反了每一种现代的、启蒙的伦理:自然法、神圣正义的原则、女性的权力与情感以及人类的恻隐之心。“奥美先生,”他后来讲道,

8. 二十出头的奥美，差不多在此时，他遇见了格兰维尔·夏普。

他是“一个黑人，由于习俗与教育，已经形成了根深蒂固的偏见，支持娶几个妻子，就像任何一个茶色皮肤人或非洲人”：

> “噢！”他说，“两个妻子——很好；三个妻子——更佳。”“不，奥美先生，”我说，“不是这样的，这违反了自然法的首要原则。”“自然法的首要原则，”他说，“那是什么？那是什么？”“自然法的首要原则，”我说，“就是一个男人己所不欲，勿施于人。”……“奥美先生，”我说，“请您想想，您的妻子非常地爱您，她不会希望你再爱上别的女人，正因为女人对于男人怀有相同的激情、感受与爱 227

9. 格兰维尔·夏普，四十出头时初遇奥美。他终身未婚。

意，而我们男人对于女人也是如此，因此我们我们既期望她们爱情忠贞、恪守妇道，那么也当以此约束自己。”[91]

结果是，尽管一夫多妻制如此被人热议，但到了 18 世纪末，因为各种思想与实践的发展，它的接受度也越来越低。1795 年，议会再次立法重申反对一夫多妻制。此后不久，马尔萨斯学说对于人口态度的剧变，
228 进一步削弱了其思想的整体可信度，虽然直到那时，一夫多妻制还在倚赖这一学说。其部分原因在于，1800 年左右，一夫多妻制的很多预设变成了性自由的普遍话语。马丁·马丹的教子塞缪尔·卫斯理，他是

卫理宗领袖的侄子，从小到大都认为性行为本身即是两个人正式结合的真正基础。虽然他的教父从未坚定倡言，但彼人的著作与《圣经》解读“使其坚信一夫多妻制的合法性”——只要一个男人与女人达到了“灵与肉的结合……那就实现了一次完美的婚姻，无需任何宗教人员发明或执行什么额外的仪式”。基于此，他公开与情人夏洛特·马丁同居了很多年，并生下了一个孩子，不顾自己家人的惊惶反对。“根据所有的神法与自然法，她确切无疑是我的妻子，”1792 年他愤怒地给自己母亲写道，“那些唯利是图的宗教小丑的把戏，不会对她的身份有任何增益……江湖术士西门·玛古斯的那些徒子徒孙行千遍万遍礼仪，也不会让她更加幸福、更加荣耀。”最终他们走了一遍仪式，但随后卫斯理又跟他们的管家莎拉·苏特一起生活，他们一直没有结婚，有好几个孩子，住了近三十年。显然，从 19 世纪早期的一些支持者的行为可以看出，自由恋爱与重婚相去并非总是很远。有如拜伦与雪莱的朋友爱德华·特 229
里洛尼之言，一夫多妻制“不仅不违法，而且值得赞扬”。[92]

其影响力同样在各种激进的新教派别中延续着，甚至在 1800 年之后，他们也像 16、17 和 18 世纪的先驱那样，将《圣经》的事例运用于现实的环境中。在英格兰，那些认同斯威登堡学派并支持婚前与婚外同居的人里面，就包括了威廉·布莱克，他似乎对于一夫多妻制颇为着迷。19 世纪 20 年代，甚至当他已垂垂老矣，仍然继续宣扬《圣经》中“应该多娶妻”的指示（见彩图 4）。詹姆斯·爱德华·汉密尔顿，他自称“以便尼人”，同样认为“一夫多妻制显然得到了上帝允许，即便在如今”——只有“顽固者与褊狭之人”，才对《圣经》中的这一明确意涵不予承认。[93]

最重要的是，这一观念盛行于美国。早在 18 世纪 80 年代早期，我们就可以发现新英格兰人宣扬与出版支持一夫多妻制的上帝言论。进入 19 世纪，一些处于宗教复兴运动边缘位置的弥赛亚领袖实践了这一观念。从 1810 年代开始，它先后在缅因州与上纽约州雅各布·科克伦的信徒中传播，科克伦宣称一夫一妻制婚姻不合于《圣经》的教导与使徒教会的实践。在19世纪30年代与40年代，这一观念又得到了某些后期圣徒教会（又名摩门教）的接受，这个教会早期在纽约的成员亦加入了科克伦的教会。从19世纪30年代早期开始，多妻制的婚姻就被摩门教的祖师与先知小约瑟夫·史密斯践行并教导，他宣称自己会定期受到天使的感召。在1843年，当时这种做法流行于教会的领袖中，夏洛特·海文兴奋地给家人写信，讲述“那尚未公开的秘密启示”。当一个长者带着第二个妻子从英国回来，首个妻子

> 与这个不速之客和平共处于家中……因为她的丈夫还有别人已经给她解释，一夫多妻是《圣经》的教导，亚伯拉罕、雅各、所罗门、大卫以及所有古代先知与好人都有好些妻子，他们可以这样，那么后
> 230 期圣徒教会也可以这样。

1852年，在这个团体迁至犹他州西部后，史密斯的继任者杨百翰公开宣称这就是教会的官方教义。的确，正是这些相同的论述支撑着摩门教的启示，正如它们曾经启发了18世纪的先驱者：《旧约》中长老的榜样，基督的主要教诲，上帝要求生养众多，路德与弥尔顿等早期改革家的论证，神圣真理由于“偏见和权术”而被遮蔽，世界上大多数文明拒绝一夫一妻制的事实，以及宗教自由的基本原则。[94] 只是到了1890年，迫于联邦政府长达数十年强大的军事与政治压力，摩门教会才宣布放弃这一做法。

如今，虽然一夫多妻制在不少非洲与亚洲社会中仍然是合法与普遍的，尤其在伊斯兰社会，但在西方则普遍遭到了弃绝，被视为一种本质的厌女行为，或宗教复古信仰的产物，或两者兼而有之——因为现代的一夫多妻制一般只允许男人有权利娶几个老婆。尽管如此，继续禁止男女自愿的重婚仍然受到了现代及世俗性伦理之根本原则的挑战，

正如近期在美国的争论所呈现的。早在 19 世纪 50 年代，约翰·斯图亚特·密尔已经强调了这一观点。当时英国与美国都在极力声讨摩门教的一夫多妻制，而他选择将其视为他著名的人类自由宣言之最激进的个例。显而易见，密尔写道，摩门教与其他宗教一样，是一种“招摇撞骗的产物”，而其婚姻制度也明显于女性不公，因此，他自己“比谁都不赞成”一夫多妻制。但这并不重要，犹他州的多配偶者也应享有跟别人一样的宗教及个人自由的权利。毕竟，自由的普遍原则在于，

> 因为人类是不完美的，由此会出现各种观念，也由此会出现各种生活尝试，只要不害及他人，各色人等都应有自由行事之权，不同生活方式的价值只能由实践证明，若是有人认为应该对其审判。[95] 231

现代原则

在 18 世纪末，人们关于两性的观念发生了变迁。正如我们所见，这一观念之重塑，利用了很多关于男人与女人之本性的古老观念，但这之所以可能，还在于关于人性与社会的全新认知方式出现了。它还由两种史无前例的社会进程所触发：男性之性自由的极大扩展，以及公共生活中女性声音不可逆转的突显。它们对于主流文化的影响是深远的。女性之性视角的日益重要支撑了一种看法，即男人而非女人更喜欢勾引人。它同样促进了公众对于男性之淫乱的关切，并且越来越激烈地抨击其拥趸。

这种合力造成的现实影响可以在 18、19 和 20 世纪的社会中随处见到。它使得大量的慈善精力投入到救助与改良失足女性之中，这一点将会在下章考察。它也导致色情文化的一个明显变化，直到 17 世纪晚期，色情作品中的女性都被认为具有更强的性能力，但此后日益盛行的是男性之主动与女性之被动。[96] 它的普遍主题也占据了艺术与文学、

求爱、婚姻、教育以及公共生活与私人生活的任何领域。

这一新世界的创造乃是启蒙运动最为含混的遗产。从长远来看,它促进了女性的解放。直至20世纪后期,那种认为女性道德优于男性的信念,都强烈鼓舞着女权主义的意识、团结、行动主义以及平等诉求。其主要的基础就在于那种认为女性更贞洁的假设,这种观念因此是现代女权主义的主要基础之一。但更直接的是,人们对于性欲的观念嬗变,也对于一代又一代女性的生活产生了不那么积极的影响。虽然它促进了女性团结,但也强化了许多社会与性别的偏见。正如我们曾探
232 讨的,它直接导致了女性受到更强的行为约束,女性没有性欲的观念日渐流行,两性之性标准的鸿沟越来越深,以及道德中的阶级差异得到普遍强调。与此同时,反对男性纵欲的主要目的并非在于完全约束之,而仅是减轻其影响。

这并不是说女性在此前曾被平等对待,或女性情欲在维多利亚时代的文化中毫无地位,抑或男性自由无所不至、无拘无束。不过早在1800年,对于如何看待与控制男人与女人的性欲,就已经发生了一场根本且不可逆转的变化。它播下了种子,使得女权主义可以越来越激烈地批判有钱男人如何玩弄他们微贱的女人。尽管如此,它又将家长之权力重新竖立在一个全新的基础之上,并且跟过去一样,通过男人与女人的内在认可与坚持,强化了这一权力。这些是伪善与矛盾,是自由与压迫的张力,它们由18世纪的革命所创造,又在维多利亚时代得到了加强,并且被我们20世纪的前辈所承袭。它们对世界未曾一视同仁。最近几十年间,它们的思想与社会影响力逐渐消退。不过即使今天,它
233 们仍与我们同在。

第五章

白奴制的起源

保护你远离邪恶的女人，远离外女谄媚的舌头……因为妓女能让人只剩下一块饼，淫妇则会猎取人的宝贵性命。

——《圣经》(1611 年版)，《箴言书》，6.24 和 6.26

不应责难……理性、论证与恒久的自然法则都为不幸、堕落与沉沦的女人提供了有力的辩护……那么就让我们伸出慷慨的双手，来慰藉这些我们的同类吧。

——理查德·哈里森，《对于……从良妓女救济会之主事者们的布道》(1768)，第 11、20 页

我相信贩运人口，特别是女人……为了性剥削之目的，乃是联合国如今面对的最恶劣的侵犯人权之行为。此种行为遍及各地，愈演愈烈。其根源在于社会与经济状况。

——《联合国打击跨国有组织犯罪公约》(2004)，iv

在 18 世纪，人们对于卖淫的态度发生了永久性的变化。在传统新教的观念中，妓女是最恶劣的性堕落者。她们遭受了最严酷的惩罚：一 234

经发现，立刻鞭笞、监禁并服苦役。在17世纪50年代，当时的《通奸法案》甚至可能使她们面临死刑，而在此期间，成千上百的妓女干脆被集中起来，被迫与其朋友与亲人断绝关系，并被运至大洋彼岸数千英里之外的西印度群岛，整个过程甚至无需审判。[1]整个性戒律之文化，即有赖于此种严酷手段。其原因在于，《圣经》广泛阐述了淫荡而贪婪的妓女对于社会秩序所造成的可怕威胁，而这一观念亦已深入寻常男女之心。妓女得不到什么特别的许可，也没什么必要的功能。任何一个失贞的女子都是妓女，其不断的滥交行为只能加重她的罪恶与丑陋。

1800年之后很长一段时间，妓女仍被视为疾病与混乱的危险传播者。但自18世纪中期开始，另一种对于性交易之态度逐渐兴起，它日益挑战着上述传统的观点，并经常使之黯然失色。此后，人们看待妓女往往既有谴责，亦有怜悯。在18、19和20世纪无数的思想家与艺术家眼中，卖淫正是现代西方社会中男性与女性之特征属性的一个例证——在现代西方社会的性理论与实践之中，在其阶级动力学（class dynamics）之中，以及在其经济与政治的权力分配之中。

卖淫与慈善

从18世纪50年代起，解救与改造妓女成为了一项重要的社会关怀。人们付出了大量的努力，为堕落的女人、面临引诱危险的女孩，以及男人欲望的其他现实的或潜在的受害者，建设经营避难所、救济院及其他慈善机构。

我们已经提到了一些与此相关的重要发展。至18世纪中叶，作为男性性自由之发展的一个副产品，卖淫现象的范围与程度都大幅度地
235 增加了。容忍卖淫的观点也开始得到广泛的接受，认为妓女往往是被男人诱奸与抛弃的受害者之观点同样流行于世。过去那种主张妓女应当因其邪恶行径而被立即惩罚的主张也逐渐失去市场，取而代之的是

另一种原则，即实际上，卖淫行为本身是不应受到法律制裁的。接下来需要解释的是，针对卖淫的公共慈善事业的兴起与形成。为何它变得如此流行？

认为卖淫是一种必要的罪恶，以及忏悔者值得救助的基本观念，最早出现时乃作为中世纪天主教教义的一部分。在宗教改革之前的教会中，对于抹大拉的玛丽的信仰极为流行，而在新教英国，她的故事一直作为一种关于道德堕落与救赎之强有力的寓言长期存在着。"我毫不怀疑我们都像忏悔的妓女那样堕入罪恶，" 约翰·福克斯在 16 世纪 60 年代写道，"但我们不像她们那样能认识自我并超越罪恶。" 早期宗教改革者的戏剧艺术吸收了中世纪对于玛丽生平的戏剧化，用以宣传加尔文宗的教义；而她的纪念日也是少数仍然被英国国教保留的圣徒纪念日之一。在 17 世纪早期，她的形象依然广为人识，常常装饰路标，并一再启发骚人词客。事实上，描写抹大拉的玛丽之哭泣成为了一个在当时诗坛上如此流行的主题，以至于从中产生了一个新的形容词 "maudlin"，用以描述伤心的情感。在 17 世纪后期，由于欧洲大陆范例的影响，美丽的忏悔者之形象在绘画品与印刷品中盛极一时。查理二世的有些情妇就被绘成忏悔之妓女的样子。在 18 世纪 40 年代，这种表现样式可谓俯拾皆是，以至于成为了一种乏味而陈腐的套路，荷加斯在讽刺作品《绘画之战》(*Battle of the Pictures*) 中即对其进行了攻击（见插图 10—12）。[2]

与这种对于忏悔者的新热潮相伴，人们对于惩罚手段的功效之不满也日益增强。在传统观念中，惩罚乃是促使性犯罪者改过自新的最佳途径。他们被告知，通过"惩罚让你们返归上帝"，才真正是"救济你们灵魂的做法"。"矫正其懒惰之习的救济行为"，一位牧师阐述道，"要比缓解他们一时之需的做法更好。" 因为倘若她们不知悔改的话，她们不仅会毁掉自身，也会毁掉他人。"因此，你们的怜悯是最大的残忍"，236
另一位牧师在 1698 年这样劝告治安法官，真正想对妓女与嫖客施以救

10. 克利夫兰公爵夫人，查理二世的情妇，“英国之抹大拉的玛丽”。

11. 17世纪60年代晚期，彼得·莱利爵士画的玛丽·戴维斯，查理二世的另一个情妇，也画成抹大拉的玛丽之模样，批量销售的刻版画则是一些年后制作的。

12.《抹大拉的玛丽》，简・格里菲尔作，一幅打着宗教题材之幌子的典型的网线铜版色情画。

济，他们就得"抛弃所有的同情心"，并待之以"最大的严苛"。"尽管很少有人支持教养院"，但传统上相信，"这样她们最后会变得更好"。[3]

无论如何，至18世纪中期，这种假设变得可疑。商人乔纳斯・汉韦认为它不过是"立法者与治安法官们"过时的逻辑，那些人相信，"强制劳动或肉体惩罚既可以震慑恶人、防止不公，也可以通过那些现实的严酷折磨，来矫正一切的邪行"。同时，都市司法之不堪重负与肮脏丑陋的现实，也越来越难以与那种观念协调。把一个女人剥得全裸并公
239 开鞭笞，"据我所知，有可能促使她走上正道，返于真诚"，伯纳德・曼德

维尔假惺惺地沉思道，然而在现实中，“鞭刑的效果却与之截然相反”。《伦敦间谍》的主角亦持此观点，若说有什么区别的话，那就是“它创造出许多妓女……但它全然不能挽救改造她们”。[4]

这种对于惩罚之功效的冷嘲热讽由来已久。不过如今，正如我们在第一、二章之所见，它获得了一种新的认可。早在17世纪90年代，甚至某些宗教改革团体的支持者就承认，与传统观点相反，妓女被送入教养院，“最后普遍变得比进来时还要邪恶与无耻十倍”。同样的结论亦逐渐见于立法者与治安法官的言论中。1751年一个下议院委员会认定，“教养院存在大量的缺陷与弊端”。亨利·菲尔丁也同意，他们这些治安法官更倾向于“改良而非矫正不道德之习”。简言之，正如他的一位下属的沮丧之语，经过多年的严刑峻法，惩罚妓女最终只是一种“无用的苛政”，因为“惩罚只能在其执行的当时起到阻止作用，然而却难收一丝改造之效”。[5]

其他基于宗教力量的建议最早在世纪之交的时候被人提出。福音传播协会与基督教知识宣传协会的创立者托马斯·布雷坚定地认为，如果妓女被送入“一所忏悔院……其由一些开明而正派的女士与年长而圣洁的牧师管理”，她们自然就会“恢复对于上帝应有的恐惧，以及对于她们罪行的惊怖”。仅仅外在的惩罚是不宜的，她们应当被要求忏悔、问答要理，“通过告解与禁欲的手段……直到她们在道德上醒悟并整体焕然一新”。其传教士同事与慈善家托马斯·纳尔逊也确信，有必要“建立一所机构，收容这样的年轻女子，让她们可以确知自己的恶行”，在此，她们会“通过真正的基督教准则”而恢复道德的健康状态。[6]然而，在18世纪30年代和40年代，人们对于妓女之罪恶的态度变得温和以前，这样的慈善观并不常见。

事实上，多个世纪以来，英国在这一点上的态度，比起其他的基督教国家要显得更为严厉。在中世纪，因为教皇的纷纷提倡，许多面向忏悔之妓女的修道院和其他机构在欧洲大陆纷纷建立，在拜占庭、意大 240

利、德国、法国及其他地方。但在英国则阒无声息。更多机构建立于16和17世纪天主教的反宗教改革运动中。但对英国评论者而言，这一直就是罗马天主教性堕落的体现，而非严肃的社会计划。[7]

只是从18世纪中叶起，随着其观念的缓慢传播，此种天主教国家的做法才逐渐得到了认可而非反感。在18世纪50年代，不少英国忏悔院的支持者们毫不掩饰地表达了他们对于外国榜样的钦慕。汉韦认为，英国人就整体而言，不像意大利人那么"淫乱"，但在处理淫乱的后果方面，意大利人有许多值得学习的东西。"虽然我们认为自己比很多其他的民族要聪明得多，但就这一问题而言，我们已经落后某些民族很多年。"[8]这样的言语不单出自某个见识广泛的旅行家，而且是更具有世界视野之一代人的共见。半个世纪以来，英国人越来越深入地参与欧洲的事务，通过贸易、旅行与战争，这直接或间接地促进了他们对于其他国家行事方式的认可。

忏悔院的观念也变得越来越具有可行性。在18世纪初，布雷与纳尔逊提出的全新建议，只不过是少数虔诚者的追求而已，他们倡导的做法面临着广泛的敌意。正如光荣革命后任何一个公共生活领域，新的慈善事业都逐渐变成了一个战场，不同的利益在此角逐，辉格党与托利党、高教会人士、持异议者。此时期任何一种重要的慈善创举——穷人社团、济贫院及慈善学校——都遭受着政治与教派斗争的内耗。[9]

相比之下，从18世纪30年代开始，出现了一种新的不那么有政治性的公共慈善组织方式，其来自商业投机的世界：一种私人合资公司，经费则来自募捐，旨在处理一个特定的问题，而非整体性地济贫。此种组织方式的代表伦敦育婴堂（1739年得到特许，1741年开始运行）获
241 得了巨大成功，立刻使得社会问题的实践干预之道变得比本世纪早期容易得多。随着18世纪30年代末（18世纪50年代中期复燃）战火的爆发，合资慈善事业也益加风行，特别是在首都不断成长的工商业界之中。因为政治算术被建构为公共政策的核心基础，所以拯救生命成为

了一项长期紧迫的国家要务。[10]

育婴堂之后紧接着建立的，是伦敦（1740）与米德尔塞克斯（1745）的医院，它们致力于处理疾病与伤害，此后各种专门机构纷纷建立：其中包括所谓的洛克医院（1747），专门治疗性病；两家专门治疗天花的医院；至少五家致力于“分娩”的慈善机构，以减轻贫困产妇的痛苦。“抹大拉之家”收容忏悔的妓女，兰贝斯收容所则旨在保护贫穷的女孩免受诱奸的伤害，它们都在1758年创设于伦敦，同样遵循上述宗旨。建于1767年的都柏林妓女收容所亦如此，其后此类机构都概莫能外。[11]

在18世纪中期，人们对于这些创新的社会计划之态度已极大改观。公共慈善从最初的少数人之主张与特殊宗教热情之产物，已变成了社会及商业地位的一种重要表征。在抹大拉之家与兰贝斯收容所的创立者中没有一个教会人士。相反，慈善如今是一项由大量形形色色的有产男女所投身其中的事业，并且还被广泛视为英国之文教开明的

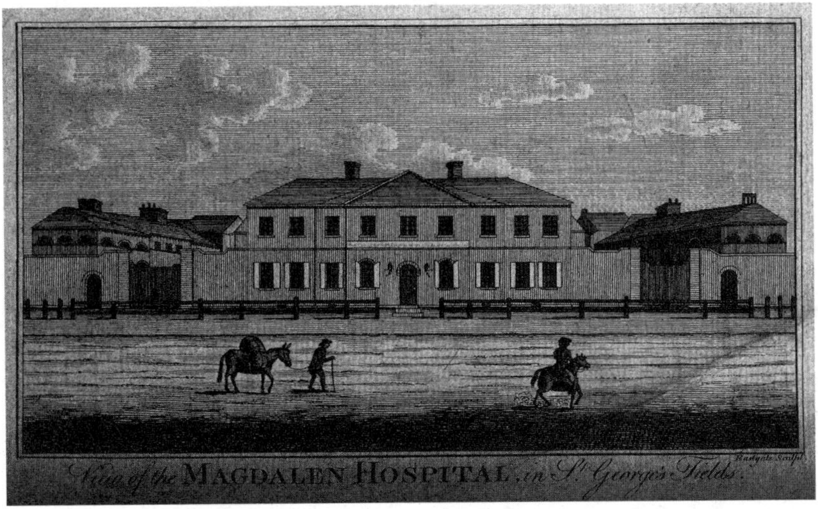

13. 伦敦抹大拉之家，英语世界中最早建立的忏悔妓女收容所。 242

一个标志。"对于几乎每一种顽疾或病痛，"一位城市牧师在1762年感叹道，"都迅速建立了收容所，以帮助那些不幸……贫困的患者。""慈善事业幸福地遍布于这片国土之上"，人们对此欢欣鼓舞，伦敦作为一个整体，"尤其因其慈善事业，堪称人性之光，基督教之光"。[12]

因此，拯救贫困女子于性苦难的慈善之举只是作为一个部分，从属于提升劳动阶级的健康与人口之更为广泛的运动，由此也增进了国家的实力与繁荣。尽管如此，极具针对性的慈善事业的日益突显，同样展现出人们对于女性之纯洁与罪过的全新感情。过去的观点认为，给养私生子与性罪犯会鼓励偷情。笛福在1728年对于育婴堂大唱反调，这会"为淫荡提供温床，还会鼓励偷情……如果人们可以如此轻松地摆脱其私生子，他们犯罪时又有什么好担心的？我们很快就会因为弃婴而不堪重负，如果为卖淫提供这样的方便之门"。然而到了18世纪中期，

14. 兰贝斯收容所，人们把可能面临诱奸风险的贫穷女孩送至此处，培养为用人与学徒。

243

相反的观念第一次居于主流。的确,有一些情况比别的更容易诉诸人的同情心。例如,论证性病患者是应受到关怀的受害者而非恶人与罪犯的言论,就见于性病医院早期宣传者的一些富有启发性的辩护话语中。不,她们身不由己,染病的妓女(而其他人"心甘情愿染上此疾")不是"下流的玩意";不,她们不应"自生自灭";不,她们继续交易,传播疾病,并非出自意愿,仅仅是"迫不得已"。性病医院在争取舆论支持方面遇到的主要问题是,其实际的益处似乎相当有限。对纯粹厌恶的问题亦没有帮助。牧师在任何慈善机构都不会像在这儿一样,毫不急于拯救灵魂,而是跟他的病人坦承,他没办法在病房里待太久,或"私下进行交谈",因为她们的病状实在令人反感。[13]

更具吸引力的是这一前景,即通过救助悔过的妓女"让坏女人变成好女人"。在 18 世纪 50 年代,倡导这一观念乃成为了上流社会的风习。报纸与小册子竞相讨论着它的原则与实践。国会议员们对其赞不绝口,坎特伯雷大主教对其饶有兴趣。霍勒斯·沃波尔打趣说,把草莓山改造成"一所收容悔过女孩的医院"。时事诗人约翰·洛克曼"在读到了拯救被抛弃与卖淫的女孩之提议后",草就了《堕落女子玛格丽塔在德鲁里巷阁楼的独白》,后来在沃克斯霍尔配乐演出。不那么时髦的公众则可以购买一便士的小册子,里面阐述了忏悔院之功用。萨默塞特公爵遗孀在 1729 年就是一所育婴堂最早的"请愿女士",她同时也是发动募捐的先行者。许多彼此竞争的计划被设计出炉。《伦敦纪事报》将支付任何一种提议的出版费用,为了帮助寻找最具可行性的计划。一个由杰出人士组成的大型委员会也着意于此,其成员包括了怕老婆的演员大卫·加里克,他的婚姻幸福得很,以至于他从来不曾离开他老婆一 244
天,还包括声名狼藉的浪荡子约翰·威尔克斯,此人乃纵情声色之辈。[14] 这一时期没有其他的实践方案,可以如此成功地吸引大量情怀各异的男人与女人。[15]

其普遍的吸引力也显著体现在当时重要作家的看法之中。在 18

世纪 50 年代塞缪尔·约翰逊结识了大量妓女,尽管他强调,主要是“为了聆听她们的故事”。“他的年轻朋友们有时假装指责他不太正经”,一位早期传记作者记录道,“但他回答道,‘不,先生,我们从未有鱼水之欢’。”约翰逊博士自己一度解救了“一位堕落的女子”。他把她背回家,照顾她治好性病,并给她找了个体面工作:正好在慈善机构,是一所公立医院,这自不在话下。[16]

塞缪尔·理查森则相反,他吹嘘自己这辈子从没逛过妓院,甚至从未“与一个淫妇相处”,但他同样持有上述那种慈善观。早在 18 世纪 40 年代,他就倡导建立“从良妓女的学校”,并与其红颜知己布拉德肖女士讨论如何最好地帮助那些堕落的女人。1751 年当他修订《克拉丽莎》之时,特意强调了女主角对自己被迫失贞的忏悔。书中一个人物哈洛小姐说道:“既然她能最终忏悔,那么她最初失足也不算什么大事。”三年之后,其笔下的查尔斯·格兰迪森爵士的敏感心灵之体现,正在于他听闻其父亲的旧情人——“可怜的从良妓女”奥尔德姆夫人——之“忧郁故事”后,投之以怜悯的态度,那个妇人“像个忏悔者那样……流涕”,感激着他的善良。在小说后面,理查森让查尔斯爵士发表了一场动人讲演,以支持“一座收容女性忏悔者的院所”,在其中,误入歧途的女性可以“重拾道德”。而在抹大拉之家建立之初,理查森就成为了一位慷慨的捐助者,并为其积极奔走。[17]

更重要的是两类人群的参与。第一类是城市的治安法官。“他们
245 不会乐见这种美好的变化,”盲法官约翰·菲尔丁慨叹道,“悲惨的妓女转变为正派、端庄、幸福的女人,并成为自食其力的家庭用人。”他的同事桑德斯·韦尔奇在 1753 年写道,他有好几年时间都在痛苦地期盼着,“在这个医院林立以治疗几乎一切人类病痛的时代”,应该有一家“面向不幸的底层民众,把他们从疾病与厄运中拯救出来,不使其成为公众的麻烦,而变成对公众有用的社会成员”。18 世纪 50 年代晚期,他们两人都向公众详尽地提出了相关方案,并积极地着手筹款。[18]

更重要的是，此种计划得到了工商业慈善家团体的支持，其中就包括汉韦这个18世纪最活跃与最古怪的人道主义者，以及他的商业伙伴罗伯特·丁利。这些人有广泛的人脉，擅长鼓动公众舆论，而且作为其他合资慈善机构的创建者与管理者，他们已经拥有了大量的经验。一旦他们全身心投入创建忏悔院，则势在必行。“这似乎是我们唯一漏掉的东西”，1758年，汉韦在信中兴奋地对丁利写道，而当时忏悔院的建设已指日可待了。多么光辉的前景，他欣悦不已，“顺乎天道”，把邪恶的妓女转变成幸福的妻子与母亲——“这既是一项创造的工作，也是一项救赎的工作”。[19]

一旦通过这些方式得到了仔细阐述与大力倡导，忏悔院之观念就比18世纪任何其他的慈善机构更迅速、更确定地攫住了民众的内心。第一次募捐的时候，仅仅数周之内就募集了三千英镑——这比别的慈善机构数年募得的经费都多。数月之内，管理者们就租下并装修了一座建筑，而在1758年8月10日，白教堂的抹大拉之家即接受了第一批忏悔者。在1760年，其收容者的数量已从最初五十人的限额增加至一百三十人，而到了1769年，当它开始在黑修士建设新的宿舍之时，已经送出了一千五百名以上的女性。接下来的数十年间，大量捐款从英语世界的各个地方源源注入。“从白金汉郡到巴巴多斯，从米德尔塞克斯到马德拉斯，从切普斯托到加尔各答”，男男女女们热情地支持着这一新的慈善机构。[20] 246

它的成功是一个例子，体现出人们对于性乱行为的处理方式发生了深远而持久的变迁。从此以后，非官方的慈善组织就一直在针对卖淫的社会政策中发挥着关键的作用，补充甚至取代了教会与国家的传统监管与惩罚手段。这乃是集体慈善事业之规模与目标的一次明显扩展。不止于此，如今公共政策的预设是，女性并不总是要为她们自己的性行为承担全部责任，相反，她们需要从无法自主的环境中得到解救。因此，慈善事业既重新审视了卖淫问题，又指出了一种全新而激进的解决之道。“古老的应对手段收效甚微，”汉韦主张道，“让我们尝试一种不同的处理方式。”[21]

忏悔与新生

慈善事业许诺会带来三种益处：精神的、人口的、经济的。它的手段显然是新颖的，但令人吃惊的是，其背后的理由却与传统中支撑着惩罚手段的那些理由如出一辙。

例如，两者的根本目的都是把罪恶者从诅咒中拯救出来。不同于其他的慈善机构，抹大拉之家的支持者们声称，它既要解救肉体，也要拯救灵魂。只有它抚慰着“受伤的心灵”，缓解着“流血的良心中难以形容的痛苦”；只有它“旨在治疗灵魂，不仅要减轻一时的痛楚，更要消除永恒的折磨”。每一个女人在进来时都被提醒，“其禁闭的主要目的”乃在于她的救赎。[22]

为了这一目的，抹大拉之家的生活充满了私人与公共的祈祷、布道、颂诗、说教文阅读，以及常驻于此的女性主管与牧师们讲授的宗教课。斋戒“特别受到推崇”。所有这些手段的根本目的都在于教导收容者一心向善。正如极恶之人的临终对话，或者死刑犯最后的临终忏悔，对于从良妓女的精神训练亦旨在让她们进入一种适当的状态，为其后能升入天堂。事实上，死亡本身常被描述为一种即将到来的幸福解脱。
247 “未来的极乐”并不遥远，收容者们被告知，“永恒的慰藉”正在天堂等待她们，而天使们已经准备好弹奏他们的竖琴。[23]

此种观念在说教文献中屡见不鲜。1770 年，机构的管理者出版了一本“对一位从良妓女的真实记录”，告诉公众成功的忏悔者究竟有何结局。它记述了一位女孩，在她出院后不久就陷入了重病，因为坏疽而失去了一条腿，并最终死去。在那本风行于世的《F.S. 的辉煌死亡，一位死于 1763 年 4 月二十六岁的从良妓女》（*Triumphant Death of F. S., A*

Converted Prostitute who died April 1763, aged 26)(至1800年,此书在大英帝国已至少再版了十四次)中,女主角于弥留之际在病榻上躺了一个月,接待参观者,以证明上帝的仁慈,并且在她毫无痛苦地善终之前,突然唱出了即兴的歌曲。甚至抹大拉之家女性主管之客厅里的宣传画,也描绘着"一个忏悔妓女的死亡"。[24]

不过,忏悔者也应该在此生中获得新生。这所慈善机构有时被形容为一种尘世的天堂——一个"小天堂",一块"福地","一座神圣的避难所"。一部早期的记述骄傲地写道,此地是如此圣洁,以至于仅仅是关于它的报道就能让罪人洗心革面。其他评论者,例如霍勒斯·沃波尔与他的诗人朋友爱德华·杰宁汉,十分喜欢将其比作女修道院。"那些人虽然年轻时已受玷污,"杰宁汉在1763慷慨赋诗,"她们却再一次获得了纯洁,/修女似的忏悔挽回了她们的声名。"这首诗歌受到了不可思议的巨大欢迎。[25]

最常见的隐喻则把抹大拉之家比作一个家庭,被收容者乃是婴儿,在这个世界得到庇护,并被培养为守纪、贤淑、温顺之人。监督人不被称为主事者,而被唤为"保卫者"与"父亲",女性主管则是"整个家庭的好母亲",忏悔者会得到"父母般的慈爱"。一旦处于一种婴儿般无助的状态,她们就成了其父母"羞耻的女儿"、"苦难的孩子"。人们满意地说,她们"像小孩子一般天真地"生活。为了促进她们的恢复与新生,人们倾向于以更温和的方式进行教导,尽可能地抹去她们过往的阴影。一个女人会获得一个新的名字。不允许有人打探她的过去,尽量让她避免与外界接触。[26] 248

通过这些做法,每一个忏悔者的名誉被洗净,其人格被重塑。懒惰与邪恶不复存在,她会养成守纪与节制的习惯。在入院之时,她就要发誓"谨守规矩,温良有礼"。她的旧衣服都得被脱掉,如果看上去过于"艳丽"的话,还要被没收。她要穿上朴素的白色制服,必须保持"恭顺、温柔与谦卑的外表",其餐食则简单而健康。每一天都严格按照时间表做礼拜与努力工作，其实际目的依据的是《圣经》中关于基督生平的记载，那是沉思与模仿的对象："他从不间断地履行个人祷告的义务"、"他心灵的谦逊与恭顺"、"他在简陋环境之中的满足" 等等。通过这种方式重新教育妓女，恢复她们的健康与美德，并且永远地治愈她们 "心灵的顽疾"，以此让她们在尘世获得新生。尤其是，这为她们重建家庭铺平了道路，而家庭乃是公共与个体和谐的最佳保证人。在管理者眼中，重建家庭生活之结构乃是一种核心的关切，他们投入了大量时间与精力来协调忏悔者与其父母和友人的关系。[27]

抹大拉之家的家长式作风，其对于再教育的重视，其修复破碎社会关系的目标，都使其不自觉地呼应了 16 和 17 世纪教养院的理想。与此相类的还有其对于国民健康的关注，虽然这一事务在 18 世纪中期比都铎和斯图亚特时代要重要与发达得多。正如 18 世纪中期每一家重要的慈善机构，抹大拉之家的一个宗旨乃是增加人口。1759 年，据其管理者估算，约有六成被其解救的女性，如果未得到救助则会 "在两年之内过世"。在其支持者的眼中，她们都是值得拯救的无价生命，尤其 "在这个硝烟四起、人口锐减的时代"。[28]

最令人振奋的前景即是那些女子的结婚与生育。在 18 世纪 50 年代与 60 年代，最能鲜活体现慈善事业改造力的例子，即为不事生
249 育的妓女转变为 "快乐的母亲"，或者使孤女不走邪路，悉心教育，最终成为 "贤妻良母"。"应该特别鼓励那些打算结婚的人"，都柏林妓女收容所的支持者们如是说。乔纳斯 · 汉韦终身未婚，但却很有把握 "这些忏悔者中不少人都可以觅得良偶"，因为在他看来，很显然，"人非圣贤，孰能无过"。早期一部关于从良妓女转变为合格新娘的记载也对此认同，"经过这样的气质变化"，其人可谓 "焕然一新"，她们无疑会成为 "最好的妻子"。一种用现金奖励婚姻的机制由此建立，最初的结果令人鼓舞。抹大拉之家大约 10% 至 15% 的女性在出院之后步入了婚姻。不久之后，让管理者 "喜出望外" 的是，她们的孩子又

呱呱坠地。[29]

不过,仅仅过了数十年,政治算术的旗帜就开始转向。1798 年,马尔萨斯的《人口论》(*Essay on the Principle of Population*)确立了新的权威说法:人口过剩,而非人口不足,才是国家繁荣的真正威胁。在此之前,这一观念就得到了一种思想的铺垫,即劳动阶级的数量不如他们的经济纪律重要。按照著名经济评论家阿瑟·扬 1774 年的说法,人口“应任其自行发展”。两年之后,同样的观念亦见于亚当·斯密的传世巨著《国富论》。1789 年,慈善社的干事也承认,“这种假设并不总是能被经验证实”,即每一个生命都值得拯救或支持。[30] 虽然人口学原理是 18 世纪中期慈善事业的核心基石,然而到了 19 世纪早期,其实际的应用似乎变得远没有那么明确了。

性与工作

还有一种更为持久的论点,即慈善事业是把孤女与妓女转变为从事经济生产之社会成员的最佳途径。这种想法同样源远流长,它出现 250
于都铎时代的教养院强制劳动,既是一种道德纪律,也是一种让懒惰与放荡之人适应经济活动的手段。通过系统地训练穷人投入生产之中,从而促进国家的繁荣,此种观念的历史亦起码与上一种相侔,而在 17 世纪晚期,它又获得了新的动力。

最初人们很难设想以这种方式来对待妓女。在 17 世纪 90 年代,只有托马斯·布雷才会认为忏悔者们应当“被安排到她们最擅长的工作之中”,而到了 1726 年,丹尼尔·笛福仍在质疑堕落的女子还能够重新拾起正业。不过到了 18 世纪中期,这种观念已经成为了一种强有力的普遍主张。人们如今这样说妓女:“只要给她们工作,你就拯救了她们。”在这种乐观主义之下的,是一种长期以来的希望,即慈善机构可以通过其收容者的劳动收入实现自给自足,甚至获得收益。由于预期这些手段“会增进国家财富”，艺术、制造和商业促进会把1758年的金奖颁发给“旨在接受与雇用想要弃恶从善之妓女”的最佳计划。[31]

这一态度的变化源于一种对于妓女与工作之关系的全新思考。过去的旧观点直到1700年之前都未受撼动，并接着流行了半个世纪，此即，女人之所以沦落风尘乃因其工作所致，并且其工作导致了放荡的习性。此观点认为，女仆、女帽工与女裁缝太容易受人引诱，给人机会，招致危险，以至于有些女人最终既贩卖她们的手艺，也贩卖她们的身体。1747年的一份职业调查警告说，学习制帽的女学徒之中，十个有九个“堕落与毁灭：调查一下城中的所有女性，在那些往来于查令十字街与弗利特渠的人之中，我相信一半以上生来就是制帽工”（见插图15）。[32]

这一看法隐含着一种有产阶级最为珍视的假设：任何男人或女人
251 都可以正当谋生，贫困乃是卖淫的结果，而非原因。“辛勤地工作，任劳任怨地服侍，这对你而言，要好于自绝于上帝与人类。”约翰·邓顿在1696年劝告不道德的女人，缺乏能力并不能为恶行开脱。数年之后，移风易俗运动的团体开始向妓女分发免费的小册子，在其中也旗帜鲜明地表达着相同的意思。“对于那种将她们邪恶的生活方式归咎于贫困的说法”，其中一位作者宣称：

> 我的回应是，
>
> 1. 存在很多正当的谋生之道。如果她们从生下来就未学会劳动（这往往是她们的辩解理由），她们也应当习于此道，而不是把灵魂卖给魔鬼……
>
> 2. 谦卑、节制与克己会限定我们的衣食享受，如果那样的话，养家糊口并不困难。
>
> 3. 上帝已经允诺将这些外在的东西赐予那些追寻其王国与正义的人……（《马太福音》，6.33）
>
> 4. 事情果真如你所言，那么你最好在这儿挨饿，而不是得到永生。

15. 在这幅讽刺画中，第一个场面是一个女帽工爱抚她的情人，而另一个则喝得醉醺醺；第二个场面是一个男人来她这儿上床；最后一个场面则展现了他们的私生子被人发现遗弃于路边。画面底端的箴言概括了女帽工如何营生。

任何妓女以贫穷作为托词，都是“邪恶与虚伪的借口”。另一位作者亦对此赞同：“正是对于性快感的过分沉迷、自身懒惰以及憎恨诚实劳动，首先腐化了她们的心灵。”[33]

不过在世纪之交，那种辩解的论调指向了一种新兴的观念。托马斯·布雷曾受到很大的触动，当他听闻“不少被关进新门监狱的偷窃与淫猥的女人，以及很多在布莱德威尔受到鞭笞的女人，经常泪汪汪地诉说，她们正是因为找不到工作，弄不到面包，才不得不从事这种邪恶的营生”。“显而易见”，他断定，“她们的匮乏与肉欲皆是如此强烈，致其难以脱离下流之举。”这种对于客观贫困与主观懒惰之区别的焦虑，也弥漫于其他社会评论者的作品之中。“我们发现，”邓顿就妓女问题写道，“那些罪犯主要是懒惰与贫穷的女人，如果前者被强制参加劳动，后者获得合适的工作，她们中很多都可以不入歧途。”其他很多伦敦人似乎也有相同的观点，数月之后，一个新的穷人社团以相同的思路发起了反对懒惰与贫困的运动。[34]

在 18 世纪，此类暂时性的区分，发展成为一种关于工作与罪恶之
253 关系的崭新且更为复杂的观点。这不仅因为对于性行为的解释从个体转向了社会结构，而且还反映了一种重要的经济趋势：在 18 世纪，很多传统上由女性从事的城市劳动逐渐被男性竞争者与垄断者占据。至 18 世纪 80 年代，这一事态愈演愈烈，以至于《泰晤士报》敦促议会“向那些抢了女人饭碗的男店员课以重税”，尤其对于那些男性化严重的售卖香水、女帽、日用品与亚麻布的行业。[35]

结果是，过去人们眼中之卖淫与贫穷的因果关系，如今差不多被倒转过来。例如在 18 世纪末期，女权主义对于卖淫最早的重要考察乃聚焦于女性的失业。“众多的男性”侵占了此种女性职业，如贩卖“亚麻、纱布、缎带与花边……香水与化妆品……羽饰与小装饰……童帽与软帽”，普里西拉·威克菲尔德在 1798 年评论道，这致使“很多贫困的女性无法谋生，走投无路的情况下不得不卖淫求存”。玛丽·安·拉德克里夫在《女性代言人：恢复女性被男性所侵占之权利的一项倡言》（*The Female Advocate: or an Attempt to Recover the Rights of Women from Male Usurpation*）之中也同意，男性对于职业的垄断，迫使女性“不得不

靠出卖美德来换取面包”。她们的个人经验都使其知晓在没有丈夫支持的情况下，女人要维持一个家庭多么不易。[36]

在诸如玛丽·海斯与玛丽·沃尔斯通克拉夫特等更为激进的思想家的著作中，这一批评益加激烈，卖淫有时候甚至被视为全部女性苦难的一个缩影。在沃尔斯通克拉夫特未完成的小说《女人的过错》中，主角在听闻一个妓女可怕的故事后，“遂陷入了深思……她由此考虑到女性之普遍受压迫的状态”。这种主张在18世纪90年代艰难的经济环境中具有特别的力量。不过在当时，人们早已认为就业机会不足乃是导致卖淫的主要原因之一。1758年有人评论道，“女性在商业中的就业很少，在制造业则更少”，因此她们沦落风尘不足为奇。另一位作者在1760年警告说，拒绝支持与雇用堕落的女子，认为她们与其艰难谋生，还不如“为了贞洁而殉身”，这种态度荒谬而虚伪。[37] 254

结果是，在18世纪中期，慈善家们普遍主张应该向妓女提供某些种类的工作，以使她们能够诚实地生活，并且利用其劳动潜能发挥更好的作用。约翰·菲尔丁建议抹大拉之家成为一座公共洗衣房，这样就可以获得最大的效用。兰贝斯收容所则试图让女孩子们学会有用的手艺。不过，随着此一观念不断深化，一个后果也越发清晰地显现，即很难既解决那些女人的就业，同时又保证别的女人免于失业。“如果所有的亚麻都在这儿洗，那些贫苦的洗衣妇该怎么办呢？”一个评论者批评道，“难道不该马上又给她们建立一座救济院或收容所吗？”培训孤女与从良妓女学习缝纫、制衣或其他手艺，这只会毁掉那些以此谋生的女性，让她们沦落风尘。[38]

一定程度上是出于避免此种矛盾，许多慈善家计划开辟新的就业领域。波斯地毯之市场的迅速成长，以及在国内垄断其生产的想法，第一次促使汉韦全面而严肃地考虑忏悔院的设想（见插图16）。还有人建议织边企业，以此“节省大量支付给法国与弗兰德斯的金钱”，或者由英国女性从事的制造业，正如“德累斯顿工厂，如今那极为流行”。经济理论家约瑟夫·马西认为,此种计划的各个方面都旨在降低外国的进口。[39]
255 一个更值得攻击的靶子,则是劳动力市场的性别歧视。“有许多行

16. 乔纳斯·汉韦早期对于忏悔院生活之想象:祈祷、健康饮食以及制造地毯的有益劳作。

业被男人把持，”汉韦说，“但女性一样能够胜任，而其中颇有天分之人则可以做得更好。”约翰·菲尔丁列了一张表——“缝鞋与编鞋……制造各种海军使用的成衣……给表壳嵌钉……制作假发与薄板箱”。似乎存在着无穷的可能性：别针制造、为假发商编织头发、人造花朵、儿童玩具等等。人们希望，如果女性就业的领域可以拓宽，那么会有更少的女性在一开始就被迫沦落青楼。一位作者写道，在伯明翰，女性投身于各种男性职业，例如制表与雕刻。“我还被告知”，他骄傲地宣称，“在伯 256
明翰，站街女已经销声匿迹。”[40]

尽管如此，当抹大拉之家以及兰贝斯与都柏林的收容所建立之后，其收容者所从事的都是些常规工作，而其收入亦甚微。除了早期曾尝试制作“土耳其风格”的地毯，她们主要是纺羊毛、亚麻，缠丝以及缝制衣裳，完全不是此前所设想之“全新的女性职业”。兰贝斯收容所多次张贴广告以招揽生意。它里面的女孩子缝制的“全镶边衬衫”价格两先令，“普通”的价格一先令六便士，女仆的直筒连衣裙则仅需一先令。不过需求甚微，结果这所慈善机构被迫拮据度日。其院内的部分场所被转租给一个鱼贩，一座马厩被改建为它的首座礼拜堂，园丁乃身兼看门人，而一个十四岁的盲童则负责在仪式上吹奏口琴（直到他的演奏引起了“强烈抱怨”，才花钱请了个音乐家来代替）。[41]结果再次证明，性慈善事业的理想与实际成果之间存在着巨大的鸿沟。

自利与性趣

慈善事业的吸引力远不止于改良社会的目标。虚荣、时尚与自利皆是其重要动机。例如，每一项公共慈善之举成功与否，家族、朋友与商业的网络都发挥着关键作用。抹大拉之家的八位创立者，占据了俄罗斯公司的五个董事席位、海洋协会的四个董事席位，以及育婴堂的四个董事席位，并且通过其他的亲属与贸易纽带，与英格兰银行和基督教知识促进会有联系。[42]

既然如此依赖个人关系，那么人际的摩擦就很容易导致分裂。例如，1756 年，约翰·菲尔丁提出过一个计划，让无家可归的男孩进入海
257 军，但此设想却被以乔纳斯·汉韦与罗伯特·丁利为首的商人团体剽窃了。两年之后，也是他们提出建立一所收容妓女的慈善机构，菲尔丁乃故意拒绝加入他们，并开始为自己的计划独自募款。这反过来激起了他的法官同僚、社会改革家桑德斯·韦尔奇更为强烈的怨恨，此人乃是白手起家，一步步做到治安法官的。多年以来，他都因为菲尔丁的势利而觉得"受到奇耻大辱"。现在他要反击。他发表了一篇不指名道姓地讽刺攻击菲尔丁之提议的文章，并在随后加入了丁利与汉韦的委员会。[43]兰贝斯收容所与抹大拉之家就出自这两个对立的团体。这两家机构源自同一个构想。它们之所以分立，不在于宗旨不合，全在于个人恩怨。

这种不体面的争执于是授人以柄，那些人把所有慈善事业皆视为自私动机的幌子。约翰逊博士就菲尔丁的"荒谬争执"警告说，显而易见，"不同慈善机构的公然争斗，其资助者的彼此对立，会使那些意志薄弱者对他们嗤之以鼻"。一位质疑者在 1763 年问道，这难道不明显吗？当一个治安法官忽视其本职，"忙于为新的慈善事业筹钱，打着抑制邪恶的幌子……他的慈善热情实则基于其个人利益，并非出自大公之心，也非意在行善"。这么说当然不公平，但不可否认，公共慈善的最大受益者往往是其员工与创办者。在外科医生与小说家托比亚斯·斯摩莱特的《斐迪南伯爵游记》（*The Adventures of Ferdinand Count Fathom*）中，主人公一个伦敦医生谋划大赚一笔，通过吸引"足够的关注来建立一所收容所、性病医院或养老院，资金来自朋友的捐助，这种计划早已大获成功，很多人都从事于此，他们踩着穷人的尸体以出人头地"。[44]

在性慈善机构中，牧师的形象最为不堪。圣托马斯忏悔院的牧师散布谣言说，抹大拉之家的牧师因为"背德之举被逐出教会"。洛克医院的牧师则确信抹大拉之家中存在着"违理的邪恶行径"，并不得不就

彩图 1：1702 年摆出一副倔强姿势的爱德华·里格比。这幅画作于他出狱数月之后，此前他因试图鸡奸而入狱（见第二章，"思考那不可思考的"）。

彩图2:年轻女子献身于一个风月老手,关于这一主题的情节画在18世纪后期变得极为流行(见第三章,“浪子与娼妓”)。

彡图 3：帕梅拉发现 B 先生藏在其闺房强暴她时晕倒过去，后面是他的同谋朱克斯夫人。此画
来自一套塞缪尔·理查森之轰动一时且影响深远的畅销书《帕梅拉》中的插图（见第三章，“新
颀的看法”）。

彡图 4：威廉·布莱克终身都对多配偶充满迷恋，这正体现在此幅 1795 年印制的画作中，其主
甬是《圣经》中提到的第一个一夫多妻者拉麦，左边是他的两位妻子——亚大与洗拉（《创世
己》，4.19）（见第四章，“一夫多妻制与人口”）。

彩图 5：克拉丽莎·哈露，她的衣服已经被无情的强奸者洛夫莱斯撕开，她仍徒劳地央求着他。18 世纪晚期塞缪尔·理查森《克拉丽莎》中的一幅插图，既有英文也有法文说明，为的是给这部小说无数的欧洲读者提供便利（见第三章，“新颖的看法”）。

彩图 6：威廉·荷加斯《时髦婚礼》的开场：左边是身染梅毒的挥霍子爵，对自己的准新娘满不在乎，而她已经和一个律师银舌先生好上了；右边是他们的父亲，正在就婚姻协议讨价还价，他们唯一关心的只有其中的物质利益。

彩图 7：《时髦婚礼》的结局。可怜的子爵夫人在得知情人被处死后，服下毒药；而她那跛足的、患有梅毒的孩子抓着她毫无生气的脸颊，她那无动于衷、贪得无厌的父亲则从她手指上扯下了戒指（见第四章，“婚姻与金钱”）。

彩图 8：家长式的慈善家罗伯特·丁利，既是商人，也是抹大拉之家的创立者。在他的膝盖上，是这所慈善机构出版的《记录》，其卷首插图印着一位忏悔的妓女（见第五章，“自利与性趣”）。

彩图9：伦敦抹大拉之家在黑修士街的八角形礼拜堂，开放于1772年，可以容纳五百人。在走廊的中间，在纱幕之后，乃是那些忏悔的妓女们（见第五章，“自利与性趣”）。

彩图10：兰贝斯收容所给孤女提供的食堂（建于1758年），一眼可见，被收容者都穿上了制服，接受画面中央的中产阶级人士的参观（见第五章，“自利与性趣”）。

彩图 11：基于荷加斯《一个妓女的历程》的无数消费品中的一件：一个昂贵的手绘瓷盘，上面的图案来自场景二，约于 1740 年制于德国东部迈森的瓷器厂（见第六章，“大众文化的成长”）。

彩图 12：艾米丽·沃伦，一个知名的交际花，1781 年约书亚·雷诺兹将其描绘为泰伊丝——亚历山大大帝最宠爱的妓女（见第六章，“欢场名媛”）。

彩图 13：朴茨茅斯公爵夫人路易丝·德·柯露伊，查理二世最有势力的情妇之一，引发了公众无穷的兴趣（见第六章，“欢场名媛”）。

彩图 14：内尔·格温，她与朴茨茅斯公爵夫人的竞争让当时的评论家兴奋不已（见第六章，“欢场名媛”）。

彩图 15：詹姆斯·吉尔雷对于多萝西·乔丹之名字与身份的颇为生动的戏语双关，她是克拉伦斯公爵即后来的威廉四世国王的长期情妇（见第六章，“欢场名媛”）。

彩图 16：约书亚·雷诺兹关于基蒂·费舍尔最著名、复制最多的画像之一，其人被描绘为克娄巴特拉正在将一颗无价的珍珠溶入酒中，以此吸引马克·安东尼（见第六章，“自我推销与宣传”）。

彩图 17：原画作完成后不久，由雷诺兹与费舍尔授权印行的版画，为的是让这幅画吸引公众的目光（见第六章，“自我推销与宣传”）。

彩图 18:另一幅受基蒂·费舍尔的委托以扩大其名气的画作。鱼缸一方面是用了她姓氏的谐音,另一方面为了映照出窗外的人群,他们希望一睹这位名媛的芳容(见第六章,“自我推销与宣传”)。

彩图 19：威廉·希斯的《谁最脏》：翻脸的卡洛琳王后与乔治四世国王相互投掷污物，但弄得一身脏的是男方而非女方（见第六章，“自我推销与宣传”）。

彩图 20：玛丽·安妮·克拉克满脸笑容，与其印刷商和出版商一起为他们得到的大笔赏金而欢呼雀跃，而松了口气的威尔士亲王及其他贵族则毁掉了她回忆录中威胁公开的有关堕落与败德的致命证据（见第六章，“自我推销与宣传”）。

彩图 21：1825 年的一幅讽刺画，哈丽雅特·威尔逊写信敲诈自己此前的情人们，要求他们出钱，以免于被自己的回忆录揭出老底（见第六章，“自我推销与宣传”）。

彩图 22：性俱乐部“乞丐的祝福”的主要仪式用品，成员们集体把精液射入此盘（见第六章，“赞美性爱”）。

此在正式的调查法庭上出庭。不过,相较于性乱,对那些不安定、贫穷且彼此竞争的没有圣俸的牧师来说,财务问题才是最危险、最频发的。258 洛克医院不得不开除犯有盗窃罪的继任牧师。抹大拉之家的牧师原来是一个诈骗者:1777 年他被判处绞刑,因为他在债务缠身的情况下,通过伪造一张汇票得到了四千多镑。而在兰贝斯收容所,情况则最为恶化。1761 年 3 月,弗朗西斯·凯利·麦克斯韦尔在长期的觊觎之后,终于设法让自己被选为这座收容所的牧师,每周有半基尼的固定薪金。几周后,他设法解雇了收容所的秘书,把这个职务也揽下来,由此薪水翻了一番。6 月,他与其家人在收容所内得到了免租金的公寓,并且他还另外担任了接收捐款的职位。当他的地位越来越关键且收入不菲之时,他开始侵吞收容所内财产。至 1770 年,他的年俸已高达二百基尼,此外住房、取暖与用灯皆免费。就在这一年,收容所的会计指控他在财务上存在违法问题,麦克斯韦尔撵走了这个人,并且亲自接管其职,与此同时,他的侵吞数额也越来越大。一直到 1782 年,他才被发现并解雇。[45]

自利同样也是任何慈善事业之普通捐助者的动机所在。一个普遍的事实乃是,所有组织化的慈善事业皆蕴含着一种权威对于弱者的掌控。曼德维尔在1723年已描述了“一种最大的动机,它……被小心隐藏,我指的是命令与指挥所带来的满足感”。在 18 世纪下半叶,这一点已经得到了公开承认甚至赞赏。正如我们曾看到的,长期以来,性慈善机构的被收容者们被形容为无助的孩童,资助者们则被看作她们明智而仁慈的家长。1759 年一位牧师说,一个妓女好比“一只可怜而无辜的动物……深陷困境”,只有一个更有力量的慈悲者才可以解救她。她的拯救者则好比天使:他们的慈悲让太阳失色,他们的行为“真正地合于天意”,他们是“天堂的管理者与代理人”。洛克医院的捐助者会收到一张绘制的证书,其中忏悔的妓女被动人地描绘为一个年轻端庄的罪人,而捐助者的善举则被等同于基督般的仁慈与力量。[46] 259

17. 洛克医院的捐赠证书

这不仅是一种抽象的理想。在所有的慈善机构中,人们都设想任何一个需要慈善救助的“对象”应亲自接触某位捐赠者,由他来决定她的命运。“董事的名单会不时地发布,”一份关于收容妓女的提议评论道,“女人们当然会争取得到其中某些人士的推荐。”而在洛克医院,任何想要入院之人必须得到某位董事的推荐,并且它还规定,“优先考虑那些捐助额最大的推荐人”。相似的原则也适用于兰贝斯收容所,在其中,“守护者按照各自的捐助数额而享有不同的推荐权利”。这类设想可以自然而然地被有产者接受,因为他们重视社会与性的等级,并且他们也习惯于赞助和服从(参见彩图 8)。[47]

出于相似的原因,上层人士的捐赠十分关键,因为这可以起到宣传的作用，并且还能吸引其他有教养或将变得有教养的社会人士。在18世纪下半叶，随着更多的慈善机构竞相吸引人们的注意，此种时尚性 260 就成为了成功之关键。1782年，兰贝斯收容所吹嘘其资助者是王后，而其董事长则是首相诺斯勋爵。洛克医院则发展为福音派信仰的一个中心，它与卫斯理家族以及亨廷顿伯爵夫人赛琳娜之“上流徇道宗教徒”的圈子存在着密切联系。1783年，年轻的威廉·威尔伯福斯在其礼拜堂参加复兴宗的布道时，第一次经历了信仰转变。1787年，他作为一员参与了洛克医院之姊妹机构洛克收容所的创立，专门收容女性忏悔者。[48]

最具吸引力的性慈善机构乃是抹大拉之家。它的礼拜堂是一座展现仁慈的公共舞台，旨在吸引大人物、善良者以及好奇之辈。它的精心装潢既突出地纪念了那些尊贵的捐助者，也采用了当下最时兴的室内设计（“贴着哥特式壁纸”，霍勒斯·沃波尔在初次参访时赞叹道）。[49]其最大亮点则是多愁善感的牧师与诗人威廉·多德每周的公开仪式。

多德年轻而英俊，并且至少在起步之时不名一文——这是18世纪一个典型的渴求成功的牧师。抹大拉之家正是他扬名出头的好机会，于是他无耻地利用其在两性问题上的天赋，发表了一系列文字，并在文中嵌入匿名的书信，并宣称其来自于心怀感激的忏悔者。同样，在布道文中，他预设的听众完全不包括浪荡子与勾引者，而只是那些无辜、放荡的妓女。“现在看看你们的悲惨结局！——噢，望着我，并且看看什么会让你们欢欣鼓舞！瞧瞧这些褴褛衣衫，遮不住我的病体……看，因为饥饿与痛苦，我的舌头贴于上堂……噢，看我如此地绝望与放纵……宽恕我，宽恕我，仁慈的天父！”1769年，苏格兰长老会成员亚历山大·卡莱尔在参加了一次多德的仪式之后，非常震惊于它的粗俗（其经文来自《马太福音》5.28，“凡看见妇女就动淫念”），于是他向会众厉声“谴责这座机构，谴责这个牧师的演说，说这完全有悖于良善风俗，是基督之城的耻辱”。[50] 261

18. 威廉·多德牧师：传道者、诗人和骗子

与此同时，通过让忏悔者们亲自置身于礼拜堂，这些场合又展现出使人战栗的特殊氛围。慈善机构展示其收容者的行为并不罕见。都铎与斯图亚特王朝开设的收容残弱者、精神病与罪犯的医院一直可以公开参观，实则中世纪已是如此。最迟从 17 世纪早期开始，基督慈善院的孤儿们每到复活节就举行游行，歌唱一首《感恩之颂歌》，献给其捐助者。慈善学校也吸收了此类做法，而合资慈善机构亦步其后尘。1763 年，为了募款，兰贝斯收容所的牧师将女孩子们拉到了所有愿意接受她们的教堂与礼拜堂之中，展示给里面的会众。慈善机构还经常组织演唱

赞美诗、公共音乐会以及其他娱乐活动,其目的都是为了筹款。洛克医院的牧师马丁·马丹是一个富有热情的业余音乐家,他组织的音乐表演因为水准高而颇有名气。[51]

不过,在抹大拉之家,此种传统的宣传方式往往带有一种含混的意味。它既然规定其收容者远离世界,那么就意味着绝不可能让她们公开展示。她们要完全与世隔绝。"为了不让这些忏悔者置于公众的目光之下",一本当时的指导手册论述道,院内所有窗户都要装上特制的遮板,"如此一来就可以保证这些不幸的女人既不能看到任何过路者,也不能被他们看到"。女性一般不能离开这座房子,外人亦不可随便造访。尽管如此,在每个周日,每一位忏悔者都排列在众多陌生的观众前,那些人热情地看着她们演唱、哭泣与公开悔罪。在她们表演的圣歌中,有一首名为《抵制淫邪》。其开篇曰: 262

为什么你放任你游离的眼神,
诱使你的灵魂犯下可耻的罪行!
谁叫你铤而走险,
丑闻与灾祸便是报应。

其结尾则是震撼人心的合唱:

逃离,逃离那邪恶的床榻,
让诅咒送你到下面
死亡的黑色地带,
献身于地狱的熊熊火焰。

在这样的演唱之后,接着往往是多德"长篇大论"的布道。根据沃波尔对1760年一次访问的记录,这种布道在忏悔者心中掀起了波澜,使她们“发自内心地啜泣与痛苦”，直至那些观众也一并淌下泪水。正如多德自己史诗般的描述：

> 当你听到她们庄严的祈祷，
> 以及痛心忏悔的哭声：
> 感恩的歌曲与悦耳的赞颂，
> 虔诚的长吟，神圣的短诗；
> 会感到无比的欣悦
> 超越了感官的快乐：
> 而每一颗动人的心灵摇荡，
> 每一双明澈的双眸洋溢，
> 263 充满了祝福与爱意！

这被证明是一种极为成功的模式。到了 1761 年，观众人数越来越多，这促使礼拜堂新增了旁听席，并提前发放门票。卡莱尔有一次到伦敦，在听闻这里人“特别流行”参与这一公共仪式后，打算搞到一些票，可他“发现很难为我的姐姐与妻子找到合意的座位，这里简直是人满为患”。甚至当一座足以容纳五百人（忏悔者则隐于幕后）的全新礼拜堂建立起来之后，甚至当多德遭到解职并因伪造罪于 1777 年被处死之后，人们入场观看的需求仍然难以满足，以至于黄牛党竟在街上兜售起了入场门票（见彩图 9）。[52]

性慈善机构如此受人欢迎的原因，只有部分在于其实际的效果。其重要性更广泛地体现于其所展示的慈善与两性观念、经济原则以及社会实践的变迁。不过，我们现在对于这些新机构中的生活情况只是略有窥探。一个忏悔的妓女在进入抹大拉之家后会怎么样？作为一名被收容者理当何为？如何开始一种全新的生活？

收容所之内

对于19世纪之前的慈善机构而言，只有极少关于其生活状况的记述存世。它们的房屋早已灰飞烟灭。伦敦抹大拉之家的所有抄件也已经被毁掉。兰贝斯收容所则只留下了一本账簿。我们仅有的依靠乃是第三大慈善机构都柏林妓女收容所的收容记录。这些巨帙简单地记录了每一名进门的被收容者之情况。唯一直接来自那些女人的印记是她们的笔迹。有少数人自如地签上自己的姓名，但更多人往往吃力地用笔和墨拼出名字的字母，而很多人则只能画上一个很小的、犹豫的十字。这是一个表示她们在此的“记号”——如今成了这个世上她们存留的唯一个人痕迹。尽管如此，在这些枯燥、官僚化的记录文字之中，存在着一些其他的段片，记录了她们在院墙内外的生活。[53]

都柏林是帝国第二大都市，是一个巨大而繁荣的港口，也是一座首 264
府。它的妓女收容所由阿贝拉·丹尼女士——政治算术家威廉·配第爵士之孙女——建于1767年，直接效仿伦敦的抹大拉之家。它的规模一直远不及后者，筹到的款额与收容的人数也难望其项背。但最重要的是，这两所机构，以及其后的妓女收容所，都具有相似的管理制度。

我们看不到这些女人的容貌，也看不到她们此前的经历。不过，我们能够想象她们进来时的一些外观特征，一旦进入高墙，她们就得脱掉原先的装束，穿上统一的制服。不止于此，我们还可以看到她们的姓名，她们的真实姓名，在此处她们将弃用其姓名，有些人甚至终身弃之。莎拉·麦克道尔是1767年11月进来的，十八个月后她离开此处，名字变成了“莎拉·葛瑞丝”；索菲亚·罗德的名字改成了“索菲亚·葛德利”，以此见证她的崭新生命。在这里，每个女人都没姓名，只有编号：“一号女士”、“二号女士”、“三号女士”等等。职员就是这样招呼她们，而她们彼此也以此相称。

她们都很年轻。在伦敦的抹大拉之家，很多人还不到十五岁，绝大多数都在二十岁以下。而在都柏林的收容所,只有十九岁以下的女孩才可以进来。[54] 有少数人衣着华丽。1774 年夏,有个名叫哈丽特·鲁伯利的女孩进来,她带着睡袍、耳环与“十三本书”,但她只是个例外。1777 年进来的安·芬顿亦复如此,她带着最时新的小说、一个精致的衣橱、一大笔现金——但她甚至还不会写自己的名字。还有少数被收容者也是较为富裕的年轻女性。有些人显然是逃避偷情的耻辱,而非长期卖淫者。玛丽·汤普森是由沃特福德主教亲自介绍进来的,她来的时候带着一个宽敞的衣橱、一部《圣经》、一本祈祷书,稍后有人又给她送来更多的长袍、褶边、帽子以及其他衣物。埃莉诺·沃德在数周之后就回了家,“准备结婚”。少数人,一如凯瑟琳·罗宾逊,“来自一个良
265 好家庭”;还有一个付费的寄宿者安·斯坦霍普,她的亲属乃是“可靠之人”。安·克拉珀姆的父亲“极有修养,他不允许自己的女儿拿着金币”,而其他即将离开的被收容者则要靠慈善救济。同样,安·斯坦霍普也拒绝接受家人提供金钱与新衣。

不过,更为常见的是,那些打算进来的女人没什么财物——事实上,甚至比济贫院里的穷人还不如。[55] 多数人甚至没双像样的鞋。很多人为了自身形象,来的时候特意借了衣裳,其他人的褴褛衣衫如此肮脏,以至于不得不焚烧或扔掉。她们缺乏得体衣装正表明其生活之凄凉与绝望。因此对她们而言,收容所分发的一身行头无疑是一桩大的善举。进来的时候,每个人都会得到一套朴素的衣物:衬裙、直筒连衣裙、围裙、帽子、围巾、胸衣、长袜、鞋与毛巾。每一个完成修行(十八个月或两年)的女人都会带着必要的赠物离开。因为体面的衣装才配得上体面的职业。没有“得体的工作装束”,即便是最有志向的被收容者也要费尽气力才能正经地谋生。

对于这些女人而言,收容所的生活一定会令其感到震动。其主要的目的即是无休无止地灌输宗教,通过完全与世隔绝、个人阅读与指导、集体仪式以及严格的日常起居。每一天,尤其是周日,都有几个小

时强制性的"个人礼拜与沉思",定时祈祷以及在礼拜堂的力役。每两周她们要接受基督教基本教义的宣讲,每一个女人都要公开以此检验。每个成员的全部行为都会受到日常的监督、评价与记录在案。如果某个女人长期行为不端,其他的成员就会一齐公开羞辱与驱逐她。她们首先集体为她演唱一首祈祷歌,警告"永久死亡的强烈痛苦",然后她们齐唱一首圣歌,关于良心的折磨、上帝的愤怒以及不贞的可怖。[56] 然后她被驱逐。相反,最悔过与最虔诚的被收容者每月可以领圣餐。这项仪式旨在展示其领受者得到了特别的保护。随着出去的日子一天天临近,简·阿特利"祈求领取圣餐,希望上帝的荣光保佑她像一个基督徒那样生活",在待了一年半的时间后,她不愿意没领圣餐就离开。[57] 在 266
现代人看来,这整个制度好像一种宗教崇拜,将成员禁闭数月以实施洗脑;而其观念正是如此。

因此,所有的性慈善事业都被一种矛盾所分裂。其对外宣传不断地强调每一个堕落的女人实则都是无辜的,她们乃是富裕、老练、残忍的诱奸者之贫穷、轻率、无知的受害者。"您不知道,"她央求她的拯救者,"因为诡计、谄媚与背叛,我懵懂、单纯、无助、无知的青春才陷入了耻辱与悲哀的深渊"。卖淫"有悖于女人的天性",女性之所以投身于此,全因男性的残忍与不公的两性双重标准。[58]

但与此同时,性慈善机构的实践又完全专注于教导那些女人深刻意识到自己的罪行,为了使其崩溃、忏悔,并脱胎为一名基督徒。她们整个的存在都腐化堕落了,她们被告知:只有最严厉的手段才能抑制其可憎的淫荡。"我们每时每刻,"她们的一位牧师警告道,"都得担忧会否重蹈覆辙,无比小心地保持警觉,接受严格的训练。欲壑或许难填,渴求不时出现,但你们要坚定地保持克制。"尽管说了、写了、关注了一大通卖淫的结构性原因,到了最后,慈善事业还是倒过头来把解决问题的重担全部压在了女性的个人良心上,教导她们过去的罪行多么可怕,未来的诅咒又是多么恐怖,倘若她们忍不住重操旧业,"重蹈覆辙"。[59]

她们在收容所中接受精神灌输，目的主要在于防止她们重新感染上罪恶的病毒。为了让她们离开之后仍然保持虔信，收容所在她们临别之际赠送的不仅包括衣物和一点钱财，还有一堆重要读物，例如祈祷书、教义问答、《基督教的知识与实践》（*The Knowledge and Practice of Christianity*）、《来生的幸福》（*Happiness of the Next Life*）、《圣坛指南》（*Companion to the Altar*）以及《圣事指津》（*Instructions for the Sacrament*）。

除了宗教灌输，收容所之生活的另一个主要目的就是努力工作。女人们每天要花好几个小时来从事家务与缝纫。之所以让她们逐渐养
267 成勤劳工作的习惯，是为了帮助她们日后找到工作：家务与针线活是那些孤立无援的年轻女子唯一可能得到的工作。随着时间的流逝，其实际的重要性日益得到公开承认。女人们离开时手里的书变少了，多出来了一套刺绣工具。祈祷与阅读的时间越来越少，工作的时间越来越多。[60]她们的针线活也给收容所带来了收入，虽然其数量有限。不过，日常劳作的主要目的还是伦理性的——努力工作可以体现并支撑道德人格。因此，收容所的监督者一直担忧与斥责不勤劳的态度，认为这标志着改造的不完美，并预示其重蹈恶习。玛丽·莱菲尔德的"信念不是很强……她希望拥有德行，但她工作不够努力"。苏珊娜·科特雷尔花了"很长时间……才认识到她有义务尽其所能地工作"。阿拉贝拉·卡特"似乎对于往昔的过错颇为悔悟，不过她还没有尽其所能地努力工作"。人们都希望安·兰福德"保有淑德"，阿尔贝拉·丹尼女士说道，"但她不坚定的意志有可能使其陷于罪恶，我担心她还没有正确意识到工作的必要性"。

有不少忏悔者兼具上述两种素质，因此在收容所内外皆一帆风顺。詹尼·金于 1767 年 10 月进入收容所，她亦名为珀赛尔、加拉赫，这么多名字表明其绝非第一次遭到诱奸。她的一只手残废，身无分文，除了一件破外衣和衬裙，但她决定开始新的生活。她很快联系上自己的

母亲，一位居住于斯莱戈的贫穷、虔诚的寡妇，当她听说詹尼改邪归正的消息之后欣喜不已，非常渴望再见到女儿。一年半之后，一回到家，詹尼就抱住了她临死的母亲，并决心从今往后“做一个忏悔者，希望像基督徒那样虔诚行事，企盼伟大的上帝能宽恕我的深重罪恶”。[61] 艾莉丝·桑迪隆证明自己是“一名非常出色、非常勤奋的女工”，她的行为如此优秀，为她“在一个有声望的家庭中谋得了一份好工作”，并被获准提前离开收容所。简·霍德克拉夫特同样“表现良好，她在出来之前就已有一份工作在等候着”。十年之后，她已家底殷实，精力充沛，婚姻美满，268
并在韦克斯福德一座三十英亩的农场上辛勤地劳作着。

不过，很多女性都难以忍耐此种强制的虔敬与服从。至18世纪末，都柏林收容所有超过三分之一的被收容者请求离开、自行逃走、被驱逐，或者以其他方式未能坚持完成其修行。[62] 艾美莉亚·皮尔斯“不服从规则”。安·科利尔“可以讲一大套歪理”，最终“因为固执与违逆”而被驱逐，莎拉·尼尔被驱逐的原因则是“懒惰、恶口与放肆”。即便在那些完成修行、顺利离开的女性中，很多人也面临着不确定的未来。稳定的工作很难找，特别是对于可疑的女人。有些人重蹈覆辙，例如莎拉·卢卡斯，她本来被安排做用人，但不久之后女主人就发现她跟一个男人在床上。或者她们干脆消失。本来，在离开收容所十二个月之后，任何女人如果可以证明自己过得清白，就可以写信给收容所，要求得到两基尼的奖励；但令人意外的是，多数人都没有这么做。有些消失的忏悔者无疑是希望彻底斩断自己的过去，例如那些到海外的。伊丽莎白·葛根乘船去了马里兰，因为即使她在收容所表现非常良好，“她的朋友与亲属还是拒绝见她，并认为她最好还是离开英国”。其他无数缺失的记录无疑标志着更惨淡的命运。

都柏林收容所的这些特点与伦敦抹大拉之家的颇为类似，后者有约一半的早期被收容者（根据其公布的统计）顺利完成了修行，并进而得到了正当职业。失败者的高比例也同样很醒目。那些被收容进来的女性可不是寻常的妓女，而是经过了精挑细选——她们中很多人是最近被诱奸的女孩，而非沉沦已久的妓女。申请者人数一直远多于慈善机构的收容数，即便是自愿者，也只有那些最有希望的人才能进去。事实上，如此多的收容者半途而废，正表明了此种新的慈善手段多么难为、多么不确定，也表明了慈善者对于个体人格之特别关注与女性受害、贫穷、堕落与卖淫之更广阔的结构性问题之间存在着巨大鸿沟。

不过，尽管不完美与不稳定，这些慈善手段还是发挥了作用。仅在
269 其最初的几十年间，兰贝斯收容所与两座抹大拉之家就帮助改造了数以百计的女性。即使是那些被驱逐的女性，她们往往也心志坚定，决计重新开始，并相信基督的真理已根植于心中。玛格丽特·克拉克只待了八个月，就因为"粗俗与不受管束"而被逐出。她那时只学会了读与写。尽管如此，"她仍发誓成为有德之人"，承诺自己会成为一名用人，数月之后，她从美国写来了一封自豪的书信，曰："我再不能找到比现在更好的主人与太太了。"另一个人，可能是莎拉·麦克道尔，她离开时改名"莎拉·葛瑞斯"，虽然她其后曾经再陷于淫行，但她最终也找到了上帝，并越洋去美国，成了一名契约仆佣。"你曾经亲爱的女儿"，她隔着半球给母亲写信，"你过去认为她一无是处，如今成了一位奴仆"：

> 你莫以为我这么说是要你难过，不，我的母亲，你要高兴，因为正是这把我的灵魂解救出恐怖的陷阱，我不是在感官快乐之中找到了上帝，而是在逆境之中。我希望我的命运可以警醒那些与我从前经历类似的女子。哦！看在上帝的份上，原谅我的罪行吧，请你在夜晚与白天祈祷，赐给我神圣的仁慈吧。

然后，她永远地消失于历史之中，留下了一次见证，见证了宗教的强大力量甚至能够塑造 18 世纪之最微贱妓女的意识。[63]

贞洁与阶级

我们已经看到，性慈善机构在多大程度上试图重新确立关于个人罪恶与救赎之责任感的传统基督教原则，以及它们取得了多大的成功。同时，18 世纪晚期的公共慈善事业也催生出新的观念。它尤其削弱了所有的不贞之举都是内在的并承担相等罪责的观念，它倡导的观念恰恰相反：性行为本质上是由性别与阶级决定的，而贫穷的女人更有可能变成妓女。

“妓女”（prostitute）这个词的出现本身就是此一观念发展的例证。1700 年之前，这个词语并不常用，也没有与一般指称妓女的“whore”或 270
“harlot”等词区分。但到了 18 世纪，它的定义变得更为清晰。随着公共政策的焦点从普通卖淫转移至贫困女人失贞的特定问题，在对于不道德行为的分类之中，“prostitutes”与“prostitution”就成为了主要的指称范畴。原先具有普遍指称意味的词语 whore 仍然被人经常使用，这个词的预设，即个体堕落会导致疾病、贫困与死亡，仍然是慈善事业的一个基本论述。不过，即使在宗教思考中，那种认为邪恶与美德乃个体自由选择之结果的传统观念也日益衰落。从这种旧观念的立场来看，如今兴起的观念出于对卖淫的社会与科学化理解，更具有决定论的色彩。表面上，它宣称无辜的女性陷入了身不由己的圈套；而实际上，它则进一步确定了美德与道德既非人的内在属性，亦非个人选择之产物，而是与社会地位息息相关。

这种关于工人阶级之道德堕落的观点在 19 世纪得到了最充分的表述。“婚姻的贞洁，”彼得·盖斯凯尔在 1813 年写道，“他们不大懂，也不大在意，丈夫与妻子都在犯罪，致使他们对性罪恶不以为意。”在那个时代，粗略而迅速的统计首次成为了社会评论者普遍使用的工具，这也就使得人们对于下层阶级之道德状况的臆测与偏见以一种科学事实的方式表述出来。“他可以抚着自己的良心说，”一位工厂委员会之见证者的证词说，“十四至二十岁的女孩中，有四分之三的人行为不检点。”甚至在1844年调查过英国工人阶级状况的弗里德里希·恩格斯也哀叹产业工人所谓的“毫无约束的性交”。[64]

这种肤浅的偏见冒充为社会学，成为了卖淫之研究中的一个醒目特征。早在1800年，治安法官与政治算术家帕特里克·柯洪就猜测伦
271 敦有五万名妓女：他之所以得出这个数字，只是简单地“含括了那些与工人或其他未婚人士同居的下层女性”[65]。而同样的假设也支撑着维多利亚时代此问题的权威威廉·阿克顿的分析。在其里程碑之作《卖淫》（*Prostitution*）的第一版中，他仅从一家下层伦敦舞厅中女孩的外表就推断出其中“至少有三分之一”肯定是妓女。在1870年的第二版中，他的头脑更为坚定：她们“绝对都是妓女”。[66]

此类观点的基础在上一世纪已经形成，其时慈善家与政治算术家试图将卖淫理解为一种社会现象而非个体之堕落。他们关注的主要问题在于妓女来自何处。

最简单的回答为，她们是贫穷的女人，迫于生计而沉沦。“真是不忍闻之，”约瑟夫·马西声称，“卖淫的主要原因竟是迫于生计。”他接着列举出一系列让很多伦敦女性容易失足的环境因素：缺乏朋友、找不到工作、不懂得要求赔偿或救济。其他人同意这些症候，但倾向于批评工人阶级日益懒惰与背德的习气。对于“上层女性而言，她们得到了父母的悉心照顾”，汉韦论述道，荣誉与宗教的意识使她们恪守妇德，远离淫行，但在一般人那里，这种防范完全没有。对于那些父母双亡或惨遭遗弃的贫困女孩而言，卖淫几乎就是她们的前途。“在这种绝望的环境中”，1760年一位牧师反省道，“毫无疑问，其幼小心灵一定会受到腐蚀，一定会放荡淫逸，甚至在其感受到欲望之前。”[67]

即便对于普通的工人阶级家庭，人们也逐渐认为，其忽视了教育与宗教原则，助长了懒惰习气，家长们白白糟蹋了自己的孩子。著名经济学家约西亚·塔克哀叹道：“普通人纵情于酒色。女人们站街揽客，传

播疾病(即性病),直到她们自己腐烂至死……男人们的恶行则难以言表:男人与女人都从不工作,他们把一切都耗在恶习上。”约翰·菲尔丁 272
说,父亲们通常死于酗酒,母亲们时常将她们的女儿卖给妓院。因此无需惊异,女孩们“经常因为生计而沦为妓女,甚至在她们拥有生理的欲望之前”。那些进入兰贝斯收容所的女孩被告知,让她们脱离堕落的环境,其实是“教导之方,让你们知晓宗教、诚实、节制、贞洁、勤劳、克己,比你们亲生父母的教育方式要好得多”。基于类似的缘由,这家慈善机构在1761年决定从此以后只接受孤女,它的管理者们已经受够了允许父母探视女儿所造成的“巨大不便”。接下来的一年里,女孩们与其亲属的一切联系都被极大地削弱了。在1764年,最终它“规定孩子们的朋友不得以任何借口进来探视”。其隐含的意思即是,只有与她们不健康的出身完全隔绝,这些孱弱的女孩们才会发生良好的转变,摆脱背德之举与堕落之习(参见彩图10)。在该世纪末,马尔萨斯即断定贫穷与“人格之道德败坏”密不可分:“我们可以很容易想象,肮脏的贫穷,尤其是再加上懒惰,此种状态最易致人淫乱。”如果哪个女孩能够出淤泥而不染,“简直就是一桩奇迹”。[68]

正是这导致了性交易的流行与多样,不过人们也并不难提出其他的解释。“在我看来,声称妓院与红灯区充斥着出身于穷苦劳工的妓女,乃是错误的。”桑德斯·韦尔奇反驳说。他自己的父母就曾是穷人。更容易沦入此道的是“那些出身稍微好一点的孩子”,她们接受的教育好高骛远,或者她们被习得的虚荣所腐化,极易蹈入毁灭之路。威廉·多德同意,生计当然会迫使女性出卖自身,但同样常见的因素是,“她们的父母疏于教育,其中有些人竟莫名其妙地花好些钱把孩子送入寄宿学校,他们认为如果孩子只学一门手艺的话,实在与自己的身份不符”。[69]

类似对于中产阶级之贫乏的关注也广泛见于文学作品。在18世 273
纪中期,大多数虚构的妓女角色出身于较为体面的阶层。在亨利·菲尔丁的笑剧《劫中劫》里面,希拉莱特假装成一名妓女,说她与她十五个干着同样营生的姊妹都是一个乡村牧师的女儿。荷加斯同样认为这是“共识”。在接下来的十年中，人们有一句口头禅为“伦敦妓女多是牧师之女”。在《抹大拉之家忏悔者列传》（*The Histories of Some of the Penitents in the Magdalen House*）中，第一个到来的被收容者是“埃米莉”，是个出身于西南部贫困牧师家庭的孤儿，她第一次被诱奸发生于她服侍绅士之时。另一位广为人知的女主角“是一个行伍之中的绅士之女，接受了博雅的教育，却因为种种不幸而陷于贫穷与匮乏”。根据抹大拉之家自己的宣称，其典型的被收容者乃是“父亲的掌上明珠，而其父亲在生活上则是一位优雅与体面的人士”。因此至18世纪末，人们倾向于将卖淫视为两个阶级的堕落女子的被迫之举：来自穷苦劳工阶层的女孩，以及“贫穷商人的时髦女儿，或生计堪忧的牧师之女”。[70]

结果是，这造成了一种假设，即任何忏悔院都应包括至少来自两个阶级的被收容者：“那些出身卑微、家境贫寒的”，以及“那些更有教养的”。更缜密的规划者如约瑟夫·马西即强调必须有更为细致的区分。每一阶级的人独处一屋，其劳动、衣着、饭食以及未来期望皆有所分殊：

> 1. 受过道德培养或高雅教育的女人或女孩，这可以从她们的谈吐与举止中看出来。
>
> 2. 在大户人家服侍过的女人或女孩，这可以从其外观与行为中看出来，抑或那些明显比底层人地位更高的女人或女孩。
>
> 3. 非常无知、粗俗、固执或鲁莽的女人或女孩。
>
> 274 4. 那些健康与元气已经大损，以至于不能恢复的女人或女孩。[71]

当伦敦抹大拉之家开始运行之时，其组织方式正是如此，“更高级、更舒适的房间留给更有教养、更加正派的人”，而“低等的人”则住在低等地方。在每个房间中，都有一个人被任命为“上级”或“领导”，其他人按照品格与行为分为各个等级严格服从她。1772年，这所慈善机构搬迁至位于黑修士的新建房舍之中，并对这些被收容的“家伙”一直严格划分为三个“等级”，居处于相互隔离的建筑之中，“按照设计，每一座建筑的前部都对着其他建筑的后部”。[72]

不过，在此种社会区隔的关注之下，更深的推论仍然是：穷女人必然不那么正经。出身更高的妓女不仅更有教养，而且内在更“精致”与更正派，人们希望，她们中的很多人应该在堕落之初就得到拯救。“大部分普通人”则相反，“羞耻感早已消磨殆尽”。“精致”在她们那里从来就无从寻觅。她们的父母从未保护过她们，因此即便她们“天生的妇德”亦在年轻时被消磨干净。她们没什么性道德，所以她们更容易沦为最低贱的那类妓女。[73] 这种傲慢态度并非无人质疑，在 19 世纪早期，它

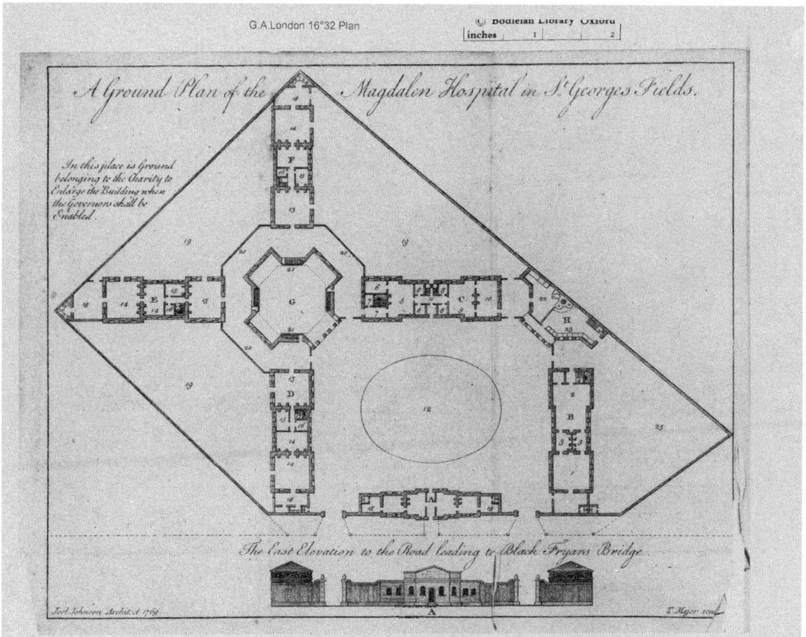

19. 抹大拉之家的新建筑，每个阶层的被收容者各在独立的一侧。 275

就激起了著名的女权主义批判。它也不是新生事物。不过,它的表述更为露骨,看上去似乎更能得到经验的支持,并且其“阶级”的术语在思想上要比以往更为精细。[74]

它对于慈善之举的影响极为深远。就短期而言,慈善家们更偏爱出身较高、教养较好的女性,她们更容易被改造。都柏林收容所的管理者十分关注其潜在被收容者的地位与教育情况,而且似乎颇排斥“人渣”。虽然所有灵魂都是平等的,但在过往六十一位被收容者中,有三十二位“起码是中等出身”,德罗莫尔主教在1773年自豪地说。在之后的十年中,伦敦抹大拉之家的管理者们将目标从现时的妓女身上移开,转移至那些因为误信婚姻承诺而被诱奸的年轻女子,这些人“从未在城中公开行淫”。这家慈善机构改造女性的成功率也由此直线上升。[75]在抹大拉之家开始运行后不久,乔纳斯·汉韦就委托制作了一幅版画,以展示其改造之力。这幅画的背景是抹大拉之家的礼拜堂。在地面上,我们可以看到一个衣衫褴褛的妓女,裸着双脚,一无所有。在她前面站立的那个自信且端庄的女人,乃是经过改造之后的妓女,她穿戴着干净的新衣裳、帽子、长袍与鞋,在身前打开了一本祈祷书,看上去朝气蓬勃(插图20)。等到18世纪70年代,机构的管理者准备再用这幅版画做宣传的时候,衣衫褴褛的妓女成为了尴尬的形象,因而从画面中抹掉
276 了,只在从良妓女的身后留下了一块永久的空白。

即使拯救堕落女性的运动如火如荼,但实际上,人们对于这一问题的不断恶化,以及妓女从良的可能性都抱着越来越悲观的态度。从长远来看,这将成为一个更持久的进程。从一开始,就存在着对于慈善事业之效果的质疑,而某些慈善热情完全出于打压公开卖淫的动机。在19世纪早期,因为人们日益关注都市贫民的违法乱纪,这一功利的考量由此大行其道。人们都说,百分之九十九的犯罪行为都源自“与淫妇的不正当关系”。根据此观点,虽然根除卖淫一般被认为是不可能也不必要的,但拯救从良妓女与严惩“荡妇”之举措一直并行于世,其最重要

20. 一个穿着制服的骄傲的被收容者，与其形成鲜明对照的是其身后可怜的妓女（1761）。

的目的实则是把她们都扫出街道。[76]

因此,收容所逐渐将其重心转向“抑制与隔离”堕落的女性,而非对其施以身心改造,这么做既为了保护社会,也为了其自身的利益。甚至伦敦抹大拉之家也放弃教授那些忏悔者职业技能,而更愿意让她们做洗衣妇。这随后变成了常态。在整个19世纪与20世纪,英国与爱尔兰的妓女收容所都作为商业洗衣房而运行,它们依靠的正是被收容者的沉重劳动。从这一点及其他方面可以见出,1800年之后它们的经济与社会偏见愈发显露。“在当今”,1917年抹大拉之家的牧师说道,“出身好的女孩子们被送往别处”,而公共收容所只是给那些“来自普通工人阶级家庭”的女性提供再教育的地方。虽然慈善事业在原初是作为惩罚措施的一种替代物,但它逐渐也变成了另一种惩戒下层阶级性行为的工具。[77]

解救与改造

性慈善的出现促生了一种对付所有罪犯与社会另类的新方式。直
278 至18世纪70年代,大多数罪犯被判处数周的苦役、具结保证、流放或绞刑,而监禁则并不常见。但到了18世纪晚期,兴起了一股强大的监狱改革运动,其高潮则是最初一批现代监狱的兴建。这一运动的某些支持者与性慈善联系紧密:“监狱”(penitentiary)这个词本身即源自相关的慈善机构。虽然妓女收容所是自愿性质的机构,但其规章与建筑极大影响了有关监狱的新观念。被收容者都被置于特定的建筑之中,以便于全天候监视。她们被区隔为几个等级。她们受到持续的监督,遵守严格的日程,强制劳动与祷告。经过长时间的监禁生活,以及此后的监外察看,她们将变得遵纪守法,脱胎换骨,对社会有用。正是这些原则启发了现代监狱、少年犯管教所以及假释制度的建立。[78]

同样,慈善的观念也主导了人们对待失足女性的态度。妓女仍然

作为堕落的罪犯，受到监管、惩罚与唾弃。不过，即便是最严苛的批评者，如今也倾向于承认性交易的根源在于社会与经济环境，而非个人品格。作为其中的一分子，女权主义者将卖淫视作男权社会一切深层不公的象征。“收容所与忏悔院无法革除这些弊端”，玛丽·沃尔斯通克拉夫特写道，“不是慈善，而是正义，才是这个世界所缺乏的！”[79] 与此同时，她们也认同妓女身处悲惨的环境。因此，“解救”与改造失足女性的吸引力仍然有增无减。

1800 年之前私下践行或倡导这一做法的人包括詹姆斯·博斯韦尔、塞缪尔·理查森、塞缪尔·约翰逊、杰里米·边沁、罗伯特·霍洛威、约翰·卫斯理、多萝茜·雷普利及其他重要的卫理宗信徒与传教士。它之所以逐渐引起福音派的注意，一个原因即在于黑奴制与白奴制的相似之处。人们不需要出国就可以见到可憎的人口买卖，乔治王朝时代晚期一位救济事业的支持者评论评道：“黑人奴隶的痛苦有哪一 279
点伦敦娼妓未曾感受到？勾引者或强奸者在她们年轻时就永远地将其毁掉……暴虐之行袭击着她们的人身……并把她们蹂躏成最野蛮的动物。不幸的女子之内心难道不比野蛮的黑人更冷酷无情吗？”另一位批评者论道，妓女的“奴役与惨境”比“那些西印度群岛的非洲人所遭受的远为不堪”。[80]

在 19 世纪，人们开始普遍将卖淫称为“巨大社会罪恶”或“白奴制”，而解救失足的女性成为了一种社会热潮，某些在公共生活中最活跃的人物对此投入了巨大的精力。对那些争取女性权利的人而言，妓女遭受的压迫以及与她们当面交流成为了一个特别的信念。例如救世军这样的传教士组织就将此视为其基本使命。这一观念同样也广泛见于主流国教的牧师、作家、艺术家、社会改革家、政治家以及无数的公民。截至 1837 年，“圣教书会”已发行了五亿本旨在拯救失足女性的手册。鼎盛时期的查尔斯·狄更斯曾投身于建设与管理一座面向忏悔妓女的避难所，其资金则来自于女富豪安吉拉·伯德特—库茨。他的小说家同仁乔治·吉辛试图(但未成)通过结婚的方式来解救一个年轻的妓女。威廉·格莱斯顿将此问题称为"我灵魂的重负"。在几十年间,甚至当他任首相时,他都会在夜晚漫步街边,以解救妓女。格莱斯顿夫人则会在唐宁街10号邀请忏悔者饮茶。1928年,在伊夫林·沃精彩的讽刺小说《衰落与瓦解》(*Decline and Fall*)中,白奴制及其骚动的环境已变成了现代社会之普遍、彻底腐蚀的显著象征。[81]

因此,在1800年以后很长时间内,拯救失足女性的热情依然经久不衰。许多其他的性病医院、收容所与忏悔院迅速地在国内外建立了起来。早在1816年,英国本土就存在至少十二座针对失足女性的避难所,爱尔兰、印度及美国也有一些。不过,这类机构真正大量出现还是在接下来的一百年间。1860年,据一本新杂志《从良妓女之友》估计,
280 伦敦约有二十四座"家园",此外在全国还有四十座。到了1917年,整个英语世界已经拥有了四百多座。与此同时,还出现了一个由数以百计的志愿社团与收容所构成的网络,致力于性纯洁与救助工人阶级女性。一位研究此现象的历史学家评论说,救助单身母亲完全是"一股全国性的潮流"。因此,由抹大拉之家与兰贝斯收容所开创的救济事业,发展成为维多利亚时代与20世纪早期中产阶级最持久的关切之一,不论在大西洋东岸,还是西岸。[82]

到了20世纪早期,性解救运动已经波及整个世界。国际性的白奴制成为了各国政府与国际联盟的一个重要关切。即使在今天,这项工作仍在继续。多数卖淫皆非自愿,这一观念已在现代西方深入人心,并及于立法和社会政策领域。英国与美国的救济团体,如今往往把焦点放在第三世界以性交易为目的之女性买卖:不过,即使对于这些情况,它们秉持的核心原则仍然与18世纪中期无甚差异。

因此,组织化慈善事业的出现深远地影响了后世对于性的态度。直到最近一些年,人们才开始指责其实际效果是误导与压迫的。在爱尔兰,妓女收容所一直持续至20世纪90年代,其日常程式、长时间禁

闭以及对妓女与未婚母亲的经济剥削,如今被普遍视为一种可耻与厌女的现象。[83] 性慈善的实践当然向其接受者灌输了一系列有关阶级、性别与性戒律的特殊观念。而今,我们也往往认为体制化对人无益,也无助于道德提升,但我们仍然认可性慈善的基本原则。社会与经济环境可能让女性面临性剥削的危险,在此种情况下,她们自身的自由意志与道德意识会采取妥协,而从外部施以援手使其免于堕落则是正当的——这些信念依然支撑着当今世界的立法、民意、政府行为、慈善与个人。这是第一次性革命的另一项主要遗产。 281

第六章

媒体与信息

任何人在任何时候都不得自行出版或者帮助出版任何(未经政府审查合格的)书籍或小册子,以免其中有不良内容,与基督信仰相违……有悖于良善的生活或礼仪。

——《星法院出版法令》(1637)

她在报纸上遭人毁谤,流言蜚语不断被印成铅字,某些小人,他们险恶、无知且堕落,竟敢冒充她撰写回忆录,以此来耸人听闻。她为了不让他们的企图得逞,因此公开宣称那些传言没有一句是真的。

——C. 费舍尔,《一个高级妓女的公告》

载于《大众报》1759年3月24日

大不列颠的期刊出版业……是世上最强大的道德机构,对于文明社会之礼仪与观念产生的影响超过了一切法庭、议会与布道坛上的鼓吻弄舌。

——《大不列颠期刊出版业》(1824),第1页

我们的现代性观念源自于17世纪晚期与18世纪席卷西方社会的 282
巨大变迁——宗教权威的瓦解,启蒙的发端,女性声音开始广泛出现于公共生活。最后一个重要原因则是传播领域的变迁。从17世纪晚期开始,产生了新的隐私观与公共观,塑造公共意见的全新方式,以及对于性事务的一种新的开放态度。

某些要点在前面章节已有所涉及,因为它们密切关联到都市生活的日益复杂、思维方式的日新月异,以及性监管的瓦解。不过,启蒙时代的媒体革命,对于人们生活与思维方式的嬗变至为关键,因此我们有必要认真考察。[1] 缺少此一因素,性革命亦无从发生。

大众文化的成长

在1730年与1731年的几个月间,美术家威廉·荷加斯创作了英语世界有史以来最快流行的虚构画像。首先,他偶然想到创作由六幅图构成的一个连环画,以展现一个伦敦妓女的生命周期:从她初来乍到,单纯无知,随即被淫荡之徒诱奸,到她无可避免的堕落、染疾与死亡。数以百计的人来到他的画室赞赏这件油画作品。然后在1732年,他将其制成版画,卖给了一千多位订购者,立刻引起了轰动。在一份仅存于世的当时的记录中,他的同仁乔治·弗图写道,它们"作为印刷品,获得的巨大收益与公众认可是前所未有的"。《一个妓女的历程》"触动了大多数人的心灵,无论何种地位何种境遇,从最高贵至最低贱"。[2]

从那时起,人们就试图解释为何这些画作会如此显著且持续地受人欢迎。在通过三部作品——《一个浪子的历程》《时髦婚姻》《勤劳
与懒惰》——多次复制了这一成功模式之后,荷加斯开始相信,他靠自 283
己的天才创造出了一种全新而诱人的艺术形式。他夸耀自己发明了一种完全"崭新的样式,此即刻绘现代道德话题","任何国家或任何时代"的"任何前人"皆未尝试做过。[3]

21. 威廉·荷加斯,《一个妓女的历程》(1732)
场景一:一个毫无防备的乡下姑娘在抵达伦敦后中了圈套。

这同样是当今世界荷加斯研究的最高权威罗纳德·保尔森的核心观点,他数十年的卓越研究,正在于展现荷加斯是有史以来最伟大的艺术家之一。保尔森教授的主要方法是,追溯荷加斯的画像与此前西方全部艺术、文学、神学及哲学原则之间日益复杂的联系,以展现这位艺术家惊人的博学与修养。他告诉我们,《一个妓女的历程》表面上描绘了一个年轻女子的堕落与毁灭,实则它的主旨在于戏拟《新约》,并且虽然其中的形象有意呼应了列奥纳多、丢勒以及其他先前大师,但荷加斯本人对此未置一词亦无大碍,何况当时似乎没有一个人注意
284 到这一点。[4]

场景二：她已堕入风尘，变成了一个犹太富人的情妇，且对其不忠。

拒绝保尔森教授更极端的观点，并非意在否认荷加斯是一个极富创造力的讽刺者（当然，亦非否认我们可以在他的艺术中发现他自己未曾意识到的东西）。其画作在当时的影响，部分源自其独创性与丰富性，但还有其他两个更为关键的原因。首先，如我们在之前章节中所见，它抓住了当时的公众热点。《一个妓女的历程》之主题完全不是独创的。恰恰相反，正如霍勒斯·沃波尔所指出的，其成功应归结于“其主题之流行与技法之得当”[5]。它将当时的热点以易于理解的视觉叙述方式展现出来：女性的受害，浪子免于追责，惩罚的无效。它还指涉了当时某些现实生活中声名最狼藉的人物：摧花大盗弗朗西斯·查特里斯上校 285

场景三：此妓女的住所被移风易俗社团的支持者袭击。

与他的皮条客；臭名昭著的老鸨尼德汉姆夫人；响马詹姆斯·道尔顿；《乞丐的歌剧》的主角麦希斯上尉；狂热的治安法官约翰·甘森爵士；以及妓女凯特·海克保特，荷加斯以她的名字为其创造的妓女命名。在接下来的数十年间，荷加斯的画作仍然持续风行，这与人们越来越着迷于诱奸与卖淫故事的趋势互为因果。[6]

《一个妓女的历程》如此流行的另一个原因，在于其被别的作家与艺术家不断地复制、引用、改编与提及。“每一个刻工都决定仿制它，”如沃波尔所言，“数以千计的复制品遍及整个王国。”讽刺的是，这些山
286 寨货如今比原版更为稀少，并且几乎无人知晓。荷加斯讨厌被人剽窃，

场景四：她与其女仆被送到教养院服苦役。

他的不满直接导致了1735年《雕刻版权法》的出台。同样，批评家也蔑视与忽略这些山寨货。这么多赝品充其量被视为原作影响力的一种体现。[7]

实际上正相反，正是由于这些二手、三手的复制与引用，荷加斯的画作才能得到最广泛的流传。在1723年，《一个妓女的历程》只印了1240套，只有个人订购者才可以得到它们，而其昂贵的价格（每套21先令）是普通人难以承担的。因此，其画作广泛而持久的影响应主要归功于无数的仿制、改编与引用，这些东西才分布更广、更易得。它们将原作传播至千家万户。 287

场景五：她不省人事，一贫如洗，被庸医误诊，身患性病，奄奄一息。

除了诗歌、小说、小册子与报纸中的无数称引，这种二手的传播还采取了多种不同的形式。首先是得到荷加斯本人及其后遗孀正式授权的文本与复制品，旨在拓展其画作的受众面。从贾尔斯·金在1732年所刻绘的大幅图画，至约翰·特鲁斯勒《道德家荷加斯》（*Hogarth Moralized*）1768年以后各版本中的小幅插图（见插图22与23），皆属此类。随后又出现了大量未授权的剽窃品，什么形制与尺寸都有，在18世纪及其后源源不断地行于世间。其中有大型仿品，“跟荷加斯先生的正品一样尺寸”，但价钱只是其零头。某些是镌版画，某些是网线铜版画，
288 某些有题诗，某些没有，某些是黑白的，某些是彩色的。一个人只需花很

场景六:她的棺木被其他妓女及其侍者围绕着。

少的钱,就可以购得多种中等型号的仿品。最流行且最便宜的是小型复制品,样式五花八门:下面有题诗的、没题诗的、黑白的、绿的、粉的,甚至全彩的。即使是贾尔斯·金自己的复制品,也存在着或大或小的仿品。[8]

可购买这些画的人,未必将其视为次等的赝品——实际上,剽窃品往往会通过在每幅画下附上一首题诗以提供附加价值。任何口袋里有一先令或两先令的人,都可以从众多版本讲述其故事的小册子中购买一本,这些书往往会印上小尺寸的套画。此外,《一个妓女的历程》还以哑剧、歌剧、喜剧及其他戏剧的形式存在着,1732 年后仍 289

An Innocent Young Girl Just Arriv'd from the
a Baud Inveigles into the Service of a Debau

She is suppos'd Cashier'd her service is then seen in Grand Keeping with a Jew and soon after
turn'd upon the Common for Misbehaviour.

22.贯尔斯·金在授权之下制作的《一个妓女的历程》大幅图画，每一幅都超过半米宽。

23. 约翰·特鲁斯勒与简·荷加斯的《道德家荷加斯》。

经久不衰。该套画同样在其他视觉媒介中得到完整或部分复制，在夫人的扇子上，在茶杯、浅碟及其他瓷器与锡器之上（见彩图 11）。[9] 最后，我们可以在后世的视觉表现中考察其普遍的影响。在 18 世纪 30 年代，成熟的改编与戏拟之作有《罗宾的历程》与《瓦内拉的历程》，分别讽刺了首相罗伯特·沃波尔与威尔士亲王的情人安妮·范恩。半个世纪后，又出现了《摩登妓女的历程，或哈丽特·希德利斯奇遇记》，以及乔治·莫兰的《蕾蒂西亚：或诱奸》，两者都改动了原有的故事,并考虑到18世纪晚期人们的情感,提供了一个更幸福的结局。[10]更普遍的则是特定细节的反复使用,或是通过图画本身,或是诉诸笔墨。通过这些方式,荷加斯的观念与图像得到了有意或无意的借用、重复与传播,其范围远远超过了他自己的顾客(见插图24至27)。 292

同样的情况也见于《一个浪子的历程》,其原始的印本早已淹没于大量经过授权与未经授权(尤其多)的复制品与改编物中——有些改动还不小,乃至于为这个故事又添加了一幅额外的场面(见插图28至35)。[11]甚至这部画作的名字也不断被重复与借用,"浪子的历程"变成了一个习语。从18世纪早期开始,这种对原作进行复制、模仿与回应的方式,成为所有流行图画与文本产生文化影响力的主要途径。

版权的演化逐渐开始禁止最直接的抄袭方式。1735年《雕刻版权法》的出台,部分导致了人们对于《时髦婚姻》与《勤劳与懒惰》的抄袭不及荷加斯早期作品如此泛滥,不过抄袭现象从未消失。至于书籍亦复如此,正如威廉·圣克莱尔之精彩描述,到了18世纪晚期,版权法的发展直接影响了哪些文本可能被广泛翻印与阅读,而哪些则不能。尽管如此,更普遍的趋势依然是媒体之间愈来愈广泛的复制与互动。从18世纪早期开始,小说与非小说作品都较之过往更为公开与持续地进行着彼此之间以及与公众之间的对话。在这种新的传播领域中,对于作品本身的公开议论、摘录、复制、评价、戏拟、批判、赞美与讨论,不再是一种二手信息的传递,而是将作品传播给受众的一个必要组成部分。任何重要作品在公众间获得的成功,无论是《一个妓女的历程》抑或《帕梅拉》,此后都既是一种艺术的胜利,也是一种大众媒体事件。[12]

这也增加了其可能的意义。直到17世纪末,文本与图画的消费与阐释,一直局限在一种更为私人与有限的空间内。实际上,除开某些政 293

Her Funeral properly attended.

See the last Stage of Worldly matters
Of Whores, Rakes, Lap-dogs, Stars & Garters,
Alas! now dead She'll please no more,
Who liv'd so oft to please before:

Th' Assembly well her Fun'ral suits,
And Scutcheon also none disputes;
To close the Scene (but dont you blab it,)
A Painter's in the Parsons hab[it]

Her FUNERAL PROPERLY ATTENDED

See the last Stage of worldly matters,
Of Whores Rakes Lap Dogs Garters;
Alas now dead, she'll please no more,
Who liv'd so oft to please before.

The Assembly Well her Fun'ral Suits,
And Scutcheon also none disputes;
To close the Scene (but dont you blab it)
A Painter in the Parsons Habit.

24—27.《一个妓女的历程》之众多未经授权仿品中的几幅，正是这类仿品的无处不在，使得荷加斯的作品风行于世。

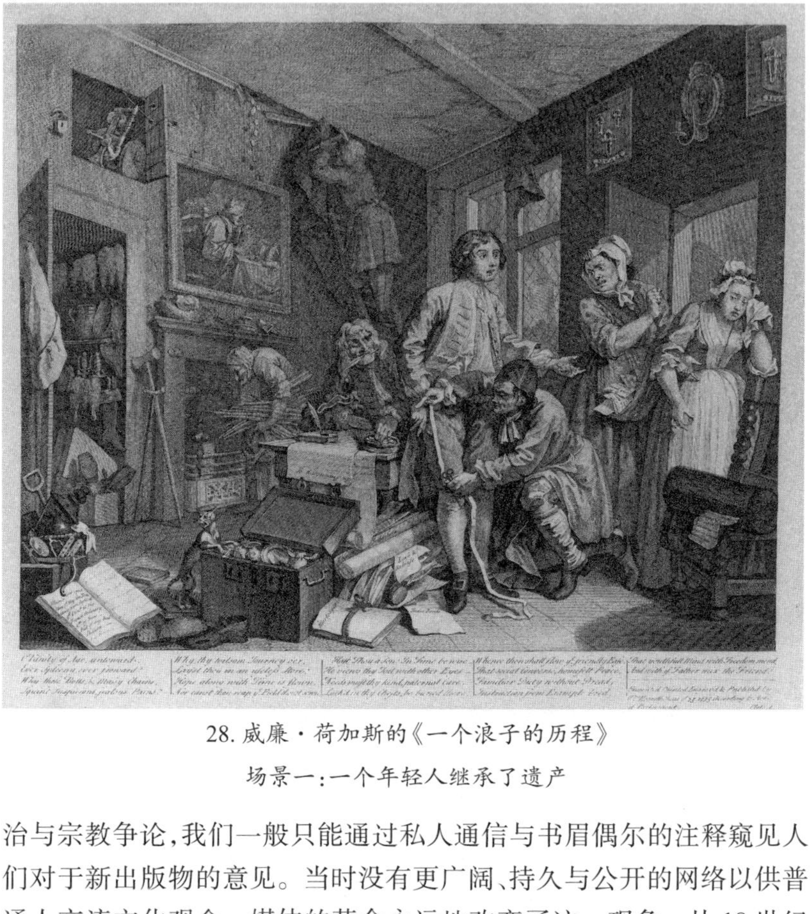

28. 威廉·荷加斯的《一个浪子的历程》

场景一:一个年轻人继承了遗产

治与宗教争论,我们一般只能通过私人通信与书眉偶尔的注释窥见人们对于新出版物的意见。当时没有更广阔、持久与公开的网络以供普通人交流文化观念。媒体的革命永远地改变了这一现象。从 18 世纪晚期开始,任何对于热点出版物的阐释,都会立即通过辅助媒体之网络告知、宣扬与传播给普通大众。

其结果就是,逐步形成了一种较之以往更广泛、更持久以及更具自我意识的公共读者群体,尽管这是一种虚拟而非现实的人群。实
296 际上,报纸、小册子与小说的激增,确实(正如当时某些道德家所担忧

29. 场景三：被妓女簇拥的未来浪子（画面左侧，口袋被扒）

的）致使男性与女性更多地通过个人阅读与小范围交流来形成自己的观念，而不是接受权威之古老而普遍的意见。[13] 这确实促使人们比从前表达出更多元的观点。那么，这一媒体之扩张与普及的主要特点又是什么呢？它究竟如何改变了公众舆论的性质以及公私事务的界限呢？ 297

30. 这件《一个浪子的历程》之仿作，既有彩色版，也有黑白版，来自著名版画商托马斯·鲍尔斯及其助手迅速提供的一批作品。

31. 鲍尔斯的某些套画还包括了这幅附加的场面，扩展了荷加斯原初的叙事。

32.《一个妓女的历程》的画面被无穷无尽地复制与再使用于各种廉价的套画，就如同这件。

33. 在单独的版画中。

34. 在书籍的插图中。

35. 甚至作为烟标。

欢场名媛

要回答这些问题，最好的探寻之路是考察18世纪文化中最引人注目的新生事物之一：公众对于出身低微之妓女不断增长的兴趣。而在1700年左右，这还是不可想象的。即便在伦敦，也只有很少的妓女广为人知或被形诸笔墨。可在18世纪末，尽管人们愈发强调正经女人在性关系中的被动性，但在其最大的道德对立者周围，却形成了一种名媛的文化。那些人的行为通常见诸报纸与杂志，她们的人格在小册子与诗歌中得到细察，而她们的肖像则被人描绘、镌刻与恶搞。这类风气如此盛行，以至于短短数十年之后，诞生了一个新词，“pornography”（色情文学），字面意思即为描绘妓女。[14]

很多更早期的文化已展现出对于放荡女子不同寻常的兴趣。在文艺复兴时期的意大利，许多高级妓女颇有声名且长于词采。同样的情况亦见于前现代日本的高级艺妓。英国的评论者们非常惊讶于古典时代妓女的地位，因为她们的重要性似乎预示了同时代社会中放荡女子的名声，并展现了她们可以积累难以估测的财富与权力。因此，18世纪晚期出现了一股风气，将妓女唤作“帕福斯人”、“塞浦路斯人”与“塞西莉亚人”，使人联想到古代塞浦路斯之维纳斯崇拜及其城市帕福斯；抑或谈论着当时的“泰伊丝”、“莱伊丝”或“芙丽涅”，以对应于古代希腊的高级妓女（见彩图12）。[15] 300

在英国本土，也存在着各种先例。早在中世纪，人们就对王室情妇这类的女人颇有兴趣，她们的放荡似乎扭转了自然的秩序。宗教改革进一步使性道德及其社会后果政治化。至17世纪，正如我们所见，统治阶级尤其是宫廷中的败德之举，甚至有可能吸引整个世界的目光，而社会下层的通奸行为同样可以在其内部引起广泛的关注。最后，文人对于卖淫的兴趣亦不断增加。伊丽莎白时代与詹姆斯一世时代的戏剧充斥着虚构的老鸨与妓女。与此同时，有关最近之死刑犯的传记手册，也成为了一种流行的文学样式，其声称提供了对于流氓及妓女之真实生活的忠实叙述。[16]

不过在这些例子中，人们的兴趣都是偶然的，态度也是敌对的。只有到了王政复辟时期，声名狼藉的放荡女子才开始生前即在印刷品中被频繁提及，且措辞亦不再那么严苛。[17] 在 17 世纪 60 年代，像达默里斯・佩奇、普里西拉・弗斯林汉姆及克雷斯韦尔夫人这类老鸨的名字，不仅见诸政治批评，亦用于兜售色情文学。在 17 世纪 70 与 80 年代，克雷斯韦尔夫人（第一个被《牛津国家人物传记辞典》收录的老鸨）的名声之大，以至于她在戏剧、歌谣与小册子中被不时提到，并且在马塞勒斯・拉隆反复再版的《伦敦城的呼喊》（初版于 1687 年）中，被形容为首都的一道风景。[18]

因此，在 17 世纪晚期，出现了一种新的欢场名媛，公众对于她们身上的恶习颇有兴趣，不论其出身高低。不过，某些关键的要素仍然缺乏。那个时代的性八卦相当封闭，多数消息都不会公开出版，而只通过言谈与抄件流传。例如，1660 年 9 月，有人告诉佩皮斯，一个男人花钱雇著名的老鸨本涅特夫人帮他把一个漂亮的女店员搞上床，本涅特夫人于是"来到了店里，在那个女孩面前假装晕倒，由此与她结识，并最终把
301 她拖下了水"。跟其他强奸、诱奸与卖淫的新闻一样，这则消息被他记在了日记中，但从未付梓。即便是讽刺诗，这种在当时最关注性八卦的写作样式，也只是刚刚开始流行，而且其创作与传播亦颇不稳定。不止于此，较之于妓院老板，妓女个人的名声仍然是次要的与易逝的。有时候她们会在诗歌、小册子与私人著述中被提到，但关于这些女人几乎没有任何确切的记录，除非她碰巧是某个大人物的情妇，或曾出现在舞台上。最后，在那些欢场名媛的制造与维系过程中，写作只扮演着一个可有可无的角色，它仅仅反映现实而已。叙述知名老鸨与妓女的，无论是印本还是抄本，其中的女性形象本身仍是模糊的或明显虚构的，她们的主要作用是为作者自己的幽默或讽刺主旨增色。[19]

36. 克雷斯韦尔夫人，第一个能作为伦敦名人而形诸丹青的老鸨。

但仅过了数十年，情况就大异于此。虚构的妓女形象仍然大行其 302
道，同时还兴起了一股声称真切描绘现实女性的潮流。1723 年高级妓女莎拉·普莱顿——更多时候是用萨莉·索尔兹伯里的名字——的死亡引发了一系列的传记出版物。一份带有插图的大报《肖像、出身、教育、生平、逍遥时光及谈话》囊括了她的一切。像一本书那么厚的《莎拉·普莱顿夫人实录》被迅速翻印与扩充为《名媛萨莉·索尔兹伯里生平、轶事及奇遇之回忆录》,此书又得到两次再版,并于同年被译为荷兰语及德语。不久后又出现了一本《欢场名媛萨莉·索尔兹伯里之生平、轶事及死亡全史》。关于她的小册子在都柏林与伦敦出版,而对其生平之回忆亦成为了《都市密探》的卖点之一,此书于1725年印刷于格洛斯特,销售于布里斯托尔、伍斯特、赫里福德、罗斯、塞伦塞斯特迪威齐斯、加的夫、蒙莫斯及北安普顿,并通过游商散布到更遥远的地方。即使在五十年后,这个妓女的名字仍然屡见于流行歌谣。至于其他与普莱顿女士类似的名媛,亦有诸种相关书籍行世,例如《当代名媛伊丽莎白·韦斯伯恩,即俗称韦伯恩妈咪的生平》,此书在1721年即连印三版,又如《绝世花魁伊丽莎白·曼——亦名博伊尔、桑普尔,通称皇冠——之生平及轶事》《娇贵的咖啡女:或当代名媛安妮·罗奇福德夫人的生平、绯闻与恋情》《当代名媛玛丽·帕利莫尔,即真者里的高个女帽商的生平与轶事》,以及《莫尔·金,即近期国王咖啡屋女老板的生平与人格》,其出版于1747年。这些书还都是在1750年之前,而到了18世纪下半叶,此类个人传记俯拾皆是,甚至还出现了重要的高级妓女与妓院老鸨的合传。[20]

关于放荡女子的绘画亦复如此。1700年之前早就存在描绘恋人
303 与情妇的私人画像,而在此之后,它们变得愈加普遍,这正对应于18世纪英国肖像画的突飞猛进。至于人们对于知名妓女之外表愈发浓厚的兴趣,乃是一种全新的现象,而这显然因为其图样被大量印制,投入市场。[21]

最初,只有王室情妇才受到如此追捧。在17世纪晚期,查理二世之情妇的肖像变得极为流行。其中最便宜的,是那些点缀在廉价民歌集上的粗糙木版画。更大量与更写实的,则是独立的镌版与网线铜版肖像画,其目的在于提供模特的真实形象。这些画不论何种尺寸,售价皆在六便士以上。1700年之前,至少有一打不同的朴茨茅斯公爵夫人

A Pleaſant Dialogue betwixt Two VVanton Ladies of Pleaſure
Or, *The Dutcheſs of* Porſmouths *woful Farwel to her former Felicity.*

One Lady ſhe Couragiouſly ſtands in her own defence; The other now doth ſeem to bow, her Colours are diſplay'd
Aſſuredly none can deny, the Words ſhe ſpeaks is ſence: She is content, her mind is bent, ſtill to maintain her Trade

Tune of, Tan tarra rara, tan tivee.

Brave Gallants now liſten and I will you tell
with a fa, la, la, la, fa, la, la,
A pleaſant diſcourſe that I heard at Pell-mell,
with a fa la, &c.
Between two fair Ladys of the wanton ſtrain,
The one to the other did ſigh and complain,
I wiſh I was over in France now again,
with a fa la, &c.

Quoth Nelly I prithee who ſent for thee here,
with a fa la, &c.
'Tis you with a ſhame that put in for a ſhare
with a fa la &c.
O do you remember when I was diſmay'd,
When you in attire was richly array'd,
Alas I poor Nelly was wrong'd in my trade,
with a fa la, &c.

I pray now could you not your honour advance,
with a fa la, &c.
With ſome noble Peer, in the Nation of France,
with a fa la, &c.
Forſooth you muſt needs leave your country dear
To utter your fine french Commodity here,
But ſorrow and trouble will bring up the rear,
with a fa la &c.

Dear Nelly be loving and do not reſlect,
with a fa la &c.
But prithee now ſhew me ſome civil reſpect,
with a fa la &c.
For now I am in a moſt pittiful caſe,
For ſhame will not let me uncover my face
My honour is turn'd to a vail of diſgrace,
with a fa la, &c.

37. 1685 年一纸廉价的歌谣，旨在展现查理二世两位情人的样貌，朴茨茅斯公爵夫人与内尔·格温（事实上，这两幅木版画都再利用了当时已有的通用画像）。

画像行世。妮尔·格温在当时各种姿态的画像印刷品有十四种存世，而克利夫兰公爵夫人芭芭拉·维利尔斯则至少有十五种。即便像玛丽·戴维斯与佩格·休斯这样不甚著名的情妇，她们的画像亦甚为流行，反复发行（见插图 10、11、37、38 及彩图 13 和 14）。[22]

这种风尚持续到 18 世纪，虽然作品的基调已有所变化，从充满敬

305 38. 查理二世的一位情妇玛丽·戴维斯的一幅大量销售的印刷品。

39. 1738 年的一幅关于乔治二世及其情妇雅茅斯夫人的讽刺画。

意的肖像画，逐渐转变为关于王室或贵族妓女的讽刺画。在乔治二世时代，国王自己的情妇雅茅斯夫人与王储的情妇安妮·范恩一并成为了很多喜剧表演的笑柄。在惧内的乔治三世治下，人们的目光转向了与朝中重臣——例如威尔士亲王与格拉夫顿公爵——有瓜葛的女人，格拉夫顿公爵 1769 年任首相后，兴起了一股印制其情妇南希·帕森斯之画像的热潮。在 18 世纪晚期已经形成了一种绘画的定则，即对于这种男女关系不断地肆意嘲讽（见插图 39 至 42 及彩图 15）。[23] 306

至于不那么高贵的妓女们，其画像之公开流通始于18世纪上半叶。萨莉·索尔兹伯里的某些传记已带有插图。与此同时，其大半身与半身的高品质网线铜版画，也迅速形成了一个市场（见插图43和44）。人们对于这种美术样式如此有兴趣，以至于早在1747年，就有一本印刷品收藏指南用了不小的篇幅来介绍“古代与现代女性的肖像画，这些人或者品行不端，或者疯狂，或是娼妓”。但直到18世纪50年代与60年代，名妓的画像才真正变得流行。在五六年间，就印制了大约

307 40. 威尔士亲王与他的妻子，而背景则是被他抛弃的情人与私生子（1736）。

41. 南希·帕森斯,1768 年至 1770 年在首相格拉夫顿公爵身边,随后离开了他,跟了另一个更年轻的公爵。

十二种不同类型的万人迷基蒂·费舍尔之画像(见插图 45 及彩图 16 至 18)。1765 年,一个伦敦的访客注意到关于欢场名媛的印制品不仅非常便宜("花几基尼就可以买到一整座后宫"),而且印量极大,一次即可达到三四千份之多。次年,一名伦敦版画商手中的目录就列有一打花魁的图样,各种版式兼具。大幅"当代名芳"——无论贞洁还是淫荡——的网线铜版肖像画每幅价值一先令,小幅的价值六便士。最便宜的则当属用来装饰绅士表壳与鼻烟盒的微型印制品,它们被大量印制,起到了彩饰的作用。花费三便士或六便士("精致着色"),一个男人就可以完全秘密地将其最中意的妓女带在身边,一想起她就可以掏出 308

42. 一幅讽刺首相及其妻子和情妇之道德的画作，发表于 1769 年 2 月的《政治纪事》杂志。

43. 关于交际花萨莉·索尔兹伯里的一幅网线铜版画,约作于 1723 年。

来看看(见插图 45)。[24]

这些画像的姿态与象征往往具有某种性暗示,而且即使是看起来最正经的印制品也蕴藏着某些目的。它将一个女人的外表公之于众,为其扩大声名,并且使得数以千计的观看者对其产生一种亲近感,甚至占有感。如一位评论者在 1779 年所言,最有名的高级妓女如今举世皆知,"版画店里满是她们栩栩如生的肖像",以至根本无需介绍。[25]1750 年之后出现的有关名妓的讽刺画同样亦具有扩大声名、使人亲近的作用,只是某些时候含有轻蔑意味。[26] 310

The Effigies, Parentage, Education, Life, Merry-Pranks and Conversation of the Celebrated

Mrs. SALLY SALISBURY.

44. 一份廉价畅销的大报，其中有同样一幅关于萨莉·索尔兹伯里的画像。

高级妓女之声名渐著，也通过其他一系列方式体现出来。她们的相貌不仅以印刷品与绘画流通，而且也出现在彩饰与纪念章中。她们的言行被报纸报道，被书信谈论，被书本搜集。早在三明治发明之前，范妮·穆雷就据说曾经将一张二十五镑的钞票夹在两片面包之间，并一口吃掉，以显示其毫不在意这些钱。[27] 这样的声名注定会渗透到当时的文学中。早在 18 世纪 20 年代，诗人亨利·凯里就苦恼于自己那首
311 描写“底层人爱情”的纯洁歌谣《我们街坊的萨莉》，竟被人视作赞美萨莉·索尔兹伯里的颂歌。约半个世纪后，她的生平事迹仍然是巡回木

45. 关于交际花基蒂·费舍尔的一幅小版画,用来置于怀表中。

偶剧的重要主题,与迪克·惠廷顿和猫的故事不分轩轾。她的后辈们在无数的戏剧、诗歌与随笔中被提及。她们的名字出现在从歌曲到家具的一切事物之中,甚至男妓也使用这些名字。她们对于时尚的影响之深,以至于正经女性据说也模仿着“基蒂·费舍尔的姿态”,或戴着一顶“范妮·穆雷的帽子”。其影响甚至及于为赛马命名,1700年之前很少用任何个人的名字称呼赛马,更不用说声名狼藉之辈了。而在18世纪30年代,有些名为“萨莉·索尔兹伯里”的良种马参加了全国的赛马会。其后几十年,在英国与北美,又有一些著名的赛马及传种母马亦这般命名,如“范妮·穆雷”、“基蒂·费舍尔”与“南希·道森”。[28, 29] 312

时至今日,性丑闻无疑更加能够使人声名远播,各种类型的色情作品成为了一种重要的全球产业。纵观西方世界,无数人依靠公开自己或曝光他人的性经历而获取名声。出版商与广播公司则迎合着公众无休无止的窥淫癖,对于色与名的着迷乃是我们文化一个难以摆脱的事实。因为这一事实得到了摄影杂志、电视与网络这些晚近发明之最强有力的支持,我们往往将其视为一种典型的当代现象。但实际上,这种现代热潮的根基早在 18 世纪就打下了。

印刷大爆炸

最显著的缘由,即是印刷媒介的巨大发展。早在 1700 年左右,伦敦民众的文化程度就比全国其他地方要高。多数男女都能够阅读与写作,包括大部分用人与学徒。不过,从那时开始,各类信息的发布与传播就受到了种种的抑制。最公开的乃是官方的批准与审查,历任政府都以此试图阻止与压制异端观念的发表,虽然从未彻底成功。其结果则是,多数观念在付梓之前,就已经受到了自我审查以及媒体相关规章的限制。[30]

通过写作来传播观念的另一条途径是抄本的流通。直到 17 世纪晚期,这种“抄写发表”仍极为重要,特别是对于那些难以付诸剞劂的重要思想。其可以容许远为自由的语言与主题,因此,大多数色情文学(淫秽与粗俗的诗歌、性讽刺作品及性爱写作)都是以这种方式流通。不过,抄本的受众更为局限,因为其复本的数量往往相当少,而且不少作者与
313 传播者都有意地限制着读者群。即便是最流行的抄本也往往局限于社会精英的圈子,大部分作品,公众都无从知晓,不可得见。[31]

自从印刷术发明之后,审查制度只在两次政治危机中被暂时中断:英国内战以及 17 世纪 80 年代早期。在此期间,一大堆出版物纷纷涌现,直至审查批准制度重新确立。不过,随着《许可证法》在 1695 年被意外地废除,审查制就永远不复存在了。于是在 18 世纪,前所未有的大

Miss FANNY MURRAY, the Fair and Reigning Toast, in her primitive Innocence.

THE Fair who can my fancy warm,
A Soul informs her bosom;
Whose quick'ning pow'r preserves the form
In youth's immortal blossom.
Such worth can fix our heart and eye,
Each raptur'd breast inspiring;

With lasting, firm, substantial joy,
We live and die admiring.
When absent from my Charmer's sight,
Inferior Nymphs caressing;
They yield a transient, faint delight,
Which palls in the possessing:

But in the Heav'n of *Fanny*'s arms
My ravish'd fancy traces
Exhaustless pleasures, endless charms
And never-fading graces.

I.

A Nymph there is whom many a Swain
Has sigh'd for oft' but sigh'd in vain,
And borne the insults and disdain
Of proud but handsome *Fanny*.
Around her throng'd the Wits and Beaux:
With Cringes, Compliments and Bows,
And Dress, and Oaths, and Lies and Vows,
All strove for lovely *Fanny*.

II

The Charms that deckt this fav'rite Maid
In Verse and Prose were sung and said:
For Wits will write, and Beaux may read,
Oh happy, happy *Fanny*!
But see triumphant Beauty's Pride!
In vain was Wit or Nonsense try'd,
Beaux, Fops, nay Flatt'ries were deny'd
By haughty, haughty *Fanny*.

III.

Too long coqueted the vain Fair:
Time, that ev'n Beauty scorns to spare,
Stole o'er the Eyes, the Cheeks, the Hair
Of silly, heedless *Fanny*.
Paint, Powder, Washes are apply'd—
No Arts the sad Disgrace can hide:
The Fops forsake, the Wits deride
Their once-lov'd, charming *Fanny*.

IV.

Unheeded now at Ball or Play,
She hates the Pretty, blames the Gay—
Ah! who one tender Thing will say
To poor deserted *Fanny*!
Yet still she lingring haunts the Scene,
Where once she acted beauty's Queen,
And every simple Heart had been
The Slave of tyrant *Fanny*.

V

At length, with fruitless Hope worn out,
She quits the giddy youthful Rout,
And turns so monstrously devout,
No Saint was e'er like *Fanny*.
Yet while this solemn Garb she wears,
Each World by turns employs her Cares,
And Slander, Sermons, Cards and Pray'rs,
Divide still wretched *Fanny*.

Printed and Sold in *Aldermary* Church-Yard, *London*.

46. 这份关于范妮·穆雷的歌谣可能售价一便士，其中的木版画来自她众多版刻印刷品中的一幅。

量与多样的书籍与小册子纷至沓来，表达的自由也同样显著地得到了扩展。例如，我们知道在1677年大约有八百种不同的发行物，而到了18世纪末，一年内发行八千多种出版物也一点儿不稀奇。1670年左右，在伦敦、牛津、剑桥与约克只有约两打印刷厂得到了许可，而到了1800年，则存在着数以百计的印刷商与出版商，差不多英国的每一座城镇都至少有一家。与此相应，书商的数量亦急速增长，遍布各地。最后，各类出版物也以全新的方式及于广大受众：通过流通及会员图书馆、读书俱乐部与咖啡屋。[32]

报刊业的骤兴，对于创造一种新的思想文化氛围而言，尤其重要。在1600年前没有报纸，即使在1695年，其数量仍然极少，且关注面狭窄，发行范围有限。但到了1716年，已经有大量的新办报纸流通于市面，达德利·莱德的日记不经意地就提到了至少一打数量的报纸。一份1752年伦敦“主要”报纸的目录列出了总共二十种报纸，包括日报、一周三报、一周双报、周报、双周报以及月报，这还不包括许多次要的报纸与杂志。而到了1765年，除了报纸之外，还有超过七十五种的都市期刊，其中不少期刊的发行量极大。许多报纸的读者群已经超出了首都的范围，而且在地方上，还有数十种本地的日报。[33]

这些媒体的读者数量加起来同样惊人。当约瑟夫·艾迪生创办《旁观者》时，他预计其印量只有三千份，每期的读者约为六万人一天，通过
315 私下传阅、公开朗读以及在俱乐部与咖啡屋流通——“如果每一份能够吸引二十名读者，这么估算还比较谨慎，那么我可以预期在伦敦与西敏寺大约会有六万名读者”。而在其后数年这份刊物达到鼎盛之时，据说“有时一天竟可以卖掉两万份”。另外，对于同样的新闻与看法、同样的书信与随笔、同样的故事与观念之不断地重复使用也日益普遍。大多数畅销报纸都至少得有一次被搜集印制成册，以确保其内容能在初次发行之后很长时间内仍得以流通。在18世纪中叶，报纸同样不断地重印、摘引、改写与抄袭别家的内容，日复一日。[34]

印刷出版品在数量与普及性上的极大提高，改变了大众传播的性质。它使事件与看法较之过往得到了更广泛的发布。新的印刷形式，使得过去只能依靠口传或手抄的内容，如今对于多数人而言都变得触手可及。新闻、流言与信息得到了更快速与更频繁的传播，其流通规模亦甚为扩展：在18世纪50年代，即便最底层的男女也喜欢购买报纸。正因为此，塞缪尔·约翰逊在自己办的报纸中写道，英国的老百姓是全世界最有见识的，"我们无疑要将此优势归功于信息的涓涓细流，其在你我之间流淌，我们每个人都得到沾溉"[35]。没有这些进展，18世纪妓女的声名远播自是全无可能。

不过，尽管新媒体的发展是其重要的促成因素，但也不能够提供充分的解释。早在17世纪前期，男女名流的肖像版画就已经颇为常见——妓女画像在一个世纪后才流行这一事实，与其说反映了新媒体的兴起，还不如说反映了一种新观点的兴起。其他的宣传形式亦复如此。即便在查理二世治下，低贱女子的性丑闻也能得到广泛传布。在 316
1663至1673年间，屡次重婚者玛丽·卡尔顿成为了数十种传记、自传、回忆录、戏剧及小册子的主题。跟她的作品一起，她的肖像被雕刻与出版。她的形象甚至出现在舞台上，那是一出表现其生平故事的戏剧。[36]从许多方面来看，卡尔顿夫人的公共形象及其文学改编，都极像18世纪那些声名狼藉的女性，她是1700年之前的一个孤例。因此，更深层次的问题在于，为什么到了18世纪，印刷与宣传不仅扩大了领域，而且逐渐被运用于新的途径。

这一转变如此复杂，以至于我们只能将其视为一系列相互联系的社会以及思想环境的变化所致，这其中包括民意之特性、辩论的手段与术语、有关私人与公共生活之假定、名望与声誉的性质等。

首个重要的变化是，新的传播方式的普及性，促生出一种对于民意的不同态度。在过去，直接诉诸公众意见的观念受到了作家、艺术家与政治家的普遍质疑，然而在乔治王朝时代后，这类人群逐渐强烈地自我意识到其与更广大公众间的关系，以及其自身有赖于来自公众的支持。他们不再将“普通”或“俗常”的观点视作鄙陋与谬误，并且日益热衷于衡量、塑造与遵从“舆论”——这是一个新的短语，创造于 18 世纪早期，反映了一种态度的变化。理论家、批评家与政客，仍然完全可以宣称大众的观点是谬误的，或者区分出审慎与盲目的评价，或者蔑视一切流行的东西；但是，民意的崛起势不可挡。正如此问题的热心研究者约翰逊博士建言：“国内批评总是有上诉至更高司法的权利，而公众，因其从未被腐化，也很少被诓骗，所以对于文学主张拥有终审权。”[37]

不少政治、哲学与艺术史家都曾深入研究过这一进程，[38] 但严格说来，它与本书主旨的关系才更为密切。在文学与政治领域，新的传播类
317 型与方式可以至少追溯至 17 世纪早期，相反，说到人们对于性行为的看法，将印刷的力量作为民意的一种载体，其进展要晚得多，也更为突然。只是在 18 世纪早期，才出现了一种相应的文化，在其中，广大读者可以持续且公开地谈论性事务。报刊业的兴起，使得社会信息更为自由、持续与大量地及于民众，它在一份份报刊中被不断复制、评论，被空前开放与多样的读者群体分享。通过这种方式，一套传播与讨论新闻与观念的大众传媒系统第一次稳定地建立了起来。

小册子的使用同样也发展迅速。早在 17 世纪，小册子已遍地开花，尤其是政治与宗教主题的。辩论家爱德华·史蒂芬斯——我们在第一章中提到过他——在 1689 年至 1706 年间，发表了一百部左右的各类论著，而他还不过是个相当次要的作家，当时肯定有别的作者比他更为多产。到了 1750 年左右，小册子的论域大为扩展，且较之五十年前，即便是次要作家，得到其作品也要容易得多。至 18 世纪中期，随着报刊与小册子之出版业的不断成长，几乎任何识字的人都可以实现其将信息与观念迅速、方便与匿名地传播给广大读者的愿望。

这种新的媒体同时积极地鼓励其读者跟它们互动，从而参与到公共讨论之中。作者直接与读者通信并不新鲜，书籍与小册子刊出回复

之文亦非罕见。不过，报纸与杂志的激增带来了一些完全不同的东西。大多数这类出版物颇为依赖普遍读者——往往匿名——主动寄来的通信、诗歌、随笔、广告与声明。通过这种方式，公众及其观点渐渐比以往变得更为明晰与自信。不止于此，与通俗报刊的接触本身，也必然会指导读者们熟悉全新的宣传机会与惯例。读者对于时事问题之回应，通 318
信者之间的持续对话，以及不断散布于报纸、小册子与杂志中的公共意识，这些方面的突显，使得人们能真切地感受到自己从属于一种广阔、活跃与自信的讨论者群体。

这不仅仅是幻觉，因为早在 1710 年代，通俗报刊的编辑就已经收到了数量远超其印刷能力的信件。不幸的是，多数投给报纸和杂志的信件都未署名或只署上假名，所以我们不可能知道它们来自何人。不过，在 18 世纪下半叶，这种机遇感可以从詹姆斯·博斯韦尔 1758 年至 1794 年的作品目录中窥见一斑。虽然并不完整，但其中仍包括了数以百计的匿名书信、随笔、评论、诗歌、警句、批评、公告、报道与其他投稿，最初登载于二十多份不同的报刊，后来又在其他很多地方重印。博斯韦尔显然是一位绅士与老练的作家，不过那些更为平凡的男女也开始敏锐地意识到，可以利用报刊资源宣传自己的主张。至 18 世纪中叶，甚至罪犯、自杀者与死刑犯，也往往争取在小册子与报纸上宣传自己的思想。“从没有哪个时代，”约翰逊博士在 1753 年写道，“不论能力如何，不论教养高低，不论什么职业，任何人都显示出对于媒体如此强烈的热情。”这成为了此时代的一个显著特征。[39]

操纵舆论

通俗报刊及其社会对应物——例如辩论学会与咖啡屋——并不仅仅是讨论的工具，它们的实践同时也改变了辩论的术语。这种新的交流类型创造出一种新的道德思维方式。此即新媒体影响性情感的第二种方式。[40]

首先,较之从前更为多元的观点不断付诸剞劂。通过鼓励通信以
319 及在爱情与性欲问题上答疑解惑,早期的报刊对于创造这种开放的环境贡献良多。行为指南与释疑文献由来自古,但过去没有的是,各个阶层成千上万的男男女女匿名写信向报纸求助,并且其疑问和解答会一并登载出来,公之于世。[41]

这种开创之举来自出版家约翰·邓顿的头脑,他主办的问答类双周刊《雅典信报》是第一份受到大众欢迎的英语期刊。从一开始,其读者最常提出的问题就是关于爱情、婚姻与性伦理。未婚同居的正当性何在?那些衣着猥亵的女人有何种道德?男人与女人之间能否有纯洁友谊?为什么妓女一般不育?手淫有错吗?第一次性交就可能怀孕吗?通奸有无正当之处?这些都不是新问题,但此前从未如此广泛与公开地辩论过。这类信件的数量如此之多,以至于每月得推出一期特刊专门处理这些累积的问题,此后又衍生出一本独立的出版物《女士信报》。邓顿之出版物的形式与视角,反过来又启发了很多著名的后继者,其中包括笛福的《评论》《英国阿波罗》《闲谈者》以及创办于1731年的《绅士杂志》。[42]

除了发表并试图解决读者提出的道德困境外,18世纪的期刊还决心在更普遍的意义上成为社会规范的仲裁者与传播者,它们通过随笔、诗歌以及普遍的反思来投身于其中。到了这个世纪的中叶,这种理想已经成为了通俗报刊的一个共同特征。报刊的大众化趋势由此创造出一种受众极广的新权威,指导人们如何行事。在当时人们的眼中,这与传统的教化并不一定矛盾。正如一个人所言,《圣经》仍然是所有道德知识的源泉,而《旁观者》只不过"教导了一种更加简易与称心的实践
320 美德"。事实上,正如有人曾正确指出的,18世纪早期教化文献的道德哲学与此前颇有差异,其目的既在于劝诫,更在于娱乐。它的根基亦有所不同。虽然它往往借助《圣经》以支持其论述,但神法已不再必然是

首要的标准。相反,道德行为如今更倾向于采取世俗化的表述:它遵从的是理性、礼仪与人性的指令。[43] 最后,通俗报刊的形式有可能促成了一种观念,即道德判断实质上是主观的。造成观点之多元与歧异的因素不仅仅在于报纸、杂志与小册子的大量涌现,同时还在于这些媒体的生存完全有赖于煽动性的讨论、刺激性的问题与评论、彼此的辩驳以及吸引公众眼球。

这些新环境所造成的另一个后果是,在 18 世纪出现了我们所谓的"媒体事件":某些事例引起了如此热烈的公共讨论,以至于这种讨论本身就成为了事件发展的一种重要推力。这类事件很多都是由某种性争议引发的。反过来,它们也不可避免地进一步强化了各种针锋相对的性观点。早在 17 世纪,某些丑闻就曾引发大量议论。在 1610 年代,"奥弗伯里事件"催生出源源不断的檄文、小册子与诗歌,更不用说一大堆抄本。同样的公共热情也出现于 1631 年卡斯尔哈文伯爵的审判上,他被控教唆强奸以及实施鸡奸,还出现于 17 世纪 90 年代诺福克公爵夫妇的离婚诉讼,以及一系列其他涉及性乱的事例上。18 世纪中叶的新情况不仅在于这类事件更多,抑或印刷品上的评论数量及其传播范围显著提升;[44] 更在于公众通过报刊的普遍介入,使得其自身成为了事件进程中的一部分。层出不穷且相互竞争的新闻报道,以及数不胜数的公众介入方式,这两者的合力意味着,公共丑闻如今几乎总会在报刊上引起评论者与当事人无休无止的争论,即便事件仍在演进之中。 321

对那些欢场名媛而言,即便是最微末的琐事也可能被放大一百倍。1759 年,基蒂·费舍尔在圣詹姆斯公园骑马时从马背上摔下,此事引发了延续数月之久的公共评论、诗歌、绘画、小册子以及专著(见插图 47 至 49)。不过,最吸引人的焦点还是审判。毕竟,一场诉讼包含了一次公共争论的所有必要元素:对立双方所陈述的矛盾故事、人格剖析、隐藏的丑闻、最后的一锤定音,以及败诉一方可能面临的惩罚、毁灭,甚至死亡。正是在 18 世纪 60 年代,"轰动案件"(cause célèbre)这一名词首次在英文中出现，其最初的一些案例如今仍被人津津乐道。[45] 例如1753 年至 1754 年伊丽莎白·坎宁小姐的案件，她声称自己被人拐骗，并在一家妓院中被监禁数周之久，但如伏尔泰所言，她的毁谤者们相信，她只是“一个骗子”，自己怀了孩子就销声匿迹以图掩盖事实。而在1775 年，重婚者金斯顿公爵夫人伊丽莎白·恰德莱与高级妓女玛丽·拉德——她是丹尼尔·佩洛及其胞弟罗伯特的情人——的案子引发了更大的公众热情。四年之后，桑威奇伯爵的情妇玛莎·雷被一名痴情的年轻牧师杀害，此事同样引起了持久的议论与猜测。这类案件引发的公众讨论如此众声喧哗，以至于在印刷媒体之中，法律诉讼本身及其确立真相与正义的能力似乎已居于次要地位。[46]

同样的动力也构造了无数其他发生于 18 世纪而今又被人忽略与遗忘的性丑闻。例如安·夏普又名贝尔的案件。在 1760 年 10 月，伦敦报纸都在报道近期一位年轻的淑女被诱骗到一家地点神秘的妓院，受到了性侵犯，并重伤致死。这些传言的真实性模糊不清。即便当尸体被特意掘出并接受检查时，验尸的结论也显示并非谋杀，但这个故事
322 仍然拒绝结束，因为它看上去已然囊括了一切诱奸情节的构成要素：一个出自体面家庭的幸福女孩，首先被某个军官糟蹋，然后徙至伦敦，逐渐沦落风尘，随后又不幸地被一个没有丝毫人性或良心的上层浪子纠缠、凌辱、抛弃与毁灭。其结果则是，关于安·夏普与威廉·萨顿——那个所谓的侵犯者——的生活、“奇遇”与性格之激烈而持续的争论不断见诸出版物：它们出自新闻记者笔下，见于社论、诗歌以及来自当局者与旁观者之源源不断的真实与虚构的记述。公共议论是如此的激烈，以至于验尸官与总裁判官约翰·菲尔丁被迫在报纸上发布公告，为他们的行为进行辩护。由此，人们对于此案的一般观点日益取决于辩论方的立场与成就，而非证据本身。四个半月以后，当萨顿被带到庭上并被宣告无罪之时，这一司法判决已经不那么重要，因为许多评论者早有了盖棺定论。“让公众来审判”，正如贝尔小姐的一位支持者所倡，这似

47. 基蒂·费舍尔之“快乐奇遇”的印刷品(1759 年 3 月)。

乎已变得比司法审判更为正当。[47] 323

开启民智的印刷文化之最后一个特征,即是它提供了一种操纵民意的全新条件。这看上去似乎是一种讽刺性的发展。事实上,研究此一问题最有影响的当代理论家于尔根·哈贝马斯教授告诉我们,情况正好相反。他认为,18 世纪早期英国一种新型公共领域的出现,使得受教育阶层首次能够参与文学与政治话题的“公共论辩”之中,免于审查、商业压力或党派之争。只有到了 19 世纪与 20 世纪,这种独立的批判精神才被大众传媒的商业化、广告业的兴起、公关及其他现代的操纵手段所破坏。[48]

然而,即使在 18 世纪,精心安排与制造舆论的做法也并不罕见。那些出版物中的新闻报道与八卦信息,往往是由职业的雇佣文人生产

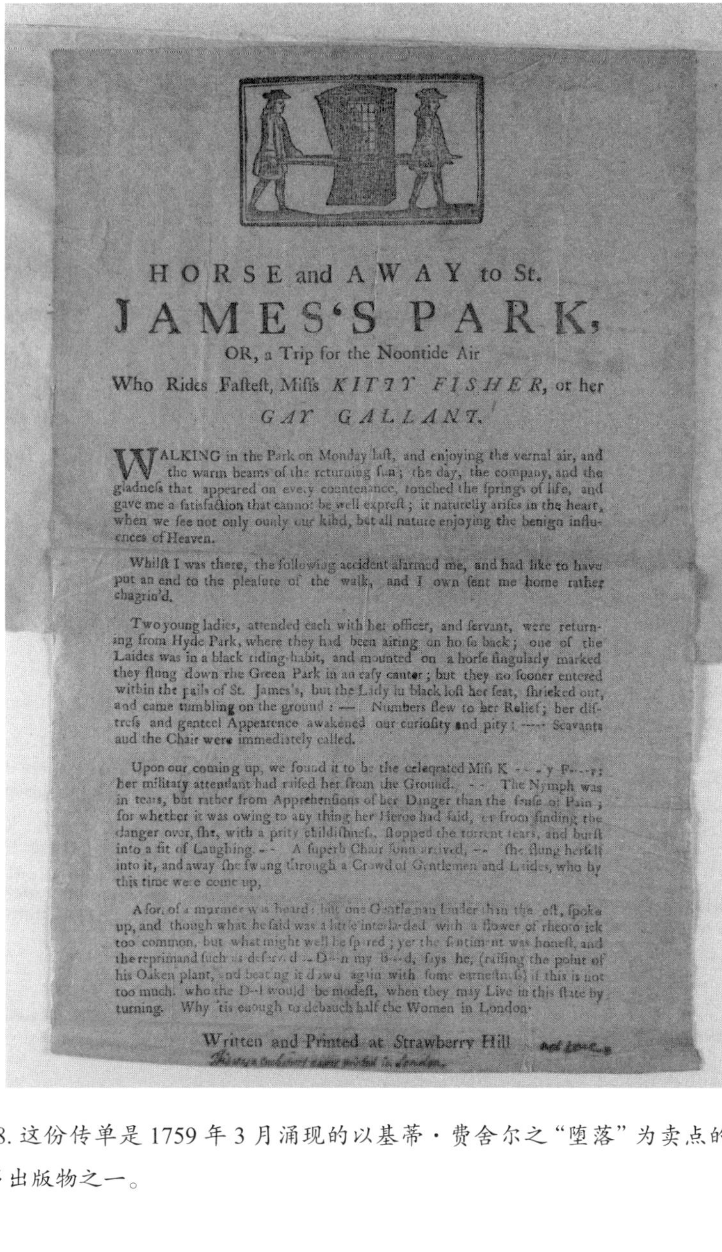

HORSE and AWAY to St.

JAMES'S PARK,

OR, a Trip for the Noontide Air

Who Rides Fastest, Miss's *KITTY FISHER*, or her

GAY GALLANT.

WALKING in the Park on Monday last, and enjoying the vernal air, and the warm beams of the returning sun; the day, the company, and the gladness that appeared on every countenance, touched the springs of life, and gave me a satisfaction that cannot be well exprest; it naturelly arises in the heart, when we see not only ounly our kihd, but all nature enjoying the benign influences of Heaven.

Whilst I was there, the following accident alarmed me, and had like to have put an end to the pleasure of the walk, and I own sent me home rather chagrin'd.

Two young ladies, attended each with her officer, and servant, were returning from Hyde Park, where they had been airing on horse back; one of the Laides was in a black riding-habit, and mounted on a horse singularly marked they flung down the Green Park in an easy canter; but they no sooner entered within the pails of St. James's, but the Lady iu black lost her seat, shrieked out, and came tumbling on the ground: — Numbers flew to her Relief; her distress and genteel Appearence awakened our curiosity and pity: ---- Seavants aud the Chair were immediately called.

Upon our coming up, we found it to be the celeqrated Miss K - - - y F- - -r: her military attendant had raised her from the Ground. - - The Nymph was in tears, but rather from Apprehensions of her Danger than the sense of Pain; for whether it was owing to any thing her Heroe had said, or from finding the danger over, she, with a prity childishness, stopped the torrent tears, and burst into a fit of Laughing. - - A superb Chair soon arrived, - - she flung herself into it, and away she swung through a Crowd of Gentlemen and Laides, who by this time were come up,

A sort of a murmer was heard; but one Gentleman louder than the rest, spoke up, and though what he said was a little interlarded with a flower of rheotorick too common, but what might well be spared; yet the sentiment was honest, and the reprimand such as deserved - - D- -n my B- -d, says he, (raising the point of his Oaken plant, and beating it down again with some earnestness) if this is not too much. who the D- -l would be modest, when they may Live in this state by turning. Why 'tis euough to debauch half the Women in London.

Written and Printed at *Strawberry Hill*

48. 这份传单是1759年3月涌现的以基蒂·费舍尔之“堕落”为卖点的诸多出版物之一。

49. 这幅保罗·桑德比的纪实印刷品，展示了1760年一个售卖歌谣的家庭正在兜售关于基蒂·费舍尔的出版物（已佚）。为了引人注意，并为向她的名字致敬，这个男人把它们系在随身携带的钓竿上，喊着："谁来我的鱼塘中钓鱼？"

出来并卖给媒体的。那些出自所谓普通读者的文字与评论多数经过改写,有时完全是捏造。有些编辑会收取费用,以决定发表或掩盖某些新闻,其他人则完全受雇于某些政客,正如今日不少著名的写手。[49]

也是在这一时期,广告与书评首次成为了重要与普遍的营销手段。两者都被秘密地用来推销书籍、商品、表演、人物以及社会运动。广告会伪装成新闻或通信,以这种虚假的方式吸引读者关注某些事件与出版物,而公告与书评则不过是华而不实的推销,只是套上了一层公正的外衣。在 1744 年春季的一份伦敦报纸中,出现了大量有偿的“新闻”,其登载的频率与普通的广告相类,其中包括“一家草地球场、一出戏剧、一个临湖垂钓胜地,以及肯特郡托马斯·莱德先生的授爵”,全都是虚
326 假的荐辞。为了描述这种新的伎俩,“puff”一词在 18 世纪下半叶获得了一种新的意思:吹捧。1732 年,《伦敦杂志》将此词描述为“一种黑话,指的是文人与书商赞扬自己的书籍,以提高销量”。切斯特菲尔德同样认为这是一个“低贱的”词,但他自己还是不断使用。不久,它就成为了一个流行的虚构绰号。一封来自“约翰·普夫先生”的书信被置于亨利·菲尔丁之戏作《邪梅拉》的前言。在塞缪尔·富特的喜剧《品味》(*Taste*)中,一位“普夫先生”把一堆废物说成是珍贵的艺术品,而在他的《赞助人》(*The Patron*)中,一个唯利是图的书商也叫这个名字。同样地,普夫先生也出现于苏珊娜·桑利弗尔作于 1749 年的《选举》(一名印刷工)以及 R.B. 谢里丹作于 1779 年的戏剧《批评家》(“一位戏剧界的知名绅士”)之中。[50]

事实上,用以传播与放大舆论的工具,同样被普遍用以欺骗与操控舆论。19 和 20 世纪大众传媒的突飞猛进,极大强化了此类技术对于受众之影响。无论如何,从一开始,操纵舆论就是印刷时代新闻与观点之商品化与影响的一个自然而内在的副产品。即使在今天,18 世纪的种种伎俩之无耻仍能使我们大吃一惊。通俗报纸有时会发现自己的竞争对手在昨晚采取了同样的标题、时间以及刊数,以此欺骗公众。匿名或

化名的出版物与评论之习惯做法，允许作者在一本小册子或一张报纸中偷偷插入对于自己的书的预告与推荐。文人们可以暗中宣传自己的书，也可以请朋友为自己摇旗呐喊。乔纳斯·汉韦撰写了一篇关于其三卷本《诫女文》的热情公告，并请求伊丽莎白·蒙塔古署上她的名字。约翰·克莱兰偷偷地评论了自己的作品，其他作家亦复如此。玛丽·拉德有一次匿名将自己一部作品描述为近代以来“最有勇气，同时文字也最为优雅与适度的作品之一”。虽然“这可能被视为一种自我吹捧”，她论述道，“但这完全有别于其他的吹捧之举——这是名副其实的”。博斯韦尔则不仅反复且大量地评论其公众形象与文学作品（“一部真正的 327
天才之作”、“绝世才子的产物”等等），他甚至在给自己一本小册子作序的时候为本人献上了题辞。[51]

要展现媒体在影响观念、联系人群以及促进行动等方面日益强大的潜能，我们只需比较一下托马斯·布雷与乔纳斯·汉韦这两位当时最活跃的社会改革家所采取的方法。当布雷在17世纪90年代计划建立一座妓女忏悔院的时候，他只是让自己计划的抄本在一小群祝福者中间传阅，以及私底下向熟人游说，以获取他们的支持。当时还没有定期的报纸抑或杂志，可以让他很方便地向广大公众发表自己的观念，他也没有通过出版小册子来让任何人都可以审视其主张。相反，他亲自接触某些关键的人物，试图获得他们的助力。即使在17世纪晚期，这仍然是一种极为常规的程序。正是以此种方式，布雷在不久之后即成立了基督教知识促进会——可能是当时最成功的慈善机构——以及福音推广公会，这个机构的成立也几乎没有借助任何公众的资源。[52]

对于半个世纪后的乔纳斯·汉韦而言，这样的沉默行事是不可想象的。他同样非常擅长私人交往与个人筹款。他非常关注此类细节，例如当潜在的捐赠者收到有关抹大拉之家的书籍时，此书的封面即描绘出忏悔者在呼喊，“噢，救救我，救救我”，以此来确保本书的信息在展卷之前就已经传达出来。尽管如此，汉韦仍然坚信有必要诉诸更为广泛的受众，并且充分利用印刷的力量。他认为，出版比公众集会更有效。因为其使得一个人的信息可以不受阻碍、干扰或抵触地传播，并且使民众有时间领会与思考其是非曲直。不止于此，尽管“很多人没有时间，还有更多人认为自己没有时间来阅读……然而，即使这种情形也使得他们非常信赖那些书评人的报道”，因此那些具有诱导性的评介同样十
328 分关键。所以，他的方法就是在媒体上连篇累牍地制造正面形象，一遍又一遍地重复自己的话，为的是让信息尽可能广泛而持续地传播：经常以匿名形式反复发表同样的语句与情感，见诸图表、书信、议论、批评、宣传、预告与广告之中。他始终尽力地保持着一个中立、公正的旁观者形象。事实上，正如弗朗西丝·伯尼所言，他“沉溺于”报章。可是面对读者，汉韦伪装成一位超然的观察者，只有在事情出现意外时才被卷入争论。“因为我没什么时间来阅读，”他在一篇吹捧抹大拉之家的文中虚伪地说道，“我自己写下的可都是肺腑之言。”[53, 54, 55]

汉韦的手段说明了此前五十年所发生的大众传播之变迁。从今往后，即使是任何辩论中的次要言论，也往往立刻在城市中被放大、重复与传播，制造出一种广泛而深远的公众议论，这在此前无法想象。小册子、报纸、文学刊物以及普通读者，都在争相评论一切流行的话题。不过，这种讨论并非如表面所示，完全是自发与自由的。正如汉韦这类宣传家展现出的高超伎俩，其中任何一个层面，他都可以按照自己的目的煽动、刺激、驱动、影响、利用以及指挥舆论。

私人与公共事务

18 世纪见证了一种新型媒体文化的诞生，在其中，私人事务与个人
329 观点都得以前所未有地公之于众。此一进展推动了公众更加自由地讨论性事务，扩大了放荡女子的名声，并且为操纵舆论提供了新的条件。令人吃惊的是，同样的趋势也出现在这一时代的小说，以及当时很多其

他写作样式之中。这就指向了新的性观念之第三个来源——人们在个人身份及其公共意义上发生的观念转变。

从一个层面来说，这牵涉到一种人格观的转变。传统观念认为，人格首先取决于个体行为，而新观念则大异于此，主张人格的核心存在于个体某种被隐藏的深刻感受与私人事务之中。越是其他人难以自然察觉的，越有可能蕴藏着人格之中的此类关键信息。正如文学批评家休·布莱尔所言，一个传记作家记录传主的私生活不仅适当，而且必要，因为“通过私人生活，通过家庭、室内以及似乎琐碎的事件，我们往往可以最切近地了解个体的人格”。约翰逊博士也赞同：传记作家最深刻的洞见来自其“将思想导入家庭的隐私，并展现日常生活的细微之处，摒弃外在的表象”。正是基于相似的原因，卢梭在他的自传（初版于1782年）中着意强调了他的性感觉与性行为。“如果我的生命存在着某种（唯一的）情状，可以勾勒我的人格，”他在一篇自白的开头宣称，“那就是我将要讲述的……不论你是谁，若是想了解一个人，只要鼓起勇气阅读接下来的两三页，你就会完全认识J.J.卢梭。”[56] 随着人们愈发强调私人情感的重要性，这就成为了现代的性观念最重要的基本预设之一。人们不再认为只有个体的性行为才反映此人的性情，而是日益主张每个人本质上都具有一种内在的性意识，而这塑造了其外在之人格。

此种观念变迁的另一个表征就是，在许多思想活动的领域之中，真理不再被认为存在于总体与普遍之中，而是蕴含于个体和特殊之内。这一趋势源自发端于17世纪的哲学大众化思潮，由笛卡尔、霍布斯、洛克以及他们在1700年之后的继承者所引领。人们不再以沿袭的假说与所谓内在的观念为思辨之基础，而是逐渐形成了一种逻辑的理想，即不去接受任何未经考察的说法，唯一依赖的乃是自己对于事实的观察。因此，对于细节的经验考察就变得愈发重要，因为它不再只是一种确证普遍真理的工具，其本身更是一种目的，乃是真正知识的基石。 330

正如文学批评家长期以来所称道的，在哲学和美学中的这些潮流，与同时代现实主义小说的兴起之间，存在着一种引人注目的对应关系。18 世纪早期的小说也将一种影响深远的描写现实的全新方式引入了文学，旨在通过细节展现真实，其角色应该与现实人物无所差异，而其真相要通过逼真的描述展现出来。与此相类的视角变化触目皆是，不仅仅见于报纸与其他形式的媒体，而且也见于一般的社会叙述。[57]

在整个 17 世纪，一如前代，卖淫习惯上通过"妓女"、"荡妇"、"城市小姐"等脸谱化的角色来表现。当作家描述个别的罪人时，他们同样关注的是将其人与普遍的法则相对应，而非强调其个体特性。即便是约翰·邓顿于 17 世纪 90 年代创作的《夜行者》，其在很多方面虽堪称新闻写实主义之先锋，但个中的妓女与浪子实际上仍是无名的角色。如果强调这些人的特殊性，就意味着削弱他们的普遍性与典型性。[58] 可到了 18 世纪则截然相反，个人细节的展现如今完全被用来突出叙事要旨。正是此种使社会现象个体化呈现的要求，可以解释诸如为何 18 世纪中期的性慈善机构如此热心出版忏悔者个人的书信与故事，以及为何人们这样热衷于那些不知悔改的妓女们的所谓传记与回忆录。如今我们
331 对于这种认知方式已习以为常，不以为异。我们主要通过了解特定的事例来增进我们关于通奸、强奸或婚姻破裂等事项的知识，我们对于具体事例了解得越详细，就觉得自己对于现象之整体理解得越到位。不过，只有到了 18 世纪，这种对待个体故事的方式才成为主流。

这一进程显然是逐步的，并且绝非整体性的。一切关于社会与两性关系之分析，在某种程度上皆有赖于普遍与非个人化的原型。早先的传统在谈论妓女与浪子时，运用的都是抽象化的人格措词，这在 18 世纪亦所在皆是，文学中也满是象征化的名字，印刷品上充斥着讽刺性的陈词滥调。[59] 实际上，对于个体故事的兴趣并非新鲜事物。具有关键性的，毋宁说是当时的重心发生了一次决定性的转变。虽然 17 世纪不少有关不道德行为的作品充斥着各类妓女与嫖客，但较之当代，古典与《圣经》的事例一直拥有着更高的权威。只有在 1700 年之后，人们才主

要或完全依赖现代的典型。而且，无论真实还是虚构，这类关于个体的叙述如今都被赋予了更为重要的实际意义。此前描述个体生平，只是为了确证由神法或自然法设定的行为模式，而18世纪对于特定人物的描述，则逐渐倾向于强调其人的个体性，即使最终目的是为了得出普遍的结论。

正是这些原因导致了1700年之后掀起了一股有关私人生活之故事与资料的出版热潮。最早出现的一批小说之独创性与吸引力，不仅在于所谓的现实主义，更在于其自称是私人记录与秘密写作的公开发表。丹尼尔·笛福的《摩尔·弗兰德斯》自称为一部真实的"私人历史"，一部取自女主角"本人所撰写之备忘录"的自传性叙事。笛福的《鲁滨逊漂流记》《杰克上校》以及《罗克珊娜，幸运的情妇》也是此种模式，而此后其他无数题为自传、回忆录或实录的故事亦复如此。有关妓女之真实生活的记述亦置身于此种潮流之中。早在1723年，林肯郡的诗人与小说家简·巴克就将此类记述与各种虚构作品等量齐观，她认为 332
当时最为流行的记录是关于"鲁滨逊·克鲁索与摩尔·弗兰德斯，杰克上校与萨莉·索尔兹伯里"[60]。

此时期还兴起了一股影射小说（romans à clef）的潮流，这类作品据说揭露了当代名人尤其是政客的桃色事件。应当说，这并非一种全新的文体。玛丽·若斯女士的《尤瑞妮雅》一书的复杂情节，即包括了对于近期宫廷丑闻的隐晦描述，而此书乃刊于1621年。17世纪80年代中期，阿芙拉·本分期发表了《一个贵族给他妹妹的情书》，据说这是辉格党阴谋家瓦克的格雷勋爵与妻妹亨丽埃塔·贝克莱夫人的通信，他们这对不伦男女的私奔曾引起轩然大波。尽管如此，只有到光荣革命以后，随着政党讽刺愈发自由，这类文体才在英国真正确立。此时出现了无数辉格党人对于"秘史"以及近代斯图亚特王室成员之性乱的回忆作品，而托利党作家则制造了一系列针对辉格党古今名人的尖刻攻击，代表作即是德拉莉韦尔·曼利臭名昭著的"秘史"

与“秘闻”。[61]

书信，另一种私人写作形式，同样以新的方式发表出来。显然，古典时代已存在书信体小说，而且私人信件也曾流通于世。在 16 世纪，人文主义者与宗教改革者像后世的学者与活动家一样，通过书信的广泛公布来传播自己的思想，君主和主教亦是如此。在 17 世纪，政治事件的信息是靠新闻信札来传播，当时出现了一股颇有自负意味的风尚，即论战之文以由某君致某君之“一封信”的形式出现。只有到了 18 世纪，才形成了一个出版私人信件的庞大市场，不论信件是真是假，都被作为一种接近他人私密生活之途径。我们已知晓当代的报纸与杂志十分依赖与读者之间的通信。通过印行某人的私人通信来讲述故事，也成为了小说家一种惯用的手法，尤其是在描述爱情与欲望时。据估算，
333 在 18 世纪，差不多五分之一的小说采用了某种形式的书信写法。[62]

总之，当时出现了一股对于真人传记的热潮。18 世纪开始大规模涌现传记辞典、定期讣告、搜集的书信以及回忆录的出版。“没有哪种作品比传记更有助于敦风化俗，”在 1750 年约翰逊博士如是说，“因为没什么比它更有趣或更有用，更能凭借无法抗拒的魅力来吸引人的心灵，抑或比它传播得更广，以教导人如何在各种情况下都能从容应对。”即便是最普通的生平，“没有一点儿波澜”，也值得付诸剞劂，因为理解了他人，我们必定也会更好地理解自己：“我们都基于相同的动机行事，被相同的谬误所欺骗，都满怀希望，又被危险所阻碍，陷溺于欲望，沉迷于快感。”不是所有人都赞同约翰逊此番对于人性的分析。有些读者与自传者更强调个性的奇崛与独异之处，不过最终结论仍然是一样的。至 1800 年左右，较之一百年前，公众认为其生平值得一观的人物在范围上已极大拓展，并且阅读古今人物之私事与搜集他们的肖像已然成为了某种全国性的消遣。[63]

声名与财富

传记范围的拓展，把我们引向了此一时期性与宣传观念之转变的最后一个表征：先前的臭名昭著之辈在此时声誉渐长。传统上，传记具有道德之目的。圣人、烈士、王者、牧师及其他贤人的生平被尊为道德之楷模，而那些暴君与凶手的生平，习惯上则被用来警示罪恶之诱惑与上帝之意旨。在18世纪，这些主题依然重要。可由于人们开始强调个性与人格，以及我们曾探讨过的其他一些社会进程，历史上首个名流时代诞生了。

“名流”（Celebrity）是一个难以确切定义的概念。“celebrate”这 334
个单词的诸多形态皆古已有之。早在14世纪，我们就能发现乔叟形容赫拉克勒斯“以其辛劳而受人赞美”，而到了17世纪，人们已经习惯于写某人“celebrate”或“celebrated”，意思是著名的或有声望的。至于“celebrate”一词确切具有使某人闻名的含义，同样出现在这一时期，并且经过19和20世纪，变得越来越重要。其结果则是，如今“名流”一词往往意味着一种特殊且次要的声名，其主要在三个方面受到限制。首先，它是一种个体化的名誉，不同于那种位高权重之人所享的声名，例如君主，也不同于那种伴随着惊人成就而来的名望。其次，它本质上转瞬即逝，虽然也有可能持续得较长。第三个方面，也是其结果，即它特别依赖于定期宣传。正是在18世纪，随着此种曝光机会的增多，这种短暂且依附于媒体的独特声名，成为了一种普遍的现象。[64]

其根源可以追溯至16世纪晚期与17世纪早期出版界出现的最早一批职业写作。正是在这一时期，职业写手才开始能够养家糊口，他们大量炮制出传单与小册子公开售卖，不久，一些作家也为了宣传书籍而屈尊推销起自己。根据《牛津国家人物传记辞典》，我们可以将伊丽莎白时代的小册子作家罗伯特·格林（1558—1592）视为“英格兰第一位名流作家”。“流水诗人”（Water-Poet）约翰·泰勒（1578—1653）这位最早的传记家，则将此人描述为“第一位现代‘名人’，很擅长操弄媒体，并且‘空有虚名’”[65]。当百年之后第一批女性职业作家登场时，她们不论自愿与否，其私生活往往会引起公众更广泛的兴趣（尤其是对于阿芙拉·本、德拉莉韦尔·曼利与伊莱扎·海伍德这样的人，关于其私生活之流言充斥着各种桃色事件，关注度毫不亚于其著作）。随着宣传工具的日新月异，作家们变得愈发依赖于商业上的成功，个人的声名在英国
335 文坛的重要性与日俱增。

1700年以后，公众对于个体的这种关注也转移至其他甚或不那么光彩的职业人群。在18世纪早期，兴起了一股关注抢劫犯及其他传奇罪犯之生平与事业的热潮。在18世纪20年代，乔纳森·怀尔德与杰克·谢泼德曾激发出大量的歌谣、布道、戏剧以及讽刺作品。此类臭名昭著的人物也曾是约翰·盖伊的风行之作《乞丐的歌剧》的灵感来源之一，这部作品本身又进一步推动了这种迷恋传奇罪犯的热潮。虽然在1700年左右，已经存在着一种描述知名罪犯的悠久传统，但只有进入了18世纪，那些罪犯中的许多人才能够在自己生前就爆得大名，他们的肖像被作为廉价的印刷品发行，他们的传记既被视为一种教训，也被看作一种传奇。[66]

还有一种更紧密的联系存在于妓女与女演员不断增长的声名之间，后者最初在英国公开登台是在王政复辟时代。她们两者之间的角色重叠显而易见。“事实上，大多数女演员都是高级妓女”，玛格丽特·卡文迪什早期一部戏剧中的某个角色曾这样说，“而大多数高级妓女都是好演员”，另一个角色这样回答。正如我们所见，自17世纪60年代开始，女演员就长期公开在伦敦登台。她们的个体引发了公众的强烈兴趣，而她们也往往通过专门撰写的序幕与尾声亲自与观众交流，以促进这种亲近感。人们同样知晓她们大多生活放荡，无论台上还是台下。这一时期许多知名的情妇，从内尔·格温至多萝西·乔丹，皆是舞台出身。在许多方面，当时女演员的声名都要大大超出妓女与老鸨。但重要的

是,她们的成名皆始自同一时期,遵循着相同的方式——从印制肖像画到雇人作传,并且,她们的声名与其性行为密不可分。[67]

自我推销与宣传

因此,高级妓女的日益知名,乃是18世纪一连串社会进程的一部分。它是由人们看待声名与恶名的全新态度、新的写作形式、对于舆论 336 之观念转变,以及有关个体身份的重新预设共同造就的。它还体现了一种大众传媒之新形态的出现,私人事务与个人观念可以借此以一种此前难以想象的规模传播。它所具有的持久意义可以从两个对立的方面来解释。

首先,它使得那些宣传放荡女性的人造物大行其道。这些物品有很多——不论回忆录、轶事、肖像——至少表面上被设计得很逼真。不过,我们若进一步细察,会发现它们多数显然出自男性作者或出版者的编造。对于所有传记而言,一个卖点就在于其宣称所记属实,揭露了知名人士的个人信息与秘密。这些编造出来的记录在风格与形式上如此有吸引力,而其他的资源又非常有限,致使许多现代的史学家,甚至连《牛津国家人物传记辞典》都经常将其视为真实记载。[68] 尽管如此,我们也应记住,18世纪的读者喜欢事实与虚构之间的一种模糊感。某个故事是否属实,从根本上来说并不重要,其主旨是为了娱乐与教育。从这一点来看,多数有关高级妓女的作品,无论其形式还是功能都与当代小说没有两样。它们能够告诉我们很多关于18世纪文化的信息,但对于其描述的那位女性则所喻甚少。对于那些女性,它们一面为其赢得与增大了声名,一面又扭曲与滥用了此种声名,未经过那些女性的同意,它们就将其他人的谎言与幻想加在她们身上。

不过在任何社会,声名都不仅是一种公众看法与投射的产物,它同样有赖于当事人自身的行为。因此,18世纪对于放荡女性之宣传的另一种解释，即在于知晓那些女性自己在其中所发挥的共谋作用。实际上，她们中的不少人大肆宣传，以建立自己的名声。她们主要通过个人形象、口耳相传、书信抄本的手段在时尚圈为自己造势。不过，知名的高级妓女也积极地借助印刷来把自己推销给更广泛的受众。

她们采取的一个方式即是出版自己授权的印刷品，这些印刷品是她们与当时一些知名的艺术家、雕刻家与出版家合作的产物。我们可
337 以非常精准地确定此种做法的肇端之时。在1759年3月的最后一周，高级妓女基蒂·费舍尔取出了一份报纸广告，她非常恼火自己的形象被那些拙劣的"三流画家"与印刷商长期丑化，这些人将关于她的虚假作品与画像偷偷售卖给公众（印在本章的最前面）。数日后，她去见当时最成功的画家乔舒亚·雷诺兹，他马上着手为她绘制了更迷人的画像，再转化为印刷品流入大众市场。自此以后，他们开始了一段长期而富有成果的合作关系，因为没有人比雷诺兹更擅长绘制与处理名媛的姿色。从那时起，他为当时知名的欢场女子绘制了很多重要肖像，把她们描绘得光彩照人，并且将这些作品转换为各种形式与尺寸的印刷品发行。跟其他从事于此的肖像画家一样，他同时也提升了自己的公共形象，并且通过将他的模特捧为名流一起互惠互利（见彩图16至18以及插图45）。[69]

也是在这个时代，那些深陷丑闻的女性，第一次发表真实的自传并为自己的行为辩护。这类作品具有多种目的。它们可以让作者给世人展示一幅自己钟爱的画像，并且对自己的敌人指名道姓地羞辱。它们可以从热情的读者与书商那里为作者带来收益。最有利可图的，乃是这种做法可以敲诈勒索作者此前的情人与顾客，以公开其姓名与书信相要挟。此即高级妓女特蕾西亚·康斯坦夏·菲利普斯之系列《自白》的主要目的之一，其1748年一经问世，即迅速获得畅销。同年，蕾蒂西亚·皮尔金顿的《回忆录》出版了头两卷，跟她分居的丈夫随即痛斥她是"一个不可救药的娼妇"。至1800年左右，这种文体已经完全建立起

来。当18世纪都柏林最风光的妓女与鸨母玛格丽特·利森发觉自己运势不再时,就显然知道自己该怎么做。正如所有试图凭借声誉获利的名人一样,她开始出版自己的回忆录。在历经数年写就、多达数百页的三大卷著作中,她讲述了一切,依据的正是她大量的私人文件、记录与通信。这好似一瓶烈酒。书中必然会叙述她自己如何被人引诱而失 338
去贞操并沦为妓女,同时还穿插着关于她的不少鸨母的记述,其中甚至更为详尽地记录了她如何有如王国内某些最富有与最有权之人的妻子一般生活,上层社会的寻欢作乐,她情人的信件,她所认识的所有名妓的事迹,以及无数性交易与性丑闻的细节(见插图50)。因此毫不奇怪,这部作品"引起了人们最强烈的兴趣"。[70]

这一进程又伴随着人们逐渐利用性经历作为政治武器。显然,人们很早就利用性丑闻来抹黑政治对手,在18世纪这一手段本身并不算新鲜。不过有三件事是新的。大众舆论如今日益被视为一种合法、重要且无可逃避的政治辩论舞台。这一观念早在1649年与1688年革命期间就可以窥见,此后一百年间,它得到了迅猛发展。第二个变化乃是宣传的力量已经远胜从前。在此前的数个世纪,大多数与政治有关的性讽刺只是通过口传或者简短而易逝的讽刺与诽谤抄本的形式传播。如今则形成了一种持续而广泛流通的公共印刷载体,承担起揭发性丑闻的任务。虚构的回忆录、报纸、煽动性的杂志以及讽刺性的印刷品——这一切经常公开或秘密地被用来抨击政客与某个妓女有染或者伤风败俗。

第三种新事物,乃是性讽刺被日益用于激进的政治目的:不但攻击特定的个人,甚或谴责某个淫乱的宫廷,而且还鼓动人们反对整个腐朽的贵族与君主制度。从1760年开始,扎根在伦敦的法国作家掀起了一股借助诽谤与色情作品来抨击法国教会与政府的热潮。他们中间某些人的动机与其说本于原则,不如说出自贪婪,但他们作品的效果都是一样的。正如罗伯特·达恩顿与其他研究18世纪法国的历史学家所准确指出的，这股诽谤的潮流帮助塑造了法国的舆论，并且严重削弱了王室政府的合法性，不论在 1789 年之前还是之后。到了 18 世纪 90 年代，
339 英国的作家与出版家也逐渐采取了相同的手法来吸引广大读者。在乔治王朝时代晚期伦敦激进的下层社会中，反教会与反贵族之色情作品的出版，与争取民主与政治革命的诉求紧密联系在一起。[71] 最不同凡响的，则是由乔治四世那位感情不和的妻子——卡罗琳王后——亲自参与，其他人对其支持或反对的一场声势浩大的性揭发、敲诈、勒索与宣传丑闻的运动，从 1806 年（当他还是摄政王时）直至 1821 年（当她去世）。他是一个声名狼藉的浪荡子，而她则被指责包养自己的情人。他们的对立演变为一场舆论大战，引发了这个国家成百上千的中产与工人阶级的男男女女，投入到政治示威游行与激烈争辩之中。每一阶层的政客都在通过每一种印刷媒介对此煽风点火，上至国王与王后，下至格拉布街的潦倒文人（见彩图 19）。

卡罗琳王后究竟地位特殊，并且她总是坚称自己是清白的。而到了 1800 年左右，媒体革命使得那些即便出身低微、公然淫乱的女性，也可以利用她们的性能力获得前所未有的政治与商业效果。例如在此前的时代，一个国王的情妇绝不可能想象自己挑战君主的权威，或向公众揭露性丑闻；但如今，此种事情已屡见不鲜。1781 年，演员、作家与女权主义者玛丽·罗宾逊——她正好也是当时最知名的妓女之一——公开威胁公布她之前的情人威尔士亲王的书信，直到她获得了一笔五千英镑的“赏赐”和一笔养老金才作罢。1806 年，当约克公爵甩掉其情妇玛丽·安妮·克拉克且未提供适当的经济补偿时，她同样威胁出版他们两人的生活细节。然后，公众开始知晓她曾在一个贿赂与贪腐的圈子中占据核心的位置，在公爵对于军队、教会及政府职员之任免中进行非法交易，她还参与组织影子写手炮制小册子来非议王室。最后，她把自己耸人听闻的回忆录印制了一万八千份，并附上公爵给她的情书。结
340 果，她得到了一笔来自政府的巨额赏金作为补偿（一次性给付一万英

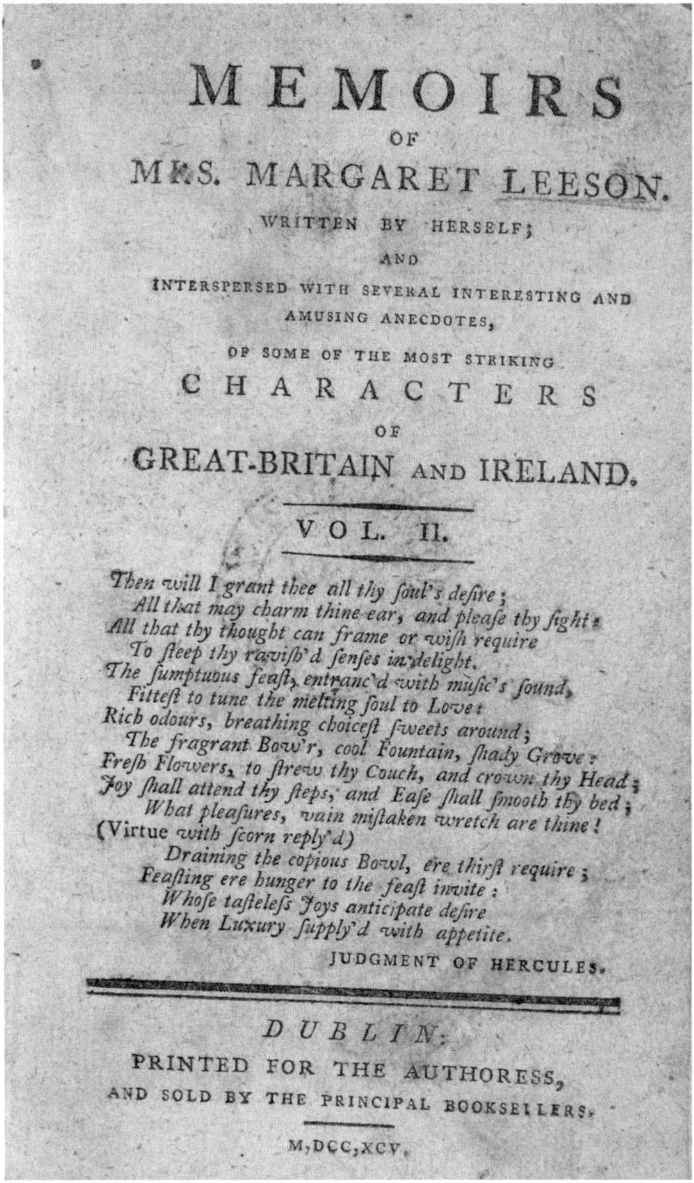

MEMOIRS

OF

MRS. MARGARET LEESON.

WRITTEN BY HERSELF;

AND

INTERSPERSED WITH SEVERAL INTERESTING AND AMUSING ANECDOTES,

OF SOME OF THE MOST STRIKING

CHARACTERS

OF

GREAT-BRITAIN AND IRELAND.

VOL. II.

Then will I grant thee all thy ſoul's deſire;
All that may charm thine ear, and pleaſe thy ſight:
All that thy thought can frame or wiſh require
To ſteep thy raviſh'd ſenſes in delight.
The ſumptuous feaſt, entranc'd with muſic's ſound,
Fitteſt to tune the melting ſoul to Love:
Rich odours, breathing choiceſt ſweets around;
The fragrant Bow'r, cool Fountain, ſhady Grove:
Freſh Flowers, to ſtrew thy Couch, and crown thy Head;
Joy ſhall attend thy ſteps, and Eaſe ſhall ſmooth thy bed;
What pleaſures, vain miſtaken wretch are thine!
(Virtue *with ſcorn reply'd)*
Draining the copious Bowl, ere thirſt require;
Feaſting ere hunger to the feaſt invite:
Whoſe taſteleſs Joys anticipate deſire
When Luxury ſupply'd with appetite.

JUDGMENT OF HERCULES.

DUBLIN:

PRINTED FOR THE AUTHORESS,

AND SOLD BY THE PRINCIPAL BOOKSELLERS.

M,DCC,XCV.

50. 玛格丽特·利森之轰动性的回忆录的书名页，1795 年“为女作者而印”。

镑，并为她及其女儿提供养老金），作为交换，她得隐藏这份危险的文本（见彩图 20）。名妓哈丽雅特·威尔逊做得更绝，她通过敲诈与刺激手段的并举，让自己得到了最大的利益。首先她宣布自己的回忆录即将面世，这给她此前无数的情人带来了恐慌，尤其是国王。接着，她私下给每个人写信，威胁他们若不寄来数百英镑的话就将其曝光。单凭这一招她就把数千英镑搞到了手。随后，她又提前公布了书中包括的那些嫖客之姓名。最终，这部著作分册出版，赢得了巨大的成功，这又为她带来了数千英镑的收益。它在第一年就发行了三十一版，这还不包括无数盗印、剽窃与伪造的版本（见彩图 21）。[72]

因此，在 18 世纪不仅出现了新的传播方式，新的宣传观，同样出现了一种新的名媛。这类女性并不回避丑闻，她们沉湎于此。当詹姆斯·博斯韦尔 1776 年第一次遇见他未来的情妇玛丽·拉德时，她已经声名狼藉，并以此为荣。“噢，先生，”当他自我介绍时她叫道，“请坐下——我经常听说您，我们可都是名人啊，先生，您请坐。”这种自我意识，这种称为公众眼中之名人的自觉，乃是名流文化中的一个关键要素。它不仅维持着这些成功妓女的生涯，也推动着女性作家与演员的事业。这种公开展露的自信只局限于极少数性独立的女人。保守的评论家则对此口诛笔伐。整个 19 世纪，它都遭受着持续打压。尽管如此，1700 年之后出现的这种自信感标志着女性之性行为的观念与自我表现的一个分水岭。[73]

赞美性爱

在 18 世纪末，一种全新的性开放态度改变了英语世界的文化。各种各样的性观念与性行为，无论婚内婚外，如今都以一种更为公开的方
342 式被人们讨论、赞赏与实践。从我们自己的观点出发，很容易看到这种新的宽容态度之底线所在。一个未婚的女性怀上了非婚生子，仍是一

种足以致其毁灭的社会灾难。两个男人发生性关系则更为危险。人们主要赞赏的乃是有产的白种男性对于异性之追逐，那群人掌握着这个社会的权力与文化影响力。尽管如此，正如我们所见，其他阶层的人同样认可性是一种自然、愉悦与令人亢奋的事物。[74]

相较其局限性而言，远为惊人的是，18 世纪这种全新的开放态度，与截至当时笼罩英国的戒律文化之鲜明对比。教会与政府的整个性监管机制已近乎烟消云散。同样不见的还有维系这一机制的思想与社会氛围。公共的性探讨如今规模更大、程度更深，它不再由男性的教会与社会精英所牢牢控制，并且也不再大肆主张婚外性行为是危险与错误的。相反，至 1800 年左右，这种看法在各种新媒体上或隐或显地遭到了不断的否定。结果是，其造就了一个新的传播世界，性观念在其中以差异极大的各种方式被塑造。这是一场剧变。同时，这也主要是一种都市的现象，引领者就是伦敦。即便是在遥远的北美殖民地，首都伦敦的文化仍然主导着一切。[75] 性戒律的原则在 19 和 20 世纪仍保持着很高的权威，这一点我们在本书结语中会看到，但它们再也没能居于主导。应当说，从此以后，克制与享乐之间的张力将支配着英语世界的性文化。

这一历史进程的后果是显著的。至 1800 年左右，贵族与士绅成员较之此前往往更为公开地保持婚外情或通奸关系。在 18 世纪的各个时期，像首相、大法官、外交大臣、海军大臣、约克公爵与威尔士亲王这 343
样的大人物，以及无数知名的男性女性皆曾如此。某些美国的开国之父，包括富兰克林、伯尔、杰弗逊以及汉密尔顿亦持有这种观念。[76] 这种社会潮流是前辈清教徒移民及其英国本土的同道无法想象的。

性快感同样逐渐得到了人们共同的赞美，尤其是在男性俱乐部。其最有力的支持者之一政治家弗朗西斯 · 达什伍德爵士创办了一些纵欲的团体。在其领地的中央，他建起了一座维纳斯神庙，设计得宛如一个巨大的阴道——约翰 · 威尔克斯 1763 年打算付印的那首臭名昭著的色情诗《论女性》，正是献给达什伍德这个群体的。更值得注意的是一个较为粗陋的俱乐部，名为“乞丐的祝福”，它从 18 世纪 30 年代开始从苏格兰东部沿岸扩张，到达了爱丁堡、格拉斯哥，甚至远及俄罗斯圣彼得堡。其成员定期聚饮、谈论性事、交流黄色笑话与歌曲，以及阅读色情作品。他们还花钱请女郎把自己脱得一丝不挂。他们的核心活动是比较彼此的阴茎，并独自或集体于阳具崇拜仪式上在他人面前手淫。这个俱乐部的成员都是中年、有产的体面人士：牧师、贵族、绅士、律师、军官、海关、商人、工匠及学人。这个俱乐部大多数记录与制品虽然已经遗失，但仍有一本关于其仪式器物的集子留存，其中点缀着赞美性自由的文字与图画——徽章、印记、腰带、证书、宾治酒碗、阴茎状酒杯、一本特意美化过的《圣经》，还有一个充满了淫秽装饰的圆形锡盘，成员们集体把精液射入其中（见彩图 22）。[77]

在 18 世纪晚期与 19 世纪早期，英国的高级妓女同样迎来了鼎盛时代。这些女人作为基蒂·费舍尔与范妮·穆雷的后继者，已不仅是别人的情妇，更是风月场上独立的企业家，她们的声名与财富有时候可以与自己的男伴匹敌。南茜·帕森斯是一个裁缝之女，她相继做过格拉夫顿公爵与多塞特公爵的情人，随后又嫁给梅纳德子爵，最后在她五十岁出头之时，在梅纳德勋爵的同意下，她成为了年仅十几岁的贝德
344 福德公爵的伴侣。格蕾丝·达尔林普尔·艾略特因与一个爱尔兰贵族通奸而与丈夫离婚，后来成为了乔姆利伯爵的长期情妇，但有时也与多名法国贵族以及威尔士亲王卿卿我我；其私生女亦嫁入了贵族之家。无数其他女性同样赢得了或大或小的声名。[78]

特别是在伦敦和其他城镇中，兴起了一种服务于性快感的规模庞大的物质与文化产业。卖淫更加公开，也更为普遍。妓院和其他幽会地点公然张贴广告，以满足男性与女性在婚姻或性爱上的冒险追求。性疾病与性健康得到了公开辩论。报纸不断地讨论桃色丑闻与人物：某些报纸甚至完全用来登载性八卦与荤段子。色情图画与读物同样俯拾皆是。17 世纪晚期以前，色情读物主要局限于拉丁语、希腊语、意大

利语和法语文本,多数以抄本形式流传,其制作与售卖皆很隐蔽。可到了 18 世纪晚期,英文淫书的市场已经极为繁盛。虽然淫秽品的出版仍然是非法的,但较之以往,如今要得到色情作品真可谓易如反掌。到了世纪之交,即便是女学生与乡村牧师也有可能获得出版商发行的淫书以及春宫图,"裸体的男女交合在一起,采用各种姿势,站立的,躺下的,坐着的,统统不堪入目"(见插图 52—53)。[79] 所有这些都反映了一种新的性趣味,即将其视为现代的、启蒙的、自然的、理性的最高快感。它同时也是媒体革命的一个产物,其开辟的新变,其为性宣传与性追求所提供的无限机遇,皆已扎根世间。

51. 七卷本《通奸的审判》中的一幅插图,此书记录了大量离异贵族的风流韵事。 345

52—53. 颂扬上流社会的性自由。来自约翰·克莱兰的色情小说《欢场女子回忆录》以及托马斯·罗兰森 1800 年左右制作的大量色情印刷品。

结语

现代的性文化:从维多利亚时代至 21 世纪

我们如何审视过去,我们在其中看到什么与忽略什么,都依赖于我们当前的视野。任何年龄的人在回顾自己过往的生命时,都会赞同此点。历史写作亦然:在不同历史学家笔下,在不同的时代中,过去的面貌自不相同。本书源自我试图理解我们目前的性观念与西方历史大部分时间内流行的性观念之间的深刻断裂。在描述这一转变的过程中,我强调了在我看来最重要的主题与时段,并且聚焦于那一时期受过教育的中产与上层阶级人士的观点。那不是一个民主的世界:其公共文化仍然被那些社会统治人群所塑造与控制。不过,正如我试图指出的,那个社会同样日益开放与多元,其内部的性观念早已不是铁板一块。

其他学者与专家可能会采取不同的视角。有些人会更强调 18 世纪之前性戒律的局限,或其此后的持续影响,抑或强调性别、阶级与宗教之差异。还有人坚称,性行为最根本的方面在于我们大脑中的神经电路,因此研究性观念的历史不可能有什么真正重要的发现。但这种说法就好比声称政治总是对于权力的追逐,而不去试图理解何以政府从部族纷争演化为议会民主,或者为何当今全世界的政治形态各异。

我们如何看待过去,同样导致了我们如何看待今天。本书的论点是,现代西方性观念源自 18 世纪剧烈的思想与社会革命。在长达千余 349

年的时间里，从中世纪早期至 17 世纪，对于性行为施以愈来愈严苛的公共戒律，乃是全球每一个基督教社群的核心要务；但是在 1800 年，一种完全不同的观点将其取代了。这一剧烈的转变奠定了维多利亚时代、20 世纪以及我们时代的性文化。

现代最根本的变化在于性自由边界的变动不居。为了取代统治许多世纪的那一种相对一致而权威的世界观，启蒙运动留下了一种更为含混与多样的道德观，其中包含着难以化解的张力。从此以后，这就构成了我们现代处境的一部分。其他的部分还包括性自由的扩展；都市生活方式与谈论性事变得越来越流行；人们设想男性在性关系中更主动，而女性更被动；道德与阶级之间形成了持久的关系；我们总是纠结于“自然”与“不自然”的行为、色情与声名，以及“公共”与“私人”之分野。这些都是 19 和 20 世纪性文化中的关键主题。只有通过回溯从前现代至现代世界的转换，我们才能恰当地理解它们源自何处。

压抑与控制

要想细致地考察它们在 1800 年之后的发展，就需要对于整个时代进行一番全面的描述：因为正如此前几个世纪，这一时期性观念的演化反映了文化整体特征的嬗变。我在此的目标则更为谨慎。现代的性史研究很少考虑 1800 年之前的世界，而它们对于 19 和 20 世纪之特征的描述又莫衷一是——近期一部权威的维多利亚时代风俗史，论证了 19 世纪私人生活中的感官享受，而另一本著作则强调当时普遍的“反感官
350 享受”。[1] 本书最后的结语部分正是要解释，现代的性世界中最显著的特征与矛盾是如何由书中所描述的历史进程所导出的。

基本而言，1800 年之后的性观念沿着两条相反的路径演化。一方面，我们可以发现社会对于各种形式之性行为的控制仍在持续，甚至更为加剧。虽然公共惩罚的机制大体上被弃置，但其理想仍然留存。从

某种程度上说，正如我们所见，它蕴藏于全新的启蒙思维方式之中，这种思维方式并未抛弃正当与不正当之性行为的区分，只不过重新对此定义。在 18 世纪，中等与上等阶层异性恋的男性，享有着越来越大的"自然的"性自由，而与此同时，被定义为"不自然的"或反社会的性行为，则遭受着日益严厉的压制。在 19 世纪，性科学的话语开始占据权威地位，但它们也往往被用来论证女性欲望、同性恋或底层的性自由之不堪。类似于"社会净化"的理想，在女权主义以及其他延伸至 20 世纪的进步论意识形态中居于核心地位。现代的思维方式未必会带来更大的自由，至少并非对所有人皆然。

无论如何，所有人也并非都认同此种思维方式。1800 年前后的数十年间，出现了一股激烈抵制启蒙运动所谓之放纵原则与实践的热潮。其原因有多种，绝不仅仅在于反感纵欲。最显著的原因就是当时纷至沓来的政治危机，首先是英国失去了北美殖民地，继之而来的是法国大革命带来的令人恐惧的大灾难，而其顶峰则是英国的旧制度为了存续，与国内外激进主义所展开的绝望战争。这一时期同样令人不安的还有空前的人口与经济变局：人口进一步激增（从 1700 年的约五百万人增至 19 世纪 50 年代的约两千万人），工商业经济一日千里，都市生活迅猛扩张，大面积贫困比比皆是。

在这一国力衰落与社会动荡的背景之下，宗教信仰与社会保守主义的重要性开始广泛地被重新确认：只有返回根基，国家才能归于正 351
途。这一观念部分激发了当时席卷英国与北美的宗教复兴热潮，以及思想界的反启蒙趋势。基督教与保守派评论家常将性自由的泛滥视为一种更广泛的文化病症的核心表征，而重申道德原则就成为了文化复兴的第一要务。"对于堕落、放荡与邪恶之时代的描述，没有什么"比为婚外性行为辩解显得更典型，保皇党作家约翰·鲍尔斯在 1800 年强调，但"这一描述不幸适用于我们的时代，无法找到比这更有力的证据，来证明人类之极端与普遍的堕落"。大约同一时期，善于制造恐慌的《反

雅各宾评论》警告道，在普通人中间，

> 其本性之放荡，自身是如此可憎，后果又是如此可怕，对于个体与社会皆如此，但它在近些年内不断膨胀，已经达到了几乎难以置信的程度。下层社会中的通奸与姘居满目皆是，而这些罪人很少做礼拜，极少被惩罚，以致更化的希望简直遥遥无期——我们怎能期盼一个民众如此堕落的国家可以繁荣强盛！[2]

此类观点早在18世纪中期就催生出早期的循道卫理运动：其创始人约翰·卫斯理正是18世纪50年代至60年代复建的伦敦易俗会的主要支持者之一。从18世纪80年代起，因为福音复兴运动在英国国教内部获得了确立，它引发了一场更加有力、深入与持久的国家道德改革运动。这同样是废除奴隶贸易运动之领袖威廉·威尔伯福斯的一项终身志业，他在其中感受到了神意的召唤。他在1787年的日记中写道，"全能的上帝在我面前设定了两个重大的目标，抑制奴隶贸易与移风易俗"，而在其灵魂觉醒后不久，就立即投入工作，并且一往无前。从这股
352 保守潮流之中，产生出再教育底层人群的主日学校运动（始于18世纪80年代）这类慈善举措，与更具惩戒意味的惩恶会，以及对于上层社会放荡风习的不断抨击。支持这一切的是一股重新确立正统基督教价值与准则的宣传热潮，例如由此运动的主要出版家汉娜·摩尔为圣教书会所大量制作的售价低廉的教化手册。[3]

你看过玛丽·沃尔斯通克拉夫特的《女权论》吗？1792年霍勒斯·沃波尔向摩尔夫人戏问道。当然没有，她答道："这个标题包含着某些虚妄与荒谬的东西。"但当她阅读沃尔斯通克拉夫特的遗作小说《玛丽亚》后，她对其中所宣扬的当代婚姻法有失正义及"通奸正当"的观点大发雷霆。"让我们感到安慰的是，"她告诉自己的读者，"这种邪恶的原则尚未在生活中大行其道，是非对错的区分依然清晰而明

确”——每个人都有责任守护它们。正是在此种语境之下,牧师罗伯特·马尔萨斯撰写了有关人口问题之极为保守且影响深远的大量著作。在正统与官方的评论者眼中,他的理论似乎提供了一种科学化的无可辩驳的证据,以此证明如果没有“道德约束”(即只允许婚内性行为),人口灾难与国家衰退在所难免。

所有这一切趋势的最终后果可以通过 18 世纪晚期与 19 世纪英裔美国社会道德基调的变化清晰显现出来。在 19 世纪 20 年代,大多数评论家都认为,近几十年来社会风气日趋良善,性乱之风得到了遏制(尽管这种风习是仅被限制于地下,抑或确实有所减弱,他们对此莫衷一是)。1837 年维多利亚女王的登基即位被视为强化了这一趋势,而非开创了一个新的时代。如今许多历史学家都同意此种“维多利亚时代”严格约束性自由与抑制各种感官享受的朝纲一直延续至 1901 年——事实上,其作为西方性文化的典型特征一直持续到 20 世纪 60 年代。此种观点如此盛行,以至于婚姻内部的性关系也发生了悄然改变。例如在 1800 年至 1920 年,大多数西方国家的分娩率降低了 50% 或更多。353
这是一个持久的变化,并且它看上去并非主要由任何生育控制的措施所造成,而是由于各种性节制的方法广泛应用于关系稳定的男女——禁欲、限制做爱、体外射精(只有从 20 世纪中叶开始,人工避孕手段才开始逐渐兴起,到现在已成为主流,这提供了更大的性自由,同时不会让生育率攀升)。[4]

这种对于戒律的重新强调有个关键组成部分,即对于女人的去性欲化。本书曾试图解释这一趋势在 18 世纪的发端,但其全面发展则要等到 19 和 20 世纪。对于所有阶层的女性而言,性无知与性被动都逐渐被视作妇道尊严与异性恋爱的关键要素。这不仅是一种男性特有的理想,多数女性自身对此深为认同,并以这种标准看待他人。这也不仅仅适用于处女。正如最近有关 20 世纪之性生活的口述史所生动表明的,即使女性在夫妻生活中变得主动时,依然认同这一原则——而这作为一种轨范，一直持续至20世纪晚期。男人则相反，他应当采取主动，通晓性事，并懂得好女人并非一定很享受性爱。[5,6] 这种双重标准在公开场合随处可见，并且毫无掩饰。直到1991年，英国法律才正式确认了婚内强奸的概念。

在英国的语境中同样重要的，乃是社会层面的双重标准进一步得到了发展。从19世纪开始，至20世纪，对工人阶级管理、控制与强行提高性道德成为了中层与上层的政治家、评论家与社会改革家的一项
354 要务。与性别一样（以及殖民地中的种族），阶级成为了性经验中一个他者的关键标签，它既可能使人着迷，也可能使人反感。我们可以在无数私人生活之中看到其影响。它使得无数有产阶级的男男女女愈发迷恋于妓女的生平与人格，它更普遍地展现出维多利亚时代与爱德华时代社会调查者的窥阴癖，并且它时时刻刻都充斥于都市男女的生活交际之中。在一件关于伦敦的资料最详实的案例中，绅士阶层的公务员阿瑟·芒比（1828—1910），终其一生都在性上困扰于并记录下了当时传统的女性理想类型与充斥都市的强壮、肮脏、丑陋之工人阶级女性的身体之间所存在的紧张感。他不断地对她们观察、采访、速写、摄像、描述与归类，自身之权力与她们之堕落间的反差让他感到兴奋。他花了几十年时间追求一个女佣——汉娜·库尔维克，最终他们秘密地结为夫妇。但直到1909年去世，她一直与他若即若离，作为一个粗妇，她是他的用人——为了他，为了这个世界，她一遍又一遍地在各种私人与公众场合扮成一个低贱、顺从、无知与身体物化的女人。[7]

相似的迷恋感以及财富与权力的跨阶级动力，刺激了男性间的同性行为。不论游荡在拥挤的商业街还是土耳其浴室，对许多富裕的男性而言，与某个“猛男”的秘密私通所带来的兴奋感，显然因为社会越轨的风险而变得更刺激。1953年，《流亡的心》（*The Heart in Exile*）——一部富于同情的关于伦敦同性恋生活的畅销小说——中的一个贵族角色，依依不舍地缅怀着日益消失的文化。“我们这样的人如今没那么多

钱了”,他抱怨道,“工人阶层不再像过去一样尊重我们了”——而在之前,工人阶层的年轻男性

> 是有求必应吗?男孩接受我们是因为我们有地位吗?他们喜欢我们,乃是因为我们不像女人那样花他们的钱。我认为我们过分宠爱了他们,而女孩子则并未如此。不管怎样,他们现在养得起女人,如果他们不想要女人的话,还有足够的钱找别的乐子。

“我们不喜欢像我们自己这样的人,”另一个人则说道,“我们不想 355
找任何同类,我是指受过教育的中产。事实上,我们要的正好相反。我们想要原始的、未开化的、粗暴的。”

异性恋者对于同性恋的态度也深深地染上了阶级观念的印记。医生、法学家与犯罪学家都试图理解同性恋的欲望,他们往往会对此做出区分:一种是成熟的体面人士怀有的更具爱意、更为自然的情欲;一种是工人阶层之中变态的乱交行为——这种行为,正如1949年一本名为《犯罪心理论》(*Psychological Treatment of Crime*)的手册所斥,只不过是混合了“原始的性冲动与尝试一切性活动的兴趣”[8]。

同样的双重标准也反映在人们对待同性卖淫的态度上。这乃是资产阶级男性之性自由的重要推动力,但亦造成了下层女性的永久沦落。毫不奇怪,此种偏见的阶级基础,在方方面面都引发了如此强烈的感觉。同样显著的还有19世纪与20世纪早期审查制度的特点。维多利亚时代的人们及其后继者们,花费了很大气力来限制色情物品的公开传播。从某种程度上说,它迫使色情图画、写作与信息潜入了地下,并对其传播实施监管;但这并未阻止更大量的色情制品秘密生产与流通。不少绅士搜集了很多这类制品,其实主要的顾虑乃是让这些淫秽物品远离女性与大众。1960年,企鹅出版集团因为出版D.H.劳伦斯的《查泰莱夫人的情人》而受到了起诉,首席检察官J.M.G.格里菲斯—琼斯

(进入过伊顿、牛津以及冷溪卫队)的开场词呼应的正是此种观点。输掉审判后,他的议论被很多更倾向自由的评论者视为荒谬绝顶,而在早几十年,他的话不过是老生常谈。格里菲斯—琼斯强调:毋庸置疑,在当今“任何正经、高尚、优良与维多利亚式的人物不宜接近此书”,但陪审团主要考虑的应在于

> 扪心自问,当你通读此书,你会否同意自己年幼的儿子与女儿——因为
> 356 女孩也能像男孩一样阅读——也来阅读它?你会把这本书搁在自己家中吗?你会希望自己的妻子或仆人也来阅读此书吗?[9,10]

劳伦斯这部作品写于20世纪20年代晚期,其主题正反映了英国人对于性与阶级的极大痴迷。

现代束缚性自由的最后一个关键特征,即是同性恋男子所遭受的日益频繁与严厉的法律及社会迫害。这一进程同样始于18世纪,但在1800年之后愈演愈烈,并同样以英国为最。在整个19世纪,每年针对鸡奸与同性行为都有数百桩指控与定罪。直到19世纪30年代,也常有英国人因为“肛交”而被处死:从1810年至1835年,有四十六名男子因此项罪名而被判处死刑。数以千计的人则被拉出去示众,或者因其不伦行径而被投入监狱。奥斯卡·王尔德1895年被投入监狱服两年劳役,只是最著名的例子罢了。比维多利亚时代这种严苛作法更引人注目的,乃是20世纪针对同性恋行为的法律诉讼在数量上的剧烈攀升。在王尔德的时代,这类罪名只占所有关于个人罪行之指控的5%,而在20世纪50年代后期,这一数字飙升至20%以上——换言之,每年有几千桩。类似的剧变也发生在欧洲其他国家以及美国全境。抑制同性恋,甚至根除它,乃是公共政策数十年以来的一个焦点所在。[11] 人们对于女同性恋显然不大在意,从未将其入刑。不过,同样显著的是,即便只是公开讨论女同性恋,也被视为一种对于道德的威胁。在1921年,

议会否决了一项将女同性恋入刑的提案,部分原因在于,大家觉得没有 357
必要让此种“极少数”女性的行为引起大部分“对此从未耳闻之人”的注意。同样,当拉德克里夫·霍尔倡导宽容女性“性倒错者”的小说《寂寞之井》(*The Well of Loneliness*)于 1928 年面世后,立刻被视为“淫秽”与“变态”读物而遭到了禁止。[12]

19 和 20 世纪这种大规模抑制所谓反常性行为之做法的根源,乃是人们对于此类行为之看法的一种重要嬗变。这些行为不再被视为罪恶之举,而是逐渐被看作一种不正常人格的表征,其根源(不论先天还是后天)在当时成为了人们激辩的焦点。“自然”由于“不自然”的行为而以一种关于人格类型的病理学术语来表示——同性恋之“性倒错者”、“女性瘾者”、“犯罪女性”等等。正如我们所见,这种视角源自启蒙时期尝试以全新的科学方式来理解人性的企望,但在随后的数个世纪,它发展得愈发精细与有力,使得医学与生物学成为了在性与社会层面定义“自然”的决定因素[这是米歇尔·福柯《性史》(*History of Sexuality*)一书的主要洞见之一,此书乃是 20 世纪后期研究对于这一问题最有影响的研究]。由此导致我们现代通过性认同而非性行为的方式来进行思考,以及我们热衷于对于给他人和自己贴上相应的标签。[13]

因此在 1800 年之后,仍然存在各种重要手段监督性活动。虽然大部分针对男女性事的公共惩罚已被废弃,但“非自然”行为却面临着日益沉重的现实与精神压力。更普遍来说,重新得到强化的性约束的理想,对于社会主流观念与行为产生了一种深远影响。不过,在现代与前现代世界中的性体制之间还是存在着一些关键性差异。正如我们所见,如今的性事务总要面对一个问题,即公共与私人领域的分野何在。对于主要政府机构而言,公开监督只是一种次等手段,现代强化戒律的举
措要分散与细碎得多。总体而言,性戒律的支配地位已经远不如从前, 358
并且与其他生活方式与观念之间的张力日益增强。

其结果造成了一种性文化,既分裂于又依赖于一系列悖论与虚

伪——这有时候被称为"维多利亚式妥协",虽然其根本特征一直延续至20世纪晚期。正是在其中,性事务一方面被持续地剖析、探讨与宣传,另一方面又被认为应当远离公众的视线。在这种文化中,什么是正常与正当的行为与知识,主要得视阶层与性别的状况而定;而其中的越轨行为也就变得极富性意味。与此同时,这种文化寻找着道德原则的根基,试图越来越精确地区分公私领域,因此同一种行为可以按照不同的标准来对待,这取决于其曝光的程度。正如19和20世纪的政治史所示,男性的婚外性行为得到了普遍的默许;但如果他们的行为成为公共事件,则会受到激烈谴责。[14]

这种矛盾的集合可以解释为何学术界对于维多利亚时代与20世纪早期性文化的特征会有如此歧异的见解。我们很容易发现富裕人士沉迷于性自由中,也不难得知妓女大量存在。基于这类论据,有些研究维多利亚时代性生活的早期(并且是男性)历史学家热衷于强调其肉体享乐的一面。更晚近与更倾向女权主义的学者则与此相反,他们倾向于再次断言女性在社会教化中所遭受的性压抑,而男性的情况则要好一些。[15] 再以阿瑟·芒比与汉娜·库尔维克为例。芒比对于女性的任何看法
359 都或隐或显与性有关。他总是对她们的身体充满兴趣。这两个人曾彼此亲吻,也曾当着对方的面一丝不挂。但在他们共处的半个世纪中,他们似乎从未发生过性交。他们这种关系无疑极为罕见,但再也没有比这更好的例子来说明维多利亚时代性迷恋与性约束之间的张力了。

自由与平等

我的焦点主要在英国,但1800年之后类似的趋势也可以在其他西欧与英语世界中找到,至少大体上如此。相反地,20世纪60年代以后西方世界的进程从一个方面而言,可谓是维多利亚式妥协的逐渐瓦解。婚姻的社会意义大为减弱,离婚率一路飙升。性滥交的程度史无前例。

人工避孕的广泛运用,使得性行为和性快感与怀孕和生育的分离较之以往更为彻底。正如我们所见,这种更大自由的本源在于启蒙时代的社会与思想革命。所以,19和20世纪观念中的另一个重要主题就是性自由在理论与实践的扩展。过去五十年的经验不应被看作一种与此前的决裂,而应被视为这些滚滚大潮的加速前行,以及它们逐渐融入了性文化的主流之中。[16]

男性的纵欲文化依然盛行,并发展于摄政时期以及维多利亚与爱德华时代。现代城市生活为男同性恋提供了无数发生随意性关系的机会,卖淫活动在19和20世纪持续扩张。至1900年左右,在西化的世界中,每一座港口与城市都很容易见到同性恋亚文化的痕迹(一如格雷厄姆·罗伯所言,柴可夫斯基可以转遍整个欧洲,并总能够找到某人发生性关系)。对女性而言亦如此,从20世纪20年代开始,当时的女性就确信(其后的历史学家也往往同意)自己正经历着一个新时代的开端,在其中,都市生活为男女两性都提供了更大的自由。20世纪早期"新 360
女性"的诞生是一个节点,在此之后,主流的女权主义以及女性气质的标准,开始越来越普遍地远离传统那种基于婚前贞洁的考量。[17]

双重性标准的此种缓慢而持续的衰微,乃是19和20世纪更广泛思想文化之嬗变的一个征兆:平等观念持续上升并最终胜利,成为了伦理与政治事务之指导原则。维多利亚式妥协的一个基础在于,权力与原则因群体而异(不论是种族、阶级、性别抑或性取向),目的是为了他们自身以及更大共同体的利益。早在19世纪,这种预设就遭到了女权主义者、社会主义者与其他进步论者的挑战,但只有到了20世纪,它才被严重削弱,并最终被相反的原则所取代:所有的人都应在法律与道德上得到平等对待。如今,我们完全将此视为理所当然。这一原则在近几十年如此深入人心,以至于个体的性权利如今被普遍视作公共道德与利益中最切实甚或最重要的概念。哪怕是在五十年前,这样的舆论共识也是不可想象的。

对于造成这些变化具有同样重要意义的是公共与私人观念的不断演化。正如本书所述，在18世纪公私之差异对于规定性自由的范围发挥了关键作用。一般来说，“私人”行为应不受法律与集体制裁。另一方面，任何行为只要在他人或集体看来是反自然或有害的，那就仍然是面临法律裁决的公共事务，即便这一行为是暗中进行的。因此，这两者之间的平衡关系从来就不固定，依赖于权力、观念与环境间的相互关系。实际上，女性与同性恋者的性隐私权在18世纪只得到了微弱的声张，在19世纪获得了某些实践上的突破，只有到了20和21世纪才受到普遍认可，并取得合法地位。这一发展的历史包含了一种引人注目
361 的反讽。正如我们所见，性隐私权的观念源自有关宗教意识之不可侵犯的论述。但如今的发展早已经超越此畛域，以至于保守的基督徒只能主张其宗教自由被女同性恋与女性的平等权利或关于避孕与流产的条款所侵犯。对于现代世界的人们而言，表达个体之性本能的权利变得比精神的良心更为重要。[18]

不过较之以往，性并非仅仅变得更私人化，它同样变得更公共化。性隐私的逐渐扩展也伴随着公众对于谈论性事的持续而高涨的热情，始于18世纪的媒体革命并未终止于1800年，大众传播的范围与速度及其对于性事的热衷仍然在持续地发展。从20世纪60年代开始，这些趋势还开始加速前进。尤其显著的是审查制度与个体压抑的衰落，以及网络在当代的兴起，后者也使得公共与私人的关系更趋于复杂。事实上，我们时代的巨大悖论似乎表现在，作为一种文化，我们越来越强调性的私人性，不在政府与法律之公共领域的关注之内；然而与此同时，我们似乎也越来越有兴趣将我们生活中最隐私的细节尽可能地展现给大众。这种私人与公共间的平衡迥异于维多利亚时代，并且粉碎了维多利亚式妥协的诸多关键性要素。其本质的张力，如我们所见，须回溯至启蒙时代。

我们到底前进了多远？我们喜欢以一种线性进步的术语来思考

社会变迁,而这也是启蒙时代的遗产。但这往往会造成我们的历史短视——我们很容易忘记眼前的状况是多么偶然,过往的历史曾经充满了各种可能的路径,即使在最近几代人中,性隐私权的边界也一直遭受着挑战与重塑。在法律与社会的实践中,女性以及未婚人士之性自由被广泛接受是一种相当崭新的进展。即使在今天的英语世界中,避孕与流产的条款仍然受到高度争议,卖淫问题同样如此。虽然成人间自 362
愿乱伦有各种不同的定义,并往往延伸至不那么有害的亲属关系,但只有部分国家对此允许,其他国家则将其治罪。关于性自由之界限存在各式观点,这仍然是我们时代最具争议的文化问题之一。

尤其值得注意的是,尽管隐私与平等的观念得到了越来越多的思想支持,但同性恋自由的扩展始终饱受争议。1967 年英国法律准许二十一岁以上的男性私下发展同性恋,但随后有一大堆人出来指控同性恋"公开"勾搭。于是,一项新的法律被推行,其针对的并非同性恋本身,而是将其限制在公众视线之外。迟至 20 世纪 80 年代,美国最高法院依然认定,男性即使私下、自愿发生性关系本质上也是不道德的,应受惩罚;而英国政府则规定,任何地方政府倘有任何"推动同性恋"或者在学校教导孩子"将同性恋视作一种家庭关系来接受"的举措皆属非法——所有这些法律直到 2003 年才被最终废除。[19] 尽管不断地面对着不计其数的挑战,对于同性恋的歧视仍未能终止,这不仅仅体现于婚姻制度,同样体现于对于不正当行为的定罪上。如今在英国,一个男人在性行为过程中用烧红的铁板在其妻子臀部打上烙印是合法的,不过如果对象是男性的话,即使秘密且自愿地进行此类虐恋仪式,仍然是不合法的——上议院与欧洲人权法庭皆作如是观。[20] 因此不足为奇,如今许多学者与激进分子都抛弃了公共与私人行为之区分,而将其视为一种意识形态建构,遮蔽了社会中由特殊——主要是"异性恋规范"——观念与政策主导的更大霸权。[21]

因此,在过去五十年间,自由与压制、平等与不公、个体权力与集体

道德之间的平衡一直处于变动之中。虽然它们的形式一直在演变，但
性道德、公与私的问题总是一再出现，如今，它们以不同的方式危及整
363 个世界的天主教会，分裂全球的圣公会群体，不断在美国政治之中掀起
热潮。不过，所有这些争议都是由某些新的因子所塑造，它们根源于18
世纪初次浮现的现代生活方式与思维方式。不止于此，启蒙的理想根
基比以往更为牢固，成年人应当自愿地发生性关系，不论其性别、性取
向抑或婚姻状况为何，此种基本观念得到了隐私这一宪法权利的保障，
虽然它仍具争议，但已经铭刻于英国、欧盟与美国的基本法律之上。[22]

因此，启蒙的最终遗产远非直截了当，而其影响仍在不断演变。回过头来看，我们很容易认出它是一个历史节点，自此以后的西方性文化转入了一条完全不同的发展轨道。如果说其间有何差异的话，那就是此种文化的特征——它的个人主义、它的明确性、它的放任性、女性与同性恋者所要求的平等地位——在近几十年变得更为独特，而世界也随之变得更小。它们同样造成了广泛影响：西方的女权主义已波及全球，西方的性自由观念亦复如此。[23]

尽管如此，类似于前现代欧洲的性理想与性实践在世界某些地方
仍然得到坚持。男人与（特别是）女人依然会因为发生婚外性行为而面
临公共诉讼的危险。在多数情况下，上帝之道会充当审判的主角。正
如阿亚图拉·霍梅尼1979年的著名声言，在一个道德社会中处死妓女、
通奸者与同性恋者，就如割下腐肉那般正当。在某些伊斯兰国家，婚外
偷情或同性恋的男女仍会被施以监禁、鞭刑、绞刑，甚至石刑。[24]在法律
之外对这些男女施加迫害的做法，甚至更为普遍与根深蒂固。同样的
行为也曾经在西方文化的大部分历史时间持续过。它们建立在相似的
基础之上——圣书与圣人的神圣权威、对于宗教与社会多元主义的禁
绝、对于性自由的恐惧、对于男性统治权的坚信。它们显然有利于维持
父权社会的秩序，它们也显然不利于人类的幸福。它们会在这个世界
364 的其他地方延续多久，我们拭目以待。

注　释

引言

1. Westminster City Archives, WCB1, 150—151.

2. Lawrence Stone, *The Family, Sex and Marriage in England, 1500—1800* (1977), 引 自 第 648 页; Keith Thomas, 'The Puritans and Adultery', 见 Donald Pennington 与 Keith Thomas 编, *Puritans and Revolutionaries* (1978),第 282 页。更为全面的探讨参见 Faramerz Dabhoiwala, 'Lust and Liberty', *Past and Present* 207 (2010),以及其中所提供的参考文献。

3. *English Historical Documents c.500—1042*, Dorothy Whitelocke 编(第 2 版, 1996),第 11 部分。现存之盎格鲁—撒克逊人的诉讼记录同样显示偷情遭到了普遍的起诉: Patrick Wormald, *The Making of English Law* (1999), 160。有关欧洲与近东更广阔语境的精彩考察见 James A. Brundage, *Law, Sex, and Christian Society in Medieval Europe* (1987),第 1—4 章。

4. Brundage, *Law, Sex*,引自第 3 页; Exodus 20.14 ; Leviticus 20.10—18 ; Deuteronomy 5.18, 22.22—29。

5. Augustine, *Confessions*, 8. 7. 17 ; *Letters*, no. 6*. 参见 Peter Brown, *The Body and Society* (1988)。

6. 关于此主题之大量一手与二手文献可以在 www.anglo-saxon.net 上方便检索到。

7. Margaret Clunies Ross, 'Concubinage in Anglo-Saxon England', *Past and Present* 108 (1985).

8. Brundage, *Law*, Sex; Eve Levin, *Sex and Society in the World of the Orthodox Slavs, 900—1700* (1989) ; R.H.Helmholz, *The Oxford History of the Laws of England*, 第 1 卷 (2004),参见 R.I.Moore, *The Formation of a Persecuting Society*(1987) ; Christopher N. L.

Brooke, *The Medieval Idea of Marriage*（1989）。

9. William Hale Hale, *A Series of Precedents and Proceedings in Criminal Causes*（1847）; Richard M. Wunderli, *London Church Courts and Society on the Eve of the Reformation*（1981）; Brundage, *Law, Sex*, 481, 545 ; Andrew John Finch, 'Sexual Morality and Canon Law', *Journal of Medieval History* 20（1994）.

10. 参见 London Metropolitan Archives, Acc.518/80（1519）; M. Spufford, 'Puritanism and Social Control?', Anthony Fletcher 与 John Stevenson 编, *Order and Disorder in Early Modern England*（1985）; Marjorie Keniston McIntosh, *Controlling Misbehavior in England, 1370—1600*（1998）, 69—74, 115—116（引用）; Wunderli, *London Church Courts*, iv ; Ruth Mazo Karras, *Common Women*（1996）; Martin Ingram, 'Reformation of Manners in Early Modern England', Paul Griffiths 等编, *The Experience of Authority in Early Modern England*（1996）, 58—65, 79, 及其 'Regulating Sex in Pre-Reformation London', G. W. Bernard 与 S. J. Gunn 编, *Authority and Consent in Tudor England*（2002）, 'Shame and Pain', Simon Devereaux 与 Paul Griffiths 编, *Penal Practice and Culture, 1500—1900*（2004）,特别是第 44—46 页; Shannon McSheffrey, *Marriage, Sex, and Civic Culture in Late Medieval London*（2006）, 第 6—7 章; Frank Rexroth, *Deviance and Power in Late Medieval London*（2007）,特别是第 4 章。

11. Brundage, *Law, Sex*, 305, 517 ; *Certayne Sermons, or Homelies, Appoynted by the Kynges Maiestie*（1547）, sig.[S iv^{r}]. 参见 Lawrence Stone, *The Crisis of the Aristocracy, 1558—1641*（1965）, 662—663 ; Faramerz Dabhoiwala, 'The Construction of Honour, Reputation and Status', *Transactions of the Royal Historical Society* 6（1996）.

12. Brundage, *Law, Sex*, 187, 206—207, 245, 297—299, 303, 305—306, 341—342, 429, 444—446, 459—460, 517 ; Pierre J. Payer, *The Bridling of Desire*（1993）, 182, 195n.2, 258n.6 ; Peter Biller, *The Measure of Multitude*（2000）, 40—57.

13. Martin Ingram, 'Spousals Litigation in the English Ecclesiastical Courts, c.1350—1640', R. B. Outhwaite 编, *Marriage and Society*（1981）; Lawrence Stone, *Road to Divorce*（1990）, 52—58, 67—70。

14. Ptolemy of Lucca, *On the Government of Rulers*, James M. Blythe 译（1997）, 254 ; Jacques Rossiaud, *Medieval Prostitution*, Lydia G. Cochrane 译（1988）, 80—81。

15. John Ramsay, *A Sermon Preach'd to the Protestants of Ireland*（第 3 版,都柏林, 1713）, 6。

16. Helen L. Parish, 'By This Mark You Shall Know Him', *Studies in Church History* 33（1997）.

17. P. D. L. Avis, 'Moses and the Magistrate', *Journal of Ecclesiastical History* 26（1975）; James A. Brundage, *Law, Sex, and Christian Society in Medieval Europe*（1987）, 558n.35.

18. 如 Leah Lydia Otis, *Prostitution in Medieval Society* (1985), 第 1 部 分; Lyndal Roper, *The Holy Household* (1989) ; James R. Farr, *Authority and Sexuality in Early Modern Burgundy* (1995) ; Michael Rocke, 'Gender and Sexual Culture in Renaissance Italy', Judith C. Brown 与 Robert C. Davis 编, *Gender and Society in Renaissance Italy*(1998); Ulinka Rublack, *The Crimes of Women in Early Modern Germany* (1999), 第 4 章; Merry E. Wiesner-Hanks, *Christianity and Sexuality in the Early Modern World* (2000) ; Philip F. Riley, *A Lust for Virtue* (2001) ; Margo Todd, *The Culture of Protestantism in Early Modern Scotland* (2002),特别是第 3 页; Diarmaid McCulloch, *Reformation* (2003), 16 ; Tessa Storey, *Carnal Commerce in Counter-Reformation Rome* (2008),特别是结语。

19. Ruth Mazo Karras, *Common Women* (1996),特别是第 2、82 页。

20. 亨利八世二十五年第六章法律(25 Henry VIII c.6);伊丽莎白一世十八年第三章法律(18 Elizabeth c.3)。后一条法律可能仅用于当私生子可能向教区要求经济援助之时。当 1610 年立法修订之后,新的法令表述更为清晰:从今往后,如果私生子的母亲被教区照管,须服一年劳役[詹姆斯一世七年第四章法律(7 James I c.4)]。她们经常受到鞭打。

21. *Tudor Church Reform*, Gerald Bray 编(Church of England Record Society, 2000), 264—267 ; Keith Thomas, 'The Puritans and Adultery', Donald Pennington 与 Keith Thomas 编, *Puritans and Revolutionaries* (1978), 273—274。

22. Phillip Stubbes, *The Anatomie of Abuses* (1583), sig.H61 ; Avis, 'Moses and the Magistrate' ; Thomas, 'Puritans and Adultery' ; Ronald B. Bond, 'Dark Deeds Darkly Answered', *Sixteenth-Century Journal* 16 (1985).

23. Lawrence Stone, *The Crisis of the Aristocracy, 1558—1641* (1965), 662—663 ; Johanna Rickman, *Love, Lust, and License in Early Modern England* (2008) ; Alastair Bellany, *The Politics of Court Scandal* (2002) ; Cynthia B. Herrup, *A House in Gross Disorder* (1999).

24. Martin Ingram, *Church Courts, Sex and Marriage in England, 1570—1640* (1987), 第 2 部 分; R. H. Helmholz, 'Harboring Sexual Offenders', *Journal of British Studies* 37 (1998) ; F. Douglas Price, 'Gloucester Diocese under Bishop Hooper, 1551—1553', *Transactions of the Bristol and Gloucestershire Archaeological Society* 60 (1938)。

25. *English Historical Documents, 1485—1558*, C. H. Williams 编(1967), 986 ; Patrick Collinson, *The Religion of Protestants* (1982), 158—159 ; Muriel C. McClendon, *The Quiet Reformation* (1999), 216, 219—221。参见 *A Statement of the Mode of Proceeding... in the Royal Court of Jersey* (Jersey, '1789',即 1790), 13—14 ;此外,围绕如何行刑而引发的宗教与法学争论,参见 Patrick Collinson, *The Elizabethan Puritan Movement* (1967), 182—188, 204—205,以及 Elliot Rose, *Cases of Conscience* (1975), 158—168。

26. 关 于 本 段 与 下 一 段, 参 见 John Stow, *A Survey of the Cities of London and Westminster*, John Strype 编, 6 册(1720), i.258 ; Ian W. Archer, *The Pursuit of Stability*

（1991），第 6 章（引自第 250—251 页）；Martin Ingram, 'Regulating Sex in Pre-Reformation London', G. W. Bernard 与 S. J. Gunn 编, *Authority and Consent in Tudor England*（2002），及其 'Shame and Pain', Simon Devereaux 与 Paul Griffiths 编, *Penal Practice and Culture, 1500—1900*（2004）；McClendon, *Quiet Reformation*, 222—223；Joanna Innes, 'Prisons for the Poor', Francis Snyder 与 Douglas Hay 编, *Labour, Law, and Crime*（1987）；Faramerz Dabhoiwala, 'Summary Justice in Early Modern London', *English Historical Review* 121（2006）；Paul Griffiths, *Lost Londons*（2008）。

27. Patricia Crawford, *Blood, Bodies and Families in Early Modern England*（2004），66；*The School of Venus*（1680），对话之二：印于 Bradford K. Mudge, *When Flesh Becomes Word*（2004），第 33 页。1668 年 2 月，佩皮斯购买了 *L'escolle des filles* 法语原版的复本（"我见过的最下流、最淫荡之书"），偷偷地阅读（"一个君子阅览此书以了解世间之邪恶并无不妥……我为了开阔视野而展卷观之，有何过错"），对着它自慰，"当我完事之后，就将其付之一炬，我不会让它在书架上给我丢脸"，*The Diary of Samuel Pepys*, Robert Latham 与 William Matthews 编，2 卷（1970—1983），ix. 21—22, 57—59。

28. 这条故意弄得很别扭的拉丁短语的意思大概是"你将频繁得偿，你将体验升华"。

29. *Two Elizabethan Women*, Alison D. Wall 编（Wiltshire Record Society, 1983），导论，第 37—38 页（引用）；Alison Wall, 'The Feud and Shakespeare's Romeo and Juliet', *Sydney Studies in English* 5（1979—1980），及其 'For Love, Money, or Politics?', *Historical Journal* 38（1995）。

30. Anne Kugler, *Errant Plagiary*（2002），60；G. R. Quaife, *Wanton Wenches and Wayward Wives*（1979），149（引用），156—158；Randolph Trumbach, *Sex and the Gender Revolution*（1998），400。

31. *ODNB*, Translators of the Authorized Version of the Bible；Bethlem Royal Hospital Archives, Beckenham, Kent:BCB 3, fol.i[v]；Quaife, *Wanton Wenches*, 183；Keith Thomas, 'The Puritans and Adultery', Donald Pennington 与 Keith Thomas 编, *Puritans and Revolutionaries*（1978），261。

32. Keith Wrightson, *English Society, 1580—1680*（1982），85；Quaife, *Wanton Wenches*, 61—62；Martin Ingram, *Church Courts, Sex and Marriage in England 1570—1640*（1987），229—230（引用），267—268。

33. Faramerz Dabhoiwala, 'The Pattern of Sexual Immorality', Paul Griffiths 与 Mark S. R. Jenner 编, *Londinopolis*（2000）；Ingram, *Church Courts*, 4。

34. Thomas, 'Puritans and Adultery', 267.

35. 欲进一步了解，可参见 L. R. Poos, 'Sex, Lies, and the Church Courts', *Journal of Interdisciplinary History* 25（1995）；Roger Thompson, *Sex in Middlesex*（1986）；Ingram, *Church Courts*；Faramerz Dabhoiwala, 'Sex, Social Relations, and the Law', Michael J. Braddick 与 John Walter 编, *Negotiating Power*（2001）。

36. H[enry] C[onsett], *The Practice of the Spiritual or Ecclesiastical Courts* (1685), 386（引用), 396; Ingram, *Church Courts*, 51—52, 248—250, 331—334,及其参考文献。

37. Michael Dalton, *The Countrey Justice*（第 6 版, 1635), 88, 189。

38. London Metropolitan Archives, COL/CA/01/01/014 (Repertory 13), fols 292^{v}—293^{r} [引自 Martin Ingram, 'Shame and Pain', Simon Devereaux 与 Paul Griffiths 编, *Penal Practice and Culture, 1500—1900* (2004), 55]; *Diary of Samuel Pepys*, vii. 240。有人甚至主张治安官与警员在巡夜期间,可以直接把路人遣入监狱,即便"那些人并不可疑",例如 W[illiam] Shepherd, *A Sure Guide for His Majesties Justices of Peace* (1669 年版), 412。

39. *Certayne Sermons, or Homelies, Appoynted by the Kynges Maiestie* (1547), sig. Tiiv. 欲了解此主题,可参见 Laura Gowing, *Domestic Dangers* (1996); Bernard Capp, 'The Double Standard Revisited', *Past and Present* 162 (1999),及其 *When Gossips Meet* (2003); Martin Ingram, 'Law, Litigants and the Construction of "Honour"', Peter Coss 编, *The Moral World of the Law* (2000); David Turner, 'Nothing is So Secret', Tim Hitchcock 与 Michele Cohen 编, *English Masculinities 1660—1800* (1999); Alastair Bellany, *The Politics of Court Scandal* (2002); Christine Peters, *Women in Early Modern Britain, 1450—1640* (2004), 3; Johanna Rickman, *Love, Lust, and License in Early Modern England* (2008); www.earlystuartlibels.net。

40. London Metropolitan Archives, DL/C/147, fol.344[a]v (1696).

41. Quaife, *Wanton Wenches*, 201; Adam Fox, *Oral and Literate Culture in England 1500—1700* (2000), 6（引自第 303 页)。其他例子参见 Martin Ingram, 'Ridings, Rough Music and Mocking Rhymes in Early Modern England', Barry Reay 编, *Popular Culture in Seventeenth-Century England* (1985),以及上面注释 39 所提供的参考文献。

42. [Daniel Defoe], *Conjugal Lewdness* (1727),引自第 84—86 页。

43. Margaret Cavendish, *Political Writings*, Susan James 编 (2003),引自第 185 页。

44. 如 Paul Griffiths, *Youth and Authority* (1996),特别是第 7 章; Julia Merritt, *The Social World of Early Modern Westminster* (2005), 第 7 章; Lena Cowen Orlin, *Locating Privacy in Tudor London* (2007)。

45. 参见 *Seventeenth-Century Economic Documents*, Joan Thirsk 与 J. P. Cooper 编 (1972),引自第 759 页; Keith Wrightson 与 David Levine, *Poverty and Piety in an English Village* (1979),引自第 80、133 页; Keith Wrightson, *English Society 1580—1680* (1982), 引自第 78 页; Martin Ingram, *Church Courts, Sex and Marriage in England, 1570—1640* (1987), 130—131; Lawrence Stone, *Uncertain Unions* (1992), 83—92; Steve Hindle, 'The Problem of Pauper Marriage', *Transactions of the Royal Historical Society* 8 (1998), 引自第 85 页,及其 'Hierarchy and Community in the Elizabethan Parish', *Historical Journal* 42 (1999); Edgar J. McManus, *Law and Liberty in Early New England* (1993); Richard Godbeer, *Sexual Revolution in Early America* (2002),第 1 部分。关于中世纪的早期事例,

可参见 Eleanor Searle 等, 'Seigneurial Control of Women's Marriage', *Past and Present* 82（1979）与 99（1983）; Judith M. Bennett, 'Writing Fornication', *Transactions of the Royal Historical Society* 13（2003）。

46. 关于本段与下一段，参见 G. R. Quaife, *Wanton Wenches and Wayward Wives*（1979），第 3—4、9—10 章；Ingram, *Church Courts*, 158—159, 261—263（引用）；Angus McLaren, *A History of Contraception*（1990），第 5 章；Laura Gowing, *Common Bodies*（2003），第 4—6 章。

47. Quaife, *Wanton Wenches*, 64, 71.

48. 圣玛丽·白教堂与圣博托尔夫·主教门教堂的执事们随后对这些命令提出上诉，孩子们于是又被送回去——孩子与成人的法律籍贯在教区官员之间争论不休，因而被这样往复运送之情况，在当时济贫法的运行之下屡见不鲜（伦敦大都会档案馆，CLA/047/LJ/13/1700，《城市庭审记录》，1700 年 12 月）。

49. Frank Rexroth, *Deviance and Power in Late Medieval London*（2007）, 152.

50. 关于这一问题的出色导读包括：Mark Goldie, 'The Theory of Religious Intolerance in Restoration England', Ole Peter Grell 等编, *From Persecution to Toleration*（1991）; John Coffey, *Persecution and Toleration in Protestant England, 1558—1689*（2000）; Alexandra Walsham, *Charitable Hatred*（2006）。参见 R. I. Moore, *The Formation of a Persecuting Society*（1987），特别是第 61—65、100—101 页。

51. *The Judgment of the Learned and Pious St Augustine*（1670）, 3. 参见 A.M., *The Reformed Gentleman*（1693）, sig.A3r—A4r；[Josiah Woodward], *An Account of the Societies for Reformation of Manners*（1699）, 81—83。

52. Edmund Cressy, *Spiritual Directions for Hospitals, Houses of Correction, and Prisons*（1675）, 28—41（引自第 35 页）; Richard Cooke, *A White Sheete*（1629）, 36—37; John Disney, *An Essay upon the Execution of the Laws*（第 2 版, 1710）, 40—42。

52. *Letters*, no.185. 参见 William Prynne, *The Sword of Christian Magistracy Supported*（1647）, 13—14; [Samuel Johnson], *A Letter from a Freeholder*[1688], 8。

54. William Clagett, *Seventeen Sermons*（1689）, 43—44; James Knight, *A Sermon Preached to the Societies for Reformation of Manners*（1733）, 9.

55. Leviticus 20.5, 参见 Samuel Mather, *A Testimony from the Scripture*[Cambridge, Mass., 1671?], 14; [Charles Leslie], *A Letter of Advice to a Friend*（1696）, 9。基督身体的性欲化（eroticization）在多大程度上可以与严格的单配偶制与节欲社团相适应，可以通过 18 世纪宾夕法尼亚与其他地方摩拉维亚教会的实践看出来，参见 Craig D. Atwood, 'Sleeping in the Arms of Christ', *Journal of the History of Sexuality* 8（1997）。

56. [Robert Bolton], *An Answer to the Question*（1755）, 43; *Reasons Humbly Offered to the Members of Both Houses of Parliament, For Passing the Bill against Vice and Immorality*[1699], 3; 'Mary Smith', *Observations on Seduction*（第 2 版, 1808）, vii。

57. 典型例子可参见 O[liver] O[rmerod], *The Picture of a Puritane* (1605), sig.M, 及其 *The Picture of a Papist* (1606), 第一本的页码为 39—40, 61, 64, 69—70, 75—76, 197—199, 第二本的页码为 34—37; Thomas Herbert, *A Relation of Some Yeares Travaile* (1634), 99, 154, 158; George Sandys, *A Relation of a Journey* (1615), 53; *A Description of the Sect called the Familie of Love* (1641), 3; *False Prophets Discovered* (1642); Daniel Featley, *The Dippers Dipt* (1645), 202—203, 209—210; E[phraim] Pagitt, *Heresiography* (第 2 版, 1645), 5—6, 10, 13, 27, 33, 88—89, 93, 142, 153; Thomas Edwards, *Gangraena* (1646), ii.145, iii.185—190; Alexander Ross, *ΠΑΝΣΕΒΙΑ: or, A View of all Religions in the World* (第 2 版, 1655), 如 i.63—65, 119, 361—366, 380—388; [Henrick van Haestens], *Apocalypsis*, J[ohn] D[avies] 译,(第 2 版, 1658), 例如 9—10, 18, 59, 67; *Pyrotechnica Loy-olana* (1667), 65, 69—72; [David Clarkson], *The Practical Divinity of the Papists* (1676), 337—360; *A True History of the Lives of the Popes of Rome* (1679), 10—14; [Gilbert Crokatt 与 John Monroe], *The Scotch Presbyterian Eloquence* (1697), 6—7; John Edwards, *A Free Discourse Concerning Truth and Error* (1701), 137—138, 405—406; Christopher W. Marsh, *The Family of Love in English Society, 1550—1630* (1994), 66, 205—213; Ann Hughes, *Gangraena and the Struggle for the English Revolution* (2004), 74, 89—91, 101—102, 110, 113—114, 117; John Spurr, *The Restoration Church of England, 1646—1689* (1991), 234—237, 251—253, 269—270; John Marshall, *John Locke, Toleration and Early Enlightenment Culture* (2006), 218—222, 247—252, 259, 453—461; Peter Marshall, 'John Calvin and the English Catholics', *Historical Journal* 53 (2010)。

58. Richard Baxter, *A Holy Commonwealth* (1659), 204.

59. Richard Capel, *Tentations* (1633), 97, 107, 308—309. 参见 Thomas Edwards, *The Casting Down of the Last and Strongest Hold of Satan* (1647), sig.A3。关于一般语境的精彩论述见 David Wootton, 'The Fear of God in Early Modern Political Theory', *Historical Papers/Communications historiques* 18 (1983)。

60. John Bunyan, *The Holy War* (1682), 13—25, 29—32, 222, 226.

61. 参见《彼得前书》, 2.11:"禁戒肉体之私欲,这私欲与灵魂争战。"

62. James A. Brundage, *Law, Sex, and Christian Society in Medieval Europe* (1987), 第 15—17 页概述了相关语段(也注明了重要例外)。

63. *The Folger Library Edition of The Works of Richard Hooker*, W. Speed Hill 等 编, 7 卷(1977—1998), iii.321; Baxter, *Holy Commonwealth*, 212; John Disney, *A Second Essay upon the Execution of the Laws* (1710), 119—120, 123—125, 128, 155—159。

第一章

1. *Tudor Church Reform*, Gerald Bray 编(Church of England Record Society, 2000),

277。

2. P. E. H. Hair, 'Bridal Pregnancy', *Population Studies* 20（1966）与 24（1970）. *Constitutions, and Canons Ecclesiastical*（1633）, canon 109; Martin Ingram, *Church Courts, Sex and Marriage in England, 1570—1640*（1987）, 特别是第 7—9 章; R. H. Helmholz, 'Harboring Sexual Offenders', *Journal of British Studies* 37（1998）; Bernard Capp, 'The Double Standard Revisited', *Past and Present* 162（1999）; Jason McElligott, 'The Politics of Sexual Libel', *Huntington Library Quarterly* 67（2004）。

3. 为了避开这一命运，她佯装成男子从监狱逃脱，跑到了巴黎，即便到了那儿，高级调查团仍在追捕她，她改宗天主教，进了一家修道院（尽管不久之后她与修女们产生争执，再次一走了之）。

4. *Calendar of State Papers, Domestic 1634—1635*（1864）, 325; Samuel R. Gardiner, *History of England*, 10 卷（1905 年版）, viii.144—146; Roland G. Usher, *The Rise and Fall of the High Commission*（1913）; Winfield E. Ohlson, 'Adultery: A Review', *Boston University Law Review* 17（1937）, 第 349 页, 及其参考文献; Kevin Sharpe, *The Personal Rule of Charles I*（1992）, 379—383。

5. 参见 Martin Ingram, 'Ridings, Rough Music and Mocking Rhymes in Early Modern England', Barry Reay 编, *Popular Culture in Seventeenth-Century England*（1985）; Adam Fox, *Oral and Literate Culture in England 1500—1700*（2000）, 第 6 章; Alastair Bellany, *The Politics of Court Scandal*（2002）; Johanna Rickman, *Love, Lust, and License in Early Modern England*（2008）; www.earlystuartlibels.net。

6. Keith Thomas, 'The Puritans and Adultery', Donald Pennington 与 Keith Thomas 编, *Puritans and Revolutionaries*（1978）, 264。

7. John Cotton, *An Abstract of the Lawes of New England*（1641）, 11; *Reports of Cases in the Courts of Star Chamber and High Commission*, Samuel Rawson Gardiner 编（Camden Society, 1886）, 201—202; Thomas, 'Puritans and Adultery', 268—272; Julian Goodare, *The Government of Scotland, 1560—1625*（2004）, 207。

8. 见 Martin Ingram, 'Puritans and the Church Courts, 1560—1640', Christopher Durston 与 Jacqueline Eales 编, *The Culture of English Puritanism*（1996）。

9. Joan Kent, 'Attitudes of Members of the House of Commons to the Regulation of "Personal Conduct" in Late Elizabethan and Early Stuart England', *Bulletin of the Institute for Historical Research* 46（1973）; Thomas, 'Puritans and Adultery', 273—274. 参见 Arthur Cleveland, 'Indictments for Adultery and Incest before 1650', *Law Quarterly Review* 29（1913）。

10. 7 James I c.4; 21 James I c.27; Keith Wrightson, 'Infanticide in Earlier Seventeenth-Century England', *Local Population Studies* 15（1975）.7 James I c.4; 21 James I c.27; Keith Wrightson, 'Infanticide in Earlier Seventeenth-Century England', *Local Population*

*Studies*15（1975）.

11. David Underdown, *Fire from Heaven*（1992）, 106—108；Keith Wrightson 与 David Levine, *Poverty and Piety in an English Village*（1979）, 132—134。

12. *Colonial Origins of the American Constitution*, Donald S. Lutz 编（1998）, item 46（Fundamental Articles of New Haven, 4 June 1639）；Thomas, 'Puritans and Adultery', 271—272；Richard J. Ross, 'Puritan Godly Discipline in Comparative Perspective', *American Historical Review* 113（2008）。

13. Ohlson, 'Adultery', 352—368；Edmund S. Morgan, 'The Puritans and Sex', *New England Quarterly* 15（1942）；Richard Godbeer, *Sexual Revolution in Early America*（2002）, 103.

14. 这就是为何在苏格兰那些犯下滔天罪行之人——乱伦、鸡奸以及兽奸者——有时候会被砍头或在火刑柱上烧死，而非“仅仅吊死”。乔治·麦肯齐，《苏格兰的法律与习俗》（*The Laws and Customes of Scotland*, 1678），第 160—162 页。

15. *The Journal of John Winthrop*, Richard S. Dunn 等编（1996），第 500—502 页。另参见 Robert Foulkes, *An Alarme for Sinners*（1679）。有关当时普利茅斯殖民地对于性罪犯的惩处（公开鞭笞、游街示众、永远穿上特殊标识的衣服或在皮肤上烙下印记）, Martha L. Finch, *Dissenting Bodies*（2010）, 122—135。

16. *The Constitutional Documents of the Puritan Revolution, 1625—1660*, Samuel Rawson Gardiner（第 3 版, 1906）, 142, 188；*Acts and Ordinances of the Interregnum, 1642—1660*, C. H. Firth 与 R. S. Rait 编, 3 卷（1911）, ii.387—389；Keith Thomas, 'The Puritans and Adultery', Donald Pennington 与 Keith Thomas 编, *Puritans and Revolutionaries*（1978）。

17. Devon Record Office, Exeter: QS/1/9, 4 Apr. 1654（我对高级档案管理员苏珊·莱恩韦特女士在这份文件上所提供的帮助致以最深的谢意）；*Mercurius Politicus*, 26 June—3 July 1656；F. A. Inderwick, *The Interregnum*（1891）, 34—38；Thomas, 'Puritans and Adultery', 258, n.4；F. D. Dow, *Cromwellian Scotland*（1979）, 178；Stephen K. Roberts, *Recovery and Restoration in an English County*（1985）, 200—201。

18. Bernard Capp, 'Republican Reformation', Helen Berry 与 Elizabeth Foyster 编, *The Family in Early Modern England*（2007）（在原始记录中，她的名字被转写为“Frotheringham”）；*ODNB*, Damaris Page；Bernard Capp, 'Bigamous Marriage in Early Modern England', *Historical Journal* 52（2009）。

19. London Metropolitan Archives: Westminster Quarter Sessions and Middlesex Quarter Sessions records sampled for 1653；The National Archives, Public Record Office: King's Bench records sampled for 1651, 1653, 1654；Luke Owen Pike, *A History of Crime in England*, 2 卷（1873）, ii.183, 627—628；Thomas, 'Puritans and Adultery', 280；Keith Wrightson, 'The Nadir of English Illegitimacy in the Seventeenth Century', Peter Laslett 等编, *Bastardy and its Comparative History*（1980）；Roberts, *Recovery and Restoration*, 198—

208；Christopher Durston，*Cromwell's Major-Generals*（2001），156；Capp，'Republican Reformation'。

20. *A True and Perfect List of the Names of those Prisoners in Newgate*（1652），6.

21. *Middlesex County Records*，John Cordy Jeaffreson 编，4 卷（1886—1892），iii.294—295；Capp，'Republican Reformation'，50，53；E. P. Thompson，*Customs in Common*（1991），478—479；Samuel R. Gardiner，*History of the Great Civil War*，4 卷（1904 年 版），ii.252；Inderwick，*Interregnum*，38—39；*ODNB*，Edmund Chillenden；*Calendar of State Papers*，*Venetian 1655—1656*（1930），309。关于当局基于类似理由强制流放爱尔兰女孩与男孩的情况，见 *A Collection of the State Papers of John Thurloe*，7 卷（1742），iv.191，198；*Calendar of State Papers*，*Colonial*（1860— ），i.428—432。

22. 关于私生之数量及对它们的解释，见 Peter Laslett 与 Karla Oosterveen，'Long-Term Trends in Bastardy in England'，*Population Studies* 27（1973）；Wrightson，'Nadir of English Illegitimacy'。参见 Derek Hirst，'The Failure of Godly Rule in the English Republic'，*Past and Present* 132（1991）。

23. 对于此主题的研究仍不充分，不过大家热切期待着马丁·英格拉姆与埃莉诺·福克斯正在撰写的著作能尽快付梓。亦可参见 Martin Ingram，'Law，Litigants and the Construction of "Honour"'，Peter Coss 编，*The Moral World of the Law*（2000），154；Paul Griffiths，*Lost Londons*（2008），201—209。

24. London Metropolitan Archives，DL/C/55，328—329，625—626（London Consistory Court，Office Side，1661—1706）；R. B. Outhwaite，*The Rise and Fall of the English Ecclesiastical Courts*，*1500—1860*（2006）；Andrew Thomson，'Church Discipline'，*History* 91（2006）.

25. Faramerz Dabhoiwala，'Sex，Social Relations，and the Law'，Michael J. Braddick 与 John Walter 编，*Negotiating Power*（2001），91—92；John Miller，*Cities Divided*（2007），73。

26. 参见 *The Book of the General Laws and Libertyes Concerning the Inhabitants of the Massachusets*（坎布里奇，马萨诸塞，1660），8，33；*Severall Laws and Orders Made at the General Courts*（1665），1；[Thomas Wood]，*A New Institute of the Imperial or Civil Law*（1704），264；Isabel V. Hull，*Sexuality*，*State*，*and Civil Society in Germany*，*1700—1815*（1996），65，72—75，78—79。

27. *Some Proposals Offered to Publick Consideration*，*before the Opening of Parliament*（1685），2；*Journals of the House of Commons*（1802— ），viii.630（4 Oct. 1666）；ix.592—593，687（12 Apr. 1679，23 Dec. 1680）；*A Letter to a Member of Parliament with Two Discourses Enclosed*（1675），5—6. 参见 *A Proclamation against Vicious*，*Debauch'd*，*and Prophane Persons*（30 May 1660）；*By the Maior*（23 Dec. 1672）；*By the Mayor*（17 Nov. 1676）；*By the Mayor*（31 Jan. 1679）；*By the Mayor*（29 Nov. 1679）；*By the King*，*a Proclamation*（29 June 1688）；*Vertue's Triumph at the Suppression of Vice*（1688），5—8。

28. 参 见 *The Poor-Whores Petition. To the most Splendid, Illustrious, Serene and Eminent Lady of Pleasure, the Countess of Castlemayne*（1668）; Bodleian Library, Oxford, MS Don. b.8, *passim*; *The Gracious Answer of the most Illustrious Lady of Pleasure, the Countess of Castlem—To the Poor-Whores Petition*（1668）; Tim Harris, 'The Bawdy House Riots of 1668', *Historical Journal* 29（1986）; *Articles of High-Treason and other High-Crimes and Misdemeanors against the Dutches of Portsmouth* [c.1680]; *A Satyr*（首行曰:"神圣的他拥有三位伟大朋友"）[c.1680]; *Middlesex County Records*, Jeaffreson 编, iv.34—35; *The Poor Whores Complaint to the Apprentices of London*（1672）; *A Word of Advice to the Two New Sheriffs of London*（1682）; *The Informers Lecture*（1682）; *The Diary of Samuel Pepys*, Robert Latham 与 William Matthews 编, 11 卷（1970—1983）, ii.156; iii.60, 302—303; iv.30; v.56—61, 96; vi.127, 210, 248, 276—277; vii.29, 159, 297—298, 323, 325—326, 349—350, 400, 426; viii.8, 286—289, 354—355, 361—362, 365, 366, 377—378; ix.19—20; *The Diary of John Evelyn*, E. S. de Beer 编, 6 卷（1955）, iii.3l6, 403, 464, 465—466, 505, 569, 573; iv.85, 269, 331, 398; *Burnet's History of My Own Time*, Osmund Airy 编, 2 卷（牛津, 1897—1900）, i.453; John Spurr, *The Restoration Church of England, 1646—1689*（1991）, 248。

29. 关于这些问题, 可参见 Eamon Duffy, 'Primitive Christianity Revived', *Studies in Church History* 14（1977）; Tina Isaacs, 'The Anglican Hierarchy and the Reformation of Manners 1688—1738', *Journal of Ecclesiastical History* 30（1982）; Donna T. Andrew, *Philanthropy and Police*（1989）; Lee Davison 等编, *Stilling the Grumbling Hive*（1992）, 特别是第 5—7 章; Craig Rose, 'Providence, Protestant Union and Godly Reformation in the 1690s', *Transactions of the Royal Historical Society* 3（1993）; John Walsh 等编, *The Church of England c. 1689—c. 1833*（1993）, 第 5、7 章; Tony Claydon, *William III and the Godly Revolution*（1996）。

30. G. Meriton, *Immorality, Debauchery, and Profaneness*（1698）, 105; John Bellers, *Essays About the Poor*（1699）, 16. 参见 *Reasons Humbly Offered to the Members of Both Houses of Parliament, For Passing the Bill against Vice and Immorality* [1699], 1。

31. 参见 [Edward Stephens], *A Specimen of a Declaration against Debauchery, Tendered to the Consideration of His Highness the Prince of Orange, and of the Present Convention of the Nation* [1689]; [出处同上], *A Caveat against Flattery*（1689）, 28—32, 35—36; [出处同上], *The True English Government*（1689）, 7—8; [出处同上], *Of Humiliation* [1689], 4—6; Claydon, *William III and the Godly Revolution*, 49—50, 57。

32. [William III], *His Majesties Letter to the Lord Bishop of London* [1690], 4. 在某些地方, 例如在考文垂与利奇菲尔德主教教区的教会法庭中, 由此兴起了一股反对通奸与偷情的短暂热潮: Laura Gowing, *Common Bodies*（2003）, 180。

33. *An Act for the more Effectual Restraining and Suppressing of Divers Notorious Sins, and*

Reformation of the Manners of the People of this Nation（附于 [Edward Stephens]，*A Plain Relation of a Late Action at Sea*（1690）)，5—7。参见 *Some Modest Reflections Upon Mr Stephens's late Book*（1691），1，26；[W. Jones]，*Ecclesia Reviviscens*（1691），9；Eveline Cruickshanks 等编，*The History of Parliament: The House of Commons 1690—1715*，5 卷（2002），iv.231。对于通奸与偷情的案件，相同的有罪推定也是大陆法系的定则，它同样在 17 世纪 50 年代得到了人们的倡导，作为强化《通奸法案》的工具：[Thomas Wood]，*A New Institute of the Imperial or Civil Law*（1704），261—262；D[aniel] T[aylor]，*Certain Queries*（1651），9—10。

34. Narcissus Luttrell，*A Brief Historical Relation of State Affairs*，6 卷（牛津，1857），iv.349，354—355；[John] Oldmixon，*The History of England*（1735），175。参见 *An Abstract of the Laws Already in Force against Profaneness, Immorality & Blasphemy...with the Laws and Ordinances...from 1640 to 1656*（1698），以及 [Daniel Defoe]，*The Poor Man's Plea*（1698），30（书中提及对于通奸与偷情者之烙印、流放或绞死可能反映了当时议会的主张）。在此法案的修订期间，反对性乱的条款有时被终止，最终这一法案在 1698 年通过，即《亵秽法案》（*Blasphemy* Act）（9 William III c.35）：*Journals of the House of Commons*（1802— ），xii.132，134，142，147，151，154—155，160，168—169，176—177，183，258，269，276，280，284—285，295。

35. 'A Bill for the more effectual Suppressing of Vice and Immorality'，Lambeth Palace Library，London，MS 640，497—499；'Debates in the House of Commons 1697—1699'，D. W. Hayton 编，*Camden Miscellany* 29（1987），373—375；*Journals of the House of Commons*，xii.368，387，401—402，466，468—469，484，494；Luttrell，*Brief Historical Relation*，iv.468，471—472，478，481；Historical Manuscripts Commission，*The Manuscripts of His Grace the Duke of Portland*，10 卷（1891—1931），iii.602；*Reasons Humbly Offered to the Members*；[Thomas Bray]，*Reasons for the Passing of the Bill for the more Effectual Suppressing of Vice & Immorality*（两个版本，1699）；'A True Narrative or Memorial Representing the Rise, Progress and Issue of Dr Bray's Missionary Undertaking'（1705），University of Maryland Archives，Thomas Bray Collection，Box 30，fol. 24^{v}。相关诗歌用典，见 [Samuel Garth]，*The Dispensary*（1699），73；[Edward Ward]，*The Weekly Comedy* 2（10—17 May 1699）；[Daniel Defoe]，'An Encomium upon a Parliament'（1699），第 76—85 行，印于 *Poems on Affairs of State*，George deF. Lord 等编，7 卷（1963—1975），vi.56。

36. Garnet V. Portus，*Caritas Anglicana*（1912），125n（引用）；*The Parliamentary Diary of Sir Richard Cocks, 1698—1702*，D. W. Hayton 编（1996），xxxi，9—10；*Conjugium Languens*（1700），19，24—26；*Journals of the House of Commons*，xvi.532，536，544；*A Chapter in English Church History*，Edmund McClure 编（1888），319；Thomas Bray，*For God, or for Satan*（1709），28；*The Third Charge of Whitlocke Bulstrode*（1723），10—11；

David Hayton, 'Moral Reform and Country Politics in the Late Seventeenth-Century House of Commons', *Past and Present* 128（1990）。

37. 参 见 *Acts and Laws...Of the Province of the Massachusetts-Bay*（1724）, 11, 70 ; *Acts and Laws...of Connecticut*（波士顿, 1702）, 4, 63—64 ; Winfield E. Ohlson, 'Adultery: A Review', *Boston University Law Review* 17（1937）, 356—368 ; Jonathan I. Israel, *The Dutch Republic*（1995）, 690—699 ; Luttrell, *Brief Historical Relation*, ii.81, 120 ; *A Collection of all the Acts...relating to the Clergy and Ecclesiastical Affairs within the Kingdom of Scotland*（1693）, 25（引用）; *Acts of the Parliaments of Scotland, 1124—1707*, 12 卷（爱丁堡, 1814—1875）, ii.539 ; iii.25—26, 213 ; vi（第 2 部分）, 152—153 ; vii.310—311 ; viii.99 ; ix.198, 327—328, 387—388 ; x.65, 67, 279（引用）。参见 *A Collection of Some Acts of the General Assembly of the Church of Scotland...for Suppressing of Vice*（爱丁堡, 1714）; *The Acts of the Town Council of...Edinburgh, for Suppressing of Vice...made since the Happy Revolution*（爱丁堡, 1742）, 105—109, 121—125, 143—145。

38. *Journals of the House of Commons*, xii.368, 387, 401—402, 466, 468—469, 484, 494 ; Luttrell, *Brief Historical Relation*, iv.468, 471—472, 478, 481 ; *Manuscripts of His Grace the Duke of Portland*, iii.602 ; Henry Horwitz, *Parliament, Policy and Politics in the Reign of William III*（1977）, 256（引用）。

39. Faramerz Dabhoiwala, 'Sex, Social Relations, and the Law', Michael J. Braddick 与 John Walter 编, *Negotiating Power*（2001）, 92 ; *Reformation and Revival in Eighteenth-Century Bristol*, Jonathan Barry 与 Kenneth Morgan 编（Bristol Record Society, 1994）, 22—23 ; *A Help to a National Reformation*（1700）, sig.[C4^r]（引 用）。 参 见 F. W., *A Letter to a Bishop from a Minister of his Diocess*（1691）, 15—16 ; [Josiah Woodward], *An Account of the Societies for Reformation of Manners*（1699）, 2—3 ; John Disney, *A Second Essay upon the Execution of the Laws*（1710）, 前 言 ; *A Representation of the State of the Societies for Reformation of Manners*（1715）, 4—5。

40. Richard [Smalbroke], *Reformation Necessary to Prevent our Ruine*（1728）, 引 自 第 21 页 ; Saunders Welch, *A Proposal to Render Effectual a Plan*（1758）, 引 自 第 8 页 ; Thomas Wood, *An Institute of the Laws of England*（1720）, 686 ; Henry Fielding, *A Charge Delivered to the Grand Jury...of Westminster*（1749）, 44—45, 48—50, 及其 *The Covent-Garden Journal*[1752], Bertrand A. Goldgar 编（1988）, nos 67—68 ; [Samuel Glasse], *The Magistrate's Assistant*（格洛斯特, 1784）, 179。

41. London Metropolitan Archives, CLA/004/01/02/005（Lord Mayor's Charge Book）, 16 Sept., 23 Dec. 1730 ; *A Complete Collection of State-Trials*［Sollom Emlyn 编］, 6 卷（第 2 版, 1730）,引自卷 1,第 ix 页与注释 n ; *A Report of all the Cases Determined by Sir John Holt*（1738）, 598 ; *Hansard's Parliamentary Debates* 147（1857）, 1854 ; Brian P. Levack, 'The Prosecution of Sexual Crimes in Early Eighteenth-Century Scotland', *Scottish Historical*

Review 89（2010）。

42. Stephen Pritchard, *The History of Deal*（迪尔，1864），引自第 159 页；Garnet V. Portus, *Caritas Anglicana*（1912）；Dudley W. R. Bahlman, *The Moral Revolution of 1688*（1957）；A. G. Craig, 'The Movement for the Reformation of Manners, 1688—1715'（University of Edinburgh Ph.D. thesis, 1980）。

43. *A Chapter in English Church History*, Edmund McClure 编（1888），引自第 350 页；[Josiah Woodward], *An Account of the Societies for Reformation of Manners*（1699），23—26；[出处同上], *An Account of the Progress of the Reformation of Manners*（第 14 版，1706），3—18；Portus, *Caritas Anglicana*, 125—127, 141—155；Bahlman, *Moral Revolution*, 38—39；T. C. Barnard, 'Reforming Irish Manners: The Religious Societies in Dublin during the 1690s', *Historical Journal* 35（1992）；*Reformation and Revival in Eighteenth-Century Bristol*, Jonathan Barry 与 Kenneth Morgan 编（Bristol Record Society, 1994）。尽管往往明显模仿都市社团，并接受其宣传物的指引，但这些各式各样的乡村、外省与海外社团显然与前者存在着重要差异。目前仅有都柏林与布里斯托尔的团体得到了细致研究，而其他的则仍有待进一步探讨。

44. Faramerz Dabhoiwala, 'Sex and Societies for Moral Reform, 1688—1800', *Journal of British Studies 46*（2007），文中包含了本章后面所探讨主题的更多细节；Robert B. Shoemaker, *Prosecution and Punishment*（1991），第 9 章，及其 'Reforming the City', Lee Davison 等编, *Stilling the Grumbling Hive*（1992）。

45. *Dictionary of National Biography*（1885—1901）, Thomas Tenison；*The Diary of John Evelyn*, E. S. de Beer 编，6 卷(1955)，v.7—8；Henri and Barbara van der Zee, *William and Mary*（1973），387—388；Bahlman, *Moral Revolution*, 23—27；London Metropolitan Archives[下文简写为 'LMA'], MJ/SP/1689/08/10；*By the Mayor*（19 Nov. 1689）（引用）；Bethlem Royal Hospital Archives, Beckenham, Kent: BCB 16；*Antimoixeia: Or, the Honest and Joynt-Design of the Tower Hamblets for the General Suppression of Bawdy-Houses*（18 June 1691）（引用）。

46. 关于本段及其后的叙述，特别参见：

a）一般资料：Edinburgh University Library, MS Laing III.394（引自第 465—466 页）；Bodleian Library, Oxford, MSS Rawlinson D. 129 and D. 1396—1404；*Anti-moixeia*；[Edward Stephens], *An Admonition to the Magistrates of England* [1689]；[出处同上], *The Beginning and Progress of a Needful and Hopeful Reformation*（1691）；[出处同上], *A Seasonable and Necessary Admonition*（1701）；[Edward Fowler], *A Vindication of an Undertaking of Certain Gentlemen*（1692）；*Proposals for a National Reformation of Manners*（1694）；Josiah Woodward, *An Earnest Admonition to All*（1697）；[出处同上], *An Account of the Rise and Progress of the Religious Societies*（1698）；[出处同上], *Account of the Societies*。

b）社团年度之 *Black Lists*, 1693—1708。最初的 *Black Roll* 记录了 1693 年被此社团

所起诉之性罪犯（附上 1694 年 1 月的部分），印于 *Proposals for a National Reformation*，第 34—35 页。通过与法律记录的对比，我们发现这份名单的排列极不规则，而且包含不少错误、重复与遗漏。此后的 *Black Lists* 要制作得远为细致，其第一份（行于 1696 年）列出了 1695 年遭到惩处的罪犯名单，不过如今已没有任何复本存留下来。数年之后，这些报单还印上了惯犯的准确形象，1695 年圣诞节以后还加入了统计总数。其现存之版本包括：*A Black List*（1698）；*A Sixth Black List*（1701）；*A Seventh Black List*（1702）；*The Eighth Black List*（1703）；*The Tenth Black List*（1705）；*The Eleventh Black List*（1706）；*The Thirteenth Black List*（1708）。

c）社团年度之诉讼 *Accounts*, 1708—1738: 其中的数据又转载于 Portus, *Caritas Anglicana*, appendix V（不过，1724 年经营妓院的数量才二十九家，而到了 1728 年，总数竟升至七百七十八家）。

47. John Disney, *A Second Essay upon the Execution of the Laws*（1710）, 48；*Anti-moixeia*.

48. 参见 *A Short Disswasive from the Sin of Uncleanness*（1701）；*Some Considerations Offered to such Unhappy Persons as are Guilty of...Uncleanness*（1701）；[Josiah Woodward], *A Rebuke to the Sin of Uncleanness*（1704）；*The Fourteenth Account of the Progress made in Suppressing Prophaneness and Debauchery*（1709）；Disney, *Second Essay*, 207—209；[John Dunton], *The Night-Walker*, i/4（1697）, sig.[A3r]；[Woodward], *Account of the Societies*, 48, 139（引 用）；*Proposals for a National Reformation*, 18—20（引用）；*Acts of the Parliaments of Scotland*, *1124—1707*, 12 卷（爱丁堡，1814—1875）, ix.327—328；*By the Queen*, *a Proclamation for the Encouragement of Piety and Virtue*（18 Aug. 1708）（引用）。参见 *An Act for the more Effectual Restraining and Suppressing of Divers Notorious Sins*, *and Reformation of the Manners of the People of this Nation*，附于 [Edward Stephens], *A Plain Relation of a Late Action at Sea*（1690）, 7；Julian Goodare, *The Government of Scotland*, *1560—1625*（2004）, 209—210。

49. LMA, CLA/047/LJ/01: City of London Sessions Files and Minute Books, SF 391, 392, 393, 394, 395, 396, 397, 398；SM 63—64；CLA/047/LJ/13: City of London Sessions Papers, grand jury presentments of Jan.1693, July 1693, Oct. 1694, Jan. 1695；The National Archives, Public Record Office: KB 10/7；KB 29/352.

50. 参见 *Proposals for a National Reformation*, 2—3, 24；[Edmund Gibson], *The Bishop of London's Pastoral Letter*（1728）, 2；[Dunton], *Night-Walker*, ii/I（1697）, 28；Josiah Woodward, *The Duty of Compassion*（1697）, vii—viii；[出 处 同 上], *Account of the Societies*, 21—23；Thomas Bray, *For God*, *or for Satan*（1709）, 26—29；*The Fifteenth Account of the Progress Made towards Suppressing Prophaneness and Debauchery*（1710）（引用）；*The Two and Twentieth Account* [1717]，引自第 1 页；LMA, CLA/047/LJ/01: City of London Sessions Files and Minute Books SF 552, 556；SM 79（1713）；William Simpson,

The Great Benefit of a Good Example（1738），16—17，19—21。

51. 1693年在伦敦有约一千一百五十起关于妓院、妓女及其顾客的诉讼，而同年 *Black Roll* 的名单上有大约三百人，这些数据得自 *Proposals for a National Reformation*，34—35；*A Psalm of Thanksgiving, to be Sung by the Children of Christ's Hospital*（1694）；Bethlem Royal Hospital Archives，Becken-ham，Kent: BCB 16.215—310；LMA，CLA/047/LJ/01: City of London Sessions Files and Minute Books，SF 391—398；SM 63—64；Middlesex and Westminster Sessions，MJ/SR/1808，1810，1813，1815，1818，1820，1823，1825；MJ/SBB/502—509；MJ/SBP/8，Jan.—Dec. 1693；WJ/SR/1807，1812，1817，1822，1826；The National Archives，Public Record Office: KB 10/7（Easter 1693—Trinity 1694）；KB 29/352。1703年的推测数据根据1702年与1704年的 *Black Lists*；*A Psalm of Thanksgiving to be Sung by the Children of Christ's Hospital* [1704]；John Stow，*A Survey of the Cities of London and Westminster*，John Strype 编，6 册（1720），i.202；Bethlem Royal Hospital Archives，Beckenham，Kent: BCB 18.128—188；LMA，CLA/075/01/007: Minutes of the Court of the President and Governors for the Poor of the City of London；SF 472，476；MJ/SR/2005，2016；MJ/SBP/9，Jan.—Dec. 1703；WJ/SR/2008，2013，2018，2023，2363，2368；KB 10/10（Hilary 1703）；KB 10/11（Easter-Michaelmas 1703）。关于鸡奸的诉讼，参见 Randolph Trumbach，'London's Sodomites'，*Journal of Social History* 11（1977）；Craig，'Movement for the Reformation of Manners'，162—177；Alan Bray，*Homosexuality in Renaissance England*（1982），第4章；Rictor Norton，*Mother Clap's Molly House*（1992），第2—8章。

52. 参见 Margaret R. Hunt，*The Middling Sort*（1996），114；T. C. Curtis and W. A. Speck，'The Societies for the Reformation of Manners'，*Literature and History* 3（1976），60。

53. [Josiah Woodward]，*An Account of the Societies for Reformation of Manners*（1699），引自第11页[他最早的叙述写于1696年，提到"约六十人"：出处同上，*An Earnest Admonition to All*（1697），173]；Edinburgh University Library，MS Laing III.394: 447—471，509—510；*Proposals for a National Reformation of Manners*（1694），24—[25]。最初的构造皆极为相似：*Antimoixeia: Or, the Honest and Joynt-Design of the Tower Hamblets for the General Suppression of Bawdy-Houses*（18 June 1691）。除了后文描述的，最著名的例子还包括：James Jenkins（1692—1695）；James Cooper（c.1694—1697）；Richard Hemmings，Thomas Jackson，John Holdway，John Beggarly（1698—1699以前）；Jonathan Wright（c.1704—1716）；Philip Cholmondely（c.1709以前）；Edward Vaughan（c.1720—1723）。

54. Edinburgh University Library，MS Laing III.394: 49—57，307—322，447—464，507—510；Woodward，*Earnest Admonition*，175—176；[idem]，*An Account of the Rise and Progress of the Religious Societies*（1698），76—77（引用），93；A. G. Craig，'The Movement

for the Reformation of Manners, 1688—1715'(University of Edinburgh Ph.D. thesis, 1980), 31—34。参见 *Reformation and Revival in Eighteenth-Century Bristol*, Jonathan Barry 与 Kenneth Morgan 编(Bristol Record Society, 1994),特别是第 31 页。

55. Leon Radzinowicz, *A History of English Criminal Law*, 5 卷(1948—1986), 引自 ii.14 [其中引述 W. E. H. Lecky, *A History of England in the Eighteenth Century*(1921 年版), iii.33]; Paul Langford, *A Polite and Commercial People: England 1727—1783*(1989),引自第 128 页。关于传统的监管,参见 Beth-lem Royal Hospital Archives, Beckenham, Kent: BCB 12. 180—366; 14.191—272; London Metropolitan Archives [下文简写为 'LMA'], CLA/047/LJ/01: City of London Sessions Files and Minute Books, SF 206, 207, 211, 288, 292, 347, 351; Westminster Sessions, WJ/SR/1593, 1599, 1602, 1605, 1703, 1708, 1713, 1718; The National Archives, Public Record Office: KB 9/918, indictment 24; KB 9/919, indictment 28; KB 9/920, indictment 66。关于社团的努力,参见 Robert B. Shoemaker, *Prosecution and Punishment*(1991), 262—265, 267—270; Edinburgh University Library, MS Laing III.394: 424—425; Bodleian Library, Oxford, MSS Rawlinson D. 1396—1404。关于抑制手段(以及试图克服它们的论述),特别参见 John Disney, *A Second Essay upon the Execution of the Laws*(1710)。

56. Edinburgh University Library, MS Laing III.394: 365, 368; LMA, CLA/047/LJ/01: City of London Sessions File SF 441, recognizance 73(Apr. 1699); Bodleian Library, Oxford, MSS Rawlinson D.1397, 1401; Thomas Bray, *The Good Fight of Faith*(1709), 2, 15—16(引用)。

57. *Antimoixeia*; The National Archives, Public Record Office, KB 10/7(Easter 1693), certiorari 18; LMA, MJ/SR/1820, prosecution recognizance 43; MJ/SR/1827, indictments 20, 45; MJ/SR/1829, indictment 4; MJ/SR/1837, recognizance 183; *The Proceedings of...the Old-Bayley*(18—20 Apr. 1694), 4; *Journals of the House of Commons*(1802—), xi.246, 308(Feb., Apr. 1695); *Middlesex County Records: Calendar of the Sessions Books 1689 to 1709*, W. J. Hardy 编(1905), 105, 308, 310。

58. 里斯的活动可以在上一节的注释中引述的记录中检索,亦可参见 Edinburgh University Library, MS Laing III.394: 233—240, 366, 509—510; Bethlem Royal Hospital Archives, Beckenham, Kent, BCB 16.327, 329, 333, 357, 358, 385, 420, 452, 453, 454, 456; BCB 17.2; LMA, CLA/047/LJ/01: City of London Sessions Files and Minute Books, SF 399, 401, 402, 404, 405, 406, 407, 410, 411; CLA/047/LJ/13: City of London Sessions Papers, May. 1697(deposition of Sir Edward Clarke)and Feb. 1700(deposition of Bodenham Rewse); DL/C/156, fols 237—238; DL/C/199, fol.373; DL/C/255, fols 366—83(1715); Guildhall Library, London, MS 9173/57, 'Rewse'; MS 9174/44, 'Rewse'(1725); *Calendar of Treasury Books*(1696—1697, 227; 1697—1702, 523; 1704—1705, 417); Tim Wales, 'Thief-takers and their Clients in Later Stuart London', Paul Griffiths 与 Mark S. R.

Jenner 编, *Londinopolis*（2000）; J. M. Beattie, *Policing and Punishment in London 1660—1750*（2001）, 237—246。

59. 关于本段与下一段，参见 Faramerz Dabhoiwala, 'Sex, Social Relations, and the Law', Michael J. Braddick 与 John Walter 编, *Negotiating Power*（2001）, 94—97; Beattie, *Policing and Punishment*, 第 3—4、8 章; Elaine A. Reynolds, *Before the Bobbies*（1998）, 第 1—3 章; Norma Landau, 'The Trading Justice's Trade', 见其编, *Law, Crime and English Society, 1660—1830*（2002）。

60. 关于其实际后果，见 Stanley Dana Nash, 'Social Attitudes towards Prostitution in London from 1752 to 1829'（New York University Ph.D. thesis, 1980）, 45—52; Tony Henderson, *Disorderly Women in Eighteenth-Century London*（1999）。

61. *The Vices of the Cities of London and Westminster*（都柏林, 1751）, 14—15; John Brewer, 'The Wilkites and the Law, 1763—1774', John Brewer 与 John Styles 编, *An Ungovernable People*（1980）, 170; Joanna Innes, *Inferior Politics*（2009）, 第 5、7 章; M. J. D. Roberts, *Making English Morals*（2004）。正如这些研究所阐明的，18 世纪晚期与 19 世纪道德改革者心中的前提预设与当务之急往往差异极大。例如，就人们对于伤风败俗的忧虑而言，对于色情文学的诉讼在 18 世纪晚期开始日益突出，而对于妓女的惩处则逐渐淡化。不过，初期改革社团仍不断地激发着后来的活动家，甚至在 19 世纪 80 年代亦然，参见 John Wesley, *A Sermon Preached before the Society for Reformation of Manners* [1763], 5; Innes, *Inferior Politics*, 190—192; Roberts, *Making English Morals*, 255。

62. Peter Clark, *British Clubs and Societies 1580—1800*（2000）, 67, 102—103, 434—435; Beattie, *Policing and Punishment*, 376—383, 401—423, 及其征引的文献。关于一般趋势，参见 Douglas Hay 与 Francis Snyder 编, *Policing and Prosecution in Britain 1750—1850*（1989）; Christopher W. Brooks, *Lawyers, Litigation and English Society since 1450*（1998）, 特别是第 3—4 章; W. A. Champion, 'Recourse to the Law and the Meaning of the Great Litigation Decline, 1650—1750', Christopher Brooks 与 Michael Lobban 编, *Communities and Courts in Britain 1150—1900*（1997）; Craig Muldrew, *The Economy of Obligation*（1998）, 第 8 章; Robert B. Shoemaker, *The London Mob*（2004）, 第 4、8 章; David Lemmings 编, *The British and their Laws in the Eighteenth Century*（2005）。

63. W[illiam] Yonger, *Iudahs Penance*, 见 *The Nurses Bosome*（1617）, 引自第 54 页; *The Athenian Mercury*, 3/7（18 Aug. 1691）; John Shower, *A Sermon Preach'd to the Societies for Reformation*（1698）, 引自第 4 页。参见 [Josiah Woodward], *An Account of the Societies for Reformation of Manners*（1699）, 45; John Disney, *An Essay upon the Execution of the Laws*（第 2 版, 1710）, 125—127。

64. 似乎主要见于亵渎的案例，参见 Edinburgh University Library, MS Laing III.394: 197—202; Narcissus Luttrell, *A Brief Historical Relation of State Affairs*, 6 卷（牛津, 1857）, ii.346; Historical Manuscripts Commission, *The Manuscripts of His Grace the Duke of*

Portland, 10 卷（1891—1931）, iii.472；Stephen Pritchard, *The History of Deal*（迪尔，1864）, 161；Dudley W. R. Bahlman, *The Moral Revolution of 1688*（1957）, 22；*Reformation and Revival in Eighteenth-Century Bristol*, Jonathan Barry 与 Kenneth Morgan 编（Bristol Record Society, 1994）, 20—21。

65. Shower, *Sermon Preach'd to the Societies*, 引自第 23—24 页；[Daniel Defoe], *The Poor Man's Plea*（1698）,引自 sig.[A], 6；[Idem], *Reformation of Manners*（1702）；[出处同上], *More Reformation*（1703）；Charles Eaton Birch, 'Defoe and the Edinburgh Society for the Reformation of Manners', *Review of English Studies* 16（1940）。当他在 1707 年加入爱丁堡社团时,笛福被描述为一个"英国改革社团"的当前成员：出处同上，第 307 页。

66. Francis [Hare], *A Sermon Preached to the Societies for Reformation*（1731）, 234；John Fielding, *A Charge Delivered to the Grand Jury, at...Westminster...April 6th, 1763*（1763）, 11；M. J. D. Roberts, 'The Society for the Suppression of Vice and its early Critics, 1802—1812', *Historical Journal* 26（1983）, 171, 173. 参见 *The Daily Gazetteer*, 9 Jan. 1740；M. J. D. Roberts, *Making English Morals*（2004）, 50—51；Stanley Dana Nash, 'Social Attitudes towards Prostitution in London from 1752 to 1829'（New York University Ph.D. thesis, 1980）, 138—139, 388。对贵族通奸者明目张胆之秽行的愤慨,构成了 18 世纪末与 19 世纪初未获通过的通奸法案之背景之一：Donna T. Andrew, 'Adultery a-la-Mode', *History* 82（1997）。

67. Leon Radzinowicz, *A History of English Criminal Law*, 5 卷(1948—1986), ii.138—155；M. W. Beresford, 'The Common Informer', *Economic History Review* 10（1957），引自第 221 页；Mark Goldie, 'The Hilton Gang and the Purge of London in the 1680s', Howard Nenner 编, *Politics and the Political Imagination in Later Stuart Britain*（1997）。参见 Brian Harrison, 'State Intervention and Moral Reform in Nineteenth-century England', *Pressure from Without in Early Victorian England*, Patricia Hollis 编（1974）。

68. 1683 年贵格会领袖乔治·怀特海与威廉·克劳奇向坎特伯雷大主教抱怨说："我们的朋友因为检举者而遭了大罪……告诉主教那些人有多么邪恶,他们中许多人自己做伪证,应该被判处伪证罪。对于教会这是何等耻辱,居然雇用这种货色的探子来指控别人,使其走上正路……对于处罚这些人,主教的回答是,建造轮船总免不了歪曲的木材。"《乔治·怀特海的……基督之途》（*The Christian Progress of... George Whitehead*, 1725），第 500 页。

69. Daniel Chadwick, *A Sermon Preached at...Nottingham to the Society for Reformation of Manners*（1698）, 22—23；*The Fourteenth Account of the Progress Made in Suppressing Prophaneness and Debauchery*（1709）；Edmund [Gibson], *A Sermon Preached to the Societies for Reformation* [1724], 14；[Edward Ward], *The London Spy Compleat*（1703）, 362, 366；[Jonathan Swift], *A Project for the Advancement of Religion*（1709）, 37—38, 44

（引用）。参见 *The Invisible-Observator*（1705），7—8；John Disney，*A Second Essay upon the Execution of the Laws*（1710），特别是第 60—72 页，以及他的 *Essay*，第 103—109 页，本书的名声还来自其对于伦敦社团之模棱两可的拒斥态度，认为它们依赖于检举者，那些人“以此食利，凭借自己的信息而获得奖赏，如果我们不说他们直接受雇检举的话”。

70. Mary Pix，*The Different Widows: or*，*Intrigue All-A-Mode* [1703]，第 IV 幕；George Farquhar，*The Constant Couple*（1700），第 II 幕；Thomas Baker，*An Act at Oxford*（1704），第 I 幕第 1 场，第 V 幕第 2 场。参见[出处同上]，*The Humour of the Age*（1701）；Benjamine Griffin，*Love in a Sack*（1715）；Christopher Bullock，*The Per-juror*（1717）；Henry Fielding，*Rape upon Rape*（1730），第 II 幕和第 IV 幕。

71. [Ward]，*London Spy*，361；Roberts，‘Society for the Suppression of Vice’，169—171；参见 Shower，*Sermon Preach'd to the Societies*，23。

72. Josiah Woodward，*A Sermon Preach'd...at the Funeral of Mr. John Cooper*（1702）；Thomas Bray，*The Good Fight of Faith*（1709）；James Peller Malcolm，*Anecdotes of the Manners and Customs of London during the Eighteenth Century*（1808），258，277—278；*London Chronicle*，22 Oct. 1757.

73. Narcissus Luttrell，*A Brief Historical Relation of State Affairs*，6 卷（牛津，1857），vi.437，463，510，514；Robert，Lord Raymond，*Reports of Cases*（1743），1296—1303；*The Tryals of Jeremy Tooley*，*William Arch*，*and John Clauson*（1732），引自第 18—19 页；*A Report of all the Cases Determined by Sir John Holt*（1738），485—492（引自第 489、491 页）；Robert B. Shoemaker，*Prosecution and Punishment*（1991），263—265。

74. *Letters Illustrative of the Reign of William III*，G. P. R. James 编，3 卷(1841)，ii.133—134。关于一般的发展，参见 Cynthia Herrup，*The Common Peace*（1987），以及 Barbara Shapiro，*‘Beyond Reasonable Doubt’ and ‘Probable Cause’*（1991）；亦可参见 Faramerz Dabhoiwala，‘Summary Justice in Early Modern London’，*English Historical Review* 121（2006），797—798，及其参考文献。

75. Anna Clark，*Women's Silence*，*Men's Violence*（1987），121—123，及其 *The Struggle for the Breeches*（1995），51—52；Tony Henderson，*Disorderly Women in Eighteenth-Century London*（1999），115—140。

76. London Metropolitan Archives，CLA/004/01/02/005: Lord Mayor's Charge Book，1729—1730；CLA/005/01/001—003: Guildhall Justice Room Minute Books，1752，1761—1762；Henry Fielding，*The Covent-Garden Journal* [1752]，Bertrand A. Goldgar 编(1988)，436；Martin C. 与 Ruthe R. Battestin，*Henry Fielding*（1989），709；Malcolm，*Anecdotes*，116；Stanley Dana Nash，‘Social Attitudes towards Prostitution in London from 1752 to 1829’（New York University Ph.D. thesis，1980），21—26；Henderson，*Disorderly Women*，114。

77. 3 George IV c.40（1822）；5 George IV c.83（1824）；27 与 28 Victoria c.85（1864）；29 与 30 Victoria c.96（1866）；32 与 33 Victoria c.86（1869）；Judith R. Walkowitz，

Prostitution and Victorian Society（1980）。

78. 关于17世纪70年代诉讼的判断，来自 London Metropolitan Archives, CLA/047/LJ/01: City of London Sessions Files and Minute Books, SF 206—207, 211；SM 36—38；Middlesex and Westminster Sessions, MJ/SR/1402, 1413；WJ/SR/1405, 1415；MJ and WJ/SBB/275, 277, 282—283；MJ/SBP/6；WJ/SBP/I；The National Archives, Public Record Office, KB 9/918—920。其后的判断根源于分析 SF 472, 476, 552, 556, 632, 636, 729, 733, 830, 833；SM 72, 73, 79, 90, 102, 115；MJ/SBP/9, 11, 12, 14, 15；MJ/SR/2630, 2640, 2641, 2894, 2905；WJ/SR/2008, 2018, 2207, 2216, 2401, 2411, 2632, 2643, 2896, 2907；KB 10/10, 10/11, 10/15, 10/18, 10/22, 10/23, 10/28, 10/29, 15/23；Saunders Welch, *Observations on the Office of Constable*（1754）, 8, 30—32。关于1748年诉讼的考察通过 KB 10/28（Hilary 1748）, presentments 32, 39；KB 10/28（Easter 1748）, presentments 39, 43；KB 10/28（Trinity 1748）, presentments 64, 66, 67, certiorari 6；KB 10/29（Michaelmas 1748）, presentments 53, 54, certioraris 10, 11；KB 15/23。当然，定罪并非必然是法律诉讼的唯一目的，但它们的完全缺失还是令人惊讶。

79. 参见 [John Cleland], *The Case of the Unfortunate Bosavern Penlez*（1749）；Peter Linebaugh, 'The Tyburn Riot against the Surgeons', Douglas Hay 等编, *Albion's Fatal Tree*（1975）, 89—100；Nicholas Rogers, 'Confronting the Crime Wave', Lee Davison 等编, *Stilling the Grumbling Hive*（1992）.

80. 25 George II c.36，被28 George II c.19（1755）认可为"实用与有益"并永久确定；Saunders Welch, *An Essay on the Office of Constable*（1758），引自第32—33页。对于诉讼的评判，见 London Metropolitan Archives, CLA/047/LJ/01: City of London Sessions Files and Minute Books, SF 909, 913；SM 125；Middlesex and Westminster Sessions, MJ/SR/3073, 3081；MJ/SBB/H47；MJ/SBP/16；WJ/SR/3074, 3083；The National Archives, Public Record Office: KB 10/32（1758）；KB 15/24. For Welch's actions，见 MJ/SR/3073, prosecution recognizance 19, recognizance 83；MJ/SR/3081, recognizances 69, 70, 103；WJ/SR/3074, prosecution recognizance of Sarah Smart, recognizances 28, 29, 36；WJ/SR/3083, prosecution recognizances of Samuel Williams, Margaret Read, recognizances 12, 18, 19, 20, 30, 31, 109, 110；*London Chronicle*, 30 Jun., 15 Jul., 9 Dec., 26 Dec. 1758。参见 Nash, 'Social Attitudes', 56—84。

81. *A Sermon Preached before the former Societies for Reformation of Manners... Whereunto is Subjoined, A Declaration from the Present Society*（1760）, 34—36；George Downing, *A Sermon Preached before the Society for Reformation of Manners*（1760）, 27—28, 34—35；Samuel Chandler, *The Original and Reason of the Institution of the Sabbath*（1761）, [75]（大英图书馆所藏的对于原本有所修正的抄件，pressmark 225.a.25）；John Wesley, *A Sermon Preached before the Society for Reformation of Manners*（1763）, 6—11, 27—28, 31；*Gentleman's Magazine*, 23 Feb. 1763；John Conder, *A Sermon Preached*

before the Society for the Reformation of Manners（1763），30；Moses Browne，*The Causes that Obstruct the Progress of Reformation*（1765），29—31；*An Extract of the Rev. Mr. John Wesley's Journal...1762，to...1763*（布里斯托尔，1768），102（4 Nov. 1764）；*An Extract of the Rev. Mr. John Wesley's Journal...1765，to...1768*（布里斯托尔，1771），28—29（2 Feb. 1766）；George Wilson，*Reports of Cases*（1770），160—162；Joanna Innes，*Inferior Politics*（2009），第 7 章。

82. Arthur Bedford，*A Sermon Preached to the Societies for Reformation*（1734），引自第 18 页；*Cases Determined by Sir John Holt*，406—407；Raymond，*Reports*，562，699，1197；Sir John Strange，*Reports of Adjudged Cases*（1755），882；Thomas Leach，*Modern Reports*，12 卷（第 5 版，1793—1796），v.415—416。参见 Faramerz Dab-hoiwala，'Sex，Social Relations，and the Law'，Michael J. Braddick 与 John Walter 编，*Negotiating Power*（2001），90；Heather Shore，'The Reckoning'，*Social History* 34（2009）。

83. J. M. Beattie，*Crime and the Courts in England，1660—1800*（1986），278—279，356—376，及其 'Scales of Justice'，*Law and History Review* 9（1991）和 *Policing and Punishment in London 1660—1750*（2001），393—401；John H. Langbein，*The Origins of Adversary Criminal Trial*（2003），第 3—5 章；Shoemaker，*Prosecution and Punishment*，264。辩护律师逐渐参与其中，此现象在重罪审判中尤为醒目，并得到了重点研究，在 18 世纪早期前的重案审判中，多数被告没有法律代理的权利。尽管辩护律师受雇于性犯罪与其他轻罪案件的历史更为绵长，但似乎到了此时也经历了一种相似的快速发展。

84. Sir James Burrow，*Reports of Cases*，5 卷（1766—1780），v.2684—2686；Robert Holloway，*The Rat-Trap* [1773]，70—74；Nash，'Social Attitudes'，31；*The Trial of Lord Dungarvan*（1791）。

85. Isaac [Maddox]，*The Love of Our Country Recommended*（1737），9—10；M. J. D. Roberts，'The Society for the Suppression of Vice and its early Critics，1802—1812'，*Historical Journal* 26（1983），169—170. 虽然存在这些趋势，仍然不断有人提议立刻惩处妓院老板（这一手段最终被 1885 年刑法修正案所引入）：John Fielding，*Extracts from such of the Penal Laws，as Particularly Relate to the Peace and Good Order of this Metropolis*（新版，1762），67；Malcolm，*Anecdotes*，122；Henderson，*Disorderly Women*，101—102。

86. Leon Radzinowicz，*A History of English Criminal Law*，5 卷（1948—1986），iii.193—203；Lawrence Stone，*Road to Divorce*（1990），257，287—288，335—339，380—383；Donna T. Andrew，'Adultery a-la-Mode'，*History* 82（1997）。参见 *The Evils of Adultery and Prostitution*（1792），65—70。

87. 参见 *The Justicing Notebook（1750—1764）of Edmund Tew*，Gwenda Morgan 与 Peter Rushton 编（Surtees Society，2000）；Stone，*Road to Divorce*，81—95，231—300。

第二章

1 John Shower,*A Sermon Preach'd to the Societies for Reformation of Manners*(1698), 12. 参见 *A Reply to an Answer to the City-Minister's Letter*(1688),8—9;Edmund Calamy, *A Defence of Moderate Non-Conformity*,3 卷(1703—1705),ii.29—30;[John Toland], *The Memorial of the State of England*(1705),43,5;John Disney,*A Second Essay upon the Execution of the Laws*(1710), 110—113。本章的一个版本(题为"欲望与自由")最初发表于 *Past and Present* 207(2010)。

2 [John Locke], *A Letter Concerning Toleration* [William Popple 译](1689), 7—8。

3 [John Locke], *A Third Letter for Toleration* (1692), 238.

4 Thomas Long, *The Letter for Toleration Decipher'd* (1689), 4; [Jonas Proast], *A Third Letter Concerning Toleration* (1691), 13.

5 Jeremy Taylor, *θεολογία Ἐκλεκτική* (1647), 11—12; *Acts and Ordinances of the Interregnum,1642—1660*,C. H. Firth & R. S. Rait 编,3 卷(1911),i.1133—1136,ii.409—412; *Long Parliament-Work* (1659), 2; J[ohn] M[ilton], *A Treatise of Civil Power in Ecclesiastical Causes* (1659), 17 (引用 1650 年《亵渎法案》); J[ohn] M[ilton], *Of True Religion,Haeresie,Schism,Toleration*(1673),16。参见约翰·弥尔顿对此问题的模糊论述, *Areopagitica* (1644), 5—6, 12—14, 17—18, 37。

6 *The Works of John Milton*, Frank Allen Patterson 等编, 18 卷(1931—1938),引自 viii.9; *The Writings of William Walwyn*, Jack R. McMichael 与 Barbara Taft 编(1989), 57—58, 163—164, 239—241 (引自第 239 页); [Roger Williams], *The Bloudy Tenent, of Persecution* (1644), 87; [Sir Henry Vane the younger], *Zeal Examined* (1652), 34;参见 Blair Worden, *Literature and Politics in Cromwellian England* (2007), 165—166, 186—187; John Coffey, 'Puritanism and Liberty Revisited', *Historical Journal* 41 (1998),特别是第 975—977 页。

7 参见 Christopher Hill, *Milton and the English Revolution* (1977), 130—133, 226; Gordon Campbell 与 Thomas N. Corns, *John Milton* (2008), 164—169; Thomas Edwards, *Gangraena* (1646), i.34, ii.10—12; *Diary of Thomas Burton*, John Towill Rutt 编, 4 卷(1828),i.24; *The Leveller Tracts 1647—1653*,William Haller 与 Godfrey Davies 编(1944),引自第 215—219 页; *Writings of William Walwyn*, 358, 387, 407—408; *The Works of Gerrard Winstanley*, George H. Sabine 编(1941), 185, 366—367, 399—403, 526。

8 特别参见 Rachel Weil, 'Sometimes a Sceptre Is Only a Sceptre', Lynn Hunt 编, *The Invention of Pornography* (1993)。

9 "让国家自由",索多玛国王这般下令,其中对于鸡奸的宣告不无讽刺意味地支持了查理二世的《宽容宣言》(*Declaration of Indulgence*, 1672),"让良心有其自由的力量"。《罗切斯特伯爵约翰·威尔莫特著作集》(*The Works of John Wilmot, Earl of Rochester*),哈罗德·洛夫编(1999),第 305 页。

10 [Locke], *Letter Concerning Toleration*, 20—21, 41；参见出处同上，第 36 页；John Locke, *An Essay Concerning Toleration and Other Writings*, J. R. Milton 与 Philip Milton 编（2006）, 280—284。

11 [Locke], *Third Letter for Toleration*, 283；参见 [John Locke], *A Second Letter Concerning Toleration*（1690）, 5；Locke, *Essay Concerning Toleration*, Milton 与 Milton 编, 302。

12 参见 Jeremy Waldron，'Locke: Toleration and the Rationality of Persecution', Susan Mendus 编, *Justifying Toleration*（1988）。

13 参见本书第四章之"一夫多妻制与人口"。

14 参见 Francis [Hare], *A Sermon Preached to the Societies for Reformation of Manners*（1731）, 引自第 44 页；Robert Drew, *A Sermon Preached to the Societies for Reformation of Manners*（1735）, 17—18。

15 参见 Ole Peter Grell 等编, *From Persecution to Toleration*（1991）。

16 *The Heaven-Drivers*（1701）；Faramerz Dabhoiwala, 'Sex and Societies for Moral Reform, 1688—1800', *Journal of British Studies* 46（2007）, 及其参考文献。

17 William Bisset, *Plain English*（1704）, 27；[John] Dennis, *Gibraltar*（1705）, 第 III 幕 第 4 场；[Susanna Centlivre], *Love's Contrivance*（1703）, 第 II 幕 第 1 场；Arthur Bedford, *The Evil and Danger of Stage-Plays*（布里斯托尔, 1706）, 122。参见 *The Spectator*, Donald F. Bond 编, 5 卷（1965）, no.298；*Hell-Gates Open to all Men*（1751）, 129。

18 参见 Keith Thomas, 'Cases of Conscience in Seventeenth-Century England', John Morrill 等编, *Public Duty and Private Conscience in Seventeenth-Century England*（1993）, 49—56；Christopher Hill, *Milton and the English Revolution*（1977）, 126—127；Norman Jones, *God and the Moneylenders*（1989）, 34—38, 149—163, 174, 197, 201—204。

19 *The Rambler*, no.23（5 June 1750）；Thomas Hobbes, *Leviathan*（1651）, 168. 参见 J. A. Passmore, 'Locke and the Ethics of Belief', *Proceedings of the British Academy* 64（1978）；John Kilcullen, *Sincerity and Truth*（1988）；Mark Goldie, 'The Theory of Religious Intolerance in Restoration England', Ole Peter Grell 等 编, *From Persecution to Toleration*（1991）, 353—358。

20 参见 Thomas Cole, *A Godly and Frvtefvll Sermon*（1553）, sigs Cii—Ciiii；George Huntston Williams, *The Radical Reformation*（第 3 版, 1992）, 第 13、20 章；Ottheim Rammstedt, *Sekte und soziale Bewegung*（1966）, 95—100；Philip McNair, 'Ochino's Apology', *History* 60（1975）, 引自第 364 页；Hill, *Milton*, 75；James M. Stayer, 'Vielweiberei als "innerweltliche Askese"', *Mennonitische Geschichtsbldtter* 37（1980）；John F. Davis, *Heresy and Reformation in the South-East of England, 1520—1559*（1983）, 147；Anne Hudson, *The Premature Reformation*（1988）, 141, 292, 385；Bob Scribner, 'Practical

Utopias', *Comparative Studies in Society and History* 36 (1994), 745—752 ; Lyndal Roper, *Oedipus and the Devil* (1994), 第 4 章; J. Patrick Hornbeck II, 'Theories of Sexuality in English "Lollardy"', *Journal of Ecclesiastical History* 60 (2009), 38—40。关于中世纪的先例,参见 Roland Hissette, *Enquête sur les 219 Articles Condamnés à Paris le 7 Mars 1277* (1977), 294—300。

21 Christopher W. Marsh, *The Family of Love in English Society, 1550—1630* (1994), 20—24, 42 ; Geoffrey F. Nuttall, *The Holy Spirit in Puritan Faith and Experience* (1946) ; Christopher Hill, *The World Turned Upside Down* (1975 年版) ; Leo Damrosch, *The Sorrows of the Quaker Jesus* (1996) ; David R. Como, *Blown by the Spirit* (2004)。

22 Bodleian Library, Oxford, MS Rawlinson d.399, fol.196^r,印于 Como, *Blown by the Spirit*, 482 ; Robert Towne, *The Assertion of Grace* [(1644);写于 1632 年],引自第 47 页; *Diary of Thomas Burton*, John Towill Rutt 编, 4 卷(1828),引自 i. 46 ; Robert Towne, *The Re-assertion of Grace* (1654) ; *ODNB*。参见 *Reports of Cases in the Courts of Star Chamber and High Commission*, Samuel Rawson Gardiner 编(Camden Society, 1886), 270—271 ; Jacob Bauthumley, *The Light and Dark Sides of God* (1650), 31—42 ; Abiezer Coppe, *A Remonstrance* (1651), 1, 4 ; Abiezer Coppe, *Copp's Return* (1651), 4, 13--14, 19—20。

23 L[aurence] C[larkson], *A Single Eye* [1650], 10, 12, 14. 当他改信约翰·里夫与洛德韦克·马格尔顿的教派之后,他激烈地批判了性事上的唯信仰论(sexual antinomianism),并承认自己先前的这类行为: Laur[ence] Clax-ton [即 Clarkson], *Look About You* (1659), 91—99,及其 *The Lost Sheep Found* (1660), 22, 25—31, 37。关于教派实践更早的例子,见 Folger Shakespeare Library, MS V. a.399, fol.19^v ; Keith Thomas, 'Women and the Civil War Sects', *Past and Present* 13 (1958), 49—50 ; Hill, *Milton*, 124, 131—132 ; Michael P. Winship, *Making Heretics* (2002), 154—155 ; Como, *Blown by the Spirit*, 404, 479—481 ; 18 世纪相似的例子,见 *The Works of John Wesley*, Frank Baker 等编(1980—), xx.117—118, 320 (23 Mar. 1746, 10 Apr. 1750)。

24 *The Clarke Papers*, C. H. Firth 编, 4 卷(Camden Society, 1891—1901), ii.102 ; C. H. Firth, *Cromwell's Army* (1962 年版), 399 ; 以及基思·托马斯在 'The Puritans and Adultery' 一文中提及的例子, Donald Pennington 与 Keith Thomas 编, *Puritans and Revolutionaries* (1978), 278。

25 Edward Stokes, *The Wiltshire Rant* (1652)(引自第 4、12、51、53 页) ; 'Abraham Lawmind', *The Juries Right* (1654)。参见 [Clarkson], *Look About You*, 92。

26 这种秘密结婚的教派实践同样导致了可以预料的关于通奸与偷情的指控:例如《正理篇》(*Truth Cleared from Reproaches*),第 1—6 页;劳伦斯·克莱克斯通(即克拉克森),《觉迷录》(*The Lost Sheep Found*),第 15—17 页;阿德里安·戴维斯《1655 至 1725 年英国社会中的教友派》(*The Quakers in English Society 1655—1725*),第 39—40 页。

27 见 J. C. Davis, *Fear, Myth and History* (1986),以及 *Past and Present* 117 (1987),

129（1990），140（1993）中的争论。

28 Pierre Bayle, *A Philosophical Commentary*（1708），293—297，303—306，353—354［这个例子来自著名的伯特兰，她是马丁·盖尔的妻子，参见 Natalie Zemon Davis, *The Return of Martin Guerre*（1983）］。亦可参见 Samuel Pufendorf, *The Law of Nature and Nations*, Basil Kennet[t] 等译（第 5 版，1749），32。

29 因此，有意的通奸者将被视为"扰乱公共安宁"的有罪者，而若是有人宣称自己的精神耽于"赞美鸡奸、通奸与谋杀，将此类行为尊为可贵与神圣"，这些"情形不会被治安法官提起良心诉讼"：Bayle, *Philosophical Commentary*，第 307—310、486 页。亦可参见 David Wootton, 'Pierre Bayle, Libertine?', M. A. Stewart 编, *Studies in Seventeenth-Century European Philosophy*（1997）。

30 Bisset, *Plain English*, 28.

31 Richard [Smalbroke], *Reformation Necessary*（1728），引自第 40 页；Drew, *Sermon Preached to the Societies*, 8—10；*The Tatler*, Donald F. Bond 编，3 卷（1987），no.14；David M. Turner, *Fashioning Adultery*（2002），第 2 章。

32 Boyd Hilton, 'The Role of Providence in Evangelical Social Thought', Derek Beales 与 Geoffrey Best 编, *History, Society and the Churches*（1985）；David Hume, *Essays Moral, Political, and Literary*, Eugene F. Miller 编（1987），引自第 581—582 页（'Of Suicide'）；*A Sermon Preached before the Former Societies for Reformation*（1760），引自第 36 页；Moses Browne, *The Causes that Obstruct the Progress of Reformation*（1765），引自第 32 页。对于 18 世纪晚期与 19 世纪的活动家来说，恐惧上帝之心的作用已日益消减，参见 Malcolm Gaskill, 'The Displacement of Providence', *Continuity and Change* 11（1996）；M. J. D. Roberts, *Making English Morals*（2004）；Joanna Innes, *Inferior Politics*（2009），第 5 章。

33 P. D. L. Avis, 'Moses and the Magistrate', *Journal of Ecclesiastical History* 26（1975），引自第 1 页；Wilfred R. Prest, 'The Art of Law and the Law of God', Pennington Thomas 编, *Puritans and Revolutionaries*, 94—102；Thomas, 'Puritans and Adultery', 269—270；A. M., *The Reformed Gentleman*（1693），引自第 56 页。

34 Richard Fiddes, *Theologia Practica*（1720），84. 参见 William Bisset, *More Plain English*（1704），42—44；John Tillotson, *A Sermon Preach'd before the Queen*（1690）；*Boswell: The Ominous Years, 1774—1776*, Charles Ryskamp 与 Frederick A. Pottle 编（1963），139，199—200，322；Philip C. Almond, *Heaven and Hell in Enlightenment England*（1994），第 5 章。

35 *A Modest Defence of Chastity*（1726），73（引用）；John Johnson, *Reasons Why Vice ought to be Punish'd*（1708），16；*Boswell's Life of Johnson*, George Birk-beck Hill 与 L. F. Powell 编，6 卷（1934—1950），iii.346。

36 Andrew Willet, *An Harmonie Upon the Second Booke of Samuel*（1614），74；参见

其 *Hexapla in Exodum*（1608），396—398，以及 *Hexapla in Leviticum*（1631），501—503。

37《马太福音》5："不要认为我来要毁灭律法或先知。我来不是要毁灭，而是要成全。我实在告诉你们，即使天地都毁灭，律法的一点一画也不能废去，而是要成全……凡看见妇女就动淫念的，这人在心里就与她犯奸淫了。"《马可福音》10："凡休妻另娶的，就是犯奸淫，辜负了他的妻子。而妻子若离弃丈夫另嫁，也是犯奸淫了……你知道诫命：不可奸淫。"

38 *The Clarke Papers*, C. H. Firth 编，4 卷（Camden Society, 1891—1901），ii.130。传统中有关基督之强化律法的论述，参见 Samuel Walker, *Reformation of Manners Promoted by Argument*（1711），173—85。

39 John Turner, *Boaz and Ruth*（1685），引自第 53 页；J. Turner, *A Discourse on Fornication*（1698），引自第 2 页；[Charles Leslie], *A Letter of Advice to a Friend*（1696），引自第 5 页与书名页；*The Third Charge of Whitlocke Bulstrode Esq.*（1723），11—18；*A Treatise Concerning Adultery and Divorce*（1700）；'Castamore', *Conjugium Languens*（1700），27—28；John Locke, *A Paraphrase and Notes on the Epistles of St Paul*, Arthur W. Wainwright 编，2 卷（1987），ii.652；[Daniel Defoe], *Conjugal Lewdness*（1727），123—124。

40 *The True State of the Case of John Butler (1697)*; *Concubinage and Poligamy Disprov'd* (1698); J [ohn] B[utler], *Explandtory Notes on a Mendacious Libel* (1698) . 参见 *The Genuine and Uncommon Will of a Clergyman lately Deceas'd* (1750)。

41 伯内特致菲利普·林博尔奇的信（日期不确定：1698 年末至 1699 年初），其译稿印于 T. E. S. Clarke 与 H. C. Foxcroft, *A Life of Gilbert Burnet*（1907），348；Lawrence Stone, *Road to Divorce*（1990），313—320；David M. Turner, 'Secret and Immodest Curiosities?', Harald E. Braun 与 Edward Vallance 编，*Contexts of Conscience in Early Modern Europe*（2004），137—150。

42 Michel de Montaigne, *The Essayes*, John Florio 译（1603），第 I 册，第 xxii 章（'Of Custome'）；Julius Caesar, *De Bello Gallico*，第 v 册；*A Collection of Voyages and Travels*，4 卷（1704），i.456；*The Philosophical Works of the Late Right Honourable Henry St John, Lord Viscount Bolingbroke*，5 卷（1754），v.179。参见 Pierre Charron, *Of Wisdome*, Samson Lennard 译 [1608?]，第 II 册，第 viii 章；John Locke, *An Essay Concerning Human Understanding*, Peter H. Nidditch 编（1975），I.iii.9；Samuel Pufendorf, *The Law of Nature and Nations*, Basil Kennet[t] 等译（第 5 版，1749），II.iii.viii。

43 Turner, *Discourse on Fornication*, 27. 参见 *Clarke Papers*, ii.110；Walker, *Reformation*, 176。

44 [John Locke], *The Reasonableness of Christianity*（1695），265，271，274；John Locke, *Essays on the Law of Nature*, W. von Leyden 编（1954），140—141，160—179（引自第 177 页）。参见其 'Of Ethics in General'，印于 Lord King, *The Life of John Locke*, 2

卷（1830 年版），ii.129—133；Thomas Halyburton，*Natural Religion Insufficient*（爱丁堡，1714），iv.92—93。

45 [Locke]，*Reasonableness of Christianity*，279—281. 关于洛克对这些问题的看法，参见 Locke，*Essays on the Law of Nature*，*passim*；Locke，*Essay Concerning Human Understanding*，II.xxviii.4—16，IV.iii.18—20，IV.xviii—xix；John Locke，*The Reasonableness of Christianity*，John C. Higgins-Biddle 编（1999），xv—cxv；*The Correspondence of John Locke*，E. S. de Beer 编，8 卷（1976—1989），iv.110—113；John Marshall，*John Locke*（1994），51—52，57—62，71—72，365，376—383。

46 *Table-Talk: Being the Discourses of John Selden*（1689），30—31. 参见 Locke，*Essays on the Law of Nature*，72—73。

47 John Turner，*Two Discourses*（1682），12；参见 Selden，*Table-Talk*，50。关于这些发展，特别参见 John Spurr，'"Rational Religion" in Restoration England'，*Journal of the History of Ideas* 49（1988）；J. A. I. Champion，*The Pillars of Priestcraft Shaken*（1992），207—222；Isabel Rivers，*Reason*，*Grace and Sentiment*，2 卷（1991—2000）。

48 *The Writings of William Walwyn*，Jack R. McMichael 与 Barbara Taft 编（1989），109；Pierre Bayle，*A Philosophical Commentary*（1708），55，57；David Hume，*Essays Moral*，*Political*，*and Literary*，Eugene F. Miller 编（1987），588n（'Of Suicide'）。参见 [Anthony Collins]，*A Discourse of Free-Thinking*（1713），12—15；[Mathew Tindal]，*An Essay Concerning the Power of the Magistrate*（1697），106。

49 Christopher Hill，*The World Turned Upside Down*（1975 年版），183。

50 Thomas Palmer，*An Essay of the Meanes How to Make our Travailes*（1606），97；参见 Jeremy Taylor，*Ductor Dubitantium*，2 卷（1660），i.231。

51 John Maynard，*The Law of God Ratified*（1674），76；Richard Baxter，*A Holy Commonwealth*（1659），214，246. 参见 Thomas Hobbes，*The Elements of Law*，Ferdinand Tonnies 编（1889），2.10.7；Thomas Hobbes，*Leviathan*（1651），282；*The Clarke Papers*，C. H. Firth 编，4 卷（Camden Society，1891—1901），ii.127—130；John Locke，*Essays on the Law of Nature*，W. von Leyden 编（1954），196—203；Locke，*Two Treatises of Government*，Peter Laslett 编（第 2 版，1967），I59。

52 William Perkins，*A Discourse of Conscience*（剑桥，1596），17—20；*The Second Replie of Thomas Cartwright*（海德堡，1575），cii—ciii；Keith Thomas，'The Puritans and Adultery'，Donald Pennington 与 Keith Thomas 编，*Puritans and Revolutionaries*（1978），268—272。

53 参见 John Turner，*Two Discourses*（1682），22—29；Anthony Holbrook，*A Letter to the Author of Christianity as Old as the Creation*（1731），4—6，13—14；William Paley，*The Principles of Moral and Political Philosophy*（1785），243—245，249，254—255，269，273。

54 [William Wollaston], *The Religion of Nature Delineated* (1724), 180. 参见 Charles-Louis de Secondat, Baron de Montesquieu, *The Spirit of Laws*, 2 卷(1750), i.369。

55 Joseph Butler, *The Analogy of Religion* (1736), 317—319 ; Richard Fiddes, *Practical Discourses* (1712), 92—94 ; Francis Hutcheson, *A System of Moral Philosophy*, 2 卷(1755), i.87—88, ii.151—153 ; Richard Price, *A Review of the Principal Questions and Difficulties in Morals* (1758), 232—234, 261—262 ; [Joseph Priestley], *Considerations for the Use of Young Men* [1778 年版], 6—8, 23 ; T. R. Malthus, *An Essay on the Principle of Population* (1798), 19。

56 哈奇森认为,所有人都内在地向往贞洁,此种本性能够被这一事实所证明,即放荡者喜欢诱惑良家妇女,尽管妓女召之即来:"在放荡者眼中,贞洁本身具有一种强烈的魅力,即使当他们试图将其毁掉的时候。"[《论美与德性观念之起源》(*An Inquiry into the Original of Our Ideas of Beauty and Virtue*), 235 ;同样的论述,亦见于另一部匿名作者的通俗小册子《论卖淫》(*A Conference about Whoring*), 26]。

57 参见 John Gill, *The Moral Nature and Fitness of Things Considered* (1738), 43—44 ; [Priestley], *Considerations*, 22。

58 Hutcheson, *System of Moral Philosophy*, ii.162—163. 某些情况下的婚前与婚外同居得到了伊曼纽尔·斯威登堡的有力辩护, *The Delights of Wisdom* (1794), 421—424, 428—437['473']。这一问题及此推论皆非新事物,一些16和17世纪的评论者已经基于《圣经》提倡过类似的观点。

59 Adam Smith, *The Theory of Moral Sentiments*, D. D. Raphael 与 A. L. Macfie 编(1976), I.ii.i.2—3 ; VII.iv.21 ; Anthony Ashley Cooper, Earl of Shaftesbury, *Characteristics of Men*, *Manners*, *Opinions*, *Times*, Lawrence E. Klein 编(1999), 221—222 (*Inquiry*, II.ii.2) ; Brian Cowan, 'Reasonable Ecstasies', *Journal of British Studies* 37 (1998)。

60 参见 *The Petty Papers*, the Marquis of Lansdowne 编, 2 卷(1927), ii.47—58 ; T. R. Malthus, *An Essay on the Principle of Population* [1803—1826 年版], Patricia James 编, 2 卷(1989),引自 i.19 n.6。参见 Butler, *Analogy of Religion*, 318 ; Holbrook, *Letter*, 15 ; Samuel Pufendorf, *The Law of Nature and Nations*, Basil Kennet[t] 等译(第 5 版, 1749), 134—135 n.4。

61 University of Edinburgh Library, MS La. II.620[12],印于 Norah Smith, 'Robert Wallace's "Of Venery"', *Texas Studies in Literature and Language* 15 (1973)。更多的例子,参见 *Boswell's Life of Johnson*, George Birkbeck Hill 与 L. F. Powell 编, 6 卷(1934—1950), ii.472—473 ; Faramerz Dabhoiwala, 'The Construction of Honour, Reputation and Status', *Transactions of the Royal Historical Society* 6 (1996), 206。

62 *The Yale Edition of Horace Walpole's Correspondence*, W. S. Lewis 等 编, 48 卷(1937—1983), xv.143 ; 参 见 Samuel Richardson, *Pamela; or, Virtue Rewarded* [1740],

Thomas Keymer 与 Alice Wakely 编（2001），134—135；*Priest-Craft and Lust*（1743）。

63 尽管少数人的确遭到了通奸的指控：见 *ODNB*，Richard Curteys，Robert Horne，John Thornborough，John Atherton。

64 *Boswell on the Grand Tour: Germany and Switzerland 1764*，Frederick A. Pottle 编（1964），235—236。他与王室的亲密关系，以及他与女性崇拜者之轻浮而挑逗的对话，其后被小说家与戏剧家弗朗西丝·伯尼搜集起来，她称他为“Mr Turbulent”：*Diary and Letters of Madame D'Arblay*，[Charlotte Barrett] 编，7 卷（1842—1846），第 iii、iv 卷。

65 Bodleian Library，Oxford，MS Locke b.4，fol.99r–v. 参见 William Lorimer，*Two Discourses*（1713），v—vii；Thomas Halyburton，*Natural Religion Insufficient*（爱丁堡，1714），119—123；Michael Hunter，'"Aikenhead the Atheist"'，Michael Hunter 与 David Wootton 编，*Atheism from the Reformation to the Enlightenment*（1992）。

66 *The Diary of Dudley Ryder*，1715—1716，William Matthews 编（1939），103—104，178；[Daniel Defoe]，*Conjugal Lewdness*（1727），123—124；[Francis Hutcheson]，*An Inquiry into the Original of Our Ideas of Beauty and Virtue*（1725），188。参见 [John Dunton]，*The Night-Walker*，i/2（1696），1—10。

67 Thomas Hobbes，*Philosophicall Rudiments*［Charles Cotton 译］（1651），100—102，217—219（De Cive vi.16，xiv.9—10）。参见 Thomas Hobbes，*The Correspondence*，Noel Malcolm 编，2 卷（1994），i.401；[Anthony Collins]，*A Letter to the Reverend Dr Rogers*（1727），46—47；Mark Goldie，'The Reception of Hobbes'，J. H. Burns 与 Mark Goldie 编，*The Cambridge History of Political Thought 1450—1700*（1991），606—610；Jon Parkin，'Hobbism in the later 1660s'，*Historical Journal* 42（1999）。相似的主张亦见于格劳秀斯，他认为“非婚同居”不被自然禁止，只被上帝禁止［Hugo Grotius，*Of the Law of Warre and Peace*（1655），356］；塞尔登推断说，虽然自然法禁止乱伦与“非法性交”（例如通奸、男同性恋以及兽交），但它允许一夫多妻制与自愿离婚［John Selden，*De Iure Naturali & Gentium*（1640），第 V 册］；参见 Eivion Owen，'Milton and Selden on Divorce'，*Studies in Philology* 43（1946）；以及普芬多夫，他属于那些怀疑一夫多妻制有悖于自然法的人之一（*Law of Nature*，574—577）。

68 *The Reports and Arguments of...Sir John Vaughan*（1677），221. 参见 Jason P. Rosenblatt，*Renaissance England's Chief Rabbi*（2006），第 10 章。

69 Alexandre Matheron，'Spinoza et la Sexualite'，*Giornale Critico della Filosofia Italiana* 8（1977）；Richard Tuck，*Natural Rights Theories*（1979），141—142；Jonathan I. Israel，*Radical Enlightenment*（2001），86—88.

70 John Locke，*An Essay Concerning Toleration and Other Writings*，J. R. Milton 与 Philip Milton 编（2006），391（'Virtus'）；参见出处同上，第 276、289 页；John Locke，*A Paraphrase and Notes on the Epistles of St Paul*，Arthur W. Wainwright 编，2 卷（1987），i.186—196；出处同上，*Political Essays*，Mark Goldiez 编（1997），256。

71 蒙茅斯自己的生活与死亡就遵从了这些原则。1685年,在处决他的现场,两名主教在他的断头台旁反复要求他忏悔自己的通奸之举,甚至拒绝他领受圣餐,而他则愤怒地回应说更在意自己的情人,而非妻子,并且他也更忠实于前者,见《牛津国家人物传记辞典》(*ODNB*)。

72 [William Lawrence], *Marriage by the Morall Law of God Vindicated* (1680),引自第101—102页; [William Lawrence], *The Right of Primogeniture* (1681); Mark Knights, *Politics and Opinion in Crisis, 1678—1681* (1994), 162; Mark Goldie, 'Contextualizing Dryden's Absalom', Donna B. Hamilton 与 Richard Strier 编, *Religion, Literature, and Politics in Post-Reformation England* (1996)。参见 J[ohn] D[onne], *Poems* (1650), 388—390 (Elegy XVIII); Thomas Randolph, *Poems* (牛津, 1638), [126]—128; [Francis Osborne], *Advice to a Son* (牛津, [1655]), 50—52; George Etherege, *She Wou'd if She Cou'd* (1668), 第I幕第1场; [Aphra Behn], *Love-Letters between a Noble-Man and his Sister* (1684), 331—337。

73 *The Provok'd Wife* (1697), 34 [第III幕第1场]。参见 Margaret Cavendish, Marchioness of Newcastle, *Playes* (1662), 334, 349—350 ['The Unnatural Tragedy', 第II幕第12场, 第IV幕第25场]; *The Correspondence of John Locke*, E. S. de Beer 编, 8卷 (1976—1989), iv.101—102; *Εικών Βασιλική Δεύτερα* (1694), 131—141; Tullio Gregory, 'Pierre Charron's "Scandalous Book"', Hunter 与 Wootton 编, *Atheism*。

74 Pierre Bayle, *An Historical and Critical Dictionary*, 4卷 (1710), iii.1671。参见 Thomas Stanley, *The History of Philosophy*, 3卷 (1655—1660), iii/pt 4. 23—24。

75 G. S. Rousseau, 'The Sorrows of Priapus', G. S. Rousseau 与 Roy Porter 编, *Sexual Underworlds of the Enlightenment* (1987); Pat Moloney, 'Savages in the Scottish Enlightenment's History of Desire', *Journal of the History of Sexuality* 14 (2005); Brian Young, 'Gibbon and Sex', *Textual Practice* 11 (1997)。

76 尽管传统道德的顽固支持者愿意将这种证据视为一种幻想。"拿到一本著名书籍,库克船长游记的一卷,"约翰·卫斯理在其1773年12月17日的日记中这样写道,"我坐下来,怀着强烈的期待读了此书,然而却无比失望。在我看来,首先,其中的事情难以置信:一个国家……毫无羞耻感!男人女人光天化日之下结合,当着许多人的面!……休谟或伏尔泰可能相信,但我不能。"

77 Thomas Franklin Mayo, *Epicurus in England (1650—1725)* (1934); Howard Jones, *The Epicurean Tradition* (1989), 第8章; Matthew Niblett, 'Man, Morals and Matter', Neven Leddy 与 Avi S. Lifschitz 编, *Epicurus in the Enlightenment* (2009)。参见 Jonathan Sheehan, 'Sacred and Profane', *Past and Present* 192 (2006)。

78 *Burnet's History of My Own Time*, Osmund Airy 编, 2卷 (牛津, 1897—1900), i.166—168; Gilbert Burnet, *Some Passages of the Life and Death of the Right Honourable John Earl of Rochester* (1680), 引自第36、38—39、52、54、70—73、100—101页; *The*

Complete Poems of John Wilmot, Earl of Rochester, David M. Vieth 编(1968), 35, 98, 101; Sarah Ellenzweig, 'The Faith of Unbelief', *Journal of British Studies* 44 (2005)。关于把这一观点精彩地搬上戏剧舞台,见 Thomas Shadwell, *The Libertine* (1676);关于他们在当时戏剧中角色之阐释,见 Dale Underwood, *Etherege and the Seventeenth-Century Comedy of Manners* (1957); Maximilian E. Novak, *William Congreve* (1971), 41—51; Robert D. Hume, 'The Myth of the Rake in "Restoration" Comedy', *Studies in the Literary Imagination* 10 (1977); Harold Weber, *The Restoration Rake-Hero* (1986); Warren Chernaik, *Sexual Freedom in Restoration Literature* (1995);关于更广阔的语境,见 Anna Bryson, *From Courtesy to Civility* (1998),第 7 章。

79 [Daniel Defoe], *An Essay upon Projects* (1697), 248; [Charles Leslie], *A Letter of Advice to a Friend* (1696), 3; J. Turner, *A Discourse on Fornication* (1698), 52; Richard Capel, *Tentations* (1633), 262—264; John Edwards, *Some Thoughts Concerning the Several Causes and Occasions of Atheism* (1695), 38—42; [Henry Compton], *The Bishop of London's Charge to the Clergy of his Diocese* (1696), 12; John Spurr, *The Restoration Church of England, 1646—1689* (1991),第 5 章。

80 *The Character of a Town-Gallant* (1675), 7. 参见 *An Answer to the Satyr against Mankind* [1675?]; Bryson, *From Courtesy to Civility*, 257—259。

81 参见 Knud Haakonssen, *Natural Law and Moral Philosophy* (1996)。

82 Samuel Richardson, *Clarissa, or The History of a Young Lady* [1747—1748], Angus Ross 编(1985), letter 254; Henry Fielding, *Tom Jones* (1749), 第 V 册, 第 v 章。参见出处同上,第 XVIII 册,第 viii 章; [出处同上], *The History of the Adventures of Joseph Andrews*, 2 卷(1742),第 ii 卷,第 iii 册,第 iii 章; [John Cleland], *Memoirs of a Woman of Pleasure*,第 ii 卷(1749), 11—12。

83 [Matthew Tindal], *Christianity as Old as the Creation* (1730), 119, 345—346. 参见 John Sainsbury, *John Wilkes* (2006),第 4 章。

84 [Alberto Radicati], *Christianity Set in a True Light* (1730), 19; [Alberto Radi-cati], *A Phliosophical* [*sic*] *Dissertation upon Death* (1732), 28, 81—83; Albert[o Radicati], Count de Passeran, *Twelve Discourses* (1734), 26—52 (引自第 40、45 页)。

85 Bernard Mandeville, *The Fable of the Bees*, F. B. Kaye 编, 2 卷(1924), i.41—51, 142—146 (引自第 48、144 页); 'Gideon Archer' [即 Peter Annet], *Social Bliss Considered* (1749),引自第 iii—iv 页; *An Essay on Crimes and Punishments* (1767), 127—130。

86 David Hume, *Essays Moral, Political, and Literary*, Eugene F. Miller 编(1987), 131 ('Of the Rise and Progress of the Arts and Sciences');出处同上, *A Treatise of Human Nature*, David Fate Norton 与 Mary J. Norton 编(2000), 2.2.11.2, 3.2.12.4。根据休谟的观点,正义、尽职与忠诚皆是"人造",他并非认为这些不是合理的德性,但它们源自历史与社会习惯,而非人性之中。参见 Pierre Bayle, *Miscellaneous Reflections*, 2 卷(1708), ii.330—

334。

87 David Hume, *An Enquiry Concerning the Principles of Morals*, Tom L. Beauchamp 编(1998),引自对话 36；Hume, *Essays*, Miller 编, 181—190(‘Of Polygamy and Divorces’), 272(‘Of Refinement in the Arts’)；Ernest Campbell Mossner, *The Life of David Hume*(1954), 327—328。

88 参见 [Paul-Henry Thiry, baron d’Holbach], *The System of Nature*, William Hodgson 译, 4 卷(1797), iv.465—466。

89 Michael Macdonald 与 Terence R. Murphy, *Sleepless Souls*(1990),第 5 章。

90 参见 Arthur Bedford, *A Serious Remonstrance*(1719), 159—161；William Shakespeare, *Othello*,第 III 幕第 3 场。

91 “当我听到一位优雅的绅士在女人面前谈论他的声誉时,”一位 18 世纪中期的作者写道,“似乎得到了一种印象,好像听见他说,女士们,你们可以安心接受我的请求,让我们同床共枕,因为我能向你们保证,我这个声誉良好之人,绝不会将这种事情泄露出去。”《论现代骑士精神》(*An Essay on Modern Gallantry*)(约 1750 年),第 9 页。

92 Hume, *Enquiry Concerning...Morals*,引自 4.18,对话 32；Hume, *Treatise*, 3.2.2.4。参见 Christopher J. Berry, ‘Lusty Women and Loose Imagination’, *History of Political Thought* 24(2003), 419—421。

93 N. A. M. Rodger, *The Insatiable Earl*(1993), 80；*Letters to the Duke of Portland*(1794), 30—31；*Boswell in Search of a Wife*, 1766—1769, Frank Brady 与 Frederick A. Pottle 编(1957), 158。精彩的个案研究,见 Anna Clark, *Scandal*(2004)；Sainsbury, *John Wilkes*。

94 *The Collected Works of John Stuart Mill*, J. M. Robson 等编, 33 卷(1963—1991), xviii.296—297 [*On Liberty*, 第 v 章]；xxvii.664(引用)[Diary, 26 Mar. 1854]；*Report of Royal Commission upon the Administration and Operation of the Contagious Diseases Acts*, 2 卷(1871), ii.728—735；关于密尔自己反肉欲主义的倾向,见 Susan Mendus 与 Jane Rendall 编, *Sexuality and Subordination*(1989),第 5 章。参见 W. C. Coupland, *The Principle of Individual Liberty, How Far Applicable to the Relations of the Sexes* [1880]。

95 William Bisset, *Plain English*(1704), 13；*Reasons Humbly Offered...for Passing the Bill against Vice and Immorality*[1699], 3.

96 *The Athenian Mercury*, ii.23(17 Aug. 1691)；University of Edinburgh Library, MS Laing III.545, fol.147^r(罗伯特·科克的札记)。参见 [Francis Osborne], *Politicall Reflections upon the Government of the Turks*(1656), 81—82；*The Third Volume of Letters Writ by a Turkish Spy*(1691), 189—193(第 II 册,第 xvi 封信)。

97 John Potter, *Archæologiæ Græcæ*, 2 卷(第 1 版,牛津, 1697—1699；其他 10 版, 1706—1795),引自第 IV 册,第 xii 章；[Daniel Defoe?], *Some Considerations upon Street-Walkers* [1726], 4—5, 9—15；[Matthew Tindal], *An Address to the Inhabiants* [*sic*] *of*

the Two Great Cities (1728), 9 ; *The Religious, Rational, and Moral Conduct of Matthew Tindal* (1735), 59 ; 'Luke Ogle', *The Natural Secret History of Both Sexes* (1740), 77—79 ; [Jonas Hanway], *A Plan for Establishing a Charity-House* (1758), xi—xii。

98 Saunders Welch, *A Proposal to Render Effectual a Plan* (1758),引自第 19 页; *A Congratulatory Epistle from a Reformed Rake*[1758],引自第 22 页; 'Gideon Archer' [即 Peter Annet], *Social Bliss Considered* (1749), 79—96 ; [John Cleland], *The Case of the Unfortunate Bosavern Penlez* (1749), 6 ; *An Essay on Modern Gallantry* [c.1750], 32—38 ; *The Covent-Garden Journal*[1752], Bertrand A. Goldgar 编(1988)no.50 ; William Dodd, *An Account of the Rise, Progress, and Present State of the Magdalen Charity* (1761), [i] ; John Fielding, *Extracts from such of the Penal Laws, as particularly relate to the Peace and Good Order of this Metropolis* (新版, 1762), 67 ; *Considerations on the...Present Excess of Public Charities* (1763), 16—17 ; *Boswell: The Ominous Years, 1774—1776*, Charles Ryskamp 与 Frederick A. Pottle 编(1963), 316。

99 参见 *The Gentleman and Lady's Palladium* (1751), 16 ; 出处同上(1752), 21 ; *Reflections Arising from the Immorality of the Present Age* (1756), 50—63 ; *Lloyds Evening Post*, 25 Jan. 1759 ; *London Chronicle*, 9 Apr. 1759 ; *Memoirs of the Bedford Coffee-House* (1763), 31—34 ; Robert Holloway, *The Rat-Trap*[1773], 52—55 ; P[atrick] Colquhoun, *A Treatise on the Police of the Metropolis* (第 6 版,1800), 337, 341, 628—629。

100 Randolph Trumbach, 'London's Sodomites', *Journal of Social History* 11 (1977) ; Alan Bray, *Homosexuality in Renaissance England* (1982),第 4 章; Rictor Norton, *Mother Clap's Molly House* (1992),第 2—6 章。

101 David Ogg, *England in the Reign of Charles II* (1984 年版), 254 ; J. D. Davies, *Gentlemen and Tarpaulins* (1991), 67 ; J. R. Jones, *The Anglo-Dutch Wars of the Seventeenth Century* (1996), 59 ; John Brewer, *The Sinews of Power* (1989), 30。对于 1739 年至 1763 年更高的推测人数,见 Stephen Conway, 'The Mobilization of Manpower for Britain's Mid-Eighteenth-Century Wars', *Historical Research* 77 (2004)。

102 Bernard Mandeville, *The Fable of the Bees*, F. B. Kaye 编, 2 卷(1924), 引自 i.95—96, 'A Layman' [即 Bernard Mandeville], *A Modest Defence of Publick Stews* (1724),引自第 i、xi—xii 页; 'John Wickliffe' [即 Henry Hatsell?], *Remarks upon Two Late Presentments* (1729), 1—4 ; Richard I. Cook, 'The Great Leviathan of Leachery', Irwin Primer 编, *Mandeville Studies* (1975) ; W. A. Speck, 'Bernard Mandeville and the Middlesex Grand Jury', *Eighteenth-Century Studies* 11 (1978) ; Irwin Primer, *Bernard Mandeville's 'A Modest Defence of Publick Stews'* (2006)。

103 参见 Mandeville, *Fable,* Kaye 编, ii. 386—438, 453 ; M. M. Goldsmith, 'Regulating Anew the Moral and Political Sentiments of Mankind', *Journal of the History of Ideas* 49 (1988) ; John Robertson, *The Case for the Enlightenment* (2005),第 6 章;关于非正式

的引用，见 Edward[Chandler], *A Sermon Preached to the Societies for Reformation*（1724，即 1725）, 18—21；*A Modest Defence of Publick Stews...Answer'd*（1725）；*A Conference about Whoring*（1725），其增订版本题为 *A Modest Defence of Chastity*（1726，印于伦敦与北安普顿，为当地以及哈伯勒、考钟、切舍姆、特陵的书商）；Samuel Ryder, *The Charge to the Grand-Jury of the City and Liberty of Westminster*（1726）, 9；[Edmund Gibson], *The Bishop of London's Pastoral Letter*（1728）, 2；*The Presentment of the Grand-Jury for the County of Middlesex*（1728）, 3—4；*A Vindication of the Bishop of London's Pastoral Letter*（1729）, 2, 6—8；*The Weekly Miscellany*, 2 卷（第 2 版, 1738）, i.205；C[harles] Mosley, *The Tar's Triumph*（蚀刻版, 1749）。

104 Mandeville, *Fable*, Kaye 编, i.355—356。关于其一般哲学，特别参见 M. M. Goldsmith, *Private Vices, Public Benefits*（1985）；E. J. Hundert, *The Enlightenment's 'Fable'*（1994）。关于其受惠于贝尔，参见 Bayle, *Miscellaneous Reflections*, ii.334—336；Mandeville, *Fable*, Kaye 编, i. 98—100；E. D. James, 'Faith, Sincerity and Morality', Primer 编, *Mandeville Studies*；David Wootton, 'Pierre Bayle, Libertine?', M. A. Stewart 编, *Studies in Seventeenth-Century European Philosophy*（1997）, 209—216。

105 Richard [Smalbroke], *Reformation Necessary*（1728）, 19；John Disney, *A View of Ancient Laws, against Immorality and Profaneness*（剑桥, 1729）, sig. a2v；Samuel Richardson, *Clarissa, or The History of a Young Lady*[1747—1748], Angus Ross 编（1985）, letter 246；*The Rules, Orders and Regulations of the Magdalen House*（第 2 版, 1759）, 3；参见 James Hallifax, *A Sermon Preached in the Chapel of the Asylum for Female Orphans*（1766）, 11。

106 *Gentleman's Magazine*, xvii.563（Dec. 1747）.

107 参见 John Sekora, *Luxury*（1977）, 110—115；Louis Dumont, *From Mandeville to Marx*（1977）；Neil McKendrick 等, *The Birth of a Consumer Society*（1982）, 15—19, 51—53；Hundert, *Enlightenment's 'Fable'*；*Pierre Force*, *Self-Interest Before Adam Smith*（2003）；Nicholas Phillipson, *Adam Smith*（2010）。

108 [Annet], *Social Bliss*, 82；Hugo Arnot, *A Collection of Celebrated Criminal Trials in Scotland*（爱丁堡, 1785）, 310。

109 参见 Linda Levy Peck, *Consuming Splendor*（2005）；Paul Slack, 'The Politics of Consumption and England's Happiness in the Later Seventeenth Century', *English Historical Review* 122（2007）；Keith Thomas, *The Ends of Life*（2009），第 4 章。

110 M. J. D. Roberts, *Making English Morals*（2004）, 25；William Wilberforce, *A Practical View of the Prevailing Religious System*（1797）, 372.

111 Soame Jenyns, *A Free Inquiry into the Nature and Origin of Evil*（1757）, 46；'Gideon Archer' [即 Peter Annet], *Social Bliss Considered*（1749）, vi。参见约翰·霍尔的早期观点，*Of Government and Obedience*（1654）, 14；关于更一般的情形，见 Roy Porter

与 Marie Mulvey Roberts 编, *Pleasure in the Eighteenth Century*（1996）。

112 Boswell: *Laird of Auchinleck* 1778—1782, Joseph W. Reed 与 Frederick A. Pottle 编（1977）, 114；[Mathew Bacon 等], *A New Abridgment of the Law*, 5 卷（1736—1766）, iv. 569；University College London, MSS of Jeremy Bentham, lxxiv.34（法文）。

113 *Boswell's Life of Johnson*, George Birkbeck Hill 与 L. F. Powell 编, 6 卷（1934—1950）, iii.17—18。但关于约翰逊自己的行为失检,以及他妻子同意"我可以按照自己的意愿跟很多女人上床,假如我只爱她",见前书, iii.406；iv.395—398。

114 关于这一主题, 见 Michael Mason, *The Making of Victorian Sexual Attitudes*（1994）, 及其 *The Making of Victorian Sexuality*（1994）；关于抵制的一般情形, 参见 Maurice J. Quinlan, *Victorian Prelude*（1941）；Ford K. Brown, *Fathers of the Victorians*（1961）；Eric Trudgill, *Madonnas and Magdalens*（1976）；Boyd Hilton, *The Age of Atonement*（1988）, 73—85。

115 参见 [Francis Hutcheson], *An Inquiry into the Original of Our Ideas of Beauty and Virtue*（1725）, 182—190；P[eter] Annet, *Judging for Ourselves*（1739）, 11；Richard Price, *A Review of the Principal Questions and Difficulties in Morals*（1758）, 289—306。

116 虽然对性宽容持批评态度的人会马上指出,即便那些妓女的身份也是"妻子与女儿",她们的家人同样因其行为而受到伤害。[乔治・布吕埃,《论美德行为究竟会导致财富还是贫穷,究竟会帮助还是会伤害他人?》（*An Enquiry whether a General Practice of Virtue tends to the Wealth or Poverty, Benefit or Disadvantage of a People?*）,第 141—146 页。]

117 关于殖民地环境下种族观念的额外影响,参见 Kirsten Fischer, *Suspect Relations*（2002）；Philippa Levine, *Prostitution, Race, and Politics*（2003）；Durba Ghosh, *Sex and the Family in Colonial India*（2006）；Peggy Pascoe, *What Comes Naturally*（2009）,第 1 章。

118 Anna Clark, *The Struggle for the Breeches*（1995）, 第 4 章；Kathryn Gleadle, *British Women in the Nineteenth Century*（2001）, 39—41, 123—124（亦可参见前书, 第 130—132 页）；Leonore Davidoff 与 Catherine Hall, *Family Fortunes*（1987）, 401—402；Donna Andrew, 'Adultery a-la-Mode', *History* 82（1997）；Frank Mort, *Dangerous Sexualities*（第 2 版, 2000）,第 1 部分。

119 Adam Smith, *An Inquiry into the Nature and Causes of the Wealth of Nations*, R. H. Campbell, A. S. Skinner 与 W. B. Todd 编（1976）, v.i.g.10。亦可参见 Percy Bysshe Shelley, *A Philosophical View of Reform*, T. W. Rolleston 编（1920）, 51—54。

120 *A Treatise of Human Nature*, David Fate Norton 与 Mary J. Norton 编(2000), 引自 3.2.12；Gilbert Burnet, *Some Passages of the Life and Death of the Right Honourable John Earl of Rochester*(1680),引自第 110 页。Aphra Behn, *Poems upon Several Occasions*（1684）, 特别是 'The Golden Age'。参见 David Hume, *An Enquiry Concerning the Principles of Morals*, Tom L. Beauchamp 编（1998）, 4.5—4.7, 6.14；Charles-Louis de

Secondat, Baron de Montesquieu, *The Spirit of Laws*, 2 卷(1750), ii.198—199; T. R. Malthus, *An Essay on the Principle of Population*(1803—1826 年各版), Patricia James, 2 卷(1989), 200—203; Annette C. Baier, 'Good Men's Women', *Hume Studies* 5 (1979); Christine Battersby, 'An Enquiry Concerning the Humean Woman', *Philosophy* 56 (1981); Christopher J. Berry, 'Lusty Women and Loose Imagination', *History of Political Thought* 24 (2003)。更多的例子,参见 Geoffrey May, *Social Control of Sex Expression* (1930), 4—6, 11—13, 47—8, 128—30; Keith Thomas, 'The Double Standard', *Journal of the History of Ideas* 20 (1959); Margaret R. Sommerville, *Sex and Subjection* (1995), 146—150;关于另一论点,即女性"天生"正派与贞洁,见 Thomas Reid, *Practical Ethics*, Knud Haakonssen 编(1990), 219—222。

121 William Alexander, *The History of Women*, 2 卷(1779), 引自 ii.221。参见凯瑟琳·麦考利·格拉汉姆的敏锐分析, *Letters on Education* (1790), 220—221;以及 Barbara Taylor, Vivien Jones 与 John Robertson 的相关章节, 见 Sarah Knott 与 Barbara Taylor 编, *Women, Gender and Enlightenment* (2005)。

122 *Boswell's Life of Johnson*, ii.55—56, iii.406—407, v.209; 参见前书, ii.457, iii.349—350。

123 根据芭芭拉·泰勒所述,德文郡的乔治安娜公爵夫人及其妹妹,在 18 世纪 80 年代与 90 年代共有"两次婚姻,七次外遇(包括公爵夫人的两次同性恋情,其中的一次还把她丈夫卷进来,形成了"三角家庭"),九个孩子,其中有三个私生子"。[《玛丽·沃斯通克拉夫特与女权主义想象》(*Mary Wollstonecraft and the Feminist Imagination*),第 200 页。]

124 [Tobias Smollett], *The Adventures of Peregrine Pickle* (1751),第 lxviii 章(引用);出处同上(第 2 版, 1758), v—xi; *ODNB*, Frances Anne Vane。参见 Vic Gatrell, *City of Laughter* (2006), 第 12 章; Matthew J. Kinservik, *Sex, Scandal, and Celebrity in Late Eighteenth-Century England* (2007)。

125 *Boswell's Life of Johnson*, iii.25 (引 用); *Boswell in Search of a Wife, 1766—1769*, Frank Brady 与 Frederick A. Pottle 编(1957), 26; *Boswell: The Ominous Years, 1774—1776*, Charles Ryskamp 与 Frederick A. Pottle 编(1963), 320—321; Frederick A. Pottle, *James Boswell: The Earlier Years1740—1769* (1966), 5 (引用), 78—79; National Archives of Scotland, MS CC8/5/13,引自第 93 页。参见 *Boswell in Holland, 1763—1764*, Frederick A. Pottle 编(1952), 304。

126 [Henry Home, Lord Kames], *Sketches of the History of Man*, 2 卷(爱丁堡, 1774),第 1 册, 草图 6 (引自第 203 页); 出处同上, *Loose Hints Upon Education* (爱丁堡, 1781), 第 VIII 部分; *Boswell: The Applause of the Jury, 1782—1785*, Irma S. Lustig 与 Frederick A. Pottle 编(1981), 26—28。

127 参 见 Arthur Bedford, *A Serious Remonstrance* (1719), 192—199; Kathleen Wilson, 'The Female Rake', Peter Cryle 与 Lisa O'Connell 编, *Libertine Enlightenment*

(2004); Sarah Lloyd, 'Amour in the Shrubbery', *Eighteenth-Century Studies* 39 (2006); Gatrell, *City of Laughter*, 第 11 章; P[atrick] Colquhoun, *A Treatise on the Police of the Metropolis* (第 6 版, 1800), 340。

128 James Fitzjames Stephen, *Liberty*, *Equality*, *Fraternity* [第 2 版, 1874], Stuart D. Warner 编(1993),第 4 章(引自第 105—106 页)。参见 Henry Sidgwick, *The Methods of Ethics* (第 7 版, 1907), III.ix.2—3, III.xi.7—9。

129 *Report from His Majesty's Commissioners for inquiring into the Administration and Practical Operation of the Poor Laws* (1834), 92—99, 195—198. 如一位专员的通信者所评论的,这一新制度也许在劳动阶层中制造一种与社会上层与中层相似的状况,可能不平等但到底合人心意,即男人被原谅而女人因不贞而受罚(出处同上,附录 C, 394c)。虽然人们对于新济贫法存在着广泛的不满与焦虑,但总体而言,这往往是强化而非挑战了传统道德法则。见 U. R. Q. Henriques, 'Bastardy and the New Poor Law', *Past and Present* 37 (1967); Clark, *Struggle for the Breeches*,第 10 章; Lisa Forman Cody, 'The Politics of Illegitimacy in an Age of Reform', *Journal of Women's History* 11 (2000)。

130 *The Journals and Miscellaneous Notebooks of Ralph Waldo Emerson*, William H. Gilman 等 编, 16 卷(1960—1982), x.551 ; *Report of Royal Commission upon the Administration and Operation of the Contagious Diseases Acts*, 2 卷(1871), i.17 ; Levine, *Prostitution, Race, and Politics*, 265 ; 参 见 Thomas, 'Double Standard', 以 及 Mary Lyndon Shanley, *Feminism, Marriage, and the Law in Victorian England* (1989)。

131 *The Collected Works of John Stuart Mill*, J. M. Robson 等编, 33 卷(1963—1991), xxvii.664 ; Judith R. Walkowitz, *Prostitution and Victorian Society* (1980), 130 ; Christabel Pankhurst, *The Great Scourge and How to End It* (1913), 17。

132 Lawrence Stone, *Road to Divorce* (1990), 348—350. 18 世纪早期的支持者中有一位即是玛丽·沃特利·蒙塔古夫人,她显然受到了 1716 年"七年法案"(它批准定期进行议会选举)的启发,她严肃地主张一种相似的法规,以确保"已婚人士可以每七年自由地声明自己是否会选择维持婚姻现状"。参见 Robert Halsband, *The Life of Lady Mary Wortley Montagu* (1956), 121—122。

133 William Godwin, *An Enquiry Concerning Political Justice* (1793), 第 viii 册, 第 vi 章(引自第 849—851 页)(参见第 2 版, 1796, ii.498—503 ; 第 3 版, 1798, ii.507—511); Mary Wollstonecraft, *The Wrongs of Woman* [1798],特别是第 xvii 章,见 *The Works of Mary Wollstonecraft*, Janet Todd 与 Marilyn Butler 编, 7 卷(1989), 第 1 卷; William Godwin, *Memoirs of the Author of A Vindication of the Rights of Woman* (1798),第 vii—ix 章(引自第 103、114、154—155 页)。

134 M. L. Bush, *What Is Love? Richard Carlile's Philosophy of Sex* (1998), 引自第 62、70、147—148、161 页; Thomas Holcroft, *Anna St Ives* (1792),特别是第 lxxxii 封信; Richard Payne Knight, *The Progress of Civil Society* (1796), 第 III 册, lines 101—173 ;

Percy Bysshe Shelley, *Queen Mab* (1813), 特别是 V.189 的注释; William Thompson, *Appeal of One Half the Human Race* (1825),特别是第 199—202 页;出处同上, *Practical Directions* [1830], 232—248 ; *Works of John Stuart Mill*, x.310—312, xvii.1751, xxi.39—49, 99, 281—298, 375—377, 392 ; B. Sprague Allen, 'William Godwin's Influence on John Thelwall', *Publications of the Modern Language Association of America* 37 (1922), 680—681;Marilyn Butler, *Peacock Displayed* (1979), 8—11, 104—109, 238—239, 302, 及其 *Romantics, Rebels and Reactionaries* (1981),129—137;Iain McCalman,'Females,Feminism and Free Love',*Labour History* 38(1980);Barbara Taylor,*Eve and the New Jerusalem*(1983), 32—48,53—55,166—168,173—174,183—185,190—216 ; William St Clair, *The Godwins and the Shelleys* (1989), 96—98, 165—173, 321—322, 338, 355—366, 371—376, 403, 414—422, 497—503 ; Dolores Dooley, *Equality in Community* (1996) ; Barbara Taylor, *Mary Wollstonecraft and the Feminist Imagination* (2003), 第 125 页与第 6 章; Kathryn Gleadle, *Radical Writing on Women, 1800—1850* (2002), 第 6—8 章; *ODNB*, Sophia Catherine Chichester, Marian Evans [笔名即 George Eliot], Thornton Leigh Hunt, George Henry Lewes, William James Linton, Edward John Trelawny。

135 T. Bell[即John Roberton或Alexander Walker?], *Kalogynomia*(1821),第iv章[引自第 279、289 页;这部文本的一个扩充版被收入 Alexander Walker,*Woman Physiologically Considered*(第 2 版,1840)];Robert Dale Owen,*Moral Physiology*(第 2 版, 纽约,1831), 16—17,43—53;Angus McLaren,*Birth Control in Nineteenth-Century England*(1978)。参见 Loyola: *A Novel*(1784),220—230。

136 [James Lawrence], *An Essay on the Nair System of Gallantry and Inheritance*[c.1793—1799], 引自第 14、16、32 页; James Lawrence, *The Empire of the Nairs; or, the Rights of Women*, 4 卷(1811) ; Jane Rendall, *The Origins of Modern Feminism* (1985), 221—222 ; *ODNB*。关于德国的背景,见 Volker Hoffmann, 'Elisa und Robert', Karl Richter 与 Jorg Schonert 编, *Klassik und Moderne* (1983) ; Isabel V. Hull, *Sexuality, State, and Civil Society in Germany, 1700—1815* (1996),第 6—7 章;关于他对英国的影响,见 Walter Graham, 'Shelley and the Empire of the Nairs', *Publications of the Modern Language Association of America* 40 (1925) ; St Clair, *The Godwins and the Shelleys*, 263—264, 338, 341, 357, 471, 544n.23 ; Bush, *What Is Love?*, 35, 43。

137 尽管此后在一部未出版的回忆录中,她在回顾自己的生命时,狠狠地攻击了她当时眼里的男性暴政(masculine tyranny):"自由恋爱的崇拜者们不仅折磨着彼此,同样也折磨着自身,将自己的生存变成了地狱……那些反对婚姻之人的行为充满了自私、背叛、卑劣以及残忍,并造成了痛苦……其后果之严重完全不下于婚姻所造成的。"[黛西·海伊:《年轻的浪漫者》(*Young Romantics*),第 307—309 页。]

138 Shelley, *Queen Mab*, 145, 151 (V.189 的注释) ; *The Clairmont Correspondence*, Marion Kingston Stocking 编, 2 卷(1995), i.314—315 (克莱蒙特自己就差不多是个私生

子，她与拜伦的女儿艾尔格拉同样也是）；Celia Morris Eckhardt, *Fanny Wright*（1984）；Lawrence Foster, *Religion and Sexuality*（1981），第 III 章；一个来自英国的例子，见 Taylor, *Eve and the New Jerusalem*, 252—257。

139 [George Drysdale], *The Elements of Social Science; or, Physical, Sexual and Natural Religion*（第 4 版，1861），引自第 369—370 页。关于这一主题有用的导论，可参见 Hal D. Sears, *The Sex Radicals*（1977）；John D'Emilio 与 Estelle B. Freedman, *Intimate Matters*（1988），第 6—7、10—11 章；John C. Spurlock, *Free Love*（1988）；Joanne E. Passet, *Sex Radicals and the Quest for Women's Equality*（2003）；Sandra Ellen Schroer, *State of 'The Union'*（2005）；J. Miriam Benn, *The Predicaments of Love*（1992）；Sheila Rowbotham, *A New World for Women*（1977）；Sheila Rowbotham 与 Jeffrey Weeks, *Socialism and the New Life*（1977）；Mason, *Making of Victorian Sexual Attitudes*；Lucy Bland, *Banishing the Beast*（1995），此处引自第 156 页；Lesley A. Hall, 'Disinterested Enthusiasm for Sexual Misconduct', *Journal of Contemporary History* 30（1995）；Ivan Crozier, 'All the World's a Stage', *Journal of the History of Sexuality* 12（2003）；*ODNB*, Janet Chance, Jane Hume Clapperton, Sylvia Pankhurst, Dora Winifred Russell, Herbert George Wells, Amber Blanco White, Rose Lillian Witcop。

140 文学对于此问题的回应，参见 [John] Dennis, *The Stage Defended*（1726），19—20；*A New Atalantis*（第 2 版，1758），i—iii；[Charles Churchill], *The Times*（1764）。我对于"鸡奸"（sodomy）一词的使用限定于男人之间的行为（或男人与少年）。

141 探讨 17 和 18 世纪英国此一问题的基本起点，仍是 Alan Bray, *Homosexuality in Renaissance England*（1982），第 3—4 章，我与所有学者一样，深深受惠于此书的洞见。很多有价值的信息，亦见于一些文章，如 Randolph Trumbach［见其 *Sex and the Gender Revolution*（1998），432—434，注释 1—5、12］；Arthur N. Gilbert, 'Buggery and the British Navy', *Journal of Social History* 10（1976）；Antony E. Simpson, 'Masculinity and Control'（New York University Ph.D. thesis, 1984），第 viii—ix 章；Rictor Norton, *Mother Clap's Molly House*（1992）；Peter Bartlett, 'Sodomites in the Pillory in Eighteenth-Century London', *Social & Legal Studies* 6（1997）；Netta Murray Goldsmith, *The Worst of Crimes*（1998）；Matt Cook 编，*A Gay History of Britain*（2007）。对于 1800 年后之发展情况的分析，见于 H. G. Cocks, *Nameless Offences*（2003）；Matt Cook, *London and the Culture of Homosexuality, 1885—1914*（2003）；Matt Houlbrook, *Queer London*（2005）。两部杰出的研究论著提供了一种富有价值的比较视野：Michael Rocke, *Forbidden Friendships*（1996），以及 Theo van der Meer, *Sodoms Zaad in Nederland*（1995）。

142 J[ohn] D[onne], *Poems*（1633），引自第 38 页；Richard Godbeer, 'Love Raptures', *New England Quarterly* 68（1995），引自第 368 页；Tom Webster, 'Kiss Me with the Kisses of His Mouth', Tom Betteridge 编，*Sodomy in Early Modern Europe*（2002）；Bruce R. Smith, *Homosexual Desire in Shakespeare's England*（1991）；Eve Kosofsky Sedgwick,

Between Men（1985）; Bray, *Homosexuality*，第 1—3 章，及其 'Homosexuality and the Signs of Male Friendship in Elizabethan England', *History Workshop Journal* 29（1990）和 *The Friend*（2003）; George E. Haggerty, *Men in Love*（1999）; Alastair Bellany, *The Politics of Court Scandal*（2002），254—261；Laura Gowing 等编，*Love, Friendship and Faith in Europe, 1300—1800*（2005）; Keith Thomas, *The Ends of Life*（2009），第 6 章。

143 詹姆斯一世国王就因为被男性魅力吸引而声名狼藉，他在 1617 年对他的宠臣们说"自己对于白金汉伯爵的爱要远远超过对其他男人"，而他们不应将其视为一种错误：毕竟，"耶稣也这么做过……因为基督拥有他的约翰，而他则拥有自己的乔治"。不过，他同样警告其继承者与臣民，鸡奸是一种"不可饶恕"的罪恶，应该被处以极刑。据《牛津国家人物传记辞典》，乔治·维利尔斯乃是白金汉伯爵一世；《论政府》（*Βασιλικὸν Δῶρον*）（爱丁堡，1599），第 38 页；《索尔兹伯里侯爵日历》（*Calendar of the Manuscripts of the most Hon. the Marquis of Salisbury*）第 21 卷：1609—1612，G·迪弗拉特·欧文编（1970），第 274 页。

144 *Select Trials…at the Sessions-House in the Old-Bailey*，2 卷（1734—1735），i.84；London Metropolitan Archives［下文简写为 'LMA'］，MJ/SP/1698/12/24: William Minton 的信息，1698 年 11 月 7 日；参见出处同上，MJ/SP/1698/12/21—3。尽管里格比的案件引起了很多学者的兴趣，但这些文件此前并未为人注意。里格比定罪后由法院所印行的案件记述转印了很多明顿的陈述，但略去了包括其"最亵渎之言论"在内的其他细节：*An Account of the Proceedings Against Capt. Edward Rigby*（1698）; British Library, Harleian MS 6848, fols 185—186，印于 C. F. Tucker Brooke, *The Life of Marlowe*（1930），99。

145 LMA, MJ/SP/1698/12/24（第一处提及的可能是路易十三；第二处是彼得大帝与他的至爱亚历山大·门什科夫，他们最近一起访问过英国。里格比，一个海军官员，声称自己曾"在海上窥见沙皇在确实跟传闻中的亚历山大王子一起睡觉"）; [Tobias Smollett], *The Adventures of Roderick Random*（1748），第 li 章。参见 *A Genuine Narrative of...James Dalton*（1728），43；*The Tryal of John Cather*（第 2 版，都柏林，1751），8；*A Genuine Narrative of the Conspiracy, by Kather*[1751]，10—11。

146 或者，一如放浪的诗人与政客查尔斯·汉伯里·威廉斯爵士，在一首私下献给年轻英俊的贺拉修·汤森德的一首幽默颂诗（受到贺拉斯《颂诗六》的启发）中所言："到我的怀中来，亲爱的小伙子！/你带来了希腊与罗马的愉悦！/让我的双臂缠绕着你；/看着我坚挺的火枪（即阳具）/露出你丰满而乳白的臀部，/绽放吧，年轻的李古利内！"参见耶鲁大学刘易斯·沃波尔图书馆，MS CHW 69, fol. 19（1740）。

147 这部作品的文本如今只能通过其印刷者之起诉书的长篇摘录而窥得一斑，John Purser: The National Archives, Public Record Office, KB 10/29（Easter 1750），indictment 65［下文简写为 'Purser indictment'］。一份包括哈尔·格莱德菲尔德之导言的抄件，'In Search of Lost Texts'，印于 *Eighteenth-Century Life* 31（2007）。

148 The National Archives, Public Record Office, KB 1/10/5, affidavit of Hugh Morgan

（6 May 1751），引自 Gladfelder, 'Lost Texts', 27（as 'Petronius, Arbiter, and Aretine'）。亦可参见坎农的动人情感，见 *Apollo; a Poem*（1744）；以及 Whitney Davis, 'Homoerotic Art Collection from 1750 to 1920', *Art History* 24（2001），论及了这类知识及其物质载体在英国与欧洲知识阶层更广泛的传播。

149 下一次他又大胆造访，根据理发师的证词："院长一进入房间，就对他说，我亲爱的理发师，做点什么呢？今天天气可真好，亲爱的。你那话儿要做点什么呢，亲爱的？让我摸一摸，我还要吻一吻。"《约翰·斯温顿先生与乔治·贝克先生近期一次诉讼的忠实记录》（*A Faithful Narrative of the Proceedings in a late Affair between the Rev. Mr. John Swinton and Mr. George Baker*），第 18 页。

150 *Select Trials*, i.84（引用），ii.193—198, 210—211（引用）。关于一种类似情感的突发，见 OBP t17181205—t1718120524: trial of John Bowes and Hugh Ryly, 5 Dec. 1718。

151 LMA, CLA/047/LJ/13/1696（City Sessions Papers 3 March 1696, information of John Jones）. 参见出处同上，City Sessions Papers 16 June 1699（约瑟夫·托马斯的资料）。

152 里克斯之语引自 H. G. Cocks, 'Safeguarding Civility', *Past and Present* 190（2006），131；Purser indictment（引用）；LMA. MJ/SP/1698/12/24；[Smollett], *Roderick Random*，第 11 章。

153 [Smollett], *Roderick Random*，第 li 章；Purser indictment。关于当时中国对于同性关系的态度以及西方人对其的想法，见 Louis Crompton, *Homosexuality and Civilization*（2003），第 8 章。

154 Yale Lewis Walpole Library, MS CHW 69, fols 9—10（1740）. 令人吃惊的是，多数博学与敏锐的现代学者在引述这段材料时，都将其视为男人间的对话，而忽视了其中提到的是女人间的感情：Hannah Smith and Stephen Taylor, 'Hephaestion and Alexander', *English Historical Review* 124（2009），298。

155 Anna Clark, 'Anne Lister's Construction of Lesbian Identity', *Journal of the History of Sexuality* 7（1996），引自第 35—36、39 页；Clara Tuite, 'The Byronic Woman', Gillian Russell 与 Clara Tuite 编，*Romantic Sociability*（2002）。关于这段时期女同性恋以及她们感受的重要认识，见 Lillian Faderman, *Surpassing the Love of Men*（1981）；Simpson, 'Masculinity and Control', 364—375；*I Know My Own Heart: The Diaries of Anne Lister*, Helena Whitbread 编（1988）；*No Priest but Love: The Journals of Anne Lister*, Helena Whitbread 编（1992）；Betty T. Bennett, *Mary Diana Dods*（1991）；Emma Donoghue, *Passions Between Women*（1993）；Betty Rizzo, *Companions Without Vows*（1994），第 9 章；Patricia Crawford 与 Sara Mendelson, 'Sexual Identities in Early Modern England', *Gender and History* 7（1995）；Jill Liddington, *Female Fortune*（1998）；Elizabeth Susan Wahl, *Invisible Relations*（1999）；Harriette Andreadis, *Sappho in Early Modern England*（2001）；Valerie Traub, *The Renaissance of Lesbianism in Early Modern England*（2002）；Fraser Easton, 'Gender's Two Bodies', *Past and Present* 180（2003）；Bray, *The Friend*， 第 6

章; Martha Vicinus, *Intimate Friends* (2004); Sharon Marcus, *Between Women* (2007); Molly McClain, 'Love, Friendship, and Power', *Journal of British Studies* 47 (2008)。

156 除了威廉·亨利·哈特在 *Notes and Queries* [第 2 系列, 8 (1859), 65—66] 以及 Gladfelder, 'Lost Texts' 中的证据外,还应补充 [Thomas] Cannon, *A Treatise on Charity. To which is prefix'd, the Author's Retraction* (1753),此处引自第 9 页; Thomas Cannon, *A Close View of Death and it's [sic] Subsequent Immortalities* (1760),此处引自第 303 页; *ODNB*, Robert Cannon。在生命后期,坎农虽然复归社会,他仍鄙视自己年轻时那种"错误与空洞"的自由思考,而通过不断阅读弥尔顿与爱德华·扬的 *Night Thoughts* 寻找慰藉,见 *The Life of Thomas Holcroft*, William Hazlitt 编, Elbridge Colby 评, 2 卷(1925), i.208—211。

157 虽然边沁的著作与当时关于性自由的观念有何联系,此前尚无识断,但我对其手稿的理解可以得到 *Jeremy Bentham, Theory of Legislation* 中所刊载与讨论之文段的强有力支持, C. K. Ogden 编(1931), 473—497; Louis Crompton, 'Jeremy Bentham's Essay on "Paederasty"', *Journal of Homosexuality* 3 (1978)、4 (1978); Louis Crompton, *Byron and Greek Love* (1985); Lea Campos Boralevi, *Bentham and the Oppressed* (1984)。写作日期见 A. Taylor Milne, *Catalogue of the Manuscripts of Jeremy Bentham* (第 2 版, 1962)。

158 University College London, MSS of Jeremy Bentham [下文引作 'Bentham MSS'], lxxii.202; lxxiv.14, 103; 参见出处同上, 49, 75—82, 108—110。

159 Bentham MSS, lxxii.202; clxi.444—446; 参见坎农对于两类性交的比较: Purser indictment。

160 Bentham MSS, lxxii.187—188; lxxiii.100; lxxiv.24; clxi.411—433, 462—474.

161 Bentham MSS, clxi.454—474 (引自第 458、462 页)。

162 Bentham MSS, lxviii.10 (引 用); lxxiv.37, 81, 83, 104 (引 用); clxi.19, 141 (引用), 143, 187, 189, 338—443 (引自第 362 页), 487 (引用); 'Gamaliel Smith' [即 Jeremy Bentham], *Not Paul, but Jesus* (1823), 393—394; Jeremy Bentham, *A Comment on the Commentaries*, J. H. Burns 与 H. L. A. Hart 编(1977), 23—28。实际上,边沁论证道,除了保罗之外的所有使徒都持有相同观点,早期一些基督教派亦然,见 Bentham MSS, clxi.338, 387, 434—443。参见 [Paul-Henry Thiry, baron d'Holbach], *Ecce Homo!* [George Houston 译], 58, 139—140, 144—145。

163 Bentham MSS, lxxiv.169; clxi.338 (引用), 371, 384—410, 475—502 (引自第 497、501 页)。

164 "参与的证据并不缺乏,虽然也不是绝对确切。"这是边沁就此论题的最终结论 (Bentham MSS, clxi. 339)。"如果现在发表的话,可能会受到起诉。"20 世纪 30 年代伦敦大学学院的编目员在偶然发现这些文章时标注道。

165 Bentham MSS, lxxii.188, 191, 195, 196, 197, 201, 203, 204; lxxiii.100.

166 Bentham MSS, lxviii.12—13; lxxii.187—189, 201—203; lxxiv.3, 6 (引用), 25,

41, 80, 120, 175—178。关于边沁心中对于宗教以及性“反常”的这种特别相似的困扰，参见 lxxii.187—188；lxxiii.90—100；lxxiv.1—25, 168, 186—187。关于他对于所有宗教的普遍憎恶(包括他视之为虚假、卑劣的耶稣教诲)，见 *The Correspondence of Jeremy Bentham*, J. H. Burns 等编(1968—), xi.282—283, 308, 360；James Steintrager, 'Language and Politics', *Bentham Newsletter* 4 (1980)；James E. Crimmins, *Secular Utilitarianism* (1990)。

167 Bentham MSS, lxxii.191—193, 201；lxxiv.5—7, 10, 15—16, 73—74, 86—87. 参见 *The Works of Jeremy Bentham*, John Bowring 编, 11 卷(爱丁堡, 1843), i.175；Jeremy Bentham, *Introduction to the Principles of Morals and Legislation*, J. H. Burns 与 H. L. A. Hart 编(1970), 159, 281—293。

168 Bentham MSS, lxxii.191—193 (引自第 192—193 页)；lxxiii.94—96；lxxiv.69, 138—146；clxi.16。那些在鸡奸中处于被动角色的人亦不会因此孱弱，虽然有些人会作如是念，参见 lxxii.193—194；lxxiv.146。

169 Bentham MSS, lxviii.14；lxxii.68, 189, 194—195；lxxiii.92, 97, 99；lxxiv.123—33, 136；clxi.17—18, 276—283；Campos Boralevi, *Bentham and the Oppressed*, 44—52.

170 Bentham MSS, lxxii.189, 195—200 (引 自 第 195 页)；lxxiv.147—59, 197—199；clxi.16, 284—288。尽管从理论上说，这一危险可能与绝对的性自由一并出现于社会中，但波利尼西亚的例子似乎表明这实际上不会发生。参见 lxxii.196—197；lxxiv.156。

171 Bentham MSS, lxxii.189；lxxiii.92 (引用), 94。虽然他指责对于自愿鸡奸行为的惩罚，但边沁曾两次短暂地考虑保留某些处罚措施，以减轻社会对于此种行为的憎恶(因为，“无论其理据多么空洞，公众的不满仍然导致邪恶”)。他最初的设想是流放，或向伦敦弃儿医院支付一笔罚金。后来他考虑过一种纯粹象征性的法规——需要两名未参与此行为的证人才可以定罪，这使得此种法规在现实中无从施行。参见 lxxiv.4；clxi.18。

172 Bentham MSS, lxx.271；lxxii.204 (引用)；lxxiv.34, 141—142, 145, 195, 206；关于这种恐惧的起源与发展，见 Thomas W. Laqueur, *Solitary Sex* (2003)。

173 无不良影响，见 Bentham MSS, lxxiv.123—133, 140, 188—196；clxi.17—18, 309—322。不应被称为“反自然的”，见 Bentham MSS, lxxii.197；lxxiv.31, 32, 89—93；Crompton, *Byron and Greek Love*, 262—264。自然的，见 Bentham MSS, lxxii.199—200；lxxiii.91。关于性感觉与其他感觉相类，见 Bentham MSS, lxxiv.49—61, 160—161；clxi.292—298。

174 Bentham MSS, lxxii.191, 204 (引用)；lxxiv.9, 189, 206—211；clxi.17。虽然他偶尔更传统地将通奸与多妻制归入“产生祸害”的行为(lxxiv.35—36, 72；*Introduction to the Principles of Morals*, 256—257)；他曾在一个早期评论中以类似的名称提及同性行为(xcvi.197)。

175 Bentham MSS, lxxiv.77 (引 用), 132—137, 190—191；200—203, 214—222 (引 自

第 219 页)；clxi.6—14(引自第 6 页),18(引用),190(引用),336—337；*Jeremy Bentham's Economic Writings*,W. Stark 编,3 卷(1952—1954),iii.362；Norman E. Himes,'Jeremy Bentham and the Genesis of English Neo-Malthusianism',*Economic History* 3(1936)。他对于性技巧、花样、品味与工具之引人注目的评论,见 Bentham MSS,lxxiv.33—34。

176 当早期边沁在 18 世纪 70 年代草拟其关于鸡奸除罪化最早的论述时,他将其构想为一部关于刑法的更大论著的一部分,打算将这些文字用拉丁文印出,并只插入这部著作的"某些副本"之中。在其生命晚期,边沁计划将其关于性宽容的论述以匿名的形式出版一部由两部分构成的更大篇幅之作,名曰《不要保罗,要耶稣》(*Not Paul, but Jesus*)。1817 年他写了一份关于此书的内容简介,寄给非常富有的双性恋作家与艺术收藏家威廉·贝克福德。此书的第一部分最终用"迦玛列·史密斯"的假名,以上述书名出版于 1823 年,其主旨在于削弱圣保罗的权威与学说,因为那是传统基督教禁欲道德之根基。第二部分"只有在第一部分出版之后才可以面世",旨在以功利主义为基础捍卫"(性)趣味的自由",不过它一直没有完成,也没有出版。[177]

177 见 Bentham MSS, lxxiv.4；clxi.1—19；Crompton, *Byron and Greek Love*, 269—274；关于手稿中其他暗示其各种出版计划的情况,见 Campos Boralevi, *Bentham and the Oppressed*, 63, 67—68, 79n.194；Bentham, *Comment*, xxxiii—xxxvi。这些已发表或未发表的文字在边沁对于基督教之总体批判中有何分量,见 Crimmins, *Secular Utilitarianism*, 第 7—9 章。

178 参见 Bentham MSS, lxxii.68, 188；lxxiv.4—5, 21, 23, 38, 71, 168, 200；clxi.14.

179 Bentham MSS,lxxii.188(引用)；lxxiv.220—222；British Library, Additional MS33551,327—328,印于 Mary P. Mack,*Jeremy Bentham*(1962), 213。

180 Bentham MSS, lxxiv.3 (引用)；*Notes and Queries*,第 1 系列,vii.66—67(1853)；第 12 系列, v.143—144(1919)；Don Leon(1866 年版)；Louis Crompton, '*Don Leon*, Byron, and Homosexual Law Reform', *Journal of Homosexuality* 8(1983)。参见 H. G. Cocks, 'Making the Sodomite Speak', *Gender and History* 18(2006)。

181 相关的例子,见 Willem Elias, 'Het Spinozistisch Erotisme van Adri-aan Beverland', *Tijdschrift voor de Studie van de Verlichting* 2(1974)；Margaret C. Jacob, *The Radical Enlightenment*(1981), 228—230；R. de Smet, *Hadrianus Beverlandus*(1988)；Theo van der Meer, *Sodoms Zaad in Nederland*(1988), 特别是第 vi 章；Nicholas Davidson, 'Theology, Nature and the Law', Trevor Dean 与 K. J. P. Lowe 编, *Crime, Society and the Law in Renaissance Italy*(1994),及其'Sodomy in Early Modern Venice', Tom Betteridge 编, *Sodomy in Early Modern Europe*(2002)；Isabel V. Hull, *Sexuality, State, and Civil Society in Germany, 1700—1815*(1996)；Jonathan I. Israel, *Radical Enlightenment*(2001), 86—89, 94—96, 630—631, 674, 676,及其 *Enlightenment Contested*(2006), 366, 579—589, 601—602, 809—810；Edward Muir, *The Culture Wars of the Late Renaissance*(2007)。

182 尤其是来自法国与荷兰的思潮。后者的事例包括贝法兰的著作在英国的传播,这通过 18 世纪早期私人图书馆的目录明确显现出来；以及塞缪尔 1779 年由鹿特丹寄给杰里米·边沁之未署名的“鸡奸之书”[*The Correspondence of Jeremy Bentham*, J. H. Burns 等编（1968—), ii.324]，在其早期思考这一问题的阶段——一定要提到 [Abraham Perrenot], *Bedenkingen over het Straffen van Zekere Schandelyke Misdaad*（阿姆斯特丹等，1777）这部书，其中有关《圣经》、历史与理性之根据的论述预示了边沁本人的某些观念。关于英国对于欧洲大陆的影响，参见 Norman L. Torrey, *Voltaire and the English Deists*（1930）；以及更为宏阔的，见 Israel, *Radical Enlightenment* 与 *Enlightenment Contested*。

183 因此我赞同伊斯雷尔在 *Radical Enlightenment* 与 *Enlightenment Contested* 两本书中对此问题的论述，参见 Anthony J. La Vopa, ‘A New Intellectual History?’, *Historical Journal* 52（2009）。

184 [Francis Hutcheson], *An Inquiry into the Original of Our Ideas of Beauty and Virtue*（1725）, 182—190.

185 现代对于这些问题的阐释，参见 *Report of the Committee on Homosexual Offences and Prostitution*（1957）; Graham Hughes, ‘Morals and the Criminal Law’, *Yale Law Journal* 71（1962）; H. L. A. Hart, *Law, Liberty and Morality*（1963）; H. L. A. Hart, ‘Social Solidarity and the Enforcement of Morality’, *University of Chicago Law Review* 35（1967）; H. L. A. Hart, ‘Between Utility and Rights’, *Columbia Law Review* 79（1979）; Patrick Devlin, *The Enforcement of Morals*（1965）; Ronald Dworkin, *Taking Rights Seriously*（1977）, 第 10—13 章; Tony Honore, *Sex Law*（1978）; Ruth Gavison, ‘Privacy and the Limits of Law’, *Yale Law Journal* 89（1980）; Anne B. Goldstein, ‘History, Homosexuality, and Political Values’, *Yale Law Journal* 97（1988）; Joel Feinberg, *The Moral Limits of the Criminal Law*, 4 卷（1984—1988）; Robert P. George, *Making Men Moral*（1993）; John Finnis, ‘The Good of Marriage and the Morality of Sexual Relations’, *American Journal of Jurisprudence* 42（1997）; A. P. Simester 与 Andrew von Hirsch, ‘Rethinking the Offence Principle’, *Legal Theory* 8（2002）; Andrew Bainham 与 Belinda Brooks-Gordon, ‘Reforming the Law on Sexual Offences’, Belinda Brooks-Gordon 等编, *Sexuality Repositioned*（2004）; Gerald Dworkin, ‘Moral Paternalism’, *Law and Philosophy* 24（2005）; Nicholas Bamforth 与 David A. J. Richards, *Patriarchal Religion, Sexuality, and Gender*（2008）; Martha C. Nussbaum, *From Disgust to Humanity*（2010）。在美国，从历史上看，性自由的范围所及仍然是一个在近些年争议很大的问题，它属于法律争论的一部分，即宪法应该对于当今类似的行为给予何种保护。

第三章

1 [Robert Gould], *Love Given O're*（1682），引自第 5 页。

2 适宜的概述，参见 Anne Carson, ‘Putting Her in Her Place’, David Halperin 等编, *Before Sexuality*（1990）; Sarah B. Pomeroy, *Goddesses, Whores, Wives, and Slaves*

（1995 年 版）; James A. Brundage, *Law, Sex, and Society in Medieval Europe*（1987）; Alcuin Blamires 等编, *Woman Defamed and Woman Defended*（1992）; Ian Maclean, *The Renaissance Notion of Woman*（1980）; Margaret R. Sommerville, *Sex and Subjection*（1995）; Anthony Fletcher, *Gender, Sex and Subordination in England 1500—1800*（1995）,第 3—4 章; Merry E. Wiesner-Hanks, *Christianity and Sexuality in the Early Modern World*（2000）。

3 *The Diary of Samuel Pepys*, Robert Latham 与 William Matthews 编, 11 卷（1970—1983）, v.17（16 Jan. 1664）; Universiteitsbibliotheek Leiden, MS BPL1325, fol.149[r]; Frances Harris, *Transformations of Love*（2003）, 256。

4 Ian Watt, *The Rise of the Novel*（1957）,引自第 160—162 页。对于这些主题之兴起的研究做出开拓性贡献的精彩论文,见 Patricia Meyer Spacks, 'Ev'ry Woman is at Heart a Rake', *Eighteenth-Century Studies* 8（1974）,以及 Nancy F. Cott, 'Passionlessness', *Signs* 4（1978）;许多绝佳的例子,可见 Madeleine Blondel, *Images de la femme dans le roman anglais de 1740 à 1771*（1976）,以及 A. D. Harvey, *Sex in Georgian England*（1994）,第 2—3 章。

5 相关问题的有趣研究,参见 Edmund Leites, *The Puritan Conscience and Modern Sexuality*（1986）; Harold M. Weber, *The Restoration Rake-Hero*（1986）; Ruth Perry, 'Colonizing the Breast', *Journal of the History of Sexuality* 2（1991）。

6 Thomas Laqueur, *Making Sex*（1990）.

7 出处同上,引自第 11、20、23 页。虽然拉奎尔的论点遭到了很多批评,但替代性的阐释仍未出现,有代表性的例子,见 Tim Hitchcock, *English Sexualities, 1700—1800*（1997）, 111; Robert B. Shoemaker, *Gender in English Society, 1650—1850*（1998）, 3; Elizabeth Foyster, *Manhood in Early Modern England*（1999）, 212—213; Karen Harvey, 'The Century of Sex?', *Historical Journal* 45（2002）。近来对这一变化最充分的描述,见 Anthony Fletcher, *Gender, Sex and Subordination in England 1500—1800*（1995）,特别是第 19 章——不过,即使是这一敏锐而深入的叙述,最终仍将其解释为"生物医学之话语及浪漫主义女性观之发展的影响"（392）。

8 *Certayne Sermons, or Homelies, Appoynted by the Kynges Maiestie*（1547）, sig. Uii; Dorothy Leigh, *The Mothers Blessing*（1616）, 33; Judith M. Bennett, 'Writing Fornication', *Transactions of the Royal Historical Society* 13（2003）, 146—147; James Durham, *A Practical Exposition of the X Commandments*（1675）, 355; Richard Baxter, *A Christian Directory*（1673）, 395.

9 关于此段及其后的文字,特别参见 Bernard Capp, *When Gossips Meet*（2003）,第 4、6 章(此处引自第 227 页); Laura Gowing, *Common Bodies*（2003）,第 2、3 章。参见 G. R. Quaife, *Wanton Wenches and Wayward Wives*（1979）, passim; Steve Hindle, 'The Shaming of Margaret Knowlsey', *Continuity and Change* 9（1994）; Garthine Walker, 'Re-reading Rape and Sexual Violence in Early Modern England', *Gender and History* 10（1998）。

10 *The Diary of Samuel Pepys*, Robert Latham 与 William Mathews 编, 11 卷(1970—1983) v.37, 322, 351 ; vi.20, 40 ; Arthur Bryant, *Samuel Pepys*, 3 卷(1933—1938), iii.166—167, 386。关于女性在这一男性控制的社会与性语境中的交易、接受及共谋,参见 Faramerz Dabhoiwala, 'The Pattern of Sexual Immorality', Paul Griffiths 与 Mark S. R. Jenner 编, *Londinopolis* (2000)。

11 特别参见 Gowing, *Common Bodies*,引自第 61 页; Anna Clark, *Women's Silence, Men's Violence* (1987) ; Antony E. Simpson, 'Vulnerability and the Age of Female Consent', G. S. Rousseau 与 Roy Porter 编, *Sexual Underworlds of the Enlightenment* (1987) ; Randolph Trumbach, *Sex and the Gender Revolution* (1998), 特别是第 7 章; Tim Meldrum, *Domestic Service and Gender 1660—1750* (2000),第 4 章; Martin Ingram, 'Child Sexual Abuse in Early Modern England', Michael J. Braddick 与 John Walter 编, *Negotiating Power* (2001) ; Capp, *When Gossips Meet*, 4 ; Anthony Fletcher, *Gender, Sex and Subordination in England 1500—1800* (1995), 93—94,及其引述的文献。

12 [Henry Fielding], *Ovid's Art of Love Paraphrased* (1747),引自第 31、39、75、77 页; Ian Donaldson, *The Rapes of Lucretia* (1982),第 5 章; A. D. Harvey, *Sex in Georgian England* (1994),第 4 章; Simon Dickie, 'Fielding's Rape Jokes', *Review of English Studies* 61 (2010)。

13 参见 *Dives and Pauper*, Priscilla Heath Barnum 编(Early English Text Society, 1976—2004), i.2.67—71 ; [John Milton], *An Apology against a Pamphlet* (1642), 18 ; Cynthia B. Herrup, *A House in Gross Disorder* (1999) ; Simon Blackburn, *Lust* (2004),第 3—4 章; Christine Peters, *Women in Early Modern Britain, 1450—1640* (2004),第 3 章。

14 *The Complete Poems of John Wilmot, Earl of Rochester*, David M. Vieth 编(1968), 引自第 48、60—61 页; Harold Love, *English Clandestine Satire 1660—1702* (2004), 第 61—62 页以及第 6 章(引自第 213 页) ; John Harold Wilson, *Court Satires of the Restoration* (1976), passim ; Buchanan Sharp, 'Popular Political Opinion in England 1660—1685', *History of European Ideas* 10 (1989) ; Rachel Weil, 'Sometimes a Sceptre is Only a Sceptre', Lynn Hunt 编, *The Invention of Pornography* (1993) ; Anna Bryson, *From Courtesy to Civility* (1998), 第 7 章; George Southcombe 与 Grant Tapsell, *Restoration Politics, Religion and Culture* (2010), 150—160。

15 Capp, *When Gossips Meet*, 145.

16 典型的例子,可见 *A Brief Collection of some Memorandums* (1689), 3 ; *Athenian Mercury*, ii/13 (1691),问题 3 ; [John Dunton], *The Night-Walker* i/1 (1696),前言; *God's Judgements against Whoring* (1697), 45 ; J[ean] Gail-hard, *Four Tracts* (1699), 2。

17 [Jonathan Swift], *A Project for the Advancement of Religion* (1709), 10—11 ; *The Guardian*, no.45 (2 May 1713).

18 *Defoe's Review*, Arthur Wellesley Secord 编, 9 卷(1938), iii.132 (5 Nov. 1706)

[参见 Daniel Defoe, *Conjugal Lewdness*（1727）, 288—289；*Marriage Promoted*（1690）, 27]; Henry Fielding, *The Covent-Garden Journal* [1752], Bertrand A. Goldgar 编（1988）, 引自 nos 20 及 57；*Critical Remarks on Sir Charles Grandison*（1754）, 31。

19 Robert Holloway, *The Rat-Trap*[1773], 56—57；Edward Barry, *Theological... Essays*[1790?], 75；*Advice to Unmarried Women*（1791）, 33；William Dodd, *An Account of the Rise, Progress and Present State of the Magdalen Charity*（1761）,前言；*Reflections Arising from the Immorality of the Present Age*（1756）, 45。

20 Francis Bacon, *New Atlantis*, 与其 *Sylva Sylvarum*（1627）一同出版,引自第 27 页；Ruth Mazo Karras, *Common Women*（1996）；Anne M. Haselkorn, *Prostitution in Elizabethan and Jacobean Comedy*（1983）。

21 [John Dunton],*The Night-Walker*（1696—1697）, 引自 i/3,sig.[A3r]；i/4,22；ii/3,13；ii/4, sig.[A3v]；参见出处同上, i/1, sigsA2^r—B^r；*Account of the Societies for Reformation of Manners*, 93—97；A. M., *The Reformed Gentleman*（1693）；[John Dunton], *The Hazard of a Death-Bed-Repentance*（1708）。

22 *The Spectator*, Donald F. Bond 编, 5 卷（1965）,特别是 nos182（引用）, 190（引用）, 208, 266（引用）, 274, 276, 528；*Original and Genuine Letters sent to the Tatler and Spectator*, 2 卷（1725）, i.54。

23 'Capt. Johnson', *The Historyof...Eliz. Mann*（1724）,引自第 iv—v、43—45 页；[Daniel Defoe?], *Some Considerations upon Street-Walkers*[1726],引自第 8 页；*Spectator*, Bond 编, 引自 no.266；亦可参见 *Defoe's Review*, Arthur Wellesley Secord 编,9 卷（1938）,ix.[84]（6 Jan. 1713）；Joseph [Wilcocks], *The Righteous Magistrate*（1723）, 13。

24 *The 'Prentice's Tragedy* [1700?]；*An Excellent Ballad of George Barnwell*（各种版本）；George Lillo, *The London Merchant*（1731）,引自第 I 幕第 2 场和第 IV 幕第 2 场；*ODNB*, George Lillo。

25 Henry Fielding, *The Covent-Garden Journal*[1752], Bertrand A. Goldgar 编（1988）, 393, 415（亦可参见第 400—401 页）；William Dodd, *A Sermon on St Matthew*（1759）, 12；Robert Holloway, *The Rat-Trap*[1773], 57—58。参见 *The Holy Penitent*（1740）, 3；Edward Cobden, *A Persuasive to Chastity*（1749）；*Gentleman's Magazine*, xix.125—127（Mar. 1749）。

26 *The Adventurer*, nos 86, 134—136（1753—1754）；*The Rambler*, nos 170—171（1751）；[William Dodd], *The Sisters*, 2 卷（1754）；Elizabeth Inchbald, *Nature and Art*, 2 卷（1796）；*Innocence Betrayed, or the Perjured Lover*,引自彭里斯版本 [c. 1800], 3—5。

27 *The New Oxford Book of Eighteenth-Century Verse*, Roger Lonsdale 编（1984）, 683。

28 "那些以卖淫为生的可怜女人," 亚当·斯密在 1776 年同样认为,"也许是不列颠领土上最美丽的女性。"《国富论》（*An Inquiry into the Nature and Causes of the Wealth of Nations*）, R.H. 坎贝尔、A.S. 斯金纳与 W.B. 托德编（1976）, I. xi. b. 41。

29 [John Cleland], *Memoirs of a Woman of Pleasure*, 2 卷（1749），及其 *The Case of the Unfortunate Bosavern Penlez*（1749），引自第 13 页；参见 Ruth Bernard Yeazell, *Fictions of Modesty*（1991），第 7 章，关于 19 世纪的例子，见 Eric Trudgill, *Madonnas and Magdalens*（1976），第 11 章。

30 Faramerz Dabhoiwala, 'The Pattern of Sexual Immorality', Paul Griffiths 与 Mark S. R. Jenner 编, *Londinopolis*（2000），引自第 97 页；*OBP* t17300704—t17300740；Tanya Evans, *'Unfortunate Objects':Lone Mothers in Eighteenth-Century London*（2005）。

31 参见 Evans, *'Unfortunate Objects'*；*OED*, 'unfortunate'；*OBP*, 'unfortunate' 及 'misfortunate'。

32 有关更广阔语境的出色导论包括：Jane Rendall, *The Origins of Modern Feminism*（1985）；Sarah Knott 与 Barbara Taylor 编, *Women, Gender and Enlightenment*（2005）；Karen O'Brien, *Women and Enlightenment in Eighteenth-Century Britain*（2009）。

33 关于这一问题及接下来的文字，特别参见 David Roberts, *The Ladies: Female Patronage of Restoration Drama*（1989）；Elizabeth Howe, *The First English Actresses*（1992）；Derek Hughes, *English Drama 1660—1700*（1996），及其 'Rape on the Restoration Stage', *The Eighteenth Century* 46（2005）。关于早期文学普遍将强奸作为一种殉教与暴政的隐喻，特别参见 Ian Donaldson, *The Rapes of Lucretia*（1982）；Anna Swardh, *Rape and Religion in English Renaissance Literature*（2003）。

34 引自第 I 幕第 3 场，第 II 幕第 1 场。

35 Nicholas Rowe, *The Fair Penitent*（1703），引自第 I 幕第 2 场，第 II 幕第 1 场，第 V 幕第 1 场，收场白；出处同上，*The Tragedy of Jane Shore*（1714），引自第 I 幕第 2 场；Maria M. Scott, *Re-Presenting 'Jane' Shore*（2005）。

36 Thomas Otway, *The Orphan*（1680），第 I 幕最后一场，第 III 幕第 1 场。参见 Susan Staves, *Players' Scepters*（1979），特别是第 5 章；Hughes, *English Drama*，特别是第 1 章。

37 关于后文诸种主题的导论，参见 Katharine M. Rogers, *Feminism in Eighteenth-Century England*（1982）；Jane Spencer, *The Rise of the Woman Novelist*（1988）；Jacqueline Pearson, *The Prostituted Muse*（1988）；Cheryl Turner, *Living by the Pen*（1992）；Ros Ballaster, *Seductive Forms*（1992）；Elizabeth Eger 编, *Women, Writing and the Public Sphere, 1730—1830*（2001）；Norma Clarke, *The Rise and Fall of the Woman of Letters*（2004）；Susan Staves, *A Literary History of Women's Writing in Britain, 1660—1789*（2006）；Sarah Apetrei, *Women, Feminism and Religion in Early Enlightenment England*（2010）。

38 [Aphra Behn], *The Revenge*（1680），引自第 II 幕第 2 场；[Sarah Fyge], *The Female Advocate*（1686），引自第 4、10—11、21 页。

39 Samuel Richardson, *Clarissa, or The History of a Young Lady*[1747—1748], Angus

Ross 编(1985),引自前言; Jane Austen, *Northanger Abbey* (1818),引自第 5 章。关于这一文体的定义与演化,特别参见 Ian Watt, *The Rise of the Novel* (1957),第 1 章; Michael McKeon, *The Origins of the English Novel 1600—1740* (1987); J. Paul Hunter, *Before Novels: The Cultural Contexts of Eighteenth-Century English Fiction* (1990); Brean S. Hammond, *Professional Imaginative Writing in England, 1670—1740* (1997); William B. Warner, *Licensing Entertainment* (1998)。

40 "作为一名历史学家",与之相反,"伟大的天赋……不是必要的",塞缪尔·约翰逊说道,"因为在历史写作中,人类心灵所有最伟大的力量皆是静态的"—— "没有什么作家的工作比历史学家更容易。"《博斯韦尔的约翰逊传》(*Boswell's Life of Johnson*),乔治·伯克贝克·希尔与 L.F. 鲍威尔编,6 卷(1934—1950), i.424—425。

41 Delarivier Manley, *New Atalantis*[1709], Ros Ballaster 编(1991),引自第 45 页; Spencer, *Rise of the Woman Novelist*,第 4 章。

42 Mary Astell, *Some Reflections upon Marriage* (1700),引自第 65、68、74—75 页; [Margaret Cavendish], Duchess of Newcastle, *The Convent of Pleasure*,第 I 幕第 2 场,及其 *Plays Never Before Printed* (1668); [Damaris Masham], *Occasional Thoughts* (1705), 154—156; [John Taylor], *The Womens Sharpe Revenge* (1640), 7—9, 119—120, 130—137。参见 Thomas Killigrew, *Comedies and Tragedies* (1664), 339, 396—397 (*Thomaso*,第 I 部分,第 II 幕第 4 场;第 II 部分,第 I 幕第 5 场)。

43 参见 Alcuin Blamires, *The Case for Women in Medieval Culture* (1997), 38, 47—48, 132, 135, 138—142, 153—157;以及 *Dives and Pauper* 中的精彩讨论, Priscilla Heath Barnum 编, 2 卷(Early English Text Society, 1976—2004), i.2.71—95;而最著名的则是乔叟之"巴斯夫人"的序言[*The Complete Works of Geoffrey Chaucer*, Walter W. Skeat 编(1957 年版), 573—574]。

44 除了上面注释 37 所引著作之外,另参见 Kathryn Shevelow, *Women and Print Culture* (1989); Helen Berry, *Gender, Society and Print Culture in Late-Stuart England* (2003); Susan E. Whyman, *The Pen and the People* (2009)。

45 *The London Journal*, no. 359 (11 June 1726). 这个女人尸体的发现此前曾被广泛报道,如 *Daily Post*, no. 2088 (3 June 1726)。即便此封信是伪造的,或为了发表经过人编辑,其形式与内容仍表明这类故事在 18 世纪 20 年代中期已变得多么醒目与普遍。

46 *The Rambler*, no. 18 (1750).

47 关于其流行性,及其更深刻的性与政治反响,参见 Susan Staves, 'British Seduced Maidens', *Eighteenth-Century Studies* 14 (1980—1981); Anna Clark, 'The Politics of Seduction in English Popular Culture, 1748—1848', Jean Radford 编, *The Progress of Romance* (1986); Tiffany Potter, 'Genre and Cultural Disruption', *English Studies in Canada* 29 (2003); Katherine Binhammer, *The Seduction Narrative in Britain, 1747—1800* (2009); Toni Bowers, *Force or Fraud: British Seduction Stories and the Problem of*

Resistance 1660—1760（2011）;以及下面注释 55 所引著作。

48 [Samuel Richardson], *Letters Written to and for Particular Friends*（1741;不过始于《帕梅拉》之前,且是其灵感来源之一),引自第 30、94、131、179、182、200—201 页; *The Correspondence of Samuel Richardson*, Anna Laetitia Barbauld 编, 6 卷(1804), iv.292—293。

49 在 18 世纪 40 年代中期,发生了一件与《帕梅拉》极为相似的真实事件,参见 Giles Worsley, 'The Seduction of Elizabeth Lister', *Women's History Review* 13(2004)——这很容易让人联想到其中的当事人应当阅读过理查森的小说。

50 T. C. Duncan Eaves 与 Ben D. Kimpel, *Samuel Richardson*（1971）, 87—88; *London Journal*（6 Apr. 1723）, 3; Westminster Public Library, E.2576, no.103（1724）,引自 Randolph Trumbach, 'Modern Prostitution and Gender in Fanny Hill', G. S. Rousseau 与 Roy Porter 编, *Sexual Underworlds of the Enlightenment*（1987）, 76; *The Proceedings at the Sessions of the Peace...against Francis Charteris, Esq.*（1730）,引自第 4 页。

51 [Richardson], *Letters Written to...Friends*, 79—84.

52 Samuel Richardson, *Pamela; or, Virtue Rewarded* [1740], Thomas Keymer 与 Alice Wakely 编(2001),引自第 108、110、134—135、137 页。

53 事实上,他是个差劲的引诱者,一位男性批评家曾这样抱怨道:"他的行为何其怯弱,他的举止何等失常?"如果他的行动更狡猾、更自信,"他就会受到越来越少的抵抗,在帕梅拉小姐明确意识到他的目的之前,就可以得偿所愿"。《〈查尔斯·格兰迪森爵士〉评论集》(1754),第 22—23 页。

54 出处同上,第 213 页; Samuel Richardson, *Clarissa, or The History of a Young Lady*[1747—1748], Angus Ross 编(1985),引自人名表。

55 参见 Robert Palfrey Utter 与 Gwendolyn Bridges Needham, *Pamela's Daughters*（1936）; Eaves 与 Kimpel, *Richardson*, 第 xxiv 章; Margaret Anne Doody, *A Natural Passion*（1974）, 第 xiv 章; Rita Goldberg, *Sex and Enlightenment*（1984）; Ruth Perry, 'Clarissa's Daughters', *Women's Writing* 1（1994）; Rodney Hessinger, 'Insidious Murderers of Female Innocence', 见 Merril D. Smith, *Sex and Sexuality in Early America*（1998）; Thomas Keymer 与 Peter Sabor, *Pamela in the Marketplace*（2005）。

56 *Fragment of a Novel written by Jane Austen*, R. W. Chapman 编(1925), 第 8 章。值得一提的是,《查尔斯·格兰迪森爵士》是奥斯汀最喜爱的小说。

57 *Boswell in Extremes, 1776—1778*, Charles McC. Weis 与 Frederick A. Pottle 编（1970）, 180; 参见 Yale Lewis Walpole Library, Hanbury Williams MSS, vol.68, fol.74^r（1745）; Richardson, *Clarissa*, Ross, letter 115。

58 荒谬的是,每个人如此着迷于女性贞洁这一"虚假的价值",雪莱在 1812 年抱怨说,事实上,诱奸这个词语"在理性的社会中没有任何意义"。《珀西·比希·雪莱书信集》(*The Letters of Percy Bysshe Shelley*),弗雷德里克·L. 琼斯编,2 卷(1964), i. 323。

59 ‘Courtney Melmoth’[即 Samuel Jackson Pratt], *The Pupil of Pleasure*, 2 卷(1776), 引自 i.2 ; *Byron's Letters and Journals*, Leslie A. Marchand, 13 卷(1973—1994), iii.108 (1813)。

60 参 见 Peter Sabor, ‘Richardson, Henry Fielding, and Sarah Fielding’, Thomas Keymer 与 Jon Mee 编, *The Cambridge Companion to English Literature 1740—1830* (2004) ; Eaves 与 Kimpel, *Richardson*, 302 ; *Boswell's Life of Johnson*, George Birkbeck Hill 与 L. F. Powell 编, 6 卷(1934—1950), ii.495 (引用)。

61 Henry Fielding, *Tom Jones* (1749), 引自第 xiv 册, 第 iv 章; 参见 William Park, ‘Fielding and Richardson’, *Publications of the Modern Language Association of America* 81 (1966) ; Eaves 与 Kimpel, *Richardson*, 134, 297, 303—305 ; *The Correspondence of Henry and Sarah Fielding*, Martin C. Battestin 与 Clive T. Probyn 编(1993), 70—71。

62 Henry Fielding, *Amelia* (1751),第 I 册,第 6—9 章(引自第 8 章)。

63 出处同上,引自第 VII 册,第 7、9 章。

64 参见 *Selected Letters of Samuel Richardson*, John Carroll 编(1964), 141, 272—275 ; Eaves 与 Kimpel, *Richardson*, 366, 370 (引 用) ; *Correspondence of Samuel Richardson*, Barbauld 编, iii.7—10。

65 *Correspondence of Samuel Richardson*, Barbauld 编,引自 vi.42—44, 62—66, 75 ; [Francis Plummer], *A Candid Examination of the History of Sir Charles Grandison* (第 3 版, 1755),引自第 49 页。参见 *The Spectator*, Donald F. Bond 编, 5 卷(1965), no.154 ; Eaves 与 Kimpel, *Richardson*, 322, 354, 369, 375 ; Samuel Richardson, *The History of Sir Charles Grandison*[1753—1754], Jocelyn Harris 编, 3 卷(1972), ‘A Concluding Note by the Editor’ ; [Joseph Priestley], *Considerations for the Use of Young Men*[1778], 20—22。

66 在她阅读《克拉丽莎》期间写给理查森的第一封信中,已经(匿名)承认“自己会脸红……自己非常渴望这种情节,我禁不住喜欢上了洛夫莱斯”,并且设想了他最后的救赎:“我会让他成为一个完美的丈夫,甚至再也不会故态复萌。”[塞缪尔·理查森通信集(*The Correspondence of Samuel Richardson*),安娜·蕾蒂西亚·巴鲍德编,6 卷(1804), iv. 180–181]。

67 Mark Philp, *Godwin's Political Justice* (1986), 177 n.5 ; ODNB, (John) Bellenden Ker ; 参见 Anthony Fletcher, *Gender, Sex and Subordination in England 1500—1800*(1995), 342—326。

第四章

1 参见 John Dwyer, *Virtuous Discourse* (1987), 特别是第 5 章; Michele Cohen, *Fashioning Masculinity* (1996) ; Philip Carter, *Men and the Emergence of Polite Society* (2001) ; Ingrid H. Tague, *Women of Quality* (2002) ; Sarah Apetrei, *Women, Feminism and Religion in Early Enlightenment England* (2010)。

2 John Millar, *The Origin of the Distinction of Ranks*（1779），引自第104—105页；David Hume, *Essays Moral, Political, and Literary*, Eugene F. Miller 编（1987），131；Karen O'Brien, *Women and Enlightenment in Eighteenth-Century Britain*（2009），第3章；*The Works of Mary Wollstonecraft*, Janet Todd 与 Marilyn Butler 编，7卷（1989），引自v.124—125。

3 Christopher Wren, *Parentalia*（1750），261；Carolyn C. Lougee, *Le Paradis des Femmes*（1976）；Ian Maclean, *Woman Triumphant*（1977）；Anna Bryson, *From Courtesy to Civility*（1998），126—128；Siep Stuurman, 'The Deconstruction of Gender', Sarah Knott 与 Barbara Taylor 编，*Women, Gender and Enlightenment*（2005）。

4 [William Ramesey], *The Gentlemans Companion*（1672），9—10.

5 *The Spectator*, Donald F. Bond 编，5卷（1965），nos 57, 433。

6 Benjamin Rand, *The Life, Unpublished Letters, and Philosophical Regimen of Anthony, Earl of Shaftesbury*（1900），337；[James Forrester], *The Polite Philosopher*（1734），49；'Simon Wagstaff'［即 Jonathan Swift］，*A Complete Collection of Genteel and Ingenious Conversation*（1738），xxix—xxx；Hume, *Essays*, Miller 编，134（'Of the Rise and Progress of the Arts and Sciences'）。

7 *Spectator*, Bond 编，nos 433—434；William Alexander, *The History of Women*, 2卷（1779），i.103。其他很多例子，见 Mary Catherine Moran, 'The Commerce of the Sexes', Frank Trentmann 编，*Paradoxes of Civil Society*（2000）；Silvia Sebastiani, 'Race, Women and Progress in the Scottish Enlightenment', Knott 与 Taylor 编，*Women, Gender*；*O'Brien, Women and Enlightenment*，特别是第2章。

8 *Byron's Letters and Journals*, Leslie A. Marchand 编，13卷（1973—1994），iii.109；*Selected Letters of Samuel Richardson*, John Carroll 编（1964），82，189；[Samuel Richardson], *Letters Written to and for Particular Friends*（1741），94；Samuel Richardson, *Clarissa, or The History of a Young Lady*[1747—1748], Angus Ross 卷（1985），前言（引用），letter 499。参见 *Critical Remarks on Sir Charles Grandison*（1754），16；Sarah Pennington, *An Unfortunate Mother's Advice to her Absent Daughters*（1761），97。

9 引自 Samuel Richardson, *Pamela; or, Virtue Rewarded* [1740], Thomas Keymer 与 Alice Wakely 编（2001），6，408。

10 Hume, *Essays*, Miller 编，134；John Brown, *On the Female Character and Education*（1765），15。参见 Ingrid H. Tague, 'Love, Honor, and Obedience', *Journal of British Studies* 40（2001），87—89。

11 参见迪斯雷利的《回忆录》（*Reminiscences*），海伦·M. 斯沃茨与马文·斯沃茨编（1975），120："坦克维尔夫人询问林德赫斯特勋爵，他是否相信柏拉图式爱情？'事后才相信，而非事前。'他这样回答。"

12 *Spectator*, Bond 编，no.156；'Anne Frances Randall'［即 Mary Robinson］，*A Letter*

to the Women of England (1799), 76 ; Hannah More, *Strictures on the Modern System of Female Education*, 2 卷(1799), i.27—28 ; *The Complete Letters of Lady Mary Wortley Montagu*, Robert Halsband 编, 3 卷(1965—1967), i.35 ; *The Guardian*, no.45 (2 May 1713)。关于说教文学的有用导论,见 Fenela Ann Childs, 'Prescriptions for Manners in English Courtesy Literature, 1690—1760, and their Social Implications' (University of Oxford D. Phil. thesis, 1984),以及 Vivien Jones, *Women in the Eighteenth Century* (1990)。

13 1803 年一份审判的记录,转引自 Lawrence Stone, *Road to Divorce* (1990), 290。参见 Janet Todd, *Sensibility*(1986); John Mullan, *Sentiment and Sociability*(1988),第 5 章; G. J. Barker-Benfield, *The Culture of Sensibility* (1992) ; Carter, *Men and the Emergence of Polite Society*,第 2—3 章。

14 John Brown, *On the Female Character and Education* (1765), 引自第 7、10 页; William Hazeland, *A Sermon Preached in the Chapel of the Asylum* (1761), 4 ;关于卢梭与英国思想,参见 Ruth Bernard Yeazell, *Fictions of Modesty* (1991), 第 2 章; Barbara Taylor, *Mary Wollstonecraft and the Feminist Imagination* (2003)。

15 约翰·斯图亚特·密尔在 1826 年也表达了类似的观点:"善待女性……是文明社会最确切的标志之一。不过,似乎很少有人思考,该如何善待女性。不该把她们作为偶像来崇拜,也不该作为装饰物来陈列摆设,或者仅仅让她们像珠宝一样关在匣子里,远离太阳的光线与男人的目光。在所有这些情况中,女性都被悉心地对待,可为什么她们又有这些痛苦?在这些情况中,她们都像美丽的装饰品一样得到了呵护,她们的价值受到了珍视,而与此相配的,乃是对于她们的幸福或痛苦完全漠视。"《约翰·斯图亚特·密尔全集》(*The Collected Works of John Stuart Mill*), J.M. 罗伯逊等编, 33 卷(1963—1991), XX,第 45—46 页。

16 [Mary Hays], *Appeal to the Men of Great Britain in Behalf of Women* (1798), 234 ; *Works of Mary Wollstonecraft*, Todd 与 Butler 编, v.77, 195 ; Lucy Aikin, *Epistles on Women* (1810), 63。

17 *Works of Mary Wollstonecraft*, Todd 与 Butler 编, v.77, 208 [参见出处同上,第 196、209—210、265 页,亦可参见 Mary Poovey, *The Proper Lady and the Woman Writer* (1984), 第 2 章]; [Hays], *Appeal*, 231—232 ; Gina Luria Walker, 'Mary Hays (1759—1843)', Knott 与 Taylor 编, *Women*, *Gender* ; Vivien Jones, 'The Tyranny of the Passions', Sally Ledger 等编, *Political Gender* (1994)。关于这些主题的一项颇富洞察力的研究是 Taylor, *Mary Wollstonecraft*。

18 [William Ramesey], *The Gentlemans Companion* (1672), 13.

19 Alexander Pope, *Of the Characters of Women: An Epistle To a Lady* (1735), line 216.

20 Samuel Richardson, *Clarissa, or The History of a Young Lady*[1747—1748], Angus Ross 编(1985), letter 165 ;参见 Marlene LeGates, 'The Cult of Womanhood in Eighteenth-

Century Thought', *Eighteenth-Century Studies* 10（1976）; Mary Poovey, *The Proper Lady and the Woman Writer*（1984）。

21 参见薇薇安·琼斯的精彩分析, 'The Seductions of Conduct', Roy Porter 与 Marie Mulvey Roberts 编, *Pleasure in the Eighteenth Century*（1996）,以及 Ruth Bernard Yeazell, *Fictions of Modesty*（1991）。

22 Daniel Defoe, *The Fortunes and Misfortunes of the Famous Moll Flanders* [1722], David Blewett 编（1989）,引自第 56—57、61、65 页。

23 出处同上,引自第 39、63—64 页。

24 [John Locke], *Some Thoughts Concerning Education*（1693）, § 1.

25 'Philogamus', *The Present State of Matrimony*（1739）, 17—18; Samuel Richardson, *Pamela; or, Virtue Rewarded*[1740], Thomas Keymer 与 Alice Wakely 编（2001）,引自第 242 页（参见第 443—444 页）; Richardson, *Clarissa*, Ross 编,引自 letter 157.1 及结语。

26 *Advice to Unmarried Women*（1791）, 36—37. 参见 Robert Holloway, *The Rat-Trap* [1773], 97。

27 *Innocence Betrayed,or the Perjured Lover*[c.1800],引自 [2];Francis Kelly Maxwell, *A Sermon Preached at Different Churches*（1763）, 引自第 14 页;*London Chronicle*,1 Feb. 1759;Beilby Porteus,*A Sermon Preached in the Chapel of the Asylum*[1773],14—17,19—20。

28 Henry Fielding, *The Covent-Garden Journal*[1752], Bertrand A. Goldgar 编（1988）, no.66;参见 The Centinel, no.36（30 July 1757）。

29 Catharine Macaulay Graham, *Letters on Education*（1790）, 218—219. 关于这一观念在意识形态光谱上的普遍性,参见 Hannah More, *Strictures on the Modern System of Female Education*, 2 卷（1799）; William Thompson, *Appeal of One Half the Human Race*（1825）; Vivien Jones, 'Advice and Enlightenment', Sarah Knott 与 Barbara Taylor 编, *Women, Gender and Enlightenment*（2005）。

30 Augustine, *City of God*, 第 1 册, 第 28 章; *The Centinel*, no.36（30 July 1757）; Holloway, *Rat-Trap*, 89。

31 'Anne Frances Randall'［即 Mary Robinson］, *A Letter to the Women of England*（1799）,引自第 77 页与第 7—8 页; Macaulay Graham, *Letters on Education*, 212; [Mary Hays], *Appeal to the Men of Great Britain in Behalf of Women*（1798）, 235—237; 参见 John Gregory, *A Father's Legacy*（1774）, 34; [Jane Warton], *Letters Addressed to Two Young Married Ladies*（都柏林, 1782）, 23—24; [Mary] Robinson, *The Natural Daughter*, 2 卷（1799）; *The Victim*（1800）, 50—52; Julie Shaffer, 'Ruined Women and Illegitimate Daughters', Katharine Kittredge 编, *Lewd and Notorious*（2003）。

32 [Hays], *Appeal*, 235; William Paley, *The Principles of Moral and Political*

Philosophy（1785），252；University College London，MSS of Jeremy Bentham，lxxii.207，210. 参见 George Mackenzie，*The Laws and Customes of Scotland*（1678），168；[Henry Fielding]，*Rape upon Rape*（1730），第 I 幕第 10 场；出处同上，*Covent-Garden Journal*，Goldgar 编，no.57；[Robert Bolton]，*An Answer to the Question*（1755），37—38。

33 [Samuel Richardson]，*Letters and Passages Restored from the Original Manuscripts of the History of Clarissa*（1751），59（来自第 3 版之后第 152 封信所附的一段话）。关于这些古老喻辞的典型重复，参见 Richard Allestree，*The Ladies Calling*（牛津，1673），第 1 部分，第 1 节；Hugh Kelly，*Memoirs of a Magdalen*，2 卷（1767）；*An Address to the Guardian Society*（1817），10—16；Lucia Zedner，*Women*，*Crime and Custody in Victorian England*（1991），特别是第 40—41、48—50、80—82 页。

34 Paley，*Principles*，252；'A Layman'［即 Bernard Mandeville］，*A Modest Defence of Publick Stews*（1724），45—47；*A Collection of Miscellany Letters*，*Selected out of Mist's Weekly Journal*，4 卷（1722—1727），iv.235—236。

35 Richardson，Pamela，Keymer 与 Wakely 编，引自第 383、385、394 页（参见第 8、35—36、41、53、66、71、162、164、230、292、455 页）；*Critical Remarks on Sir Charles Grandison*（1754），35—36，58（引用）。

36 特别参见 Leonore Davidoff 与 Catherine Hall，*Family Fortunes*（1987）；Anna Clark，*The Struggle for the Breeches*（1995）。

37 Elizabeth Blackwell，*The Human Element in Sex*（1884 年版），引自第 51 页。参见 Jeffrey Weeks，*Sex*，*Politics and Society*（第 2 版，1989）；Frank Mort，*Dangerous Sexualities*（第 2 版，2000）；Thomas Laqueur，*Making Sex*（1990），第 6 章。

38 [Edward Long]，*Candid Reflections*（1772），48—49；John Trusler，*The London Adviser*（1786），47—48；Lawrence Stone，*Road to Divorce*（1990），89；*Critical Remarks on Sir Charles Grandison*，27—33；*Boswell in Extremes*，*1776—1778*，Charles McC. Weis 与 Frederick A. Pottle 编（1970），342—343。

39 *Boswell's Life of Johnson*，George Birkbeck Hill 与 L. F. Powell 编，6 卷（1934—1950），iii.353。典型的例子，见 Adam Smith，*An Inquiry into the Nature and Causes of the Wealth of Nations*，R. H. Campbell，A. S. Skinner，与 W. B. Todd 编（1976），I.viii.37—38；Paley，*Principles*，275；T. R. Malthus，*An Essay on the Principle of Population*［1803—1826 年版］，Patricia James 编，2 卷（1989），ii.113—114；*Address to the Guardian Society*，18—20，42—43；Stone，*Road to Divorce*，256—59；Donna Andrew，'Adultery a-la-Mode'，*History* 82（1997）。

40 T. R. Malthus，*An Essay on the Principle of Population*（1803—1826 年版），Patricia James 编，2 卷（1989），i.250。从不同视角对于此一时期求婚、结婚与离婚之性动机的研究，见 Lawrence Stone，*Uncertain Unions*（1992）及 *Broken Lives*（1993）；Randolph Trumbach，*Sex and the Gender Revolution*（1998）；Joanne Bailey，*Unquiet Lives*（2003）；

Amanda Vickery, *Behind Closed Doors*（2009）。

41 Francis Bacon, *New Atlantis*, published with his *Sylva Sylvarum*（1627），引自第27页；Samuel Butler, *Satires and Miscellaneous Poetry and Prose*, Rene Lamar 编（1928），引自第218页；Warren Chernaik, *Sexual Freedom in Restoration Literature*（1995），189—191；P. F. Vernon, 'Marriage of Convenience and the Moral Code of Restoration Comedy', *Essays in Criticism* 12（1962）。

42 参见 *Marriage Promoted*（1690），52；Sir William Temple, *Miscellanea: The Third Part*（1701），79；*Female Grievances Debated*（第2版，1707），10—13，154—158；*The Tatler*, Donald F. Bond 编，3卷（1987），nos 198—199，223；*The Spectator*, Donald F. Bond 编，5卷（1965），nos 149，199，268，437，511，528；*The Guardian*, no.123；C. J. Rawson, 'The Phrase "Legal Prostitution"', *Notes and Queries* 11（1964）。

43 Mary Astell, *Some Reflections Upon Marriage*（1700），引自第36页；Mark Knights, *The Devil in Disguise*（2011），第4章（引自第122页）；[Sarah Fyge], *The Female Advocate*（1686），引自第18—19页。参见 *The New Oxford Book of Eighteenth-Century Verse*, Roger Lonsdale 编（1984），36—37；Ingrid H. Tague, 'Love, Honor, and Obedience', *Journal of British Studies* 40（2001），98—99；Anne Kugler, *Errant Plagiary*（2002）。

44 Samuel Richardson, *Clarissa, or The History of a Young Lady*[1747—1748], Angus Ross 编（1985），letter 31；参见 [Samuel Richardson], *Letters Written to and for Particular Friends*（1741），passim；出处同上，*Pamela; or, Virtue Rewarded*[1740], Thomas Keymer 与 Alice Wakely 编（2001），444；出处同上，*The History of Sir Charles Grandison*[1753—1754], Jocelyn Harris 编，3卷（1972），i.231—232；Christopher Hill, 'Clarissa Harlowe and her Times', 见其 *Puritanism and Revolution*（1958）；*The Rambler*, nos 18，35，39，45，97（by Richardson），113，115，167（1750—1751）。

45 *Boswell's Life of Johnson*, George Birkbeck Hill 与 L. F. Powell 编，6卷（1934—1950），iii.165（1772）；参见 Thomas More, *Utopia* [1516], Paul Turner 译（1961），103；[Robert Bolton], *An Answer to the Question*（1755），31。

46 [Joseph Priestley], *Considerations for the Use of Young Men* [1778], 6；Alysa Levene 等编，*Illegitimacy in Britain*, 1700—1920（2005），6，及其所引文献。

47 Alysa Levene, 'The Origins of the Children of the London Foundling Hospital', *Continuity and Change* 18（2003），及其所引文献；John Black, 'Who Were the Putative Fathers of Illegitimate Children in London, 1740—1810?', Levene 等编，*Illegitimacy in Britain*（我使用了这一研究中的数据，特别是表4.1，尽管我并不认同其最终结论。其数据无论如何只包括了公开寻求救济的女性，而未包括所有那些通过别的途径得到资助、照顾或自谋生路的孕妇）；Daniel Defoe, *The Fortunes and Misfortunes of the Famous Moll Flanders*[1722], David Blewett 编（1989），引自第63、67、70页。

48 *The Autobiography and Correspondence of Mary Granville*, Lady Llandover, 3卷

（1861）, i.240；*The Correspondence of Samuel Richardson*, Anna Laetitia Barbauld, 6 卷（1804）, iv.212。参见 *Considerations on the Fatal Effects to a Trading Nation*（1763）, 40。

49 参见 Amy Louise Erickson, *Women and Property in Early Modern England*（1993）; John Habakkuk, *Marriage, Debt and the Estates System*（1994）; Susan E. Whyman, *Sociability and Power in Late-Stuart England*（1999）, 5。

50 26 George II c.33；*A Master-Key to the Rich Ladies Treasury*（1742）; Roger Lee Brown, 'The Rise and Fall of the Fleet Marriages', R. B. Outhwaite 编, *Marriage and Society*（1981）; Peter Borsay, *The English Urban Renaissance*（1989）, 243—248（引自第 245 页）; Lawrence Stone, *The Family, Sex and Marriage in England, 1500—1800*（1977）, 316—317, 及其 *Road to Divorce*（1990）, 第 iv—v 章; Erickson, *Women and Property*, 230—236；R. B. Outhwaite, *Clandestine Marriage in England, 1500—1850*（1995）; David Lemmings, 'Marriage and the Law in the Eighteenth Century', *Historical Journal* 39（1996）, 此处尤其参见第 357—358 页。对于法案条款最细致的阅读, 见 Rebecca Probert, *Marriage Law and Practice in the Long Eighteenth Century*（2009）。

51 Lemmings, 'Marriage and the Law', 引自第 356 页; 除了上一注释所引文献外, 另参见 David Blewett, 'Changing Attitudes toward Marriage', *Huntington Library Quarterly* 44（1981）; Ingrid H. Tague, 'Love, Honor, and Obedience', *Journal of British Studies* 40（2001）。

52 Temple, *Miscellanea: The Third Part, 77—82*；*ODNB*, Robert Craggs Nugent；Thomas Short, New Observations（1750）, 159；Henry Fielding, *The Covent-Garden Journal*[1752], Bertrand A. Goldgar 编（1988）, no.50。参见 [Priestley], *Considerations*, 9；James Edward Hamilton, *A Short Treatise on Polygamy*（都柏林, 1786）, 16；Edward John Trelawny, *Adventures of a Younger Son*（1835 年版, 47—48；Paul Langford, *Public Life and the Propertied Englishman*（1991）, 540—548；Donna Andrew, 'Adultery à-la-Mode', *History* 82（1997）。

53 Rachel Weil, *Political Passions*（1999）; Knights, *Devil in Disguise*, 第 4 章; *Correspondence of Samuel Richardson*, Barbauld 编, vi.100—101（引用）。参见 *Selected Letters of Samuel Richardson*, John Carroll 编（1964）, 199—210；Henry Fielding, *Tom Jones*（1749）, 如第 xvi 册, 第 viii 章; 第 xvii 册, 第 viii 章; Short, *New Observations*, 164—165；*Critical Remarks on Sir Charles Grandison*（1754）, 15；James Fordyce, *Sermons to Young Women*, 2 卷（1766）, i.151；William Buchan, *Domestic Medicine*（第 3 版, 1774）, 128n；James Cookson, *Thoughts on Polygamy*（1782）, 21—22, 448—449；Edward Barry, *Theological...Essays*[1790?], 59, 61。

54 J. H. Baker, *An Introduction to English Legal History*（第 4 版, 2002）, 456—457；Lawrence Stone, *Road to Divorce*（1990）, 81—95, 231—301；James Oldham, *The Mansfield Manuscripts*（1992）, 1050 n.6, 1245—1312 。关于苏格兰与北美的类似发

展，参见 Leah Leneman，'Seduction in Eighteenth and Early Nineteenth-Century Scotland'，*Scottish Historical Review* 78（1999）；Ruth H. Bloch，*Gender and Morality in Anglo-American Culture，1650—1800*（2003），第4章。关于这些行为在19世纪的显著流行及其在20世纪的存留，见 Saskia Lettmaier，*Broken Engagements*（2010），以及 Stephen Cretney，*Family Law in the Twentieth Century*（2003），155—157。

55 William Paley，*The Principles of Moral and Political Philosophy*（1785），253；[Martin Madan]，*Thelyphthora: or，a Treatise on Female Ruin*，3 卷（1780—1781），i.sig. A2v。参见 Robert Holloway，*The Rat-Trap*[1773]，59—64；Donna T. Andrew，*London Debating Societies，1776—1799*（London Record Society，1994），nos 663，1108。

56 *ODNB*，William Murray，first Earl of Mansfield；University College London，MSS of Jeremy Bentham，lxxii.207；[Patrick Colquhoun]，*A Treatise on the Police of the Metropolis*（第3版，1796），242（引用），255；参见 Delarivier Manley，*New Atalantis*[1709]，Ros Ballaster 编（1991），228—229；Holloway，*Rat-Trap*，61—64，92，97；'Mary Smith'，*Observations on Seduction*（第2版，1808），33；*Hints to the Public and the Legislature*（1811），19—20，54；*An Address to the Guardian Society*（1817），44；Andrew，*London Debating Societies*，no.917。关于议会法案，见 Leon Radzinowicz，*A History of English Criminal Law*，5 卷（1948—1986），iii.193—203；Stone，*Road to Divorce*，257，287—288，335—339，380—383；Donna Andrew，'Adultery a-la-Mode'，*History* 82（1997）。

57 不过，这不包括斯图亚特王朝时期的下院议员西德尼·蒙塔古爵士，他喜欢说："一个男人搞大了一个村妇的肚子就得娶她，这就好比一个人在帽子里拉了屎，然后马上将其戴到头上。"《塞缪尔·佩皮斯日记》（*The Diary of Samuel Pepys*），罗伯特·莱瑟姆与威廉·马修斯编，2 卷（1970—1983），i. 261。

58 参见 *The Works of Mary Wollstonecraft*，Janet Todd 与 Marilyn Butler 编，7 卷（1989），引自 v.139（参见出处同上，第140、209页）；*Tudor Church Reform*，Gerald Bray 编（Church of England Record Society，2000），21；Bodleian Library，Firth b.18（88）（引用）；*The Works of Gerrard Winstanley*，George H. Sabine 编（1941），599；*Law Quibbles*（1724），10—11；[Arthur Dobbs?]，*Some Thoughts Concerning Government in General*（1728），29—30；James Cookson，*Thoughts on Polygamy*（温彻斯特，1782），32—34，96，234—235，434，459—460；Edward Barry，*Theological...Essays*[1790?]，82—83；'Smith'，*Observations on Seduction*，9；Andrew，*London Debating Societies*，nos 91，378，694，1131，1733，1901，2024，2025。

59 他有关此问题的坚定观点同样显著地出现在他对于奥维德的匿名翻译之中，此书撰稿之时，他正与玛丽·丹尼尔交往。在推崇奉承与欺骗之举的时候，这位诗人劝告男人说："如果一个女孩坚持要有婚姻的承诺，那就给她，并且立下一堆誓言，因为这种虚假誓言不会招致诉讼。"菲尔丁从未在别处批判过此书的道德，但对于这些诗行，他立即附上了一则脚注："这是整部书中最令人不悦的段落……我们忍不住表达自己的憎恶感情，这种观点即使在一个异教作家那里,也是令人震惊的。”[亨利·菲尔丁,《意译本奥维德爱经》(*Ovid's Art of Love Paraphrased*, 1747), 71]。

60 Henry Fielding, *The Covent-Garden Journal*[1752], Bertrand A. Goldgar 编(1988), 432; Martin C. 与 Ruthe R. Battestin, *Henry Fielding* (1989), 421—423; [Colquhoun], *Treatise on the Police*, 255; Stephen Robertson, 'Seduction, Sexual Violence, and Marriage', *Law and History Review* 24 (2006)。

61 哲学家弗朗西斯·哈奇森认为他有一个更好的点子——通奸者应当勒令离婚,并且强制与“他们的共犯”结婚,否则,他们就得被迫“与臭名昭著之人结婚,那些人足以满足他们的色欲,以使他们免于祸害别人”。弗朗西斯·哈奇森,《道德哲学体系》,2卷(1755), ii. 181。

62 除了在第二章引述的诸多例子外,亦见 *Epistulae et Tractatus*, Joannes Henricus Hessels 编, 3 卷(1889—97), iii.2727—2736, 2754(我在这方面的知识要感谢凯瑟琳·怀特的帮助); George Psalmanaazaar, *An Historical and Geographical Description of Formosa* (1704), 256;关于更广阔的欧洲语境,见 John Cairncross, *After Polygamy was Made a Sin* (1974); Ursula Vogel, 'Political Philosophers and the Trouble with Polygamy', *History of Political Thought* 12 (1991)。

63 Delarivier Manley, *New Atalantis*[1709], Ros Ballaster 编(1991), viii—ix, 115—130, 222—229(引自第 117—118 页);参见 Anne Kugler, *Errant Plagiary* (2002), 67—68,以及 Mark Knights, *The Devil in Disguise*(2011),第 4 章。

64 尽管德拉尼不出所料地强烈支持反对一夫多妻制的正统论述,但与此不无关系的是,他自己数年前与一位有钱寡妇的结婚,那可是出于完全的审慎——他早已经爱上了玛丽·潘达维斯(我们在本章提到过她),而对方也爱上了他。当他的首任妻子 1742 年逝世后,德拉尼迅速前往英国求婚,并最终与玛丽·潘达维斯结为夫妇,而这距离他们初次相见已经超过了十年。她后来成为了理查森最喜欢的通信者与建议者之一。

65 [Patrick Delany], *Reflections upon Polygamy* (1737;第 2 版, 1739),引自第 1 页; Samuel Richardson, *Clarissa, or The History of a Young Lady*[1747—1748], Angus Ross 编(1985), letter 254; *The Correspondence of Samuel Richardson*, Anna Laetitia Barbauld 编, 6 卷(1804), vi.163, 190, 207—212, 216—220(引自第 218 页); *Selected Letters of Samuel Richardson*, John Carroll 编(1964), 252—253; Alfred Owen Aldridge, 'Polygamy and Deism', *Journal of English and Germanic Philology* 48 (1949)。

66 关于约翰逊博士对此问题典型的模糊观点(重婚是错误的,但他自己经常幻想拥有一个后宫),参见《博斯韦尔的约翰逊传》(*Boswell's Life of Johnson*),乔治·伯克贝克·希尔与 L.F. 鲍威尔编, 6 卷(1934—1950), v. 216—217。

67 *Boswell on the Grand Tour: Germany and Switzerland 1764*, Frederick A. Pottle 编(1964),引自第 247—248 页; *Boswell for the Defence 1769—1774*, William K. Wimsatt, Jr 与 Frederick A. Pottle 编(1959), 36—37; *Boswell: The Ominous Years, 1774—1776*,

Charles Ryskamp 与 Frederick A. Pottle 编(1963), 65, 74, 81—82, 88, 95, 283, 286—287, 294; *Boswell in Extremes*, *1776—1778*, Charles McC. Weis 与 Frederick A. Pottle 编(1970), 28, 53, 61, 107, 146, 188; *Boswell: The Applause of the Jury*, *1782—1785*, Irma S. Lustig 与 Frederick A. Pottle 编(1981), 190; Frank Brady, *James Boswell: The Later Years*, *1769—1795*(1984), 113; *ODNB*, Westley Hall。

68 一封寄给《伦敦记事》(*The London Chronicle*)(1759 年 7 月 12—14 日)的信也提出了几乎一样的论述,其署名为"M.M."——这看上去很有可能是马丹,如果确实,那么他显然花了二十多年时间撰述这一问题。

69 [Martin Madan], *Thelyphthora: or*, *a Treatise on Female Ruin*, 3 卷(1780—1781), 引自 ii.73; John Smith, *Polygamy Indefensible*(1780), 引自第 7 页; Donna T. Andrew, *London Debating Societies*, *1776—1799*(London Record Society, 1994), nos 451, 648, 652, 654, 676, 690, 693, 694, 702, 755, 804, 1428, 1555, 1719。

70 参见 Peter Biller, *The Measure of Multitude*(2000), 40—42, 114; Margaret R. Sommerville, *Sex and Subjection*(1995), 151—166。

71 *Complete Prose Works of John Milton*, D. M. Wolfe 编, 8 卷(1953—1982), 引自 vi.356, 366(*De Doctrina Christiana*); Leo Miller, *John Milton among the Polygamophiles*(1974); Christopher Hill, *Milton and the English Revolution*(1977), 136—139; Gordon Campbell 等, *Milton and the Manuscript of De Doctrina Christiana*(2007); Sarah Barber, *A Revolutionary Rogue*(2000), 82—84, 144—151; [Francis Osborne], *Advice to a Son*('1656', 即 1655), 引自第 49—51 页; [Bernardino Ochino], *A Dialogue of Polygamy*[Thomas Pecke 译](1657); *ODNB*, Francis Osborne, Thomas Pecke; *A Remedy for Uncleanness*(1658)[有关克伦威尔的回应,见 *Calendar of State Papers*, *Domestic 1658—1659*(1885), 22 June 1658]; Thomas Hobbes, *Leviathan*(1651), 113; [Conyers Middleton], *A Letter to Dr Waterland*(1731), 8。参见 Thomas Grantham, *A Marriage Sermon*(1641); J[ohn] Ovington, *Christian Chastity*(1712), 15。关于博斯韦尔对于奥斯本对一夫多妻制之辩护的解读,见 *Boswell for the Defence*, Wimsatt 与 Pottle 编, 147。

72 特别参见 [Madan], *Thelyphthora*: 第 1 版, i.sig.A2^r; 第 2 版(1781), i.xviii, 1—4, 201—205 的注释。

73 *Cobbett's Parliamentary History of England*, 36 卷(1806—1820), xv.6; *The Diary of Dudley Ryder*, *1715—1716*, William Matthews 编(1939), 85。子嗣兴旺的牧师约翰·弗里爵士抨击 1753 年《婚姻法》,提出了一套自己细致的建议,婚姻纯属民间契约,可以允许自愿的一夫多妻制与离婚,这合于上帝的律法、人们的幸福,以及国家的利益。这种"亦庄亦谐的戏语"援用《圣经》的论述、政治算术、诗歌以及理性,其影响甚大,以至于当时一些评论家必须对其严肃待之: *Matrimony Made Easy*(第 2 版, 1764); *The St James's Magazine* iv.291—292(May 1764); *The Scots Magazine* xxvi.392(July 1764)。他的儿子爱德华·德拉克斯·弗里后来成为了当时声名最为狼藉的浪荡牧师: R. B. Outhwaite,

Scandal in the Church (1997)。

74 Cairncross, *After Polygamy*, 第 ii—iii 章; John Locke, *An Essay Concerning Toleration and Other Writings*, J. R. Milton 与 Philip Milton 编(2006), 275—276, 289 ;出处同上, *Political Essays*, Mark Goldie 编(1997), 255—256 ;出处同上, *Two Treatises of Government*, Peter Laslett 编(第 2 版, 1967), II.78—81 ; British Library, Additional MS 61360, fols 174—181 (一封达德利·洛夫特斯写给沙夫茨伯里伯爵的信件,未注明日期,但可能写于 1671 年左右,我很感谢马克·奈茨提醒我注意这份文件); *Two Dissertations Written by the Late Bishop Burnet* (1731) ; *Debates of the House of Commons*, Anchitell Grey 编, 10 卷(1763), iv.9—10 ; Basil Duke Henning 编, *The History of Parliament: The House of Commons, 1660—1690*, 3 卷(1983), iii.7—10 ; *Burnet's History of My Own Time*, Osmund Airy 编, 2 卷(牛津, 1897—1900), i.470—471。关于此时期英国神学家与学者对于欧洲大陆一夫多妻制的代表人物约翰·莱瑟尔的著作之熟悉,参见 Samuel Fuller, *Ministerium Ecclesiae Anglicanae* (剑桥, 1679);关于他对于 18 世纪之争论的影响,参见 [Delany], *Reflections upon Polygamy*, 26 ; James Cookson, *Thoughts on Polygamy* (1782), 2—3。

75 Biller, *Measure of Multitude*,第 5 章。

76 参见 D. V. Glass,*Numbering the People* (1973) ;Julian Hoppit,'Political Arithmetic in Eighteenth-Century England',*Economic History Review* 49 (1996) ;Sylvana Tomaselli, 'Moral Philosophy and Population Questions in Eighteenth Century Europe',*Population and Development Review* 14 (增 刊,1988) ;Paul Slack,'Measuring the National Wealth in Seventeenth-Century England',*Economic History Review* 57 (2004), 及 其 'Government and Information in Seventeenth-Century England',*Past and Present* 184 (2004) ;Joanna Innes,*Inferior Politics* (2009),第 4 章;Ted McCormick,*William Petty and the Ambitions of Political Arithmetic* (2009)。

77 William Paley, *The Principles of Moral and Political Philosophy* (1785), 589.

78 *Conjugium Languens* (1700), 9 ; *Marriage Promoted* (1690), 18. 其他有代表性的 例 子, 见 John Graunt, *Natural and Political Observations* (1662), 46—52 ; [William Petty], *A Treatise of Taxes* (1662), 50 ; Carew Reynel, *The True English Interest* (1674), 24 ; *Seventeenth-Century Economic Documents*, Joan Thirsk 与 J. P. Cooper 编(1972), 777 ; Richard Fiddes, *A General Treatise of Morality* (1724), lxiv—lxviii ; Delaney, *Reflections upon Polygamy*,第 2 版前言,专题 I, VI, VII ; *London Magazine* (1732), 461, (1746), 324—325,(1756), 538 ; Thomas Short, *New Observations* (1750), 73, 151—157, 280—282 ; [Caleb Fleming], *The Oeconomy of the Sexes* (1751), 如 第 50、62 页; Robert Wallace, *A Dissertation on the Numbers of Mankind* (1753), 13, 83—87 ; Cookson, *Thoughts on Polygamy*, 56—57, 331—336, 421—423, 444—446 ; Paley, *Principles*, 262—264 ; Alfred Owen Aldridge, 'Population and Polygamy in Eighteenth-Century

Thought', *Journal of the History of Medicine and Allied Sciences* 4 (1949)。参见 Charles-Louis de Secondat, Baron de Montesquieu, *The Spirit of Laws*, 2 卷(1750), i.269, 358—369。

79 马尔萨斯的典型观点是,一夫多妻制一方面有如卖淫,不利于生育;另一方面,在某些环境下,它又会导致人口过剩与贫困。T.R. 马尔萨斯,《人口论》(*An Essay on the Principle of Population*)(1803—1826 年版本),帕特丽夏·詹姆斯编,2 卷(1989), i. 28, 32—34, 55, 88, 92, 111;出处同上, i. 80, 90—92。

80 Short, *New Observations*, 159(引用); Lawrence Stone, *Road to Divorce* (1990), 126, 132—133(引自第 132 页); R. B. Outhwaite, *Clandestine Marriage in England, 1500—1850* (1995), 88—91, 106—108, 113—120; [Madan], *Thelyphthora*, ii.58—59。参见 *Marriage Promoted*; Cookson, *Thoughts on Polygamy*, 446。

81 6 & 7 William and Mary c.6, extended until 1 August 1706 by 8 & 9 William III c.20; Josiah Tucker, A Brief Essay (1749), 46—50(引自第 49—50 页); Cookson, *Thoughts on Polygamy*, 427, 432(引用)。参见 *Marriage Promoted*; *Female Grievances Debated*(第 2 版, 1707), 159—162; *The Spectator*, Donald F. Bond 编, 5 卷(1965), no.528; [Arthur Dobbs?], *Some Thoughts Concerning Government in General* (1728), 28—29; Wallace, *Dissertation on the Numbers*, 93—95, 154—155; [L. J. Plumard de Dangeul], *Remarks on the Advantages and Disadvantages* (1754), 216—218; Andrew, *London Debating Societies*, nos 626, 643, 683, 771, 817, 871, 960, 961, 1061, 1276, 1719, 2117, 2161, 2199。对于老处女的态度经历了一个类似的转变: Amy M. Froide, *Never Married*(2005),第 6 章。

82 [Daniel Maclauchlan], *An Essay upon Improving and Adding to the Strength of Great-Britain and Ireland, by Fornication* (1735); 参见 [Allan Ramsay], *An Address of Thanks from the Society of Rakes*(爱丁堡, 1735); *A Modest Apology for the Prevailing Practice of Adultery* (1773), 20。

83 参见 Biller, *Measure of Multitude*, 88; [Ochino], *Dialogue of Polygamy*, 53, 61, 86—87; *Remedy for Uncleanness*, 引自 sig.A2^{r-v}; William Temple, *Observations upon the United Provinces* (1673), 14—17; *Debates*, Grey 编, iv.10; *Solon Secundus* (1695), 引自第 11、21 页; Ovington, *Christian Chastity*, 15; Bernard Mandeville, *The Fable of the Bees*, F. B. Kaye 编, 2 卷(1924), i.330—331; *The Philosophical Works of the Late Right Honourable Henry St John, Lord Viscount Bolingbroke*, 5 卷(1754), 引自 v.160—163。关于当时游记中对于一夫多妻制的描述,特别参见 Felicity A. Nussbaum, *Torrid Zones* (1995),第 3 章。

84 *Boswell in Search of a Wife, 1766—1769*, Frank Brady 与 Frederick A. Pottle 编(1957), 3(引用), 25—26, 50—52; Annette Gordon-Reed, *The Hemingses of Monticello* (2008), 281—283, 344—345; *Diary of Dudley Ryder*, 85; [Daniel Defoe], *Conjugal Lewdness*(1727),

123—124；[Samuel Johnson], *The Philosophic Mirrour*（都柏林, 1759）, 228—235（引自第232页）；[Madan], *Thelyphthora*, 引自 i.40—41。

85 *Plan for a Free Community*（1789）, v—vii, 30—31（引用）。

86 Andrew, *London Debating Societies*, no.1719；*Boswell: The Ominous Years*, Ryskamp 与 Pottle 编, 88（引用）, 109—110。

87 [Madan], *Thelyphthora*, i.7；James Edward Hamilton, *A Short Treatise on Polygamy*（都柏林, 1786）, 16。相反，一妻多夫则被贬为反自然、绝后与不顺服，参见 [Ochino], *Dialogue of Polygamy*, 47—51；Gordon Campbell 与 Thomas N. Corns, *John Milton*（2008）, 357；British Library, Additional MS 61360, fol.176；Manley, *New Atalantis*, Ballaster 编, 117；*Philosophical Works of...Bolingbroke*, v.160—161；*Boswell: The Ominous Years*, Ryskamp 与 Pottle 编, 88；[Madan], *Thelyphthora*（第2版）, i.195n, 276, 279；Cookson, *Thoughts on Polygamy*, 56；Sommerville, *Sex and Subjection*, 152—161, 169n.34。

88 British Library, Additional MS 61360, fols 175—178；*Boswell: The Ominous Years*, Ryskamp 与 Pottle 编, 81—82。

89 *A Letter to the Rev Mr Madan*（1780）, 74—75；John Smith, *Polygamy Indefensible*（1780）, 6—7.

90 *Correspondence of Samuel Richardson*, Barbauld 编, vi.194；David Hume, *Essays Moral, Political, and Literary*, Eugene F. Miller 编（1987）, 184—187；[Joseph Priestley], *Considerations for the Use of Young Men*[1778], 12—13；*The Works of Mary Wollstonecraft*, Janet Todd 与 Marilyn Butler 编, 7卷（1989）, v.139。

91 Prince Hoare, *Memoirs of Granville Sharp, Esq.*（1820）, 149—151.

92 [Patrick Colquhoun], *A Treatise on the Police of the Metropolis*（第2版, 1796）, 278；*The Letters of Samuel Wesley*, Philip Olleson 编（2001）, 引自 xxxiii；Samuel Wesley（1766—1837）: *A Source Book*, Michael Kassler 与 Philip Olleson 编（2001）, 特别是第144、151、155—158、164、276、381—382、388—389、457、549页（引自第157—158、457页）；Philip Olleson, *Samuel Wesley*（2003）, 101—102, 153—154；*ODNB*；Miranda Seymour, *Mary Shelley*（2000）, 419, 603—604n.11。

93 Marsha Keith Schuchard, *Why Mrs Blake Cried*（2006）, 引自第2页；Hamilton, *Short Treatise*, 引自第[iii]—iv页。参见其 *Strictures on Primitive Christianity*, 2卷（1790—1792）。

94 [John Miner], *Dr Miner's Defence*（Hartford, Conn., 1781）；Leonard J. Arrington 与 Davis Bitton, *The Mormon Experience*（1979）, 特别是第70页（引用）, 195—199, 222—223；*Desert News-Extra*（盐湖城, 犹他州, 14 Sept. 1852）, 14—28（引自第25页）；John S. Tanner, 'Milton and the Early Mormon Defense of Polygamy', *Milton Quarterly* 21（1987）。参见 S. E. Dwight, *The Hebrew Wife*（纽约, 1836）。

95 *The Collected Works of John Stuart Mill*, J. M. Robson 等, 33卷（1963—1991）, 引

自 xviii.260, 290［*On Liberty*，第 iii、iv 章］。参见 H. L. A. Hart, *Law, Liberty and Morality*（1963）, 38—43；Sarah Barringer Gordon, 'The Liberty of Self-Degradation', *Journal of American History* 83（1996）；Stephanie Forbes, 'Why Just Have One?', *Houston Law Review* 39（2003）；Martin Guggenheim, 'Texas Polygamy', *Houston Law Review* 46（2009）。

96 特别参见 Karen Harvey, *Reading Sex in the Eighteenth Century*（2004）；Sarah Toulalan, *Imagining Sex*（2007）。

第五章

1 见第一章之“上帝的革命”。

2 Katherine Ludwig Jansen, *The Making of the Magdalen*（2000）；*Reformation Biblical Drama in England*，Paul Whitfield White 编（1992）；*OED*；关于更广阔的欧洲语境，见 Susan Haskins, *Mary Magdalene*（1993）。

3 Richard Cooke, *A White Sheete, or a Warning for Whoremongers*（1629）, 31, 36—37；Z[acheus] Isham, *A Sermon Preached before the Right Honourable the Lord-Mayor*（1700）, 22；Thomas Lynford, *A Sermon Preached before the Right Honourable the Lord-Mayor*（1700）, 23—24；Sir Edward Coke, *The Second Part of the Institutes*（1642）, 734；Robert Moss, *A Sermon Preach'd Before the Right Honourable the Lord Mayor*（1709）, 14.

4 [Jonas Hanway], *A Plan for Establishing a Charity-House*（1758）, xxv；[Bernard Mandeville], *A Modest Defence of Publick Stews*（1724）, x—xi；[Edward Ward], *The London-Spy Compleat*（第 4 版，1709），第 vi 部分。

5 Karpeles Manuscript Library, Santa Barbara, California: Thomas Bray, 'A General Plan of a Penitential Hospital for the Imploying and Reforming Lewd Women' [c.1699]；*Journals of the House of Commons*（1802— ）, xxvi. 190（23 Apr. 1751）；Henry Fielding, *The Covent-Garden Journal*[1752], Bertrand A. Goldgar 编（1988）, no.57［参见 Henry Fielding, *An Enquiry into the Late Increase of Robbers*（1751）, Malvin R. Zirker 编（1988）, 120—122］；桑德斯·韦尔奇致纽卡斯尔公爵的信（1753），见 *The London Chronicle*, 14—17 Jan. 1758。

6 Bray, 'General Plan of a Penitential Hospital'；Thomas Nelson, *An Address to Persons of Quality and Estate*（1715）, 212—213.

7 参见 Leah Lydia Otis, *Prostitution in Medieval Society*（1985）, 72—76；Ruth Mazo Karras, *Common Women*（1996）, 82；Peter Biller, *The Measure of Multitude*（2000）, 74—76；Sherrill Cohen, *The Evolution of Women's Asylums Since 1500*（1992），第 1—6 章；Olwen H. Hufton, *The Poor of Eighteenth-Century France*（1974）, 309—310；Colin Jones, 'Prostitution and the Ruling Class in Eighteenth-Century Montpellier', *History Workshop Journal* 6（1978）。关于天主教先例的问题以及其他有趣的类似事例，参见 Bridget Hill, 'A Refuge from Men: The Idea of a Protestant Nunnery', *Past and Present* 117（1987）。

8 参见 [Christopher] Johnson,*The History of...Eliz. Mann*(1724),v—vi;Jonas Hanway, *Letter V*(1758),23;[出处同上],*Plan for Establishing a Charity-House*,引自第 xxi 页;出处同上,*Letters Written Occasionally on the Customs of Foreign Nations in Regard to Harlots*(1761)。

9 Stephen Macfarlane, 'Social Policy and the Poor in the Later Seventeenth Century', A. L. Beier 与 Roger Finlay 编, *London 1500—1700*(1986); Paul Slack, *Poverty and Policy in Tudor and Stuart England*(1988), 195—199; Mary E. Fissell 与 Tim Hitchcock 的相关章节,见 Lee Davison 等编, *Stilling the Grumbling Hive*(1992)。

10 关于此一普遍问题之不可或缺的导论性研究,参见 David Owen, *English Philanthropy 1660—1960*(1965); Donna T. Andrew, *Philanthropy and Police*(1989)。

11 关于伦敦的性慈善机构,参见 *An Account of the Misericordia Hospital*(1780); *An Account of the Institution of the Lock Asylum*(1796); *An Account of the London Female Penitentiary*(1809); *Report of the Provisional Committee of the Guardian Society*(1816)。

12 Martin Madan, *Every Man Our Neighbour*(1764 年版), 8;William Dodd, *An Account of the Rise, Progress, and Present State of the Magdalen Charity*(第 2 版,1763), 110; William Dodd, *A Sermon on St. Matthew*(1759), 15。

13 [Daniel Defoe], *Augusta Triumphans*(1728),引自第 4 页[参见 Ruth K. McClure, *Coram's Children*(1981), 特别是第 1—3 章]; *An Account of the Proceedings of the Governors of the Lock-Hospital*(1749),引自 [i][参见 1751 年版,以及 John [Gilbert], *A Sermon Preached before the...Governors of the Several Hospitals*(1743), 19—20]; [John Reynolds], *A Compassionate Address to the Christian World*, [Martin] Madan 编(1767),引自 [iii]。关于性病医院与收容所,见 Linda E. Merians 编, *The Secret Malady*(1996),特别是第 8 章; Kevin P. Siena, *Venereal Disease, Hospitals and the Urban Poor*(2004),特别是第 5—6 章。

14 在兰贝斯收容所最早的终身监护人中,同样包括了臭名昭著的色狼弗朗西斯·达什伍德爵士:《收容所制度及监护人会议之记录》(*An Account of the Institution, and Proceedings of the Guardians, of the Asylum*, 1761), 28。

15 除了后文的引证外,亦可参见 1749—1760 年间伦敦的报纸(*Daily Advertiser*, *Public Advertiser*, *Gentleman's Magazine*, *London Chronicle*, *London Magazine*, *Lloyd's Evening Post*); *The Rambler*, no.107(1751); *The Vices of the Cities of London and Westminster*(1751), 21—27; 'M. Ludovicus'[即 John Campbell], *A Particular but Melancholy Account*(1752); *Reflections Arising from the Immorality of the Present Age*(1756), 47—50; [Hanway], *Plan for Establishing a Charity-House*, 引自第 v 页, 及其 *Letter V*; John Fielding, *A Plan of the Asylum*(1758),引自第 [23] 页; *The Yale Edition of Horace Walpole's Correspondence*, W. S. Lewis 等编, 48 卷(1937—1983),引自 ix.217; 洛克曼的话引自一份剪报,见 British Library pressmark C.116.i.4(125);[Edward Ward

等], *The Insinuating Bawd, and the Repenting Harlot...Intended to Promote a Provision to be Made for such Unhappy Females*(1758); H. F. B. Compston, *The Magdalen Hospital*(1917); James Stephen Taylor, *Jonas Hanway*(1985), 76; *Dictionary of National Biography*(1885—1901), David Garrick; Archives of the Royal Society of Arts, London: Society Minutes, 卷3; D. G. C. Allan 与 John L. Abbott 编, *The Virtuoso Tribe of Arts and Sciences*(1992), 第2章。

16 *Boswell's Life of Johnson*, George Birkbeck Hill 与 L. F. Powell 编, 6 卷(1934—1950), i.223—224n.2(引用), 457; iv.321—322(引用), 395—396; *Johnsonian Miscellanies*, George Birkbeck Hill 编, 2 卷(1897), ii.168—169, 326。

17 *Selected Letters of Samuel Richardson*, John Carroll (1964), 114, 172 (引用); *Correspondence of Samuel Richardson*, Anna Laetitia Barbauld 编, 6 卷(1804), i.clv; iv.212, 252, 254 (引用), 266—270, 292—293; vi.56, 108—109; [Samuel Richardson], *Letters and Passages Restored from the Original Manuscripts of the History of Clarissa* (1751), 引自第150页(来自第3版增加的一封信); 出处同上, *The History of Sir Charles Grandison*[1753—1754], Jocelyn Harris 编, 3 卷(1972), 引自 i.355, 364, 372, ii.356; T. C. Duncan Eaves 与 Ben D. Kimpel, *Samuel Richardson* (1971), 463—465。参见 Henry Brooke, *The Fool of Quality*, 5 卷(1766—1770), iv.260—263; Markman Ellis, *The Politics of Sensibility* (1996), 166—169。

18 John Fielding, *An Account of the Origin and Effects of a Police* (1758), 引自第55页; 出处同上, *A Plan for a Preservatory and Reformatory* (1758); 出处同上, *A Plan of the Asylum* (1758); Saunders Welch, *Observations on the Office of Constable* (1754), 12; 出处同上, *A Proposal to Render Effectual a Plan* (1758), 引自第57—58页。

19 [Hanway], *Plan for Establishing a Charity-House*, 引自第 iv—v、xvi 页, 以及 *Letter V*; Robert Dingley, *Proposals for Establishing a Public Place of Reception* (1758); Taylor, *Jonas Hanway*。

20 Compston, *Magdalen Hospital*, 59—61, 191 (引用)。

21 [Hanway], *Plan for Establishing a Charity-House*, 引自第 xxvi、xxviii 页。

22 William Dodd, *A Sermon on Zechariah* (1769), 3; *The Histories of Some of the Penitents in the Magdalen-House*, 2 卷(1760), i.xviii; William Dodd, *An Account of the Rise, Progress and Present State of the Magdalen Charity* (1761), 63。

23 Dodd, *Account of the Rise*, *passim* (引自 41, 74n, 78); H. F. B. Compston, *The Magdalen Hospital* (1917), 182—183。

24 Dodd, *Account of the Rise* (第4版, 1770), *33—*44; [Martin Madan], *An Account of the Death of F. S.* [1763], 引自第8页("辉煌"是第1版之后才加入标题的); Compston, *Magdalen Hospital*, 144. 参见 *Account of the Death of E.- C.-* (都柏林, 1794)。

25 Dodd, *Account of the Rise* (1761 年版), xxvi, xxviii, 63; *The Rules, Orders and Regulations, of the Magdalen House* (第2版, 1759), 7; *The Yale Edition of Horace*

Walpole's Correspondence, W. S. Lewis 等编, 48 卷(1937—1983), ix.273—274 ; [Edward Jerningham], *The Magdalens: An Elegy* (1763)。

26 John Fielding, *An Account of the Origin and Effects of a Police* (1758),49—50, 53 ; Mr Marchant, *Observations on Mr Fielding's Plan* (1758), 17 ; Jonas Hanway, *Letter V* (1758), 25 ; Dodd, *Account of the Rise*(1761 年版), xx, 16, 75, 76n ; 出处同上(1763 年版), 106 ; [Jonas Hanway], *Thoughts on the Plan* (第 2 版, 1759), 57n ; *The Visitor*, William Dodd 编, 2 卷(都柏林, 1768), i.41。

27 *The Plan of the Magdalen House*(1758), 17 ; Dodd, *Account of the Rise*(1761 年版), *passim* (引自第 68—69、92—93 页) ; 出处同上(1770 年版), 410 ; [Hanway], *Thoughts on the Plan*, 4。

28 The Rules, *Orders and Regulations of the Magdalen House* (第 2 版, 1759), 7 ; Dodd, *Account of the Rise* (1763 年版), 130。

29 [Jonas Hanway], *A Plan for Establishing a Charity-House* (1758), xxiin, 30n ; [出处 同 上], *Thoughts on the Plan*, 34 ; *The Rules and Regulations of the Magdalen-Charity* (1769), vi ; William Hazeland, *A Sermon Preached in the Chapel of the Asylum* (1761), 11 ; *A Letter to the Public on an Important Subject* (都柏林, 1767), 7 ; Hanway, *Letter V*, 15 ; *Rules*, *Orders and Regulations*, 8 ; *Plan of the Magdalen House*, 38 ; Dodd, *Sermon on Zechariah*, 6。参见 Saunders Welch, *A Proposal to Render Effectual a Plan* (1758), 13n ; [David Stansfield], *Candid Remarks on Mr Hanway's Candid Historical Account* (第 2 版 1760), 41。

30 Donna T. Andrew, *Philanthropy and Police* (1989), 149, 178, 179n.51.

31 Karpeles Manuscript Library, Santa Barbara, California: Thomas Bray, 'A General Plan of a Penitential Hospital for the Imploying and Reforming Lewd Women'[c.1699] ; [Daniel Defoe?], *Some Considerations uponStreet-Walkers*[1726], 6 ; [Jonas Hanway], *A Plan for Establishing a Charity-House* (1758), 引自第 31 页; Archives of the Royal Society of Arts, London: Society Minutes, 卷 3, 引 自 42 页; Guard Books, 卷 9, 引 自 item 83 ; Loose Archives (M) A2, fols 59—60 ; Hanway, *Letter V*, 14 ; *Gentleman's Magazine*, xxviii.192—193 (Apr. 1758) ; D. G. C. Allan, 'Compassion and Horror in Every Humane Mind', D. G. C. Allan 与 John L. Abbott 编, *The Virtuoso Tribe of Arts and Sciences* (1992)。

32 R. Campbell, *The London Tradesman* (1747), 209. 例 如 参 见 John Gay, *Trivia* (1716), 第 III 册, lines 277—278 ; *Serious Thoughts on the Miseries of Seduction and Prostitution* (1783), 51—52 ; *Thoughts on Alleviating the Miseries attendant upon Common Prostitution* (1799), 28。

33 [John Dunton], *The Night-Walker* (1696—1697), i/3, sig.[A3^{r-v}] (引用) ; i.4, 89, 17—18, 22 ; ii.1, 3—4, 29—30 ; [Josiah Woodward], *A Rebuke to the Sin of Uncleanness* (1704 年版), 引自第 21 页; *Directions and Prayers for the Use of the Patients in the Foul*

Wards（1734），引自第 16—17 页；参见 *A Short Dissuasive from the Sin of Uncleanness*（1701）；Isaac [Maddox]，*The Love of our Country Recommended*（1737），23；Edward Yardley，*Christ's Appearing*（1749），20。

34 Bray，'General Plan of a Penitential Hospital'；[Dunton]，*Night-Walker*，ii/1，第 30 页；ii/2，sig.[A4v]（引用）；Josiah Woodward，*Sodom's Vices*（1697），14—15；出处同上，*The Duty of Compassion*（1697），xii—xvi；*The Invisible-Observator*（1705），8；Stephen Macfarlane，'Social Policy and the Poor in the Later Seventeenth Century'，A. L. Beier 与 Roger Finlay 编，*London 1500—1700*（1986）；Paul Slack，*Poverty and Policy in Tudor and Stuart England*（1988），195—200。

35 此处及接下来的文字特别参考了薇薇安·琼斯透辟而精彩的 'Placing Jemima'，*Women's Writing* 4（1997），此处引自 218n.23。参见 *Gentleman's Magazine*（Dec. 1795），1078—1079；Edward Barry，*Theological*，*Philosophical*，*and Moral Essays*[1790?]，70—72；*Remarks upon Seduction*（1799），23；Donna T. Andrew，*Philanthropy and Police*（1989），188。

36 Priscilla Wakefield，*Reflections on the Present Condition of the Female Sex*（1798），引自第 164 页；Mary Ann Radcliffe，*The Female Advocate*（1799），引自第 27 页。

37 Mary Hays，*The Victim of Prejudice*（1799）；*The Works of Mary Wollstonecraft*，Janet Todd 与 Marilyn Butler 编，7 卷（1989），引自 i.12［托德与布特勒编辑的版本最后一个单词印的是"女人"（woman），但在其所依据的 1798 年第 1 版中，此处印的是"女人们"（women）］；Archives of the Royal Society of Arts，London: Guard Books，卷 9，引自 item 83；*The Histories of Some of the Penitents in the Magdalen-House*，2 卷（1760），引自 i.vi；[L. J. Plumard de Dangeul]，*Remarks on the Advantages and Disadvantages*（1754），215。

38 *A Congratulatory Epistle from a Reformed Rake*[1758]，引自第 44—45 页。

39 *The Vices of the Cities of London and Westminster*（1751），引自第 23 页（显然是指一种针线活而非制瓷）；*Gentleman's Magazine*，引自 xxi.164（Apr. 1751）；Hanway，*Letter V*，12—13，24；［出处同上］，*Plan for Establishing a Charity-House*，32；J[oseph] Massie，*A Plan for the Establishment of Charity-Houses*（1758），6—12。

40 [Hanway]，*Plan for Establishing a Charity-House*，引自 30n；John Fielding，*A Plan for a Preservatory and Reformatory*（1758），引自第 19—21 页；Archives of the Royal Society of Arts，London: Guard Books，卷 9，引自 item 83；Mr Marchant，*Observations on Mr Fielding's Plan*（1758），7；*The Rules*，*Orders and Regulations*，*of the Magdalen House*（1760 年版），20。

41 *Rules*，*Orders and Regulations*，20；Fielding，*Plan for a Preservatory and Reformatory*，20；H. F. B. Compston，*The Magdalen Hospital*（1917），180；*An Account of the...Asylum*（1763 年版），20（以及其后版本中的相同叙述）；Archives of the Shaftesbury

Society, London: Minute Book of the Lambeth Asylum（1761—1765）。

42 见 H. F. B. Compston, *The Magdalen Hospital*（1917）, 35—38；James Stephen Taylor, *Jonas Hanway*（1985），第 v—vi 章；Donna T. Andrew, *Philanthropy and Police*（1989），特别是第 3 章。参见 Ruth K. McClure, *Coram's Children*（1981），特别是第 238 页（表 2）。

43 Martin C. 与 Ruthe R. Battestin, *Henry Fielding*（1989），引自第 614 页；Compston, *Magdalen Hospital*, 34—35；Taylor, *Jonas Hanway*, 71, 73, 97—99, 126, 156；Saunders Welch, *A Proposal to Render Effectual a Plan*（1758），特别是第 1—6、36—38、42 页。

44 *The Idler*, no.4（May 1758）；*Considerations on the Fatal Effects to a Trading Nation*（1763）, 17—18；Tobias Smollett, *The Adventures of Ferdinand Count Fathom*, 2 卷（1753），第 ii 卷，第 lii 章。参见 Bernard Mandeville, *The Fable of the Bees*, F. B. Kaye 编，2 卷（1924）, i.261；Charles Johnstone, *Chrysal, or the Adventures of a Guinea*, 2 卷（1760），第 i 卷第 2 册及第 ii 卷第 1 册；Edward Bayley, *A Sermon Preached on the Opening of the New Chapel of the Magdalen Asylum*（都柏林，1770）, 59；Andrew, *Philanthropy and Police*, 86—87, 161。

45 参见 Compston, *Magdalen Hospital*, 61—64；Andrew, *Philanthropy and Police*, 71n.69；Martin Madan, *Every Man Our Neighbour*（1764 年版）, 17；Gerald Howson, *The Macaroni Parson*（1973）；Archives of the Shaftesbury Society, London: Minute Book of the Lambeth Asylum（1761—1765）；*An Account of the...Asylum*（1761）, 7—9；*A State of the Asylum, as Far as it Relates to Mr Maxwell*[1782]；*Asylum Minutes*[1782]。

46 Mandeville, *Fable*, F. B. Kaye 编, i.280；William Dodd, *A Sermon on St. Matthew*（1759）, 15；Beilby Porteus, *A Sermon Preached in the Chapel of the Asylum*[1773], 9。

47 [Jonas Hanway], *A Plan for Establishing a Charity-House*（1758）, 18（尽管实际上当伦敦抹大拉之家开设之时，它就具有一种公开的运作策略）；*Account...of the Lock-Hospital*（1749）, 2；*Account of the...Asylum*, 16。

48 *An Account of the Institution and Proceedings of the Guardians of the Asylum*（1782）；Ford K. Brown, *Fathers of the Victorians*（1961）, 73—74；Linda E. Merians 编, *The Secret Malady*（1996），特别是第 8 章；Kevin P. Siena, *Venereal Disease, Hospitals and the Urban Poor*（2004），特别是第 5—6 章。

49 *The Yale Edition of Horace Walpole's Correspondence*, W. S. Lewis 等 编, 48 卷（1937—1983）, ix.273—274。

50 参见 *London Chronicle* 21 Apr. 1758；*The Visitor*, William Dodd 编, 2 卷（都柏林, 1768）, nos 8, 10, 53, 73—74；Dodd, *Sermon on St. Matthew*, 18；*Autobiography of the Rev. Dr Alexander Carlyle*（第 2 版, 1860）, 503—504。参见 Sarah Lloyd, 'Pleasure's Golden Bait', *History Workshop Journal* 41（1996）。

51 参 见 M. G. Jones, *The Charity School Movement*（1938）, 58—61；Faramerz

Dabhoiwala, 'Summary Justice in Early Modern London', *English Historical Review* 121 (2006), 801—802 ; Francis Kelly Maxwell, *A Sermon Preached at Different Churches and Chapels* (1763) ; Simon McVeigh, 'Music and the Lock Hospital in the 18th Century', *The Musical Times* 129 (1988) ; Nicholas Temperley, 'The Lock Hospital Chapel and Its Music', *Journal of the Royal Musical Association* 118 (1993), 及其 'The Hymn Books of the Foundling and Magdalen Hospital Chapels', David Hunter 编, *Music Publishing and Collecting* (1994)。参见 Sarah Lloyd, 'Pleasing Spectacles and Elegant Dinners', *Journal of British Studies* 41 (2002)。

52 *London and its Environs Described*, 6 卷(1761), 引自 iv.224 ; William Dodd, *An Account of the Rise, Progress and Present State of the Magdalen Charity* (1761), 引自第 110—111 页; *Walpole's Correspondence*, Lewis 编, ix.273—274 ; William Dodd, 'An Ode, occasioned by Lady N-d's being prevented by illness from coming to the chapel of the Magdalen House' 及 'Verses occasioned by seeing the Countess of Hertford, in tears at the Magdalen House', 见其 *Poems* (1767), 148—152 (引用), 168—170 ; *Considerations on the Fatal Effects to a Trading Nation* (1763), 15 ; Compston, *Magdalen Hospital*, 150—151 ; *Autobiography of the Rev. Dr Alexander Carlyle*,引自第 503 页。

53 除了另有注明,这里叙述中的细节与引文都依自 Representative Church Body Library, Dublin: Magdalen Asylum Admissions Book I (1769—1795), entries for 1767—1779。我对于这些资料的工作颇得益于玛丽亚・拉狄的慷慨,她的 *Prostitution and Irish Society, 1800—1940* (2007)是关于这一问题之晚近历史的最佳导论。关于英国早期其他针对忏悔妓女的收容机构,见 Stanley Dana Nash, 'Social Attitudes towards Prostitution in London from 1752 to 1829' (New York University Ph.D. thesis, 1980), 第 iv—v 章; Kevin P. Siena, *Venereal Disease, Hospitals and the Urban Poor* (2004),第 5 章;并参见 Martin Madan, *Every Man Our Neighbour* (1764 年版), 4, 15—16。

54 William Dodd, *A Sermon on St Matthew* (1759), 11 ; *By-Laws and Regulations of the Magdalen Hospital* (1802), viii ; Beatrice Bayley Butler, 'Lady Arbella Denny, 1707—1792', *Dublin Historical Record* 9 (1946—1947), 13.

55 参见 John Styles, *The Dress of the People* (2007), 63—69。

56 'Rules and Regulations', 6—8, 15—18,附于 Edward Bayly, *A Sermon Preached on the Opening the Chapel of the Magdalen Asylum* (都柏林, [1768]) ; Richard Woodward, *A Sermon Preached Before the Vice-Patroness, Governesses and Guardians of the Asylum for Penitent Women* (都柏林, 1774),附录。

57 参见 *A Short Account of the Magdalen Hospital* (1807), 10。

58 参见 William [Newcombe], *A Sermon Preached at the Chapel in Leeson-Street* (都柏林, 1773), 14 ; Woodward, *Sermon Preached Before the Vice-Patroness*, 引自第 18—20 页; Thomas Leland, *The Christian's Duty to Offenders* (都柏林, 1775),引自第 16 页;

John Lever, *The Nature and Extent of Christian Love*（都柏林, 1778）, 15—18；Nash, 'Social Attitudes', 279—283。

59 Leland, *Christian's Duty*, 7, 20.

60 参见 1768 年之 'Rules and Regulations', 6—8, 以及 *Rules and Regulations for the Asylum of Penitent Females*（都柏林, 1796）, 6—8。

61 Edward Bayly, *A Sermon Preached on the Opening of the New Chapel of the Magdalen Asylum*（都柏林, 1770）, 70—74。

62 *Rules and Regulations for the Asylum*, 60.

63 Bayly, *Sermon Preached on the Opening of the New Chapel*, 75—76（我猜测作者的资料来源是 Admissions Book）。

64 Jeffrey Weeks, *Sex, Politics and Society*（第 2 版, 1989）, 引自第 58 页；Michael Mason, *The Making of Victorian Sexuality*（1994）, 引自第 169 页。

65 基于相同的根据, 他稍后估算在整个王国至少有十万名"淫荡及下流的女子, 她们或全职或兼职卖淫"：P. 柯洪,《论贫穷》（*A Treatise on Indigence*, 1806）, 第 40 页。

66 P[atrick] Colquhoun, *A Treatise on the Police of the Metropolis*（第 6 版, 1800）, 引自第 340 页；Michael Mason, *The Making of Victorian Sexual Attitudes*（1994）, 73—103, 233—236（引自第 101 页）。参见 [J. W.] D'Archenholz, *A Picture of England*, 2 卷（1789）, ii.89（"伦敦据说有五万五千名妓女, 这还不包括那些做情人的"）；Judith R. Walkowitz, *Prostitution and Victorian Society*（1980）, 第 2 章。

67 J[oseph] Massie, *A Plan for the Establishment of Charity-Houses*（1758）, 2—4；[Jonas Hanway], *Thoughts on the Plan*（第 2 版, 1759）, 12；William Hazeland, *A Sermon Preached in the Chapel of the Asylum*（1761；布道于 1760）, 10。

68 Josiah Tucker, *A Brief Essay*（1749）, 引自第 21—22 页；John Fielding, *An Account of the Origin and Effects of a Police*（1758）, 引自第 44 页；Robert Dingley, *Proposals for Establishing a Public Place of Reception*（1758）, 7；[Hanway], *Thoughts on the Plan*, 11—12；*Thoughts on the Misery of a Numerous Class of Females*（都柏林, 1794）, 6；James Hallifax, *A Sermon Preached in the Chapel of the Asylum*（1766）, 引自第 14 页；Archives of the Shaftesbury Society, London: Minute Book of the Lambeth Asylum（1761—1765）, 7—10, 71—72, 74—75, 144—146；T. R. Malthus, *An Essay on the Principle of Population* [1803—1826 年版], Patricia James 编, 2 卷（1989）, 引自 ii.111—114。

69 Saunders Welch, *A Proposal to Render Effectual a Plan*（1758）, 3—5；William Dodd, *An Account of the Rise, Progress, and Present State of the Magdalen Charity*（第 2 版, 1763）, 122。

70 Henry Fielding, *The Covent-Garden Journal* [1752], Bertrand A. Goldgar 编（1988）, 引自第 312 页及 n.1；[Jean Andre Rouquet], *Lettres de Monsieur* **（1746）, 引自第 4 页；*The Histories of Some of the Penitents in the Magdalen House*, 2 卷（1760）；[Martin

Madan], *An Account of the Death of F. S.* [1763],引自第 1 页; William Dodd, *An Account of the Rise, Progress and Present State of the Magdalen Charity* (第 4 版, 1770),引自第 *36 页; [Jonas Hanway], *A Plan for Establishing a Charity-House* (1758), xvii, 29—30 (引自第 29 页);出处同上, *Letter V* (1758), 9, 11, 14—15; Mr Marchant, *Observations on Mr Fielding's Plan* (1758), 8—9, 14—15。

71 *Gentleman's Magazine*, 引 自 xxvii.366—367(Aug. 1757);John Fielding, *A Plan for a Preservatory and Reformatory* (1758),116—117;Massie, *Plan for the Establishment of Charity-Houses* (1758),38—44。参见 Jennie Batchelor,'Industry in Distress', *Eighteenth-Century Life* 28 (2004)。

72 [Hanway], *Plan for Establishing a Charity-House*, 19—20; *The Plan of the Magdalen House for the Reception of Penitent Prostitutes* (1758), 15—16; William Dodd, *An Account of the Rise, Progress, and Present State of the Magdalen Charity* (1761), xii, 134;出处同上, *A Sermon on Zechariah* (1769),插页平面图和解释。

73 参 见 Hanway, *Letter V*, 9, 14—15, 23;[出 处 同 上], *Plan for Establishing a Charity-House*, viii; *An Address to the Guardian Society* (1817), 21。

74 当时的种族观也同样逐渐固化。在大英帝国,白种人作为殖民者,对于其他种族所谓的不知礼义怀有的嫌恶日益突出。在国内,兰贝斯收容所的管理者在 1782 年决定其不会接受"黑人或黑白混血人";第二年,抹大拉之家同样禁止收容所有的"黑人女性"。《收容所之制度及守护者之会议记录》(*An Account of the Institution and Proceedings of the Guardians of the Asylum*, 1782), 17; H.F.B. 康普斯顿,《抹大拉之家》(*The Magdalen Hospital*)(1917),200;菲利帕·列文编,《性别与帝国》(*Gender and Empire*,2004),第 6 章。

75 Stanley Dana Nash, 'Social Attitudes towards Prostitution in London from 1752 to 1829' (New York University Ph.D. thesis, 1980), 244—245; *By-Laws and Regulations of the Magdalen Hospital* (1802),39—43; *A Short Account of the Magdalen Hospital* (1807), 5—9.

76 *Address to the Guardian Society*, 10 (引用); *The Evils of Adultery and Prostitution* (1792), 64; *An Account of the Institution of the Lock Asylum* (1796); *An Account of the London Female Penitentiary* (1809); *Report of the Provisional Committee of the Guardian Society* (1816); Ford K. Brown, *Fathers of the Victorians* (1961), 15—16, 21—25; Nash, 'Social Attitudes',第 ii—v 章。

77 参见纳什的开拓性研究,见 Stanley Nash, 'Social Attitudes'; Donna T. Andrew, *Philanthropy and Police* (1989), 187—194 (引 自 第 194 页); H. F. B. Compston, *The Magdalen Hospital* (1917), 引 自 第 200 页; Frances Finnegan, *Poverty and Prostitution* (1979), 第 6 章 及 其 *Do Penance or Perish* (2001); Maria Luddy, *Women and Philanthropy in Nineteenth-Century Ireland* (1985), 第 4 章 及 其 *Prostitution and Irish Society, 1800—1940* (2007);关于 19 世纪社会与刑罚政策对于贫困女性之伤风败俗的

一般态度，见 Lucia Zedner, *Women, Crime and Custody in Victorian England*（1991）。

78 参见 Robin Evans, *The Fabrication of Virtue*（1982）; Stanley Nash, 'Prostitution and Charity', *Journal of Social History* 17（1984）; John Bender, *Imagining the Penitentiary*（1987）; Sherrill Cohen, *The Evolution of Women's Asylums Since 1500*（1992），第 7 章; Miles Ogborn, *Spaces of Modernity*（1998），第 2 章。

79 *The Works of Mary Wollstonecraft*, Janet Todd 与 Marilyn Butler 编，7 卷（1989），引自 v.140。参见 *The Collected Works of John Stuart Mill*, J. M. Robson 等编，33 卷（1963—1991），xvii.1692—1695, 1715; Vivien Jones, 'Placing Jemima', *Women's Writing* 4（1997），203。

80 *Thoughts on Means of Alleviating the Miseries Attendant on Common Prostitution*（1799），引自第 27 页; *An Address to the Guardian Society*（1817），引自第 17 页; 典型的例子，见 *Boswell in Search of a Wife, 1766—1769*, Frank Brady 与 Frederick A. Pottle 编（1957），293; *Boswell for the Defence 1769—1774*, William K. Wimsatt, Jr 与 Frederick A. Pottle 编（1959），69; T. C. Duncan Eaves 与 Ben D. Kimpel, *Samuel Richardson*（1971），225, 232; University College London, MSS of Jeremy Bentham, cvii.100—106; Robert Holloway, *The Rat-Trap* [1773], 57; *The Works of John Wesley*, Frank Baker 等编（1980— ），xxv.365（14 Jan. 1734）; *An Extract from the Reverend Mr John Wesley's Journal, from…1746 to…1759*（1754），34—35（22 Nov. 1747）; John Wesley, *A Sermon Preached before the Society for Reformation of Manners*[1763], 10; Moses Browne, *The Causes that Obstruct the Progress of Reformation*（1765），30—31; *ODNB*, Dorothy Ripley; *The Diary of Sylas Neville, 1767—1788*, Basil Coz-ens-Hardy 编（1950），44。

81 Eric Trudgill, *Madonnas and Magdalens*（1976），282; *The Gladstone Diaries*, M. R. D. Foot 与 H. C. G. Matthew 编，14 卷（1968—1994），*passim*，此处引自 iv.586（20 Jan. 1854）; *ODNB*, Angela Georgina Burdett-Coutts, Charles John Huffam Dickens, George Gissing, Catherine Gladstone。

82 其概观参见 *Address to the Guardian Society*, 6; H. F. B. Compston, *The Magdalen Hospital*（1917），16; Edward J. Bristow, *Vice and Vigilance*（1977），引自第 70 页，及其 *Prostitution and Prejudice*（1982）; Judith R. Walkowitz, *Prostitution and Victorian Society*（1980）及其 *City of Dreadful Delight*（1992）; Cohen, *Evolution of Women's Asylums*，第 6—7 章; Paula Bartley, 'Preventing Prostitution', *Women's History Review* 7（1998），引自第 45 页，及其 *Prostitution: Prevention and Reform in England, 1860—1914*（2000）。

83 参见 Frances Finnegan, *Do Penance or Perish*（2001）。

第六章

1 令我鼓舞的是，本章中所发展的某些观念，亦见 Clifford Siskin 与 William Warner 编，*This is Enlightenment*（2010）。

2 George Vertue, *Note Books*, 6 卷(Walpole Society, 1930—1955), iii.58; vi.192。

3 John Ireland, *A Supplement to Hogarth Illustrated* (1798), 3, 27.

4 Ronald Paulson, *Hogarth's Harlot* (2003). 他热切地证明荷加斯高度的原创性，于是他也忽视掉了其作品与早前国外与本土关于浪子、娼妓及悔改者之生平的印刷品在叙事进程上的惊人相似性：见其 *Hogarth's Graphic Works*（第 3 版，1989）及 *Hogarth*, 3 卷(1991—1993), i.256—257; ii.20—21; 亦参见 Hilde Kurz, 'Italian Models of Hogarth's Picture Stories', *Journal of the Warburg and Courtauld Institutes* 15 (1952); David Kunzle, *The Early Comic Strip* (1973)，特别是第 9 章。

5 Horace Walpole, *Anecdotes of Painting in England*, 4 卷(1765—71), iv.76。

6 关于这一点及接下来一点，参见 Sophie Carter, *Purchasing Power* (2004)，第 2 章。

7 Walpole, *Anecdotes*, iv.76; 8 George II c.13; [John Nichols 等], *Biographical Anecdotes of William Hogarth* (1782), 32—33; Paulson, *Hogarth*, i.309（第 14 页）；亦可参见 Robert Etheridge Moore, *Hogarth's Literary Relationships* (1948); David Kunzle, 'Plagiaries-by-Memory of the Rake's Progress', *Journal of the Warburg and Courtauld Institutes* 29 (1966); Timothy Clayton, *The English Print 1688—1802* (1997), 81—90; 以及 David Bindman, *Hogarth and His Times* (1997)。

8 引文来自版画商托马斯与约翰·鲍尔斯的一则广告，*London Evening Post*, 16 May 1732。荷加斯印刷品之翻印与抄袭物的最大合集是迄今仍未被充分研究的 J. R. 乔利所辑之二十四卷本，藏于 Department of Paintings, Drawings and Prints, Fitzwilliam Museum, Cambridge [下文简写为 'Joly Collection']：卷 10 与卷 11 包括了与《一个妓女的历程》有关的项目。对于这些资料的研究，我最需要感谢的是克雷格·哈特利与安德鲁·莫里斯的帮助。我同样极大受惠于大英博物馆的图片和绘图部门的同仁（特别是希拉·奥康奈尔），以及耶稣大学刘易斯·沃波尔图书馆的学友（特别是琼·苏斯勒），她们多年的善意为我研究其机构之馆藏提供了极大的便利。

9 参见 *The Progress of a Harlot*（第 2 版，1732）; *The Harlot's Progress*（至少 7 版，1732—1753）; 'Joseph Gay' [即 John Durant Breval], *The Harlot's Progress*（第 2 版，1739）; Theophilus Cibber, *The Harlot's Progress* (1733); Henry Potter, *The Decoy: An Opera*（第 2 版，1733—1744）; *The Jew Decoy'd; or the Progress of a Harlot*（第 2 版，1733—1735）; *Daily Advertiser*, 29 Oct. 1746; *Gazetteer and New Daily Advertiser*, 2 June 1769; *The Diary of Sylas Neville*, 1767—1788, Basil Cozens-Hardy 编(1950), 71; John Nichols 与 George Steevens, *The Genuine Works of William Hogarth* (2 卷, 1808—1810), ii.7; Lionel Cust, *Catalogue of the Collection of Fans and Fan-Leaves Presented to the British Museum by Lady Charlotte Schreiber* (1893), unmounted nos 151—155; Art Institute of Chicago, fan mount with scenes 4—6 of *A Harlot's Progress* (c.1732—1761), accession no.1947.144; H. J. L. J. Masse, 'Some Notes on the Pewter', *Burlington Magazine* 3 (1903), 76; *The London Stage, 1660—1800*, 5 部分, W. van Lennep 等编(1960—

1968),第 iii、iv 部分; R. B. Beckett, *Hogarth* (1949), 68; *Secret Comment*, Alan Saville 编(1997), 234, 241; Lars Tharp, *Hogarth's China* (1997), 39—40。

10 亦可参见 Richard Newton, *Progress of a Woman of Pleasure*(刻版画, 1796); Joly Collection,第 11 卷; Ellen G. D'Oench, 'Prodigal Sons and Fair Penitents', *Art History* 13 (1990)。

11 Joly Collection,第 12、13 卷。

12 Joly Collection, 特别是第 15 与 16 卷; Tharp, *Hogarth's China*; Clayton, *English Print*, 81—83, 86, 88; William St Clair, *The Reading Nation in the Romantic Period* (2004)。精彩的个案研究,见 William B. Warner, *Licensing Entertainment* (1998); Mark Hallett, *The Spectacle of Difference* (1999),特别是第 3 章,及其 'Manly Satire', Bernadette Fort 与 Angela Rosenthal 编, *The Other Hogarth* (2001); Thomas Keymer 与 Peter Sabor, *Pamela in the Marketplace* (2005)。

13 参见 Peter H. Pawlowicz, 'Reading Women', Ann Bermingham 与 John Brewer 编, *The Consumption of Culture, 1600—1800* (1995); Markman Ellis, *The Politics of Sensibility* (1996), 164—165;关于这一问题及同时代其他相关变化之出色分析,见 John Brewer, *The Pleasures of the Imagination* (1997),特别是第 3、4、11 章。

14 *OED*, 'pornographer', 'pornography'. 法国稍后也出现了类似发展,并为人熟知,如 Restif de la Bretonne 的 *Le Pornographe* (1769),亦见于伦敦: Thomas Davies, *A Catalogue of very Curious and Valuable Books* [1770], 96; Thomas Payne, *A Catalogue of very Valuable Books, in Various Languages* (1796), 205—206; University College London, MSS of Jeremy Bentham, lxxvii.194。

15 参见 Margaret F. Rosenthal, *The Honest Courtesan* (1992); Timothy Clark 等编, *The Dawn of the Floating World 1650—1765* (2001), cat.no.25; OED, 'Cyprian', 'Cytherean', 'Paphian'; *Tom K—g's: or, The Paphian Grove* (1738); Samuel Richardson, *Letters and Passages Restored from the Original Manuscripts of the History of Clarissa*(1751),203;[出处同上], *A Collection of the Moral and Instructive Sentiments...Contained in the Histories of Pamela, Clarissa, and Sir Charles Grandison* (1755), 315, 318; *A New Atalantis* (第 2 版, 1758), 89; *Nocturnal Revels*, 2 卷(1779), *passim*; *The Modern Atalantis* (1784), 56; *Reynolds*, Nicholas Penny 编(1986), 295—296。

16 Anne M. Haselkorn, *Prostitution in Elizabethan and Jacobean Comedy*(1983); A. V. Judges, *The Elizabethan Underworld* (1930).

17 两个早期例外是 16 世纪中期的老鸨朗·梅格,以及与她类似的斯图亚特早期的伊丽莎白·霍兰,见 Bernard Capp, 'Long Meg of Westminster: A Mystery Solved', *Notes and Queries* 243 (1998); Nicholas Goodman, *Hollands Leaguer* (1632); Shackerley Marmion, *Hollands Leaguer* (1632); Henry Glapthorne, *The Hollander* (1635), sig.B^{v}。

18 参见 John Dryden, *Sir Martin Mar-All* (1668),第 IV 幕第 1 场; William Wycherley,

The Plain Dealer（1677），dedication；*The Criers and Hawkers of London*，Sean Shesgreen 编（1990），彩图 52；[James Caulfield?]，*Blackguardiana*[1793?]，s.v.'A*/ABB'；*Dictionary of National Biography*（1885—1901），Madam Cresswell；*ODNB*，Madam Cresswell，Damaris Page，及其参考文献。

19 见 *The Diary of Samuel Pepys*，Robert Latham 与 William Matthews 编，11 卷（伦敦，1970—1983），引自 i.250；John Harold Wilson，*Court Satires of the Restoration*（1976）；Roger Thompson，*Unfit for Modest Ears*（1979），特别是第 5 章；Harold Love，*English Clandestine Satire 1660—1702*（2004）；Melissa M. Mowry，*The Bawdy Politic in Stuart England，1660—1714*（2004）；Robert D. Hume，'"Satire" in the Reign of Charles II'，*Modern Philology* 102（2005）。

20 关于小说，参见 *Look E're You Leap: or，A History of the Lives and Intrigues of Lewd Women*（第 10 版 [1720?]）；*The Prostitutes of Quality*；*or Adultery a-la-mode*（1757）；*Intrigue a-la-mode: or，The Covent-Garden Atalantis*（1767）；关于后期歌谣中的萨莉・索尔兹伯里，见 *The Bleach Yard's Garland*（达灵顿，1775）；*The Muses' Delight*（沃灵顿，[1775?]）；*The Case of Sally Salisbury*[1780]；*Sally Slisbury's Garland*（利物浦，[1780?]）；关于其他女性参见 *Tom K—g's*；*The Highlanders Salivated*（1746）；*Covent Garden in Mourning*（1747）；Helen Berry，'Rethinking Politeness in Eighteenth-Century England'，*Transactions of the Royal Historical Society* 18（2001）；关于合传，见 *The Humours of Fleet-Street and the Strand*，2 卷 [1749]；*Nocturnal Revels*，2 卷（1779）；*Harris's List of Covent Garden Ladies*（现存 1761、1764、1773、1774、1779、1783、1788、1789、1790、1793 年版）；*Ranger's Impartial List of the Ladies of Pleasure*（爱丁堡，1775）。

21 除非另行注明，下文的分析皆根据 John Chaloner Smith，*British Mezzotinto Portraits*，4 卷（1878—1884）；Charles E. Russell，*English Mezzotint Portraits and their States*，2 卷（1926）；Freeman O'Donoghue 与 Henry M. Hake，*Catalogue of Engraved British Portraits Preserved in the Department of Prints and Drawings in the British Museum*，6 卷（1908—1925）；印刷商的目录合集藏于 British Museum and the Paul Mellon Centre for Studies in British Art（其描述见 Antony Griffiths，'A Checklist of Catalogues of British Print Publishers c.1650—1830'，*Print Quarterly* 1（1984））；1682—1692 年的拍卖目录藏于 British Library（编号 1402.g.1）。

22 亦可参见 *Diary of Samuel Pepys*，vii.359，393；viii.23，206；Antony Griffiths，*The Print in Stuart Britain 1603—1689*（1998），第 9 章；Catherine MacLeod 与 Julia Marciari Alexander，*Painted Ladies*（2001），*passim*；Julia Marciari Alexander，'Painting a Life'，Kevin Sharpe 与 Steven N. Zwicker 编，*Writing Lives*（2008）；Michael Hunter 编，*Printed Images in Early Modern Britain*（2010），特别是第 15 章。

23 参见 Frederic George Stephens 与 M. Dorothy George，*Catalogue of Prints and Drawings in the British Museum: Division I: Political and Personal Satires*，11 卷（1870—

1954),第 3—7 卷(关于安妮·范思与雅茅斯夫人,可见 nos 2270, 2348, 2350, 2450, 2451, 2464, 2454, 2453, 2495, 2578, 2606, 3018); *Love after Enjoyment* (1732); *Vanelia: or, the Amours of the Great* (第 6 版, 1732); *The Humours of the Court* (第 2 版, 1732); *Vanella in the Straw* (第 3 版, 1732); *The Fair Concubine: or, the Secret History of the beautiful Vanella* (第 4 版, 1732); *Authentick Memoirs of the Unfortunate Vanella* (1736); *Vanella: A Tragedy* (1736); *Vanella's Progress* (1736); *Vanella: or an elegy* (1736); Diana Donald, *The Age of Caricature* (1996),第 3 章; Cindy McCreery, 'Keeping up with the Bon Ton', Hannah Barker 与 Elaine Chalus 编, *Gender in Eighteenth-Century England* (1997); Cindy McCreery, *The Satirical Gaze* (2004), 153—167。

24 *Sculptura-Historico-Technica* (1747),引自第 72 页; [Ange Goudar], *The Chinese Spy*, 6 卷(1765),引自 vi.208; *Robert Sayer's New and Enlarged Catalogue*[1766], 95—103。

25 虽然高尚的哈德威克勋爵喜欢讲述故事,但当他看到一张范妮·穆雷与基蒂·费舍尔的双面肖像画时,表示对此二人"了无所知",致使画像拥有者大吃一惊:理查德·库克西,《论约翰·萨默斯勋爵的一生》(*Essay on the Life and Character of John Lord Somers*)(伍斯特, 1791),第 102—103 页。

26 *Nocturnal Revels*, 引自 ii.227; Stephens 与 George, *Catalogue of Prints*, 如 nos 3180, 3215, 3567, 5204。

27 1763 年,相同的故事(只是钞票变成了一百镑)转到了她的对手基蒂·费舍尔身上:贾科莫·卡萨诺瓦,《回忆录》(*Memoirs of My Life*),威拉德·R. 特拉斯克译,第 12 卷(1970), ix, 308。

28 一般情况,见 Samuel Derrick, *Letters*, 2 卷(都柏林, 1767), ii.8; Graham Reynolds, *English Portrait Miniatures* (修订版, 1988), 112; *The Centinel 36* (30 July 1757); *The English Roscius*[1785?], 85; Horace Bleackley, *Ladies Fair and Frail* (1909); McCreery, *Satirical Gaze*, 第 3 章; 关于范妮·穆雷的三明治, 见 *The Yale Edition of Horace Walpole's Correspondence*, W. S. Lewis 编, 48 卷(1937—1983), ix.80; *The Vis-à-vis of Berkley-Square*[1783], 11—12; 关于 Sally Salisbury, H[enry]Carey, *Poems on Several Occasions* (第 3 版, 1729), 127—128; [Henry Man], *Mr Bentley, the Rural Philosopher*, 2 卷(1775), i.210; 关于提及范妮·穆雷的典型文献, 见 *The Modern Courtezan*[1750?]; [John Hill], *The Inspector*, 2 卷(1753), ii.300; [Eliza Fowler Heywood], *The Invisible Spy*, 2 卷(1755), iii.285; *Reflections Arising from the Immorality of the Present Age* (1756), 55; *British Worthies* (1758), 14n; [Edward Thompson], *The Meretriciad* (1761); *The Adulteress*(1773), v, vii; *The Works of the English Poets*, Samuel Johnson 编, 58 卷(1779—1780), liii.185, 299; [Alexander Dalrymple], *The Poor Man's Friend* (1795), 12; 关于对这些妓女名字的借用, 可见 *The Complete Letter-Writer* (第 4 版, 1757), 216; [William Dodd], *The Sisters*, 2 卷(1754), i.75; [George Colman], *The Connoisseur*, 2 卷(1755—

1756), i.280; 'Oddi-bus Funnybus', *A Collection of Original Comic Songs*[1765?], 27, 72—73; *OED*, 'Nancy Dawson', 'Rudd', 'Moll Peatley'; Robert Holloway, *The Phoenix of Sodom* (1813), 13; Iona 与 Peter Opie, *The Oxford Dictionary of Nursery Rhymes* (1973 年版), 279—280; Stella Tillyard, *Aristocrats* (1994), 155;关于赛马,见 John Cheny, *An Historical List of all Horse-Matches Run* (1731 年版), 133, 135;出处同上(1739 年版), 38;出处同上(1741 年版), 17;出处同上(1751 年版), 55; Reginald Heber, *An Historical List of Horse-Matches Run*(1760 年版), 39;出处同上(1764 年版), 77;出处同上(1766 年版), 45;出处同上(1767 年版), 36; B. Walker, *An Historical List of Horse-Matches* (1771), 44; W[illiam] Pick, *An Authentic Historical Racing Calendar* (约克, [1785]), 47; James Weatherby, *Racing Calendar* (1775 年版), 137;出处同上(1795 年版), 33, 101, 170; Charles E. Trevathan, *The American Thoroughbred* (1905), 54—55。

29 在某些时候,一如著名的虚构人物,这些人的名字也用来给宠物犬命名,如高等法院法官女王册封律师克里斯托夫・弗伦奇爵士(1925—2003)养的一群宠物犬分别被命名为露西・洛基特、波莉・皮卓姆、罗德里克・兰多姆、马修・布兰布尔与基蒂・费舍尔:《每日电讯报》(*The Daily Telegraph*), 2003 年 3 月 27 日。

30 参见 David Cressy, *Literacy and the Social Order*(1980), 121, 128—129, 134—135, 147(通过写下其名字来检测技能个人能力阅读要更为普及); Sheila Lambert, 'State Control of the Press in Theory and Practice', Robin Myers 与 Michael Harris 编, *Censorship and the Control of Print* (1992); Cyndia Susan Clegg, *Press Censorship in Elizabethan England* (1997),及其 *Press Censorship in Jacobean England* (2001) 与 *Press Censorship in Caroline England* (2008)。

31 特别参见 Arthur F. Marotti, *Manuscript, Print, and the English Renaissance Lyric* (1995), 75—82; Ian Frederick Moulton, *Before Pornography* (2000), 特别是第 1 章; Harold Love, *Scribal Publication in Seventeenth-Century England* (1993), 及其 *English Clandestine Satire, 1660—1702* (2004); Adam Fox, *Oral and Literate Culture in England 1500—1700* (2000)。

32 特别参见 James Raven, *The Business of Books* (2007); Michael F. Suarez 与 Michael L. Turner 编, *The Cambridge History of the Book in Britain: Volume V, 1695—1830* (2009).

33 关于此处及接下来的文字, 见 *The Diary of Dudley Ryder, 1715—1716*, William Matthews 编(1939), index s.v. 'journals'; Henry Fielding, *The Covent-Garden Journal*[1752], Bertrand A. Goldgar 编(1988), 13n.4; Frank Donoghue, *The Fame Machine* (1996), 3; R. B. Walker, 'The Newspaper Press in the Reign of William III', *Historical Journal* 17 (1974); Michael Harris, *London Newspapers in the Age of Walpole* (1987); Charles E. Clark, *The Public Prints* (1994); Joad Raymond 编, *News, Newspapers and Society in Early Modern England* (1999); Hannah Barker, *Newspapers, Politics and*

English Society, *1695—1855* (2000) ; Suarez and Turner 编, *History of the Book*,第 IV.III 部分。

34 *The Spectator*, Donald F. Bond 编, 5 卷(1965),引自 i.xxvi 及 no.10。

35 *The Idler*, no.7 (27 May 1758).

36 *The Diary of Samuel Pepys*, Robert Latham 与 William Matthews 编, 11 卷(1970—1983), iv.163, 177 ; v.124 ; Ernest Bernbaum, *The Mary Carleton Narratives*, *1663—1673* (1914) ; C. F. Main, 'The German Princess', *Harvard Library Bulletin* 10 (1956) ; Hero Chalmers, 'The Person I am, or what they made me to be', Clare Brant 与 Diane Purkiss 编, *Women*, *Texts and Histories1575—1760* (1992),及其 'The Feminine Subject in Women's Printed Writings, 1653—1689' (University of Oxford D.Phil. thesis, 1993), 158—208。

37 *OED*, 'opinion' ; John Brewer, *The Pleasures of the Imagination* (1997), 190—197 ; *The Rambler*, no.23 (5 June 1750). 参见 [David Hume], *An Abstract of a Book Lately Published* (1740),前言。

38 富有启发性的综合研究,见 David Zaret, *Origins of Democratic Culture* (2000) ; James Van Horn Melton, *The Rise of the Public in Enlightenment Europe* (2001) ; T. C. W. Blanning, *The Culture of Power and the Power of Culture* (2002) ; Peter Lake 与 Steve Pincus, *The Politics of the Public Sphere in Early Modern England* (2007); Jason Peacey 编, *The Print Culture of Parliament*, *1600—1800* (2007) ; Brean S. Hammond, *Professional Imaginative Writing in England*, *1670—1740* (1997) ; Brewer, *Pleasures*。

39 参见 *Spectator*, Bond 编,特别是第 i.xxxvi—i.xliii 页; Robert Haig, *The Gazetteer*, *1735—1797* (1960), 71—74 ; Harris, *London Newspapers*, 196—197 ; *The New Cambridge Bibliography of English Literature*, George Watson 编(1971), columns 1218—1235 ; Michael Macdonald 与 Terence R. Murphy, *Sleepless Souls* (1990), 324—337 ; P. Linebaugh, 'The Ordinary of Newgate and his Account', J. S. Cock-burn 编, *Crime in England*, *1550—1800* (1977) ; Caroline Gonda, 'Misses, Murderesses and Magdalens', Elizabeth Eger 等 编, *Women*, *Writing*, *and the Public Sphere*, *1700—1830* (2001) ; *The Adventurer*, no.115 (11 Dec. 1753)。

40 关于新的互动与传播类型,出了此前征引的文献,亦见 Donna T. Andrew, 'Popular Culture and Public Debate', *Historical Journal* 39 (1996),及其 *London Debating Societies*, *1776—1799* (London Record Society, 1994) ; Peter Clark, *British Clubs and Societies 1580—1800* (2000); William St Clair, *The Reading Nation in the Romantic Period* (2004),特别是第 1、22 章; Brian Cowan, *The Social Life of Coffee* (2005)。

41 关于此前的传统,见 Keith Thomas, 'Cases of Conscience in Seventeenth-Century England', John Morrill 等 编, *Public Duty and Private Conscience in Seventeenth-Century England* (1993)及其征引文献。

42 特别参见 Gilbert D. McEwen, *The Oracle of the Coffee House* (1972) ; Stephen

Parks, *John Dunton and the English Book Trade*（1976）; Kathryn Shevelow, *Women and Print Culture*（1989）; J. A. Downie 与 Thomas N. Corns 编, *Telling People What to Think*（1993）; Helen Berry, *Gender, Society and Print Culture in Late-Stuart England*（2003）。

43 *The Spectator*, Donald F. Bond 编, 5 卷（1965）,第 1 卷的导论（引自 i.lxxxvi）; Thomas, 'Cases of Conscience'; David M. Turner, *Fashioning Adultery*（2002）, 2。

44 见 Alastair Bellany, *The Politics of Court Scandal*（2002）,特别是第 2 章; Cynthia B. Herrup, *A House in Gross Disorder*（1999）; Rachel Weil, *Political Passions*（1999）, 5; Lawrence Stone, *Road to Divorce*（1990）, 248—254, 313—322。

45 特别参见 Marcia Pointon,'The Lives of Kitty Fisher',*British Journal for Eighteenth-Century Studies* 27（2004）; *ODNB*, Catherine Maria Fischer; *OED*, 'cause celebre'; 参见 Sara Maza, *Private Lives and Public Affairs*（1993）; Gary Kates, *Monsieur d'Eon is a Woman*（1995）。

46 Monsieur de Voltaire, *Histoire d'Elizabeth Canning*（1762）, 引自第 5 页; Lillian Bueno McCue, 'Elizabeth Canning in Print', *University of Colorado Studies*（*Series B*）, 2（1945）; John Treherne, *The Canning Enigma*（1989）; Judith Moore, *The Appearance of Truth*（1994）; Donna T. Andrew 与 Randall McGowen, *The Per-reaus and Mrs Rudd*（2001）; John Brewer, *Sentimental Murder*（2004）; Matthew J. Kinservik, *Sex, Scandal, and Celebrity in Late Eighteenth-Century England*（2007）。

47 参见 *London Chronicle*, viii.353, 362, 386, 397, 430, 607, 630（1760）; 'One of the Jury', *The True and Whole Proceedings of the Coroner's Inquest...of Ann Sharp*[1760]; 'A Lover of Justice', *An Answer to the Pamphlet wrote by the Juryman...Touching the Death of Ann Sharp*[1760]; 'Heartfree', *A Most Circumstantial Account of that Unfortunate Young Lady, Miss Bell*（第 5 版, 1760—1761）; *A Full Refutation of a Libellous Pamphlet, Entituled A Most Circumstantial Account of that Unfortunate Lady, Miss Bell*（1761）; 'An Impartial By-Stander',*Remark upon the Trial of William Sutton*（1761）; *OBP* 25 Feb. 1761[重印于 *Select Trials*, 4 卷（1764）, 第 iv 卷]; *A Short View of the Remarkable Difference* [1761]; T[homas] Holland, *A Circumstantial Account, Relating to that Unfortunate Young Woman, Miss Anne Bell*[1761],引自第 iii 页。关于其他原因,参见 [Richard de Courcy], *Seduction*（1782）; [出处同上], *The Seducer Convicted*（什鲁斯伯里, 1783）; [Ralph Winwood], *Calumny*（1782）;更具一般性的研究,见 Robert B. Shoemaker, *The London Mob*（2004）, 第 9 章。

48 Jtirgen Habermas, *The Structural Transformation of the Public Sphere*, Thomas Burger 译（1989）。

49 关于本段及接下来两段,特别参见 Lucyle Werkmeister, *The London Daily Press 1772—1792*（1963）; Michael Harris, *London Newspapers in the Age of Walpole*（1987）; 更多的例子,见 [J. W.]D'Archenholz, *A Picture of England*, 2 卷（1789）, ii.65; *Spectator*,

Bond 编, i.xxxvi—i.xlii ; Brewer, *Sentimental Murder*, 40—41, 155。

50 参见 A. Aspinall, 'Statistical Accounts of the London Newspapers in the Eighteenth Century', *English Historical Review* 63（1948）; R. B. Walker, 'Advertising in London Newspapers, 1650—1750', *Business History* 15（1973），引自第 129—130 页; Frank Donoghue, *The Fame Machine*（1996）; Harris, Ferdinand 与 Mathison 的章节, 见 Joad Raymond 编, *News, Newspapers and Society in Early Modern England*（1999）; Antonia Forster, 'Review Journals and the Reading Public', Isabel Rivers 编, *Books and their Readers in Eighteenth-Century England: New Essays*（2001）; *OED*, 'puff', 'puffer', 'puffery', 'puffing' ; Thomas Keymer 与 Peter Sabor, *Pamela in the Marketplace*（2005）,第 1 章。

51 参见 *The New Cambridge Bibliography of English Literature*, George Watson 编（1971）,如专栏 1223［博斯韦尔对他自己的 *Reflections on the Late Alarming Bankruptcies*（1772）之评论］, 1329—1330（对 *Common Sense* 与 *All-Alive and Merry* 之剽窃）; Werkmeister, *London Daily Press*, *passim* ; [David Hume], *An Abstract of a Book Lately Published*（1740）, 前言; James Stephen Taylor, *Jonas Hanway*（1985）, 136（她否认）; Roger Lonsdale, 'New Attributions to John Cleland', *Review of English Studies* 30（1979）, 271 ; Andrew 与 McGowen, *Perreaus and Mrs Rudd*, 引自第 212 页; *Boswell's London Journal 1762—1763*, Frederick A. Pottle 编（1950）, 引自 249n.2 ; [James Boswell], *An Ode to Tragedy*（1661[即 1761]）; Frederick A. Pottle, *James Boswell: The Earlier Years 1740—1769*（1966）, 331—334, 338, 425, 434（引自第 332 页）。

52 H. P. Thompson, *Thomas Bray*（1954）.

53 见 Taylor, *Jonas Hanway* ; Donna T. Andrew, *Philanthropy and Police*（1989）,特别是第 3 章; Christie's Auctioneers, King Street, London: sale 4852（21 Oct. 1992）, lot 164 ; [Jonas Hanway], *A Plan for Establishing a Charity-House*（1758）, iii—iv ;［出处同上］, *Thoughts on the Plan*（第 2 版, 1759）,引自第 5 页;出处同上, *Letter V*（1758）, 27（1758 年 4 月 7 日以后刊行版本所附"后记"之一部分）; *Diary and Letters of Madame D'Arblay* [Charlotte Barrett] 编, 7 卷（1842—1846）, ii.231。

54 他的对手约翰·菲尔丁也不甘示弱,利用其治安法官的权力宣传自己的计划。首先,他发起了一系列针对妓院的搜查,然后他通过新闻发布会的形式,在受邀而来的观众面前逐个审问了被捕的妓女,并且在报上登出最后决定:"为了向一般公众,特别是女性收容机构的捐助者们展示此善举之必要,以及此种慈善机构所带来的益处。"[55]

55 参见 *The Public Advertiser*, no.7338（4 May 1758）; John Fielding, *A Plan of the Asylum*（1758）, 20—22。参见 John Styles, 'Sir John Fielding and the Problem of Criminal Investigation', *Transactions of the Royal Historical Society* 33（1983）,及其 'Print and Policing', Douglas Hay 与 Francis Snyder 编, *Policing and Prosecution in Britain, 1750—1850*（1989）。

56 Hugh Blair, *Lectures on Rhetoric and Belles Lettres*, 2 卷(1783; 最初发表于 18 世纪 60 年代), ii.287; *The Rambler*, no.60（13 Oct. 1750）; *The Confessions of J. J.*

Rousseau...Part the Second, 3 卷(1790), i.99—100。

57 特别参见 Ian Watt, *The Rise of the Novel* (1957), 1 ; Lennard J. Davis, *Factual Fictions* (1983) ; Michael McKeon, *The Origins of the English Novel 1600—1740* (1987), 及 其 *The Secret History of Domesticity* (2005) ; J. Paul Hunter, *Before Novels* (1990)。就其哲学路径尤有影响力的描述，见 Charles Taylor, *Sources of the Self* (1989) ; Jerrold Seigel, *The Idea of the Self* (2005) ;一项有用的历史概观，见罗伊 · 波特编, *Rewriting the Self* (1997)。

58 虽然《夜行者》确实使用了某些首字母与省略破折号(如 'C— G—')以描述人名与地名。不过，这种做法意味着读者可以领会一个秘密的现实，只有到了 18 世纪才颇为常见。

59 参 见 Dror Wahrman, *The Making of the Modern Self* (2004), 182—185 ; Cindy McCreery, *The Satirical Gaze: Prints of Women in Late Eighteenth-Century England* (2004), 第 2 章。

60 Daniel Defoe, *The Fortunes and Misfortunes of the Famous Moll Flanders* [1722], David Blewett 编(1989), 引自标题页与前言; Jane Barker, *A Patch-Work Screen for the Ladies* (1723), 引自第 iv 页。

61 Rosalind Ballaster, 'Manl (e) y Forms', Clare Brant 与 Diane Purkiss 编, *Women, Texts and Histories 1575—1760* (1992), 及 其 *Seductive Forms* (1992) ; Robert Mayer, *History and the Early English Novel* (1997) ; Rebecca Bullard, *The Politics of Disclosure, 1674—1725* (2009)。

62 David Randall, 'Epistolary Rhetoric, the Newspaper, and the Public Sphere', *Past and Present* 198 (2000) ; Robert Iliffe, 'Author-Mongering', Ann Bermingham 与 John Brewer 编, *The Consumption of Culture 1600—1800* (1995), 引 自 第 171 页; Susan E. Whyman, *The Pen and the People* (2009)。

63 引自 *The Rambler*, no.60 (1750)。参见 Donald A. Stauffer, *The Art of Biography in Eighteenth-Century England*, 2 卷(1941) ; Jane Rendall, 'A Short Account of My Unprofitable Life', Trev Lynn Broughton 与 Linda Anderson 编, *Women's Lives/Women's Times* (1997) ; Isabel Rivers, 'Biographical Dictionaries', 见其编, *Books and their Readers in Eighteenth-Century England: New Essays* (2001) ; Keith Thomas, *Changing Conceptions of National Biography* (2005) ;关于肖像，见 Antony Griffiths, 'Sir William Musgrave and British Biography', *The British Library Journal* 18 (1992) ; Marcia Pointon, *Hanging the Head* (1993), 特别是第 ii—iii 章; Timothy Clayton, *The English Print 1688—1802* (1997), 57—62, 76—78, 183—185, 215—216, 244—245。

64 *OED*, 'celebrable', 'celebrate', 'celebrated', 'celebration', 'celebrator', 'celebre', 'celebrious', 'celebrity', 'celebrous'. 目前尚无关于这一问题比较适当的总体研究。艺术与戏剧学者近期就此问题之探讨，见 Martin Postle 编, *Joshua Reynolds: The Creation of*

Celebrity (2005) ; Tom Mole, *Romanticism and Celebrity Culture* (2009) ; 下面注释 67 所引著作;更具普遍性的研究,见 Leo Braudy, *The Frenzy of Renown* (1986) ; Fred Inglis, *A Short History of Celebrity* (2010)。

65 *ODNB*, Robert Greene ; Bernard Capp, *The World of John Taylor the Water-Poet 1578—1653* (1994), 196.

66 Gerald Howson, *Thief-taker General* (1970) ; Peter Linebaugh, *The London Hanged* (1991), 第 1 章; William Eben Shultz, *Gay's Beggar's Opera* (1923) ; Robert R. Singleton, 'English Criminal Biography, 1651—1722', *Harvard Library Bulletin* 18 (1970) ; Michael Harris, 'Trials and Criminal Biographies', 见 Robin Myers 与 Michael Harris, *Sale and Distribution of Books from 1700* (1982) ; Lincoln B. Faller, *Turned to Account* (1987)。

67 *Playes written by the Thrice Noble, Illustrious and Excellent Princess, the Lady Marchioness of Newcastle* (1662), 引自第 641 页, 见 Elizabeth Howe, *The First English Actresses* (1992) ; Sandra Richards, *The Rise of the English Actress* (1993) ; Kimberly Crouch, 'The Public Life of Actresses', Hannah Barker 与 Elaine Chalus 编, *Gender in Eighteenth-Century England* (1997) ; Philip E. Baruth 编, *Introducing Charlotte Charke* (1998) ; Robyn Asleson 编, *Notorious Muse* (2003) ; Cheryl Wanko, *Roles of Authority* (2003) ; Mary Luckhurst 与 Jane Moody 编, *Theatre and Celebrity in Britain, 1660—2000* (2005) ; Gill Perry, *Spectacular Flirtations* (2007) ; Felicity Nussbaum, *Rival Queens* (2010)。

68 参见 Horace Bleackley, *Ladies Fair and Frail* (1909) ; *ODNB*, Frances Murray, Richard Nash。

69 *The Public Advertiser* (24, 27, 29 Mar. 1759) ; Gordon Goodwin, *James McArdell* (1903), cat. nos 80, 184 ; *Reynolds*, Nicholas Penny 编(1986), 22—23, 45, 193, 356 ; Martin Postle 编, *Joshua Reynolds: The Creation of Celebrity*(2005), 24, 26—31, 51—54, 181—191, 224—225, 236—237, 256—257 ; David Mannings 与 Martin Postle, *Sir Joshua Reynolds: A Complete Catalogue of his Paintings* (2000), cat. nos 498—499, 611—619, 1353—1356 ; Martin Postle, 'Painted Women', Robyn Asleson 编, *Notorious Muse* (2003)。

70 *An Apology for the Conduct of Mrs. Teresia Constantia Phillips*, 3 卷(1748—1749) ; *Memoirs of Laetitia Pilkington*, A. C. Elias, Jr 编(1997), 引自第 xl 页; [Frances Vane], 'Memoirs of a Lady of Quality', Tobias Smollett 编, *The Adventures of Peregrine Pickle* (1751) ; *An Apology for the Life of George Anne Bellamy* (1785) ; *Memoirs of Mrs Margaret Leeson*, 3 卷(都柏林, 1795—1957), 引自 iii.314 ; Felicity A Nussbaum, *The Autobiographical Subject* (1989),第 8 章;Clare Brant,'Speaking of Women',Clare Brant 与 Diane Purkiss 编, *Women, Texts and Histories 1575—1760* (1992) ;Lynda M. Thompson, *The 'Scandalous Memoirists'* (2000)。参见 Iain McCalman,*Radical Underworld* (1988), 41—42, 221—231 ;Julie Peakman,*Lascivious Bodies* (2004), 73—102。

71 关于本段及接下来几段文字，特别参见 Robert Darnton, *The Forbidden Best-Sellers of Pre-Revolutionary France* (1996); Simon Burrows, *Blackmail, Scandal and Revolution* (2009), 及其 *A King's Ransom* (2010); McCalman, *Radical Underworld*; Jonathan Mee, 'Libertines and Radicals in the 1790s', Peter Cryle 与 Lisa O'Connell 编, *Libertine Enlightenment* (2004), 及其 'A bold and free-spoken man', David Womersley 编, *'Cultures of Whig-gism'* (2005); E. A. Smith, *A Queen on Trial* (1993); Anna Clark, *Scandal* (2004), 第 7—8 章。

72 *ODNB*, Mary Robinson, Mary Anne Clarke（其中提到金额是七千英镑）, Harriette Wilson; *Harriette Wilson's Memoirs*, Lesley Blanch 编(2003 年版); Frances Wilson, *The Courtesan's Revenge* (2003)。关于斯图亚特王室情人的各种地位与(经常是很大的)权力，参见 Sonya Wynne, 'The Mistresses of Charles II and Restoration Court Politics', Eveline Cruickshanks 编, *The Stuart Courts* (2000)。

73 *Thraliana*, Katharine C. Balderston 编(第 2 版, 1951), 引自第 358—359 页。参见 Lisa O'Connell, 'Authorship and Libertine Celebrity', Cryle 与 O'Connell 编, *Libertine Enlightenment*; Claire Brock, 'Then Smile and Know Thyself Supremely Great', *Women's Writing* 9 (2002)。

74 参见 Roy Porter, 'Mixed Feelings', Paul-Gabriel Bouce 编, *Sexuality in Eighteenth-Century Britain* (1982)。

75 参见 Richard Godbeer, *Sexual Revolution in Early America* (2002), 8。

76 *ODNB*, Augustus Henry FitzRoy, Edward Thurlow, Charles James Fox, John Montagu (fourth Earl of Sandwich), Prince Frederick (Duke of York and Albany), George IV; *American National Biography* (1999), Benjamin Franklin, Aaron Burr, Alexander Hamilton; Annette Gordon-Reed, *The Hemingses of Monticello* (2008).

77 Arthur H. Cash, *John Wilkes* (2006), 32—35; John Sainsbury, *John Wilkes* (2006), 101—112; *ODNB*, Franciscans [Monks of Medmenham]; David Stevenson, *The Beggar's Benison* (2001). 参见 R[ichard] P[ayne] Knight, *An Account of the Remains of the Worship of Priapus* (1786); Jason M. Kelly, 'Riots, Revelries, and Rumor', *Journal of British Studies* 45 (2006)。

78 见 *ODNB*, Anne Parsons, Grace Elliott, Mary Nesbitt, Ann Elliot, Elizabeth Armitstead, Gertrude Mahon, 以及 Horace Bleackley, *Ladies Fair and Frail* (1909) 中的例子; Katie Hickman, *Courtesans* (2003); Donna T. Andrew 与 Randall McGowen, *The Perreaus and Mrs Rudd* (2001), 特别是第 98—111 页。

79 参见 *London Courtship* [1759]; 藏于耶鲁大学刘易斯·沃波尔图书馆的剪报, Quarto 724.771N; *ODNB*, James Graham, 及其参考文献; Roy Porter, *English Society in the Eighteenth Century* (1982), 259—265; *Harris's List of Covent Garden Ladies*; *The Rambler's Magazine*; *The Ranger's Magazine*; *Town and Country Magazine*; David

Foxon, *Libertine Literature in England, 1660—1745* (1965); Donald Thomas, *A Long Time Burning* (1969); Roger Thompson, *Unfit for Modest Ears* (1979); Peter Wagner, *Eros Revived* (1988); Lynn Hunt 编, *The Invention of Pornography* (1993); Ian Frederick Moulton, *Before Pornography* (2000); Bradford K. Mudge, *The Whore's Story* (2000),及其 *When Flesh Becomes Word* (2004); James Grantham Turner, *Schooling Sex* (2003); Julie Peakman, *Mighty Lewd Books* (2003); Karen Harvey, *Reading Sex in the Eighteenth Century* (2004); Vic Gatrell, *City of Laughter* (2006),特别是第 III 部分; Sarah Toulalan, *Imagining Sex* (2007); Malcolm Jones, *The Print in Early Modern England* (2010),特别是第 6、10 章; Ford K. Brown, *Fathers of the Victorians* (1961), 428; R. B. Outhwaite, *Scandal in the Church* (1997),引自第 33 页。

结语

1 Peter Gay, *The Bourgeois Experience: Victoria to Freud*, 5 卷(1984—1998); Michael Mason, *The Making of Victorian Sexual Attitudes* (1994),及其 *The Making of Victorian Sexuality* (1994);参见 *Journal of Victorian Studies 1* (1996)中的圆桌讨论。

2 John Bowles, *Reflections on the Political and Moral State of Society* (1800), 135; *The Anti-Jacobin Review and Magazine* 12 (1802), 72.

3 关于本段与下段文字,见 Robert Isaac Wilberforce 与 Samuel Wilberforce, *Life of William Wilberforce*, 5 卷(1838),引自 i.149; *ODNB*, Mary Wollstonecraft; Hannah More, *Strictures on the Modern System of Female Education*, 2 卷(1799),引自 i.45。出色的概论包括: Maurice J. Quinlan, *Victorian Prelude* (1941); Ford K. Brown, *Fathers of the Victorians* (1961); Eric Trudgill, *Madonnas and Magdalens* (1976); Boyd Hilton, *The Age of Atonement* (1988), Vic Gatrell, *City of Laughter* (2006),第 IV 部分。

4 Simon Szreter, 'Victorian Britain, 1831—1963', *Journal of Victorian Culture* 1(1996),及其 *Fertility, Class and Gender in Britain, 1860—1940* (1996); Angus McLaren, *A History of Contraception* (1990),第 6—7 章。

5 Hera Cook, *The Long Sexual Revolution* (2003); Kate Fisher, *Birth Control, Sex, and Marriage in Britain, 1918—1960* (2006); Simon Szreter 与 Kate Fisher, *Sex Before the Sexual Revolution: Intimate Life in England 1918—1963* (2010)。

6 正如女权主义性改革家珍妮·钱斯在 1931 年所言:"尽管人们都在谈论着性经历,尽管年轻一代明确主张观点平等,但情欲在英国仍是一种不对等的事物。对男性而言,他们或多或少都知道这怎么回事;但对女性而言,她们往往一无所知。"[《英国道德的代价》(*The Cost of English Morals*, 1931),第 36 页]

7 特别参见 Jeffrey Weeks, *Sex, Politics and Society* (第 2 版, 1989); Anna Clark, *The Struggle for the Breeches* (1995); Judith R. Walkowitz, *Prostitution and Victorian Society* (1980),及其 *City of Dreadful Delight* (1992); Barry Reay, *Watching Hannah* (2002),以

及这些研究中所征引的文献。

8 Matt Houlbrook, *Queer London*（2005），引自第190、197页；Matt Houlbrook与Chris Waters, 'The Heart in Exile', *History Workshop Journal* 62(2006)，引自第155、162页。

9 在早前关于另一部所谓淫秽小说的审判中，他询问陪审员，他们是否会在圣诞节将此书"作为礼物送给办公室里的女孩——如果不会，原因为何"？

10 *ODNB*,(John) Mervyn Guthrie Griffith-Jones, *Lady Chatterley's Lover* trial (*act.* 1960).

11 Graham Robb, *Strangers*（2003），十分适当地归纳了这些因素；更多的细节，参见Richard Davenport-Hines, *Sex, Death and Punishment*（1990）；H. G. Cocks, *Nameless Offences*(2003)；Matt Cook, *London and the Culture of Homosexuality, 1885—1914*(2003)；Houlbrook, *Queer London*；Margot Canaday, *The Straight State*（2009）。

12 Lesley A. Hall, *Sex, Gender and Social Change in Britain since 1800*（2000），引自第102、113—114页。

13 这一特征当然从来就不完全清晰：关于其发展之深入的评论，参见Anna Clark, *Desire: A History of European Sexuality*（2008）。在众多关于其更广阔的起源及其对19世纪社会政策之影响的研究，可参见Lucia Zedner, *Women, Crime and Custody in Victorian England*（1991）；Nicola Lacey, *Women, Crime, and Character*（2008）。

14 品行无瑕的贵族首相哈罗德·麦克米伦(1894—1986)是逐渐才将其视为常态的，20世纪60年代的被迫下台曾让他自己非常困惑。他在垂暮之年回忆道："在旧时代，你可以非常放心地带自己的太太到饭店吃饭，并且不会碰到任何一个哪怕只是在餐桌上有过交集的人。那时一切都是单独的，可现在这种状况似乎不可复得了。"阿拉斯泰尔·霍恩，《麦克米伦：1957—1986》(*Macmillan 1957—1986*)(1989)，第495页。

15 参见Gay, *Bourgeois Experience*；Steven Marcus, *The Other Victorians*（1966）；Ronald Pearsall, *The Worm in the Bud*（1969）；Lesley A. Hall, *Hidden Anxieties: Male Sexuality, 1900—1950*（1991）；Cook, *Long Sexual Revolution*；Szreter and Fisher, *Sex Before the Sexual Revolution*。

16 参见John D'Emilio与Estelle B. Freedman, *Intimate Matters*（1988）；Brian Harrison, *Seeking a Role*（2009），第5、9章，及其*Finding a Role?*（2010），第4章；Frank Mort, *Capital Affairs*（2010）。

17 参见Graham Robb, *Strangers*（2003），引自第157页；Jeffrey Weeks, *Sex, Politics and Society*（第2版，1989），11；*Outspoken Women*, Lesley A. Hall编(2005)，3。

18 参见William N. Eskridge, Jr, 'A Jurisprudence of "Coming Out"', *Yale Law Journal* 106（1997）；United Kingdom Parliamentary Joint Select Committee on Human Rights, *Legislative Scrutiny: Sexual Orientation Regulations*（Feb. 2007, HL Paper 58/HC 350）与*Legislative Scrutiny: Equality Bill*（Nov. 2009, HL Paper 169/HC 736）。

19 Harrison, *Seeking a Role*, 510；*Bowers v. Hardwick*（1986）478 *United States*

Supreme Court Reports 186［参见 'Survey on the Constitutional Right to Privacy in the Context of Homosexual Activity', *University of Miami Law Review* 40（1986）］; Local Government Act 1988（c.9）［废止于苏格兰，依据 the Ethical Standards in Public Life 等（苏格兰）Act 2000（asp 7），在英国其余地方依据 the Local Government Act 2003（c.26）］。参见 Richard Davenport-Hines, *Sex, Death and Punishment*（1990），第 8—9 章。

20 Stephen Cretney, *Same Sex Relationships*（2006）; Rosie Harding, 'Sir Mark Potter and the Protection of the Traditional Family', *Feminist Legal Studies* 15（2007）; Nicholas Bamforth, 'Same-sex Partnerships', *European Human Rights Law Review*（2007）; *R. v. Wilson*（1996）3 *Weekly Law Reports* 125; *R. v. Brown et al.*（1993）2 *WLR* 556; *Laskey et al. v. United Kingdom*（1997）24 *European Human Rights Reports* 39. 参见 Nicholas Bamforth, 'Sado-Masochism and Consent', *Criminal Law Review*（1994）; Matthew Weait, 'Harm, Consent and the Limits of Privacy', *Feminist Legal Studies* 13（2005）。

21 还有许多别的例子，见 Ryan Goodman, 'Beyond the Enforcement Principle', *California Law Review* 89（2001）; Carl F. Stychin, *Governing Sexuality*（2003）; *McGill Law Journal* 之特刊 49, no.4（2004）; Robert Wintemute, 'Same-Sex Couples', *European Human Rights Law Review*（2006）；以及 *Law and Sexuality* 杂志最近几卷。参见 John Gardner, 'On the Grounds of Her Sex（uality）', *Oxford Journal of Legal Studies* 18（1998）; *X v. Y*（2004）*Industrial Cases Reports* 1138; *Pay v. Lancashire Probation Service*（2004）*Industrial Cases Reports* 187。

22 参见 *Dudgeon v. United Kingdom*（1981）4 *European Human Rights Reports* 149 中所征引的判决、反对意见以及判例；*A.D.T. v. United Kingdom*（2001）31 *European Human Rights Reports* 33; *Lawrence et al. v. Texas*（2003）539 *United States Supreme Court Reports* 558; N. A. Moreham, 'The Right to Respect for Private Life', *European Human Rights Law Review*（2008）。

23 关于前殖民地中类似原则在司法中的进展，参见 *Naz Foundation v. Delhi and Others*（2009）4 *Law Reports of the Commonwealth* 838。

24 参见 Oriana Fallaci, 'An Interview with Khomeini', *The New York Times*, 7 Oct. 1979; *Iran: End Executions by Stoning*（Amnesty International report, Jan. 2008, www.amnesty.org）; Janet Afary, *Sexual Politics in Modern Iran*（2009）。

索　引

（条目后的数字为原书页码，见本书边码）

为便于使用，许多重要主题被涵括于“性戒律”与“性自由”之下。《圣经》诸卷及文段列于“圣经”条目下，法律列于“现行法律”与“拟议法律”之下。艺术与文学作品概列于其作者条目之下。带有头衔之人以其在本书中所使用的名字或头衔列出。多数次级条目都按照主题以及（或）其在本书中出现的次序编排。

本书所用图片版权声明：

Credits: © British Museum (1, 2, 6, 10—12, 21—22, 28—29, 36, 38—39, 41—43, 45, 53; plates 1—3, 5, 8, 13—15, 17, 19—21); Houghton Library, Harvard University (3); © Fitzwilliam Museum, Cambridge (4, 23—24, 30—33, 35, 40); by permission of the British Library (5, 17, 25, 37, 44, 46, 52); courtesy of The Lewis Walpole Library, Yale University (7, 14, 16, 18, 20, 48—49, 51; plates 9—10); National Library of Australia (8); © National Portrait Gallery, London (9; plate 18); Wellcome Library, London (13); Library of Congress (15, 47); The Bodleian Library, University of Oxford (19, 26—27); Beinecke Rare Book and Manuscript Library, Yale University (34); courtesy of the National Library of Ireland (50); © Tate, London, 2011 (plate 4); © The National Gallery, London (plates 6—7); V&A Images/Victoria and Albert Museum (plate 11); © The National Trust, Waddesdon Manor (plate 12); English Heritage (plate 16); courtesy of the University of St Andrews (plate 22).

人文与社会译丛

第一批书目

1.《政治自由主义》(增订版),[美]J. 罗尔斯著,万俊人译 118.00元
2.《文化的解释》,[美]C. 格尔茨著,韩莉译 89.00元
3.《技术与时间:1. 爱比米修斯的过失》,[法]B. 斯蒂格勒著,裴程译 62.00元
4.《依附性积累与不发达》,[德]A. G. 弗兰克著,高铦等译 13.60元
5.《身处欧美的波兰农民》,[美]F. 兹纳涅茨基、W. I. 托马斯著,张友云译 9.20元
6.《现代性的后果》,[英]A. 吉登斯著,田禾译 45.00元
7.《消费文化与后现代主义》,[英]M. 费瑟斯通著,刘精明译 14.20元
8.《英国工人阶级的形成》(上、下册),[英]E. P. 汤普森著,钱乘旦等译 168.00元
9.《知识人的社会角色》,[美]F. 兹纳涅茨基著,郏斌祥译 26.00元

第二批书目

10.《文化生产:媒体与都市艺术》,[美]D. 克兰著,赵国新译 49.00元
11.《现代社会中的法律》,[美]R. M. 昂格尔著,吴玉章等译 39.00元
12.《后形而上学思想》,[德]J. 哈贝马斯著,曹卫东等译 58.00元
13.《自由主义与正义的局限》,[美]M. 桑德尔著,万俊人等译 30.00元

14.《临床医学的诞生》,[法]M. 福柯著,刘北成译 55.00 元

15.《农民的道义经济学》,[美]J. C. 斯科特著,程立显等译 42.00 元

16.《俄国思想家》,[英]I. 伯林著,彭淮栋译 35.00 元

17.《自我的根源:现代认同的形成》,[加]C. 泰勒著,韩震等译 128.00 元

18.《霍布斯的政治哲学》,[美]L. 施特劳斯著,申彤译 49.00 元

19.《现代性与大屠杀》,[英]Z. 鲍曼著,杨渝东等译 59.00 元

第三批书目

20.《新功能主义及其后》,[美]J. C. 亚历山大著,彭牧等译 15.80 元

21.《自由史论》,[英]J. 阿克顿著,胡传胜等译 89.00 元

22.《伯林谈话录》,[伊朗]R. 贾汉贝格鲁等著,杨祯钦译 23.00 元

23.《阶级斗争》,[法]R. 阿隆著,周以光译 13.50 元

24.《正义诸领域:为多元主义与平等一辩》,[美]M. 沃尔泽著,褚松燕等译 24.80 元

25.《大萧条的孩子们》,[美]G. H. 埃尔德著,田禾等译 27.30 元

26.《黑格尔》,[加]C. 泰勒著,张国清等译 135.00 元

27.《反潮流》,[英]I. 伯林著,冯克利译 48.00 元

28.《统治阶级》,[意]G. 莫斯卡著,贾鹤鹏译 98.00 元

29.《现代性的哲学话语》,[德]J. 哈贝马斯著,曹卫东等译 78.00 元

第四批书目

30.《自由论》(修订版),[英]I. 伯林著,胡传胜译 69.00 元

31.《保守主义》,[德]K. 曼海姆著,李朝晖、牟建君译 16.00 元

32.《科学的反革命》(修订版),[英]F. 哈耶克著,冯克利译 58.00 元

33.《实践感》,[法]P. 布迪厄著,蒋梓骅译 75.00 元
34.《风险社会》,[德]U. 贝克著,何博闻译 17.70 元
35.《社会行动的结构》,[美]T. 帕森斯著,彭刚等译 80.00 元
36.《个体的社会》,[德]N. 埃利亚斯著,翟三江、陆兴华译 15.30 元
37.《传统的发明》,[英]E. 霍布斯鲍姆等著,顾杭、庞冠群译 21.20 元
38.《关于马基雅维里的思考》,[美]L. 施特劳斯著,申彤译 78.00 元
39.《追寻美德》,[美]A. 麦金太尔著,宋继杰译 68.00 元

第五批书目

40.《现实感》,[英]I. 伯林著,潘荣荣、林茂译 30.00 元
41.《启蒙的时代》,[英]I. 伯林著,孙尚扬、杨深译 35.00 元
42.《元史学》,[美]H. 怀特著,陈新译 89.00 元
43.《意识形态与现代文化》,[英]J. B. 汤普森著,高铦等译 68.00 元
44.《美国大城市的死与生》,[加]J. 雅各布斯著,金衡山译 29.50 元
45.《社会理论和社会结构》,[美]R. K. 默顿著,唐少杰等译 128.00 元
46.《黑皮肤,白面具》,[法]F. 法农著,万冰译 14.00 元
47.《德国的历史观》,[美]G. 伊格尔斯著,彭刚、顾杭译 58.00 元
48.《全世界受苦的人》,[法]F. 法农著,万冰译 17.80 元
49.《知识分子的鸦片》,[法]R. 阿隆著,吕一民、顾杭译 45.00 元

第六批书目

50.《驯化君主》,[美]H. C. 曼斯菲尔德著,冯克利译 68.00 元
51.《黑格尔导读》,[法]A. 科耶夫著,姜志辉译 45.00 元
52.《象征交换与死亡》,[法]J. 波德里亚著,车槿山译 68.00 元
53.《自由及其背叛》,[英]I. 伯林著,赵国新译 48.00 元

54.《启蒙的三个批评者》,[英]I. 伯林著,马寅卯、郑想译　48.00 元
55.《运动中的力量》,[美]S. 塔罗著,吴庆宏译　23.50 元
56.《斗争的动力》,[美]D. 麦克亚当、S. 塔罗、C. 蒂利著,
李义中等译　31.50 元
57.《善的脆弱性》,[美]M. 纳斯鲍姆著,徐向东、陆萌译　55.00 元
58.《弱者的武器》,[美]J. C. 斯科特著,郑广怀等译　82.00 元
59.《图绘》,[美]S. 弗里德曼著,陈丽译　49.00 元

第七批书目

60.《现代悲剧》,[英]R. 威廉斯著,丁尔苏译　45.00 元
61.《论革命》,[美]H. 阿伦特著,陈周旺译　59.00 元
62.《美国精神的封闭》,[美]A. 布卢姆著,战旭英译,冯克利校　68.00 元
63.《浪漫主义的根源》,[英]I. 伯林著,吕梁等译　28.00 元
64.《扭曲的人性之材》,[英]I. 伯林著,岳秀坤译　22.00 元
65.《民族主义思想与殖民地世界》,[美]P. 查特吉著,
范慕尤、杨曦译　18.00 元
66.《现代性社会学》,[法]D. 马尔图切利著,姜志辉译　32.00 元
67.《社会政治理论的重构》,[美]R. J. 伯恩斯坦著,黄瑞祺译　25.00 元
68.《以色列与启示》,[美]E. 沃格林著,霍伟岸、叶颖译　128.00 元
69.《城邦的世界》,[美]E. 沃格林著,陈周旺译　85.00 元
70.《历史主义的兴起》,[德]F. 梅尼克著,陆月宏译　48.00 元

第八批书目

71.《环境与历史》,[英]W. 贝纳特、P. 科茨著,包茂红译　25.00 元
72.《人类与自然世界》,[英]K. 托马斯著,宋丽丽译　35.00 元

73.《卢梭问题》,[德]E. 卡西勒著,王春华译 15.00 元
74.《男性气概》,[美]H. C. 曼斯菲尔德著,刘玮译 28.00 元
75.《战争与和平的权利》,[美]R. 塔克著,罗炯等译 25.00 元
76.《谁统治美国》,[美]W. 多姆霍夫著,吕鹏、闻翔译 35.00 元
77.《健康与社会》,[法]M. 德吕勒著,王鲲译 35.00 元
78.《读柏拉图》,[德]T. A. 斯勒扎克著,程炜译 28.00 元
79.《苏联的心灵》,[英]I. 伯林著,潘永强、刘北成译 59.00 元
80.《个人印象》,[英]I. 伯林著,林振义、王洁译 35.00 元

第九批书目

81.《技术与时间:2. 迷失方向》,[法]B. 斯蒂格勒著,赵和平、印螺译 59.00 元
82.《抗争政治》,[美]C. 蒂利、S. 塔罗著,李义中译 28.00 元
83.《亚当·斯密的政治学》,[英]D. 温奇著,褚平译 21.00 元
84.《怀旧的未来》,[美]S. 博伊姆著,杨德友译 85.00 元
85.《妇女在经济发展中的角色》,[丹]E. 博斯拉普著,陈慧平译 30.00 元
86.《风景与认同》,[美]W. J. 达比著,张箭飞、赵红英译 68.00 元
87.《过去与未来之间》,[美]H. 阿伦特著,王寅丽、张立立译 58.00 元
88.《大西洋的跨越》,[美]D. T. 罗杰斯著,吴万伟译 108.00 元
89.《资本主义的新精神》,[法]L. 博尔坦斯基、E. 希亚佩洛著,高铦译 58.00 元
90.《比较的幽灵》,[美]B. 安德森著,甘会斌译 79.00 元

第十批书目

91.《灾异手记》,[美]E. 科尔伯特著,何恬译 25.00 元

92.《技术与时间:3. 电影的时间与存在之痛的问题》,
[法]B. 斯蒂格勒著,方尔平译 65.00 元
93.《马克思主义与历史学》,[英]S. H. 里格比著,吴英译 78.00 元
94.《学做工》,[英]P. 威利斯著,秘舒、凌旻华译 68.00 元
95.《哲学与治术:1572—1651》,[美]R. 塔克著,韩潮译 45.00 元
96.《认同伦理学》,[美]K. A. 阿皮亚著,张容南译 45.00 元
97.《风景与记忆》,[英]S. 沙玛著,胡淑陈、冯樨译 78.00 元
98.《马基雅维里时刻》,[英]J. G. A. 波考克著,冯克利、傅乾译 108.00 元
99.《未完的对话》,[英]I. 伯林、[波]B. P. -塞古尔斯卡著,
杨德友译 65.00 元
100.《后殖民理性批判》,[印]G. C. 斯皮瓦克著,严蓓雯译 79.00 元

第十一批书目

101.《现代社会想象》,[加]C. 泰勒著,林曼红译 45.00 元
102.《柏拉图与亚里士多德》,[美]E. 沃格林著,刘曙辉译 78.00 元
103.《论个体主义》,[法]L. 迪蒙著,桂裕芳译 30.00 元
104.《根本恶》,[美]R. J. 伯恩斯坦著,王钦、朱康译 78.00 元
105.《这受难的国度》,[美]D. G. 福斯特著,孙宏哲、张聚国译 39.00 元
106.《公民的激情》,[美]S. 克劳斯著,谭安奎译 49.00 元
107.《美国生活中的同化》,[美]M. M. 戈登著,马戎译 58.00 元
108.《风景与权力》,[美]W. J. T. 米切尔著,杨丽、万信琼译 78.00 元
109.《第二人称观点》,[美]S. 达沃尔著,章晟译 69.00 元
110.《性的起源》,[英] F. 达伯霍瓦拉著,杨朗译 85.00 元

第十二批书目

111.《希腊民主的问题》,[法]J. 罗米伊著,高煜译 48.00 元
112.《论人权》,[英]J. 格里芬著,徐向东、刘明译 75.00 元
113.《柏拉图的伦理学》,[英]T. 厄温著,陈玮、刘玮译(即出)
114.《自由主义与荣誉》,[美]S. 克劳斯著,林垚译 62.00 元
115.《法国大革命的文化起源》,[法]R. 夏蒂埃著,洪庆明译 38.00 元
116.《对知识的恐惧》,[美]P. 博格西昂著,刘鹏博译 38.00 元
117.《修辞术的诞生》,[英]R. 沃迪著,何博超译 48.00 元
118.《历史表现中的真理、意义和指称》,[荷]F. 安克斯密特著,周建漳译 58.00 元
119.《天下时代》,[美]E. 沃格林著,叶颖译 78.00 元
120.《求索秩序》,[美]E. 沃格林著,徐志跃译 48.00 元

第十三批书目

121.《美德伦理学》,[新西兰]R. 赫斯特豪斯著,李义天译 55.00 元
122.《同情的启蒙》,[美]M. 弗雷泽著,胡靖译 48.00 元
123.《图绘暹罗》,[美]T. 威尼差恭著,袁剑译 58.00 元
124.《道德的演化》,[新西兰]R. 乔伊斯著,刘鹏博、黄素珍译 65.00 元
125.《大屠杀与集体记忆》,[美]P. 诺维克著,王志华译 78.00 元
126.《帝国之眼》,[美]M. L. 普拉特著,方杰、方宸译 68.00 元
127.《帝国之河》,[美]D. 沃斯特著,侯深译 76.00 元
128.《从道德到美德》,[美]M. 斯洛特著,周亮译 58.00 元
129.《源自动机的道德》,[美]M. 斯洛特著,韩辰锴译 58.00 元
130.《种族与文化少数群体》,[美]G. E. 辛普森、[美]J. M. 英格尔著,马戎、王凡妹译(即出)

第十四批书目

131.《城邦与灵魂:费拉里〈理想国〉论集》,[美]G. R. F. 费拉里著,刘玮编译 58.00 元
132.《人民主权与德国宪法危机》,[美]P. C. 考威尔著,曹晗蓉、虞维华译 58.00 元
133.《16 和 17 世纪英格兰大众信仰研究》,[英]K. 托马斯著,芮传明、梅剑华译 168.00 元
134.《民族认同》,[英]A. D. 史密斯著,王娟译 55.00 元
135.《世俗主义之乐:我们当下如何生活》,[英]G. 莱文编,赵元译 58.00 元
136.《国王或人民》,[美]R. 本迪克斯著,褚平译(即出)
137.《哲学解释》,[美]R. 诺齐克著,林南、乐小军译(即出)
138.《自由与多元论:以赛亚·伯林思想研究》,[英]G. 克劳德著,应奇等译 58.00 元
139.《暴力:思无所限》,[美]R. J. 伯恩斯坦著,李元来译 59.00 元
140.《中心与边缘:宏观社会学论集》,[美]E. 希尔斯著,甘会斌、余昕译 88.00 元

有关"人文与社会译丛"及本社其他资讯,欢迎点击 www. yilin. com 浏览,对本丛书的意见和建议请反馈至新浪微博@译林人文社科。